Dreidimensionales Computersehen

Springer

Berlin
Heidelberg
New York
Barcelona
Budapest
Hongkong
London
Mailand
Paris
Santa Clara
Singapur
Tokio

X. Jiang, H. Bunke

Dreidimensionales Computersehen

Gewinnung und Analyse
von Tiefenbildern

Mit 137 Abbildungen und 3 Tafeln

Springer

Dr. Xiaoyi Jiang
Prof. Dr. Horst Bunke

Universität Bern
Institut für Informatik und Angewandte Mathematik
Länggasstraße 51
CH - 3012 Bern

ISBN 978-3-642-64848-9   Springer-Verlag Berlin Heidelberg New York

Die Deutsche Bibliothek - CIP-Einheitsaufnahme
Jiang, Xiaoyi: Dreidimensionales Computersehen: Gewinnung und Analyse von
Tiefenbildern; mit 3 Tafeln / X. Jiang; H. Bunke. -
Berlin; Heidelberg; New York; Barcelona; Budapest; Hongkong; London; Mailand;
Paris; Santa Clara; Singapur; Tokio: Springer, 1997
ISBN-13: 978-3-642-64848-9   e-ISBN-13: 978-3-642-61447-7
DOI: 10. 1007/978-3-642-61447-7

NE: Bunke, Horst

Satz: Reproduktionsfertige Vorlagen vom Autor
SPIN: 10127155   62/3020 - 5 4 3 2 1 0 - Gedruckt auf säurefreiem Papier

Vorwort

Im Laufe der letzten Jahre konnte eine Verschiebung der Forschungsschwerpunkte innerhalb der automatischen Bildanalyse von zweidimensionalen hin zu dreidimensionalen Problemstellungen festgestellt werden. Zwar kann eine Reihe von Aufgaben allein anhand zweidimensionaler Information in Grauwertbildern erfolgreich gelöst werden. Die ständige Erweiterung des Anwendungsspektrums der Bildanalyse hat jedoch verschiedene Aufgabenstellungen hervorgebracht, bei denen dreidimensionale Information von großem Nutzen oder gar unabdingbar ist. Diese Erkenntnisse haben die Gewinnung, Verarbeitung und Interpretation von Tiefenbildern zu einem der zentralen Forschungsthemen der automatischen Bildanalyse gemacht. Im Gegensatz zu den traditionell verwendeten Grauwertbildern repräsentieren die in einem Tiefenbild enthaltenen Daten den Abstand einzelner Punkte auf der Oberfläche der abgebildeten Objekte zum Sensor. Somit besitzen Tiefenbilder verschiedene Vorteile gegenüber Intensitätsbildern, insbesondere die explizite Darstellung der Gestalt dreidimensionaler Objekte.

Im Zuge des enormen Aufschwungs des Gebiets der Gewinnung und Analyse von Tiefenbildern hat sich im Laufe der letzten Jahre eine immer größere Anzahl von Publikationen in Form von technischen Berichten sowie Beiträgen in Tagungsbänden und Fachzeitschriften angesammelt. Demgegenüber besteht jedoch ein akuter Mangel an einer systematischen und didaktischen Aufarbeitung eines derartig wichtigen Teilgebietes der Bildanalyse. Zwar erscheinen immer mehr Bücher über computergestützte Bildanalyse. Das Thema Gewinnung, Verarbeitung und Interpretation von Tiefenbildern wurde aber bisher – wenn überhaupt – nur am Rand behandelt. Mit dem vorliegenden Buch soll ein Beitrag geleistet werden, diese Lücke zu schließen.

Das vorliegende Buch bietet eine systematische Einführung in das Gebiet der Tiefenbildanalyse. Es behandelt sämtliche wichtigen Teilaspekte, beginnend mit der Gewinnung von Tiefenbildern durch passive und aktive Verfahren über Extraktion charakteristischer Flächenmerkmale und Segmentierung bis hin zur modellbasierten Objekterkennung. Daneben werden verschiedene konkrete Anwendungen der Tiefenbildanalyse vorgestellt.

Didaktisch ist das Buch so gestaltet, daß es sowohl dem Forscher als auch dem Praktiker erlauben soll, sich selbständig in die relativ neue Materie der Tiefenbildanalyse einzuarbeiten. Insbesondere wird angestrebt, das teilweise schwer zugängliche Material in einheitlicher Notation und verständlicher Form aufzubereiten. Auch wird Gewicht darauf gelegt, das Darstellungsniveau so zu halten, daß eine Computer-Implementation der beschriebenen Verfahren leicht möglich ist. Ferner enthält das vorliegende Buch ausführliche Hinweise auf ergänzende und weiterführende Literatur, die einen vollständigen Überblick über den aktuellen Stand der Forschung ermöglichen.

Das vorliegende Buch wendet sich in erster Linie an Informatiker, Ingenieure und Naturwissenschaftler mit Schwerpunkt Bildverarbeitung oder Künstliche Intelligenz sowie an Fachleute aus potentiellen Anwendungsgebieten der dreidimensionalen Bildanalyse, die einen Einstieg in das Gebiet suchen oder bereits vorhandene Kenntnisse vertiefen wollen. Vom Leser werden Grundkenntnisse der Mathematik und einer höheren Programmiersprache erwartet, wie sie etwa dem Vordiplom in Informatik entsprechen.

Die Entstehung des vorliegenden Buches geht auf das Forschungsprojekt "An intelligent multisensory robot vision system: Planning of vision tasks and object recognition based on CAD-models" zurück, das durch den Schweizerischen Nationalfonds zur Förderung der Wissenschaftlichen Forschung unterstützt wurde. Im Rahmen dieses Projektes konnten wir uns intensiv mit dem neuen und faszinierenden Gebiet der Tiefenbildanalyse auseinandersetzen und zuletzt auch durch eigene Arbeiten einen Beitrag zur Forschung leisten. An dieser Stelle sei dem Schweizerischen Nationalfonds für die Unterstüzung des Projektes herzlich gedankt.

Wir bedanken uns bei unseren ehemaligen Kollegen U. Meier, Dr. R. Robmann und Dr. A. Ueltschi für die Mitwirkung am o.g. Projekt. Ferner möchten wir B. Achermann, U. Meier, Dr. B.T. Messmer und R. Röthlisberger unseren Dank für die aufmerksame Durchsicht des Manuskriptes aussprechen.

Danken möchten wir allen, die uns Bildmaterial zur Verfügung gestellt haben, namentlich:
- Dr. F. Ade, Eidgenössische Technische Hochschule Zürich, Schweiz
- Prof. J. Aloimonos, University of Maryland, College Park, USA
- Dr. B. Fisher, University of Edinburgh, Schottland
- Prof. P. Flynn, Washington State University, Pullman, USA
- Dr. M. Hebert, Carnegie-Mellon University, Pittsburgh, USA
- A. Hoover, University of South Florida, Tampa, USA
- Prof. R. Horaud, LIFIA-IMAG, Grenoble, Frankreich
- Prof. R. Krishnapuram, University of Missouri, Columbia, USA
- Dr. S.-P. Liou, Siemens, USA
- Prof. G. Medioni, University of Southern California, Los Angeles, USA
- Prof. R. Mehrotra, University of Missouri-St. Louis, St. Louis, USA
- Prof. F. Schmitt, ENST, Frankreich
- Dr. N. Shrikhande, Central Michigan University, Mount Pleasant, USA
- Prof. G. Stockman, Nichigan State University, East Lansing, USA

- Dr. P. Vuylsteke, AGFA-Gevaert, Belgien
- Dr. Y. Yacoob, University of Maryland, College Park, USA
- Prof. N. Yokoya, Nara Institute of Science and Technology, Japan

Besonders hervorheben möchten wir Dr. B. Fisher. Er hat uns freundlicherweise das auf dem Umschlag gezeigte Tiefenbild mit einem Autoteil (siehe Anhang B) überlassen.

Unser aufrichtiger Dank gilt auch dem Springer-Verlag für das Interesse am vorliegenden Buch und die geduldige Betreuung während seiner Entstehung.

Bern, Dezember 1995   Xiaoyi Jiang, Horst Bunke

Inhaltsverzeichnis

Kapitel 1

Einleitung

Längst sind Rechner aus dem Entwicklungsstadium herausgetreten, wo sie den Menschen bloß im Sinne der aus heutiger Sicht nicht mehr passenden Bezeichnung langwierige und fehleranfällige Berechnungen abnehmen. Heutzutage sind Rechner im Besitz der Fähigkeit, menschliche Tätigkeiten nachzuahmen, die zum Teil auch gewisse Intelligenz erfordern. Obwohl gegenüber dem perfekten biologischen System des Menschen diese neuere Entwicklung in den meisten Fällen noch recht bescheiden ausfällt, hat sie bereits zahlreiche Anwendungen in verschiedensten Bereichen gefunden. Mit zunehmender Leistungsfähigkeit wird das Spektrum der Einsatzmöglichkeiten von Rechnern zudem ständig erweitert. Eine dieser neuen Technologien mit großem Anwendungspotential ist die rechnergestützte Bildanalyse.

1.1 Bildanalyse

Unter der automatischen Analyse von Bildern wird die Aufgabe verstanden, aus gegebenem Bildmaterial eine Beschreibung der abgebildeten Welt abzuleiten. Im allgemeinen hängt die Art der Szenenbeschreibung stark vom betrachteten Problemkreis ab. Während bei der automatischen Qualitätskontrolle die zu ermittelnde Beschreibung eines Bildes möglicherweise lediglich durch eine Klassifikation "fehlerfrei" oder "fehlerhaft" gegeben ist, wird bei der Navigation autonomer Fahrzeuge eine vollständige Rekonstruktion der dreidimensionalen Umwelt benötigt, um Hindernisse zu umgehen oder großräumige Wegplanung durchzuführen.

Die Ableitung einer Beschreibung im obigen Sinne ist auch unter den Begriffen Bildverstehen (image understanding) und Computersehen (computer vision) bekannt, wobei der letztere allerdings fast ausschließlich im Zusammenhang mit der Analyse von dreidimensionalen Szenen verwendet wird. Der Terminus "Bildverstehen" rührt daher, daß die Ableitung einer Beschreibung eines komplexen Bildes meist ein Verstehen des Bildinhalts bis zu einem gewissen Grad

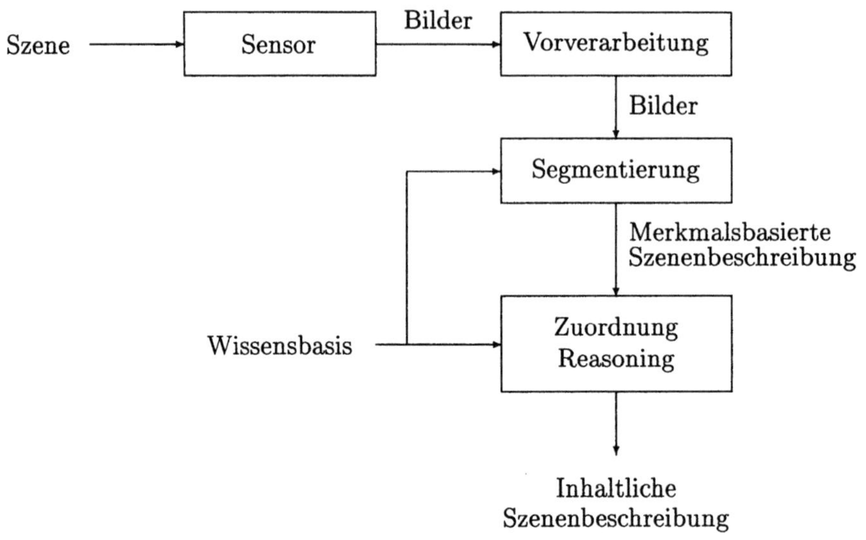

Abbildung 1.1: Das allgemeine Schema eines Bildanalysesystems.

voraussetzt. Wird – wie zum größten Teil im vorliegenden Buch – der Ansatz
verfolgt, eine Szene durch die in ihr enthaltenen Objekte auf verschiedenen Abstraktionsstufen zu beschreiben, so bedeutet Bildverstehen, daß Objekten eines
Bildes eine Bedeutung aus dem zugrundeliegenden Problemkreis zugeordnet
wird. Aus einer auf diese Weise gewonnenen Szenenbeschreibung lassen sich
weitere nützliche Informationen ableiten. Nach einer Objekterkennung können
beispielsweise günstige Greifpositionen auf den erkannten Objekten sowie kol-
lisionsfreie Pfade für den Greifer eines Roboters ermittelt werden.

Das allgemeine Schema eines Bildanalysesystems ist in Abb. 1.1 gezeigt. Das
Eingangsbild wird von einem Sensor geliefert. Den ersten Schritt im Prozeß
der Bildanalyse bildet üblicherweise die Vorverarbeitung, die in erster Linie
eine Verbesserung der Bildqualität zum Ziel hat, etwa durch Unterdrückung
der von dem Sensor und der Bilddigitalisierung verursachten Störungen in den
Bilddaten. Eine Szenenbeschreibung setzt sich meistens aus Objekten in einer Hierarchie verschiedener Abstraktionsstufen zusammen. Die Objekte auf
den untersten Stufen bilden hierbei Merkmale wie Kanten und Flächen. Diese
werden in einem Segmentierungsschritt extrahiert. Zusammen mit ihren Attributen ergibt sich daraus eine merkmalsbasierte symbolische Szenenbeschreibung, die einem Zuordnungsprozeß zugeführt wird. Es ist nun Aufgabe dieses
Zuordnungsprozesses, die Szenenbeschreibung um die Interpretation der Objekte höherer Abstraktionsstufen zu ergänzen und somit zu vervollständigen.
In vielen Fällen handelt es sich dabei um Objekte im üblichen Sinne, z.B. Teile
eines Werkstücks, Gegenstände in einem Raum usw. Unter dem Begriff "Rea-

soning" wird in Abb. 1.1 die Ableitung sonstiger Informationen aus der symbolischen Szenenbeschreibung verstanden. Als Endergebnis liefert ein Bildanalysesystem eine inhaltliche Beschreibung der abgebildeten Szene. Beim Versuch, eine Verbindung zwischen Bildstrukturen und Objekten aus dem zugrundeliegenden Problemkreis herzustellen, ist ein Bildanalysesystem auf Kenntnisse über die zu erwartenden Objekte angewiesen. Dieses Wissen aus dem betrachteten Problemkreis wird im voraus in geeigneter Form bereitgestellt. Neben dem Zuordnungs- und Reasoningprozeß kann dieses Wissen auch zur verbesserten Segmentierung herangezogen werden. In der Darstellung der Abb. 1.1 wird einfachheitshalber von einem einzigen Sensor ausgegangen. Es ist aber unbestritten, daß der Einsatz von mehrfachen Sensoren zahlreiche Vorteile bietet. Hierbei können verschiedenartige Sensoren verwendet werden, um unterschiedliche Informationsquellen derselben Szene nutzbar zu machen. Zur Gewinnung einer vollständigeren Sicht der Szene lassen sich auch Sensoren desselben Typs an verschiedenen Positionen aufstellen. Der Einsatz von mehrfachen Sensoren macht eine Kombination der gewonnenen Bilder erforderlich, was sowohl in der Segmentierungs- als auch in der Zuordnungsphase durchgeführt werden kann. Ebenso denkbar ist eine Kombination der Ergebnisse des Zuordnungsprozesses, nachdem jedes Bild allein analysiert wurde.

Bildanalyse stellt genau das Gegenteil der Computergrafik dar. In der Computergrafik geht man von einer Szenenbeschreibung (Objektmodelle, Beleuchtungsmodelle usw.) aus und erzeugt realitätsnahe synthetische Bilder. Ein bildverstehendes System hingegen generiert vom Bild ausgehend eine Szenenbeschreibung. Auf der anderen Seite ist Bildanalyse eng verflochten mit den Gebieten der digitalen Bildverarbeitung und Mustererkennung, die ebenfalls die Verarbeitung bildhafter Informationen zum Ziel haben. Auch mit der Künstlichen Intelligenz, insbesondere Wissensrepräsentation und wissensbasierten Systemen, sind eindeutige Überlappungen auszumachen. All diese Verflechtungen zeigen sich deutlich im allgemeinen Schema eines Bildanalysesystems in Abb. 1.1. Die digitale Bildverarbeitung liefert die Grundlage für den Vorverarbeitungsschritt und trägt daher mit zum Gelingen der Bildanalyse bei. Mit der Mustererkennung teilt sich die Bildanalyse die Extraktion von Merkmalen und die Ableitung einer symbolischen Szenenbeschreibung. In die Bildanalyse fließt immer Wissen aus dem betrachteten Problemkreis ein. Wenn dieses Wissen als separates Modul strukturiert und deutlich vom Rest eines Systems getrennt ist, so spricht man sogar von wissensbasierter Bildanalyse. Hierbei kann Bildanalyse zweifellos von Methoden der Wissensrepräsentation und -nutzung aus der Künstlichen Intelligenz profitieren.

1.2   Gewinnung und Analyse von Tiefenbildern

Im Gegensatz zu den traditionell verwendeten Grauwertbildern, bei denen ein jeder Bildpunkt die von einer Kamera aufgenommene Lichtintensität wiedergibt, repräsentieren die in einem Tiefenbild enthaltenen Daten den Abstand einzelner Punkte auf der Oberfläche der abgebildeten Objekte vom Sensor. Gegenüber Grauwertbildern liegt der größte Vorteil von Tiefenbildern in der expliziten Darstellung der Gestalt dreidimensionaler Objekte. In direktem Zusammenhang damit steht die Unempfindlichkeit von Tiefenbildern gegenüber Faktoren wie Beleuchtung, Schattenwurf und Beschädigung oder Verschmutzung von Objektoberflächen, welche die Analyse von Grauwertbildern erheblich erschweren.

Aufgrund der dreidimensionalen Natur von Tiefenbildern können viele Aufgaben der Bildanalyse wesentlich vereinfacht werden. Von noch größerer Bedeutung ist aber die Tatsache, daß Tiefenbildanalyse Perspektiven zu neuen Anwendungen eröffnet, die bisher anhand von Grauwertbildern kaum möglich waren. Dazu zählen beispielsweise Sortieren von unbekannten Objekten, Navigation autonomer Fahrzeuge in einer natürlichen Umgebung und Formprüfung zur automatischen Qualitätskontrolle. Mit neuen Entwicklungen im Gebiet der Tiefenbildanalyse wird auch das Anwendungsspektrum ständig erweitert. Heute gilt die Gewinnung, Verarbeitung und Interpretation von Tiefenbildern als eines der zentralen Forschungsthemen der Bildanalyse.

Der enorme Aufschwung des Gebietes Tiefenbildanalyse ist eng verbunden mit der rasanten Entwicklung der Sensortechnik zur Gewinnung von dreidimensionalen Daten. Für die Wiedergewinnung der bei der Projektion in die Bildebene verlorengegangenen Tiefeninformation wurde eine große Anzahl passiver und aktiver Verfahren entwickelt. Eines der passiven Verfahren ist die Verwendung von zwei (oder mehr) Stereobildern. Damit läßt sich die Tiefe nach dem Triangulationsprinzip sehr einfach bestimmen, vorausgesetzt daß korrespondierende Punkte gefunden werden können. Werden Annahmen über die Lichtquellen und die Reflexionseigenschaften der Objekte getroffen, so lassen sich auch aus der Schattierung der Objektoberflächen Rückschlüsse auf die Objektgestalt ziehen. Neben den passiven Methoden haben sogenannte aktive Verfahren großes Interesse gefunden. Bei dieser Klasse von Ansätzen wird eine der Stereokameras durch eine aktive Energiequelle ersetzt und dadurch das schwierige Korrespondenzproblem umgangen. Obwohl aktive Tiefengewinnung keine Analogie zu biologischen visuellen Wahrnehmungssystemen besitzt, haben sich entsprechende Verfahren in der Praxis bestens bewährt. Mittlerweile sind bereits relativ günstige PC-basierte aktive Tiefensensoren auf dem Markt erhältlich.

Die praktische Verfügbarkeit von Tiefenbildern hat den Anstoß für die Entwicklung von Verarbeitungs- und Interpretationsmethoden gegeben. Die Analyse von Tiefenbildern folgt weitgehend dem allgemeinen Schema in Abb. 1.1. Die verwendeten Techniken in den einzelnen Schritten unterscheiden sich jedoch stark von denen bei der Analyse von Grauwertbildern, da bei Tiefenbildern neue Techniken zur Modellierung, Extraktion und Zuordnung von dreidimensionalen Merkmalen wie z.B. Flächen zum Zuge kommen. Diese neuen Techniken stellen eine wichtige Bereicherung der Bildanalyse dar und haben interessanterweise zum Teil auch Anwendungen in Bereichen wie Erkennung handgeschriebener Zeichen gefunden, die eindeutig der zweidimensionalen Domäne zuzuordnen sind.

1.3 Aufbau des Buches

Das vorliegende Buch gliedert sich in zwei Teile. Der erste Teil befaßt sich mit der Gewinnung von Tiefenbildern und umfaßt Kapitel 2, 3 und 4. In dieser Reihenfolge werden Stereoverfahren, Methoden zur Auswertung monokularer Tiefenhinweise, insbesondere Form aus Schattierung und Textur, und schließlich aktive Techniken zur Tiefengewinnung behandelt. Schwerpunkt dieses ersten Teils bildet Kapitel 4 über aktive Techniken, da nur mit ihrer Hilfe eine Szene vollständig in Form von Tiefendaten hoher Genauigkeit erfaßt werden kann.

Der zweite Teil ist der Verarbeitung und Interpretation von Tiefenbildern gewidmet. Den Anfang macht hierbei Kapitel 5 über Glättungsverfahren zur Unterdrückung von Störungen in den Tiefendaten. Es folgt eine Diskussion über charakteristische Flächenmerkmale in Kapitel 6. Die Generierung einer symbolischen Szenenbeschreibung aus einem Tiefenbild wird in Kapitel 7 behandelt. Kapitel 8 befaßt sich mit der Objekterkennung, einer der wichtigsten Anwendungen der Tiefenbildanalyse. Der zweite Teil wird durch die Beschreibung weiterer Anwendungen in Kapitel 9 abgerundet.

Anhang A gibt eine kurze Einführung in die mathematische Morphologie, deren Kenntnisse an verschiedenen Stellen des vorliegenden Buches vorausgesetzt werden. Bei der Gestaltung des Buches wurde u.a. das Ziel verfolgt, den Leser zum eigenen Experimentieren zu ermuntern. Dazu gehört auch, daß interessierte Leser Zugang zu Tiefenbildern bekommen. Anhang B listet einige Tiefenbildsammlungen auf, die von ihren jeweiligen Besitzern öffentlich zugänglich gemacht wurden. Diese Tiefenbilder wurden mit verschiedenartigen Tiefensensoren aufgenommen und bilden einen ausgezeichneten Startpunkt für die eigene Erkundung des Gebietes der Tiefenbildanalyse.

Ein Buch wie das vorliegende kann nur einen Querschnitt des inzwischen recht umfangreich gewordenen Materials im Gebiet der Tiefenbildanalyse bieten. Schon aus Platzgründen können nicht alle Themen in großer Ausführlichkeit und auch nicht alle relevanten Fragestellungen behandelt werden. Dieses Manko soll durch die ausführlichen Literaturhinweise der jeweiligen Kapitel kompensiert werden. Damit ist die Hoffnung verbunden, einen möglichst vollständigen Überblick über den aktuellen Stand der Forschung zu vermitteln.

1.4   Allgemeine Literaturhinweise

Im Jahr 1989 fand ein Workshop zum Thema Tiefenbildanalyse statt, woraus der Sammelband [JJ90] entstand. Er enthält Beiträge zu den verschiedensten Aspekten der Tiefenbildanalyse. An vielen internationalen Konferenzen, z.B. International Conference on Pattern Recognition und IEEE Computer Society Conference on Computer Vision and Pattern Recognition, werden häufig Sitzungen speziell zum Thema Tiefenbildanalyse organisiert. Daher beinhalten diese Tagungsbände eine Fülle von einschlägigen Arbeiten. Die beiden Sammelbände [JF93, Kan87] befassen sich mit dem dreidimensionalen Computersehen aus allgemeiner Sicht. Darin sind u.a. auch Beiträge zur Tiefenbildanalyse enthalten. Das von Shirai verfaßte Buch [Shi87] ist ebenfalls dem allgemeinen Thema des dreidimensionalen Computersehens gewidmet.

Ein Überblick über das breite Feld der Tiefengewinnung wird in den Artikeln [Jar83b, Jar93, Kak85, Nit88, PL89, Str85, Tiz93] gegeben. Eine Übersicht über die Analyse von Tiefenbildern findet sich in [SJ94].

Kapitel 2

Stereoverfahren zur Tiefenbestimmung

Das Stereosehen zählt zu den passiven Verfahren der Tiefenbestimmung. Hierbei werden zwei – im verallgemeinerten Fall auch mehrere – Bilder derselben Szene von verschiedenen Kamerapositionen aus aufgenommen. Kann in jedem der Bilder die Lage eines bestimmten Punktes in der Szene identifiziert werden, so läßt sich seine räumliche Position aus bekannten Parametern der Kameras sowie der Kameraanordnung ermitteln.

2.1 Prinzipielles Vorgehen beim Stereosehen

Beim Entwurf eines Stereoverfahrens gilt es, folgende Teilaspekte zu berücksichtigen (vgl. [BF82]): Wahl und Kalibrierung der Stereogeometrie, Wahl und Detektion der Merkmale, Korrespondenzanalyse, Tiefenbestimmung und Interpolation. Unter die Stereogeometrie fällt zum einen das mathematische Modell jeder einzelnen Kamera (z.B. Lochkameramodell), zum anderen die relative Lage der beiden Kameras zueinander. Parameter, die diese Geometrie eindeutig festlegen, werden durch ein Kalibrierungsverfahren ermittelt.

Es muß auch eine Entscheidung darüber getroffen werden, welche Art von Bildstrukturen als Basis für die Zuordnung der Projektionen der entsprechenden Strukturen in den Bildern gewählt wird. In der Literatur werden solche Bildstrukturen als Merkmale bezeichnet. In Frage kommen hierbei Merkmale, die von Bildpunkten, Kantenpunkten, Konturen, Regionen bis hin zu kompletten Objekten reichen. In direktem Zumsammenhang mit der Art der verwendeten Merkmale steht die Wahl der Verfahren zu deren Detektion in den Stereobildern. Aufgrund ihrer unterschiedlichen Informationsgehalte wird ferner auch das Zuordnungsverfahren entscheidend von den verwendeten Merkmalen geprägt.

Im Mittelpunkt eines Stereoverfahrens steht das Zuordnen korrespondierender Merkmale in einem Stereobildpaar. Zwei Merkmale im linken bzw. rechten Stereobild werden als korrespondierend bezeichnet, wenn sie Projektionen derselben Struktur in der Szene repräsentieren. Im allgemeinen stellt die Korrespondenzanalyse das schwierigste Teilproblem in einem Stereoverfahren dar, wobei die Schwierigkeit vor allem davon herrüht, daß für ein Merkmal des einen Bildes in der Regel mehrere Merkmale im anderen Stereobild als Kandidaten in Frage kommen. Eine Auflösung derartiger Mehrdeutigkeiten ist nur mithilfe von Kontextinformationen auf globaler Ebene möglich.

Sobald das Korrespondenzproblem gelöst ist, kann unter Zuhilfenahme bekannter Parameter der Stereogeometrie durch einfache Triangulation die Position der einem korrespondierenden Merkmalspaar entsprechenden Struktur in der Szene bestimmt werden. Da die detektierten Merkmale in den meisten Fällen nicht den gesamten Bildbereich überdecken, kann die Tiefe deshalb auch nicht überall berechnet werden. Durch eine anschließende Interpolation läßt sich dennoch ein sog. dichtes Tiefenbild für die Szene erstellen, wobei Annahmen über die Oberflächenformen der Objekte getroffen werden müssen. Dieser Interpolationsschritt muß nicht zwingend erst nach der Tiefenberechnung erfolgen. Es sind auch Ansätze (siehe z.B. [HA89]) bekannt, wo bereits beim Zuordnen der Merkmale eine Interpretation des Tiefenverlaufs an benachbarten Bildpunkten gemacht wird.

2.2 Stereogeometrie

Als mathematisches Kameramodell wird üblicherweise das einer Lochkamera verwendet. Hierbei befindet sich die Bildebene in einem Abstand f, auch Brennweite genannt, hinter einer Lochblende. Ein Punkt der dreidimensionalen Szene wird auf den Schnittpunkt der Bildebene mit dem Projektionsstrahl, der durch den Szenenpunkt und die Lochblende geht, abgebildet. Die Position der Lochblende wird als optisches Zentrum der Kamera bezeichnet, der Projektionsstrahl, der senkrecht zur Bildebene steht, als optische Achse.

2.2.1 Standard-Stereogemetrie

Aus Gründen einer effizienten Zuordnung (siehe Abschnitt 2.4) wird in der Praxis eine Stereogeometrie mit folgenden Eigenschaften bevorzugt:

- Die beiden Bildebenen sind identisch, d.h. sie entsprechen lediglich zwei unterschiedlichen Ausschnitten derselben Ebene.

- Die Zeilen der beiden Stereobilder liegen parallel zur Verbindungsgeraden zwischen den optischen Zentren. Diese Verbindungsgerade wird auch Basislinie genannt.

- Die Bildkoordinatensysteme der beiden Kameras werden so definiert, daß zueinander kolineare Bildzeilen der Stereobilder die gleiche Zeilenkoordinate haben.

Wegen ihrer günstigen Eigenschaft bezüglich der Korrespondenzanalyse wird eine derartige Stereogeometrie in vielen Stereosystemen explizit vorausgesetzt, weshalb wir sie als Standard-Stereogeometrie bezeichnen wollen.

Stereogeometrie mit parallelen optischen Achsen

Die Standard-Stereogeometrie kann erreicht werden, indem die beiden Kameras so aufgestellt werden, daß ihre optischen Achsen parallel verlaufen, siehe Abb. 2.1. Außerdem soll die Basislinie richtungsmäßig mit den Bildzeilen übereinstimmen. Ein günstiges Weltkoordinatensystem erhält man, wenn der Ursprung am Mittelpunkt der beiden optischen Zentren zu liegen kommt, während die X- und Y-Achse parallel zur Bildebene stehen. Hierbei gestaltet sich die Tiefenberechnung besonders einfach. Wird ein Punkt $P(x, y, z)$ im Raum auf die Bildpunkte $(x_l, y_l, -f)$ und $(x_r, y_r, -f)$ mit $y_l = y_r$ abgebildet[1], so gilt die Beziehung

$$x = \frac{b(x_l + x_r)/2}{b + x_l - x_r}, \quad y = \frac{b(y_l + y_r)/2}{b + x_l - x_r}, \quad z = \frac{-bf}{b + x_l - x_r} \qquad (2.1)$$

Diese Realisierung der Standard-Stereogeometrie ist mit zwei erheblichen Nachteilen verbunden. Die Anforderung paralleler optischer Achsen kann nur bei äußerst sorgfältig justierten Kameras gewährleistet sein[2]. Noch mehr ins Gewicht fällt die Tatsache, daß die erreichbare Genauigkeit der Tiefenwerte mit der Basislänge steigt, was eine möglichst große Basislänge wünschenswert macht. Dies läßt die Kameraanordnung mit parallelen optischen Achsen jedoch nicht zu, da sonst der gemeinsam projizierte Szenenbereich zu klein wird.

Rektifikation von Stereobildern

Um den beiden Anforderungen, nämlich möglichst große Basislänge und ausreichende Überlappung der projizierten Szenenbereiche, gleichzeitig gerecht zu werden, ist es erforderlich, die beiden Kameras gegeneinander zu drehen. Das hat aber zur Folge, daß die Bildebenen nicht mehr parallel sind. Abhilfe schafft hier ein Rektifikationsverfahren [AH88, Aya91], das die beiden realen Stereobilder auf eine gemeinsame imaginäre Bildebene V abbildet, siehe Abb. 2.2.

---

[1]Die Umrechnung der Bildkoordinaten eines Bildpunktes in das Weltkoordinatensystem erfolgt mithilfe von der Basislänge b, der Brennweite f sowie den Abtastungsintervallen der Kamera.

[2]Ausnahme bildet eine Realisierung wie in [KA87, MT89], wo eine einzige Kamera auf einer Schiene um die Basislänge b verschoben wird.

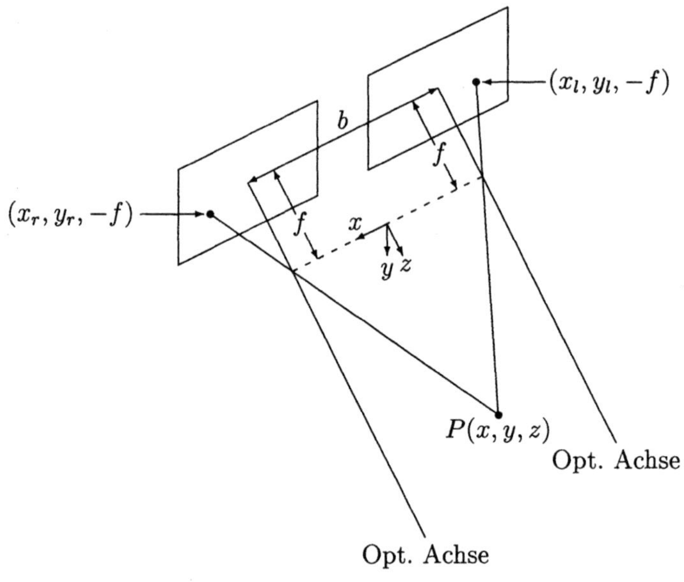

Abbildung 2.1: Stereogeometrie mit parallelen optischen Achsen.

Hierbei werden die beiden optischen Zentren C_l und C_r beibehalten. Für einen Punkt I_l im linken Bild entspricht der zugehörige Punkt im neu erstellten Bild dem Schnitt der Geraden PC_l mit V. Analog erfolgt die Abbildung für das rechte Bild. Die imaginäre Bildebene wird so gewählt, daß alle drei Bedingungen der Standard-Stereogemetrie erfüllt werden. U.a. steht sie parallel zur Basislinie. Formal erfolgt diese Abbildung folgendermaßen: Die Beziehung zwischen dem Szenenpunkt $P(x, y, z)$ und seinem initialen Abbild $I_l(i_l, j_j)$ wird durch die perspektivische Transformation[3]

$$
\begin{bmatrix} u \\ v \\ w \end{bmatrix} = T_l \cdot \begin{bmatrix} x \\ y \\ z \\ 1 \end{bmatrix}, \quad i_l = \frac{u}{w}, \ j_l = \frac{v}{w}
$$

festgelegt, wobei T_l eine 3×4 Matrix ist, die mithilfe einer Kalibrierung der linken Kamera ermittelt wird. Bezeichnen wir mit $t_{li}, i = 1, 2, 3$, einen Spaltenvektor bestehend aus den ersten drei Elementen der i-ten Zeile von T_l, so ergibt

---

[3]Falls nicht ausdrücklich anders definiert wird, bezieht sich im vorliegenden Buch der erste Index i auf die Bildspalten und der zweite j auf die Bildzeilen.

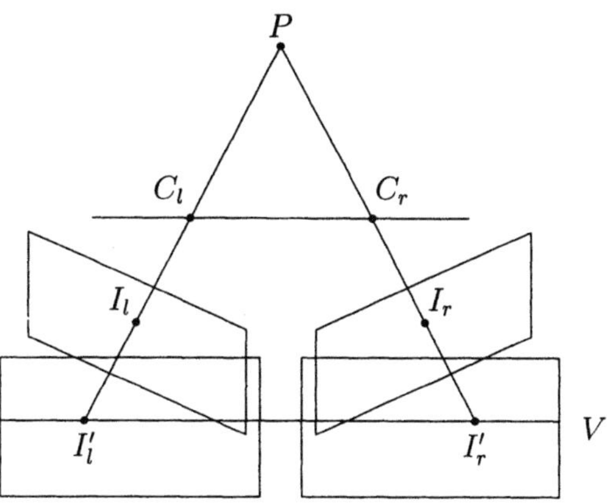

Abbildung 2.2: Rektifikation von Stereobildern.

sich der entsprechende Punkt $I_l'(i_l', j_l')$ auf der imaginären Bildebene V aus

$$\begin{bmatrix} u' \\ v' \\ w' \end{bmatrix} = R_l \cdot \begin{bmatrix} i_l \\ j_l \\ 1 \end{bmatrix}, \quad i_l' = \frac{u'}{w'}, \; j_l' = \frac{v'}{w'}$$

$$R_l = \begin{bmatrix} ((C_l \times C_r) \times C_l)^t \\ (C_l \times C_r)^t \\ ((C_l - C_r) \times (C_l \times C_r))^t \end{bmatrix} \cdot \begin{bmatrix} t_{l2} \times t_{l3} & t_{l3} \times t_{l1} & t_{l1} \times t_{l2} \end{bmatrix}$$

Bei C_l und C_r handelt es sich um den Positionsvektor der beiden optischen Zentren im Weltkoordinatensystem, der ebenfalls der Kalibrierung der Kameras zu entnehmen ist. Analog führt unter dieser Rektifikation ein Punkt $I_r(i_r, j_r)$ im rechten Bild zum Punkt $I_r'(i_r', j_r')$:

$$\begin{bmatrix} u' \\ v' \\ w' \end{bmatrix} = R_r \cdot \begin{bmatrix} i_r \\ j_r \\ 1 \end{bmatrix}, \quad i_r' = \frac{u'}{w'}, \; j_r' = \frac{v'}{w'}$$

$$R_r = \begin{bmatrix} ((C_l \times C_r) \times C_r)^t \\ (C_l \times C_r)^t \\ ((C_l - C_r) \times (C_l \times C_r))^t \end{bmatrix} \cdot \begin{bmatrix} t_{r2} \times t_{r3} & t_{r3} \times t_{r1} & t_{r1} \times t_{r2} \end{bmatrix}$$

Bei der nun bekannten Beziehung zwischen einem initialen Bild und seinem Zielbild kann die eigentliche Abbildung mit einem beliebigen Verfahren der geometrischen Bildtransformation durchgeführt werden. Die daraus entstehenden Stereobilder bilden den Ausgangspunkt für die Korrespondenzanalyse.

Im Gegensatz zur Stereogeometrie mit parallelen optischen Achsen läßt die Rektifikation praktisch jede beliebige Kameraanordnung zu. Dementsprechend gestaltet sich die Tiefenberechnung auch anders als in (2.1). Wird ein Punkt (x, y, z) im Raum auf die Punkte $I'_l(i'_l, j'_l)$ und $I'_r(i'_r, j'_r)$ der imaginären Bildebene V abgebildet, so gelten

$$\begin{bmatrix} u_l \\ v_l \\ w_l \end{bmatrix} = R_l T_l \cdot \begin{bmatrix} x \\ y \\ z \\ 1 \end{bmatrix}, \quad i'_l = \frac{u_l}{w_l}, \ j'_l = \frac{v_l}{w_l}$$

$$\begin{bmatrix} u_r \\ v_r \\ w_r \end{bmatrix} = R_r T_r \cdot \begin{bmatrix} x \\ y \\ z \\ 1 \end{bmatrix}, \quad i'_r = \frac{u_r}{w_r}, \ j'_r = \frac{v_r}{w_r}$$

Daraus ergeben sich vier lineare Gleichungen mit drei Unbekannten:

$$\begin{aligned}
(s_{l1} - i'_l s_{l3})P &= i'_l s_{l34} - s_{l14} \\
(s_{l2} - j'_l s_{l3})P &= j'_l s_{l34} - s_{l24} \\
(s_{r1} - i'_r s_{r3})P &= i'_r s_{r34} - s_{r14} \\
(s_{r2} - j'_r s_{r3})P &= j'_r s_{r34} - s_{r24}
\end{aligned}$$

mit $P = (x, y, z)^t$ oder einfach

$$AP = D,$$

wobei $s_{ai}, i = 1, 2, 3$, ein Vektor ist, der aus den ersten drei Elementen der i-ten Zeile der Matrix $R_a T_a$ besteht, während s_{aij} das Element mit Index (i, j) derselben Matrix repräsentiert. Der klassische Weg zur Lösung des Gleichungssystems nach der Methode der kleinsten Quadrate führt über die Gaußschen Normalgleichungen

$$A^t AP = A^t D.$$

Hierbei berechnen sich die Unbekannten aus

$$P = (A^t A)^{-1} A^t D.$$

2.2.2　Kalibrierung der Stereogeometrie

Grundlage für eine Reihe von Teilschritten eines Stereoverfahrens, beginnend mit der Rektifikation über die Zuordnung bis hin zur Tiefenberechnung, bilden die Parameter einer konkret verwendeten Kameraanordnung. Hierbei finden sowohl die Parameter im einzelnen (vgl. (2.1)) wie auch die perspektivische Transformationsmatrix als Funktion der Parameter Anwendung. Im folgenden wird ein einfaches Verfahren zur Ermittlung der perspektivischen Transformationsmatrix vorgestellt. Es sind Methoden bekannt, die aus dieser Matrix dann die einzelnen Parameter berechnen [Gan84, Str84]. Für die linke und rechte Kamera erfolgt die Kalibrierung getrennt, aber bezüglich eines gemeinsamen

Weltkoordinatensystems. Aus der absoluten Lage der beiden Kameras im Weltkoordinatensystem kann dann leicht auf ihre relative Lage geschlossen werden.

Wir gehen von l Testpunkten (x_k, y_k, z_k), $k = 1, 2, \cdots, l$, mit bekannten Koordinaten im Weltkoordinatensystem aus. Diese werden von der Kamera aufgenommen und ihre zugehörigen Bildpunkte (i_k, j_k) bestimmt. Gemäß der perspektivischen Transformation gilt für diese Paare von Welt- und Bildkoordinaten folgender Zusammenhang:

$$\begin{bmatrix} u_k \\ v_k \\ w_k \end{bmatrix} = \begin{bmatrix} t_{11} & t_{12} & t_{13} & t_{14} \\ t_{21} & t_{22} & t_{23} & t_{24} \\ t_{31} & t_{32} & t_{33} & t_{34} \\ t_{41} & t_{42} & t_{43} & t_{44} \end{bmatrix} \cdot \begin{bmatrix} x_k \\ y_k \\ z_k \\ 1 \end{bmatrix}, \quad i_k = \frac{u_k}{w_k}, \; j_k = \frac{v_k}{w_k}$$

oder

$$i_k = \frac{t_{11}x_k + t_{12}y_k + t_{13}z_k + t_{14}}{t_{31}x_k + t_{32}y_k + t_{33}z_k + t_{34}},$$

$$j_k = \frac{t_{21}x_k + t_{22}y_k + t_{23}z_k + t_{24}}{t_{31}x_k + t_{32}y_k + t_{33}z_k + t_{34}}.$$

Ohne Einschränkung der Allgemeinheit kann t_{34} hier auf eins gesetzt werden. Nach Umformungen erhalten wir ein lineares Gleichungssystem mit $2l$ Gleichungen und 11 Unbekannten:

$$\begin{bmatrix} x_1 & y_1 & z_1 & 1 & 0 & 0 & 0 & 0 & -i_1x_1 & -i_1y_1 & -i_1z_1 \\ 0 & 0 & 0 & 0 & x_1 & y_1 & z_1 & 1 & -j_1x_1 & -j_1y_1 & -j_1z_1 \\ x_2 & y_2 & z_2 & 1 & 0 & 0 & 0 & 0 & -i_2x_2 & -i_2y_2 & -i_2z_2 \\ 0 & 0 & 0 & 0 & x_2 & y_2 & z_2 & 1 & -j_2x_2 & -j_2y_2 & -j_2z_2 \\ \cdot & \cdot & \cdot & \cdot & \cdot & \cdot & \cdot & \cdot & \cdot\cdot & \cdot\cdot & \cdot\cdot \\ x_l & y_l & z_l & 1 & 0 & 0 & 0 & 0 & -i_lx_l & -i_ly_l & -i_lz_l \\ 0 & 0 & 0 & 0 & x_l & y_l & z_l & 1 & -j_lx_l & -j_ly_l & -j_lz_l \end{bmatrix} \cdot \begin{bmatrix} t_{11} \\ t_{12} \\ t_{13} \\ t_{14} \\ t_{21} \\ t_{22} \\ t_{23} \\ t_{24} \\ t_{31} \\ t_{32} \\ t_{33} \end{bmatrix} = \begin{bmatrix} i_1 \\ j_1 \\ i_2 \\ j_2 \\ \cdot\cdot \\ i_l \\ j_l \end{bmatrix}$$

oder

$$AT^* = D.$$

Die Methode der kleinsten Quadrate führt zur Lösung

$$T^* = (A^t A)^{-1} A^t D.$$

Theoretisch reichen bereits sechs Testpunkte zur Bestimmung der Transformationsmatrix aus. Wegen der Meßungenauigkeiten werden in der Praxis jedoch mehr Testpunkte verwendet als die Freiheitsgrade der Parameter erforderlich machen.

2.3 Zuordnungsmerkmale

Die Literatur über Stereoverfahren ist äußerst umfangreich. Die verschiedenen Verfahren unterscheiden sich vor allem in den verwendeten Merkmalen und der Zuordnungsmethode. Daher versuchen wir, die Vielfalt von Verfahren auch aus dem Blickwinkel dieser beiden Aspekte zu betrachten. Den Anfang macht die Diskussion in diesem Abschnitt über Zuordnungsmerkmale, während auf einige typische Zuordnungsmethoden in Abschnitt 2.5 eingegangen wird.

In einer Reihe von Arbeiten [Bar89, Fua93, Gen88] werden alle Bildpunkte als Zuordnungsobjekte verwendet. Ein einzelner Bildpunkt bringt jedoch wenig Information für die Korrespondenzanalyse. Verwertbar sind hierbei lediglich der Grauwert und die Grauwertverteilung einer kleinen Nachbarschaft. Der damit verbundenen Mehrdeutigkeit kann abgeholfen werden, indem eine Glattheitseinschränkung gefordert wird, die bedeutet, daß sich die Disparitäten fast überall kontinuierlich ändern [Bar89, Gen88]. Hierbei versteht man unter Disparität den Differenzvektor zweier korrespondierender Bildpunkte eines Szenenpunktes. Gemeinsam bei allen Stereoverfahren dieser Klasse ist, daß dabei ein dichtes Tiefenbild entsteht. Von diesem Vorgehen abweichend werden in [BT80, Mor79] nur ausgewählte markante Bildpunkte zur Zuordnung herangezogen. Als solche werden mit dem Moravec-Operator [Mor79] Bildpunkte mit starker Grauwertvarianz in vier Richtungen (vertikal, horizontal und zweimal diagonal) bestimmt.

Als Alternative zu Bildpunkten werden weit häufiger Merkmale gewählt, die Abbildungen von körperfesten Oberflächenstrukturen sind. Dazu gehören Kantenpunkte, wo lokale Änderungen der Grauwerte besonders stark ausfallen. Diese werden als Abbildung der Begrenzungslinie zweier Szenenflächen interpretiert. Kantendetektion zählt zu jenen Themen der Bildanalyse, die schon seit Beginn der Forschungen intensiv untersucht werden. Dementsprechend existiert auch eine große Anzahl verschiedenster Kantendetektoren. Im Zusammenhang mit Stereoverfahren erfreut sich vor allem der Kantendetektor von Marr und Hildreth großer Beliebtheit, was auf den auf biologischer Evidenz aufgebauten Stereoalgorithmus von Marr und Poggio [Mar82] sowie dessen Implementation durch Grimson [Gri90b, Gri85] zurückzuführen ist, mit dem die Autoren ihr Modell des menschlichen Sehens zu validieren versuchten. Hierbei werden die Stereobilder mit dem Gauß-Laplace-Filter

$$\nabla^2 G(x,y) \;=\; \frac{1}{\pi\sigma^4}\Big(\frac{x^2+y^2}{2\sigma^2}-1\Big)e^{-\frac{x^2+y^2}{2\sigma^2}}$$

gefaltet, und Kantenpunkte ergeben sich aus Nulldurchgängen der gefalteten Bilder. Im Prinzip kann für den Zweck der Kantenfindung jedoch auch ein beliebiger anderer Kantendetektor eingesetzt werden. Einige Beispiele dafür sind in [HS89a, MN85, OK85] zu finden.

Angesichts der inhärenten Mehrdeutigkeit bei der Zuordnungsanalyse ist die Verwendung von Kontextinformationen von entscheidender Bedeutung. Dazu

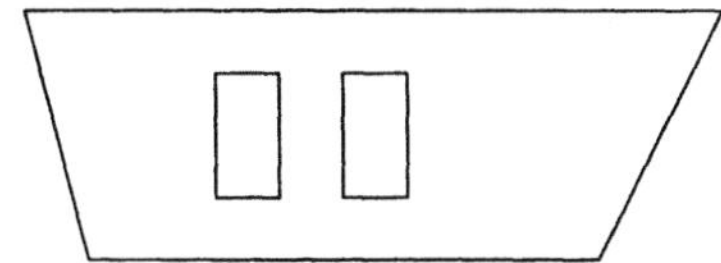

Abbildung 2.3: Allgemeine Objektform in einem objektbasierten Stereosystem.

zählt beispielsweise, daß zusammenhängende Kantenpunkte im einen Stereobild nur zusammenhängenden Kantenpunkten im anderen Stereobild zugeordnet werden können. Bei der Zuordnung von Kantenpunkten muß diese Eigenschaft explizit gefordert werden. Wesentlich einfacher ist es, wenn längere Kantenzüge, bestehend aus einer Folge von zusammenhängenden Kantenpunkten, als Zuordnungsobjekte betrachtet werden. Derartige Kantenzüge können weiter in gerade Liniensegmente aufgeteilt werden [HS89a, MN85]. Möglich ist aber auch eine direkte Zuordnung von Kurven ohne jegliche Aufteilung [Nas92, SP90].

Regionen, die bezüglich der Grauwerte homogen sind, bilden eine weitere Klasse von Zuordnungsobjekten für Stereoverfahren [LL90, MT89]. Ähnlich wie bei der Kantendetektion existiert auch hier eine Reihe von regionenbasierten Segmentierungsmethoden für Grauwertbilder. Zur Merkmalsdetektion kann deshalb auf ein beliebiges derartiges Verfahren zurückgegriffen werden.

Der Weg von Merkmalen geringen Informationsgehalts zu denen höherer Abstraktion kann fortgesetzt werden, indem eine Gruppierung der einzelnen Merkmale als Abbildung eines physikalischen Objektes interpretiert und als Zuordnungsobjekt verwendet wird. Eine Gruppierung ist aber nur beim Vorhandensein von Wissen über die potentiellen Objekte in der Szene möglich. Daher ist dieses Vorgehen vor allem in bestimmten industriellen Anwendungen sinnvoll, wo man es mit wenigen bekannten Werkstücken zu tun hat. Ein derartiges Stereosystem wird in [GK94b] beschrieben. Dieses System ist in der Lage, Szenen mit vier flachen Objekten zu bearbeiten, wobei drei der Objekte von der in Abb. 2.3 gezeigten allgemeinen Form, jedoch mit unterschiedlicher geometrischer Ausprägung, sind. Neben der Detektion der einzelnen Konturen beinhaltet die Merkmalsdetektion hier auch eine Zusammenfassung dreier Konturen zu einem Objekt.

Während in den bekannten Stereosystemen mehrheitlich Merkmale eines bestimmten Typs zum Einsatz kommen, kann auch eine Kombination in Betracht gezogen werden. In [LB88] wird beispielsweise eine vierstufige Hierarchie von Zuordnungsobjekten unterschiedlicher Komplexität benutzt, die aus Kantenpunkten, Liniensegmenten, Regionen sowie Objekten besteht. Die Zuordnung erfolgt stufenweise in der umgekehrten Reihenfolge, wobei neben Eigenschaften der aktuellen Stufe auch Einschränkungen aufgrund von Ergebnissen der nächst höheren Stufe verwendet werden.

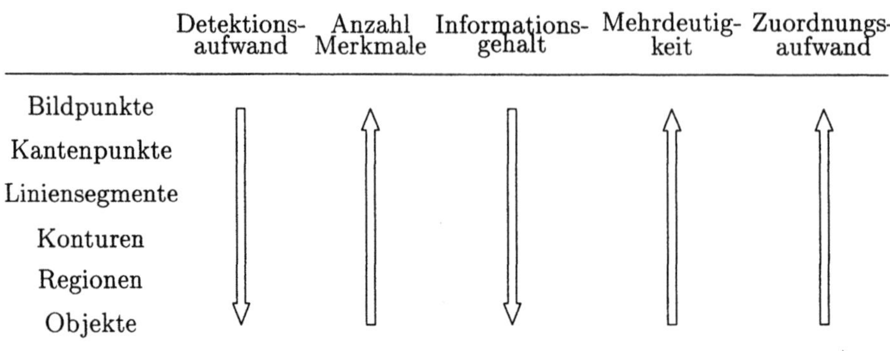

Abbildung 2.4: Zuordnungsmerkmale und ihre Eigenschaften.

Die bisher diskutierten Merkmalstypen lassen sich in einer Hierarchie anordnen. Am unteren Ende sind Kantenpunkte mit geringem Informationsgehalt angesiedelt, während gerade Liniensegmente, Konturen und Regionen den mittleren Bereich belegen. Ganz oben sind schließlich komplette Objekte zu finden. Beim Entwurf eines Stereosystems gilt es, eine Reihe von z.T. gegensätzlichen Forderungen abzuwägen, siehe Abb. 2.4 für eine Übersicht. Aus der Sicht des Zuordnungsverfahrens ist es wünschenswert, Merkmale möglichst großen Informationsgehalts zu verwenden, was dank der geringen Anzahl und Mehrdeutigkeit nicht nur den Zuordnungsaufwand verringert, sondern vor allem zuverlässigere Zuordnungen liefert. Auf der anderen Seite verursachen Merkmale höherer Abstraktion, insbesondere vollständige Objekte, aber erhöhten Aufwand bei der Merkmalsdetektion und zunehmende Unsicherheit bei den Merkmalen selbst. Als guter Kompromiß können aus der Übersicht in Abb. 2.4 die Merkmale Kantenpunkte, Liniensegmente sowie Konturen angesehen werden. Diese werden auch in der Praxis am häufigsten verwendet.

2.4   Zuordnungseinschränkungen für die Korrespondenzanalyse

Als Kernstück eines jeden Stereoverfahrens ist die Zuordnungsmethode, die Paare von Projektionen ein und desselben Szenenmerkmals in den Stereobildern findet, anzusehen. Korrespondenzanalyse stellt ein schwieriges Problem dar, weil lokal betrachtet für ein Bildmerkmal in der Regel mehrere Bildmerkmale im anderen Stereobild für die Zuordnung in Betracht kommen. Daher müssen einschränkende Randbedingungen für die Korrespondenzanalyse herangezogen werden, um diese Mehrdeutigkeiten aufzulösen oder zumindest auf ein Maß zu reduzieren, so daß die verbleibende Mehrdeutigkeit auf globaler

Ebene mittels Kontextinformationen aufgelöst werden kann. Derartige Zuordnungseinschränkungen fallen grundsätzlich in zwei Kategorien:

- Geometrische Eigenschaften: Aus einer Modellierung der Stereogeometrie und des Prozesses der Bildentstehung läßt sich eine Reihe von geometrischen Einschränkungen für mögliche Zuordnungen von Bildmerkmalen ableiten.

- Objekteigenschaften: Zusätzlich dazu ergeben sich aus allgemein gültigen Eigenschaften der Objekte der uns umgebenden Welt weitere Einschränkungen.

Anders betrachtet kann auch zwischen physikalischen Gesetzmäßigkeiten und Heuristiken unterschieden werden. Im Gegensatz zu physikalischen Gesetzmäßigkeiten ist eine Heuristik dadurch gekennzeichnet, daß sie zwar in den meisten Fällen gültig ist. Es kann jedoch nicht ausgeschlossen werden, daß teilweise korrekte Zuordnungen unterbunden werden. Im folgenden werden wir auf die einzelnen Möglichkeiten zur Reduzierung der Mehrdeutigkeiten im Detail eingehen.

Epipolare Geometrie

Einer sehr mächtigen Einschränkung für mögliche Zuordnungen liegt die folgende einfache Beobachtung zugrunde (siehe die Illustration in Abb. 2.5): Durch die gegebene Kamerageometrie wird der Punkt P im Raum, der den Bildpunkt I_l verursacht, auf die Gerade PI_l beschränkt. Folglich ist der korrespondierende Bildpunkt I_r auf der Abbildung dieser Geraden im rechten Stereobild zu finden. Diese Gerade ep_r ergibt sich aus dem Schnitt der Ebene $I_lC_lC_r$ mit der rechten Bildebene und wird als epipolare Linie bezeichnet. U.a. befindet sich der Durchstoßpunkt E_r der Basislinie C_lC_r mit der rechten Bildebene, auch Epipol genannt, auf der epipolaren Linie ep_r. Analog verhält sich die Zuordnungseinschränkung für einen Bildpunkt I_r im rechten Stereobild. Aus der epipolaren Geometrie ergibt sich somit die folgende fundamentale Einschränkung der möglichen Zuordnungen: Zwei Bildpunkte, die Abbildungen ein und desselben Szenenpunktes auf die linke und rechte Bildebene sind, liegen auf den jeweiligen epipolaren Linien des anderen Bildes. Die Mächtigkeit dieser Einschränkung zeigt sich darin, daß der Suchbereich für korrespondierende Bildpunkte von der gesamten Bildebene auf eine Gerade reduziert wird, weshalb diese Einschränkung in praktisch allen Stereosystemen genutzt wird.

Um von der epipolaren Geometrie Gebrauch machen zu können, ist für eine allgemeine Kameraanordnung stets die aufwendige Berechnung der epipolaren Linie notwendig. Hierfür bietet sich die in Abschnitt 2.2.1 geschilderte Standard-Stereogeometrie als besonders vorteilhaft an. Bei dieser speziellen Kameraanordnung entspricht die zu einem Bildpunkt gehörige epipolare Linie

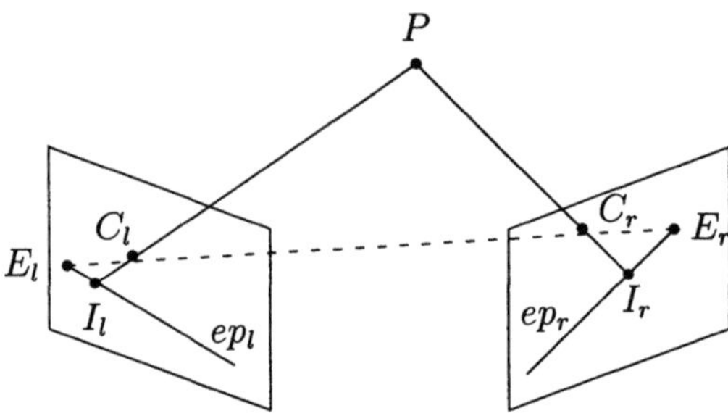

Abbildung 2.5: Die epipolare Geometrie.

der Zeile des anderen Stereobildes mit derselben Zeilenkoordinate. Es ist genau
diese Eigenschaft, welche die Standard-Anordnung zur am häufigsten verwendeten Stereogeometrie in der Literatur macht.

Einschränkung epipolarer Linien auf ein Intervall

Der Suchbereich der theoretisch unendlichen, praktisch aber durch die Ränder
eines Bildes beschränkten epipolaren Linie läßt sich durch Kenntnis der Szenengeometrie noch weiter auf ein Intervall einschränken. Angenommen, die
Szene ist bezüglich der Tiefe durch ein Interval $[z_{\min}, z_{\max}]$ begrenzt. Im Fall
der Stereogeometrie mit parallelen Achsen ergibt sich aus (2.1) folgende Einschränkung für die Korrespondenzanalyse:

$$b \cdot (1 + \frac{f}{z_{\max}}) \ \le \ x_r - x_l \ \le \ b \cdot (1 + \frac{f}{z_{\min}}).$$

Nützlich ist diese Bedingung auch dann, wenn lediglich Kenntnis über eine der
beiden Schranken vorliegt.

Eindeutigkeitseinschränkung

Eine wichtige Grundlage zur Einschränkung der möglichen Zuordnungen bildet das von Binford [Bin81] begründete Generalitätsprinzip. Dieses fordert,
daß Bildstrukturen möglichst durch das allgemeinste Modell zu interpretieren
sind. Daraus läßt sich u.a. das Prinzip des allgemeinen Standortes ableiten,
das besagt, daß Bildmerkmale nicht durch eine spezielle Ansicht der Kamera
zustandekommen. Ist dieses Prinzip des allgemeinen Standortes erfüllt, so kann
davon ausgegangen werden, daß ein Bildmerkmal durch eine Struktur in der
Szene hervorgerufen wird, die eine eindeutige Position im Raum hat. Folglich
darf jedem Bildmerkmal höchstens ein korrespondierendes Merkmal zugeordnet werden. Daß dieser Eindeutigkeitseinschränkung tatsächlich das Genera-

litätsprinzip zugrundeliegt, belegt die folgende Überlegung: Wird die Kamera so aufgestellt, daß ein Projektionsstrahl in einer planaren Objektoberfläche der Szene liegt, so werden alle Punkte auf der Schnittlinie dieser Oberfläche mit dem Projektionsstrahl auf denselben Bildpunkt abgebildet, obwohl diese Szenenpunkte jeweils unterschiedliche Bildpunkte im anderen Stereobild hervorrufen. Daher ist diese Forderung nach Eindeutigkeit der Zuordnungen als eine Heuristik zu verstehen, die nur dann ihre Gültigkeit besitzt, wenn bezüglich der Bildmerkmale keine spezielle Ansicht der Kamera vorliegt.

Bei der Verwendung von Bildmerkmalen, die mehrere Bildpunkte umfassen, muß stets mit Fehlern bei der Detektion der Bildmerkmale gerechnet werden, was sich in einer Fragmentierung der Merkmale zeigt. Deshalb soll die Eindeutigkeitseinschränkung in diesem Fall dahingehend gelockert werden, daß mehrfache Zuordnungen von Merkmalen, die möglicherweise fragmentierte Teilstücke eines größeren Merkmals darstellen, weiterhin erlaubt sind.

Lokale Eigenschaften der Merkmale

Im allgemeinen kann erwartet werden, daß korrespondierende Bildpunkte eine gewisse Ähnlichkeit in ihren lokalen Eigenschaften besitzen. So wird man z.B. annehmen können, daß sie vergleichbare Grauwerte haben. Korrespondierende Kantenpunkte, Liniensegmente oder Konturen sollten einen ähnlichen Kontrast aufweisen. Unter Verwendung der Standard-Stereogeometrie sollten ferner korrespondierende gerade Liniensegmente[4] ähnliche Orientierung und Länge haben, sofern die Objekte im Verhältnis zur Basislänge weit von der Kamera entfernt liegen. Wieviele lokale Eigenschaften zur Einschränkung der möglichen Zuordnungen herangezogen werden können, hängt stark vom Typ der verwendeten Merkmale ab. In der in Abschnitt 2.3 diskutierten Hierarchie der Zuordnungsobjekte nimmt mit zunehmender Abstraktion auch der Informationsgehalt zu. Umso mehr lokale Eigenschaften stehen dann zur Verfügung.

Im Zusammenhang mit den lokalen Eigenschaften gilt es zu beachten, daß für korrespondierende Zuordnungsobjekte diese zwar ähnlich, in der Regel jedoch nicht gleich sind, da sie im allgemeinen von der Betrachtungsrichtung abhängen. Zwei korrespondierende Bildpunkte haben z.B. nur dann genau gleiche Grauwerte, wenn der entsprechende Szenenpunkt auf einer idealen Lambert-Oberfläche liegt (vgl. Abschnitt 3.1). In [AB80] haben Arnold und Binford eine statistische Analyse der obigen Aussage über die Ähnlichkeit der Orientierung und der Länge korrespondierender Liniensegmente vorgenommen. Es hat sich gezeigt, daß bei einer angenommenen Gleichverteilung (bezüglich einer Gauß-

---

[4]Obwohl eine perspektivische Projektion Geraden im Raum auf Geraden im Bild abbildet, gilt der Schluß in die andere Richtung, daß eine Gerade im Bild auch eine Gerade in der Szene impliziert, jedoch nicht. Unter Verwendung des Prinzips des allgemeinen Standortes können Liniensegmente dennoch ohne weiteres zueinander zugeodnet werden, da der ungünstige Fall, daß die Gerade in einem der Stereobilder nicht durch eine Gerade in der Szene zustandekommt, eine sehr spezielle Betrachtungsrichtung erforderlich macht.

schen Kugel) der dreidimensionalen Orientierungen von Geraden in der Szene die Ähnlichkeit der Orientierung und der Länge bei einer überwältigenden Mehrheit korrespondierender Liniensegmente gegeben ist. Ausnahmen liegen dort vor, wo eine Kante z.B. fast parallel zur optischen Achse verläuft.

Kantenkontinuität

Unter der Kantenkontinuität ist die Annahme gemeint, daß benachbarte Kantenpunkte Projektionen von Szenenpunkten derselben Kontur im Raum sind und somit auch ihre korrespondierenden Kantenpunkte im anderen Stereobild benachbart sein müssen. Daraus folgt, daß benachbarte Kantenpunkten auch solchen zugeordnet werden. Während diese Eigenschaft bei der Zuordnung von Kantenpunkten explizit gefordert werden muß, ist sie bei der Verwendung von geraden Liniensegmenten oder Kurven als Zuordnungsobjekte durch das Verbinden der einzelnen Kantenpunkte zu längeren Kantenzügen implizit gegeben.

Ordnungseinschränkung

Diese Heuristik fordert, daß auf derselben epipolaren Linie liegende Bildpunkte in der gleichen Reihenfolge auf die korrespondierende epipolare Linie des anderen Stereobildes abgebildet werden. Im Fall der Standard-Stereogeometrie wird daher die Reihenfolge der Zuordnungen innerhalb einer Bildzeile beschränkt. Diese Einschränkung wird vor allem bei Zuordnungsverfahren mit dynamischer Programmierung (vgl. Abschnitt 2.5.3) eingesetzt. Allerdings wird sie bei Szenen mit transparenten Oberflächen oder kleinen Objekten im Vordergrund häufig verletzt. Eine derartige Situation illustriert Abb. 2.6, wo die Abbildungen der beiden Szenenpunkte im linken Bild die Reihenfolge $I_{pl}I_{ql}$ aufweisen, während im rechten Bild die korrespondierenden Bildpunkte I_{pr} und I_{qr} umgekehrt abgebildet werden.

Einschränkung mittels Disparitätsgradienten

Dem menschlichen Sehsystem sind Grenzen gesetzt. So haben psychophysische Experimente [BJ80] gezeigt, daß zwei Punkte im Raum nur dann gleichzeitig korrekt interpretiert werden, wenn der sog. Disparitätsgradient nach oben beschränkt ist. In [TL85] wird der Disparitätsgradient wie folgt definiert:

$$DG = \frac{2|d_l - d_r|}{|d_l + d_r|},$$

wobei d_l und d_r den Differenzvektor der beiden abgebildeten Punkte im linken bzw. rechten Bild repräsentieren. Im wesentlichen legt eine Begrenzung des Disparitätsgradienten die maximal zulässige Neigung von Objektoberflächen in der Szene gegenüber dem Beobachter fest. Bei einer Schranke von 2 wird

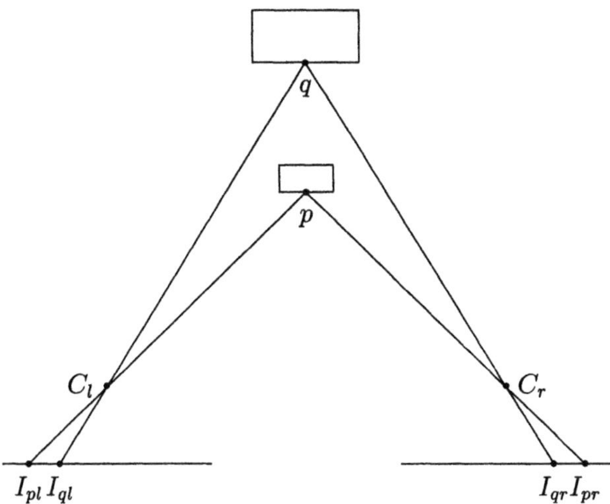

Abbildung 2.6: Szene mit einem kleinen Objekt im Vordergrund. Hierbei wird die Ordnungseinschränkung verletzt.

beispielsweise ausgeschlossen, daß zwei Paare von Bildpunkten, deren entsprechende Punkte im Raum auf einer sich selbst verdeckenden Oberfläche liegen, zueinander zugeordnet werden.

In einigen Stereosystemen [AF87, PMF85] werden diese Erkenntnisse ausgenutzt, um den Kandidatenkreis der möglichen Zuordnungen einzuengen. Interessant ist hierbei die statistische Analyse in [PPMF90], wo in Anlehnung an die Untersuchung von Arnold und Binford [AB80] bezüglich der Orientierung und der Länge korrespondierender Liniensegmente die Wahrscheinlichkeit für einen irrtümlichen Ausschluß korrekter Zuordnungen berechnet wird. Unter Annahme einer Gleichverteilung der Oberflächenorientierungen (bezüglich einer Gaußschen Kugel) ist diese Wahrscheinlichkeit bereits bei kleinen Werten von DG gering. Für einen konkreten Kameraaufbau mit einer Basislänge von 6.5 cm sowie einer Mindestdistanz der Oberflächen zur Kamera von 26 cm beträgt sie lediglich 10% für $DG = 0.5$. Diese statistische Analyse hat gezeigt, daß mit einer oberen Schranke aus dem Intervall [0.5,1.0] der Kandidatenkreis der möglichen Zuordnungen massiv eingeengt werden kann, ohne dadurch eine nennenswerte Anzahl korrekter Zuordnungen auszuschließen.

2.5 Zuordnungsverfahren

Nachdem mögliche Zuordnungseinschränkungen für die Korrespondenzanalyse besprochen wurden, soll nun auf die Zuordnungsverfahren selbst eingegangen werden. Hierbei fließen die Zuordnungseinschränkungen grundsätzlich auf zweierlei Art und Weise in den Prozeß der Mehrdeutigkeitsauflösung ein. Die epipolare Geometrie wie auch die lokalen Eigenschaften der Merkmale dienen vor allem dazu, die Menge der möglichen Zuordnungskandidaten massiv einzuengen. Im Prinzip können die anderen relationalen Zuordnungseinschränkungen verwendet werden, um die verbleibende Mehrdeutigkeit in einem größeren Kontext aufzulösen. Da selbst dann nicht immer mit einer eindeutigen Lösung gerechnet werden kann, wird häufig das globale Zuordnungsproblem als eine Optimierungsaufgabe mit Einbezug der Zuordnungseinschränkungen formuliert. Unter den plausiblen Lösungen im Sinne der Erfüllung der Zuordnungseinschränkungen wird somit die beste bezüglich eines bestimmten Optimalitätskriteriums ausgewählt.

Methodisch lassen sich Zuordnungsverfahren grob in zwei Klassen unterteilen. Die Verwendung aller Bildpunkte ohne Bezug zum Bildinhalt als Zuordnungsobjekte macht generell ein anderes Vorgehen als bei sonstigen Merkmalstypen erforderlich. Hierbei werden traditionell Korrelationsverfahren eingesetzt. Bildpunkte werden durch Maximierung einer Korrelationsfunktion – angewendet auf einer regelmäßigen Nachbarschaft – in einem gewissen Suchbereich zugeordnet. Neuerlich sind einige Arbeiten [Bar89, Gen88] in der Literatur erschienen, bei denen mögliche globale Zuordnungen mittels einer Gütefunktion bewertet werden, so daß die Aufgabe des Zuordnungsverfahrens darin besteht, mithilfe einer Optimierungsmethode die optimale globale Zuordnung zu finden. Werden jedoch Merkmale mit Bezug zum Bildinhalt verwendet, so finden andere Zuordnungsmethoden Anwendung. Dazu gehören vor allem Relaxation und dynamische Programmierung.

Der Zuordnungsprozeß ist mit einer erheblichen Komplexität verbunden, insbesondere bei der Verwendung von Merkmalen geringen und mittleren Informationsgehalts. Zur Reduktion dieser Komplexität ist häufig ein hierarchisches Vorgehen sinnvoll. Mit einer Auflösungshierarchie kann beispielsweise ausgenutzt werden, daß die Zuordnung auf gröberen Ebenen wegen der kleineren Anzahl der Merkmale im allgemeinen einfacher durchzuführen ist. Die Ergebnisse wirken dann einschränkend auf die Zuordnung der nächst feineren Ebene. Eine weitere Variante hierarchischen Vorgehens stellt die in [LB88] beschriebene Hierarchie verschieden komplexer Zuordnungsobjekte, bestehend aus Kantenpunkten, Liniensegmenten, Regionen sowie Objekten, dar. Die Zuordnung erfolgt hier stufenweise in der umgekehrten Reihenfolge, wobei neben Eigenschaften der aktuellen Stufe auch Einschränkungen durch Ergebnisse der nächst höheren Stufe eingehen.

Die Literatur über Stereoverfahren ist äußest umfangreich. Die verschiedenen Methoden unterscheiden sich jedoch mehr in Details als in grundsätzlichen Prinzipien. Nachfolgend soll beispielhaft auf drei derartige Verfahren unterschiedlicher algorithmischer Ausprägung eingegangen werden, um ein Gefühl des generellen Vorgehens bei der Korrespondenzanalyse zu vermitteln.

2.5.1 Korrelationsverfahren

Grauwertbasierte Korrelationstechniken wurden bereits in kommerziellen Anwendungen der Stereophotogrammetrie [FP86] intensiv untersucht. Hierbei werden zur Bestimmung des korrespondierenden Partners eines Bildpunktes (i, j) im linken Stereobild die Bildpunkte auf der entsprechenden epipolaren Linie des rechten Stereobildes berücksichtigt. Jede mögliche Paarung wird mit einer Korrelationsfunktion bewertet und als Zuordnung derjenige Bildpunkt mit dem optimalen Korrelationswert ausgewählt. Die Standard-Stereogeometrie vorausgesetzt, kommen als Zuordnungskandidaten nur Bildpunkte (k, j) des rechten Bildes in Frage. Nehmen wir eine rechteckige Nachbarschaft der Größe $(2M + 1) \times (2N + 1)$ für die Bewertung an, so sind

$$
\begin{aligned}
C_1(k) \;=\; & \frac{1}{K} \sum_{u=-M}^{M} \sum_{v=-N}^{N} [(I_l(i + u, j + v) - \overline{I}_l(i, j)) \\
& - (I_r(k + u, j + v) - \overline{I}_r(k, j))]^2 \\
C_2(k) \;=\; & \frac{1}{K} \sum_{u=-M}^{M} \sum_{v=-N}^{N} [(I_l(i + u, j + v) - \overline{I}_l(i, j)) \\
& \times (I_r(k + u, j + v) - \overline{I}_r(k, j))]
\end{aligned}
$$

mit

$$
K \;=\; K_l K_r
$$

$$
K_l \;=\; \sqrt{\sum_{u=-M}^{M} \sum_{v=-N}^{N} (I_l(i + u, j + v) - \overline{I}_l(i, j))^2}
$$

$$
K_r \;=\; \sqrt{\sum_{u=-M}^{M} \sum_{v=-N}^{N} (I_r(k + u, j + v) - \overline{I}_r(k, j))^2}
$$

zwei mögliche Bewertungsfunktionen, wobei $\overline{I}_x(i, j)$ den Durchschnittsgrauwert der lokalen Nachbarschaft um den Bildpunkt (i, j) repräsentiert. Bei diesem Vergleich kann die Disparität auch mit einer Subpixel-Genauigkeit berechnet werden, indem wir für die Korrelationswerte der Nachbarpunkte um das Optimum eine quadratische Kurve approximieren und die optimale Disparität mithilfe einer Interpolation ermitteln (vgl. Abschnitt 4.2.2).

Um die Gültigkeit einer auf diese Weise bestimmten Zuordnung zu testen, kann beispielsweise am optimalen Korrelationswert eine Schwelle angelegt werden. Da es in der Praxis schwierig ist, eine derartige Schwelle festzulegen, hat Fua [Fua93] eine auf Gegenseitigkeit basierende Alternative vorgeschlagen. Dabei wird eine zusätzliche Korrelation mit umgekehrter Rolle der beiden Stereobilder durchgeführt und für Bildpunkte des rechten Bildes nach deren Zuordnungen im linken Bild gesucht. Zwei Bildpunkte P_l und P_r werden nur dann als korrespondierend betrachtet, wenn P_r die optimale Zuordnung von P_l und P_l seinerseits auch die optimale Zuordnung von P_r ist.

Im Gegensatz zu anderen Merkmalen mit Bezug zum Bildinhalt erlaubt die Verwendung aller Bildpunkte die Erstellung eines dichten Tiefenbildes. Ein zuverlässiges dichtes Tiefenbild ist jedoch nur dann zu erreichen, wenn genügend feine Strukturen in der Szene vorliegen. Bei größeren homogen Regionen droht ein Korrelationsverfahren zwangsläufig zu scheitern. Korrelationsverfahren sind aber mit zwei weiteren Problemen konfrontiert. Einem Korrelationsverfahren liegt die Voraussetzung zugrunde, daß Bildstrukturen gleichen physikalischen Ursprungs vergleichbare Grauwerte in den beiden Stereobildern haben. Zwei korrespondierende Bildpunkte haben aber nur dann genau gleiche Grauwerte, wenn der entsprechende Szenenpunkt auf einer idealen Lambert-Oberfläche liegt (vgl. Abschnitt 3.1). Abhilfe schafft hier die Tatsache, daß bis zu einem gewissen Grad Schwankungen der Grauwerte durch die Normalisierung in $C_1(k)$ und $C_2(k)$ mithilfe des durchschnittlichen Grauwertes der lokalen Nachbarschaft teilweise ausgeglichen werden können. Tatsächlich wurde dieser ausgleichende Effekt in [Fua93] im Vergleich zu zwei Korrelationsfunktionen ohne Normalisierung

$$C_3(k) \;=\; \frac{1}{K} \sum_{u=-M}^{M} \sum_{v=-N}^{N} \left(I_l(i+u, j+v) - I_r(k+u, j+v)\right)$$

$$C_4(k) \;=\; \frac{1}{K} \sum_{u=-M}^{M} \sum_{v=-N}^{N} \left(I_l(i+u, j+v) - I_r(k+u, j+v)\right)^2$$

mit

$$K \;=\; \sqrt{\sum_{u=-M}^{M} \sum_{v=-N}^{N} \left(I_l(i+u, j+v)\right)^2} \sqrt{\sum_{u=-M}^{M} \sum_{v=-N}^{N} \left(I_r(k+u, j+v)\right)^2}$$

experimentell bestätigt.

Das wohl schwerwiegendste Problem der Korrelationsverfahren stellt der ungleiche Sichtbereich dar. Beim Vergleich zweier lokaler Nachbarschaften wird implizit vorausgesetzt, daß diese auch denselben Ursprung in der Szene haben. Abb. 2.7 zeigt aber deutlich, daß diese Voraussetzung nicht immer gegeben ist. In diesem Beispiel mit einer geneigten Fläche wird dasselbe Flächenstück auf Bildbereiche unterschiedlicher Größen abgebildet. Das hat zur Folge, daß bei gleicher Größe der Korrelationsnachbarschaft die rechte Kamera wesentlich mehr von der Fläche zu sehen bekommt als die linke Kamera. Daher sind die beiden Bildausschnitte auch nicht vergleichbar. Dem Problem des ungleichen Sichtbereichs kann am ehesten abgeholfen werden, indem mit einem kleinen Korrelationsfenster gearbeitet wird.

Diese Forderung steht jedoch im Widerspruch mit dem Wunsch nach einem größeren Fenster, so daß der Bildausschnitt überhaupt ausreichende Grauwertvarianz für die Zuordnung aufweist. Hier wird die Wichtigkeit der Wahl

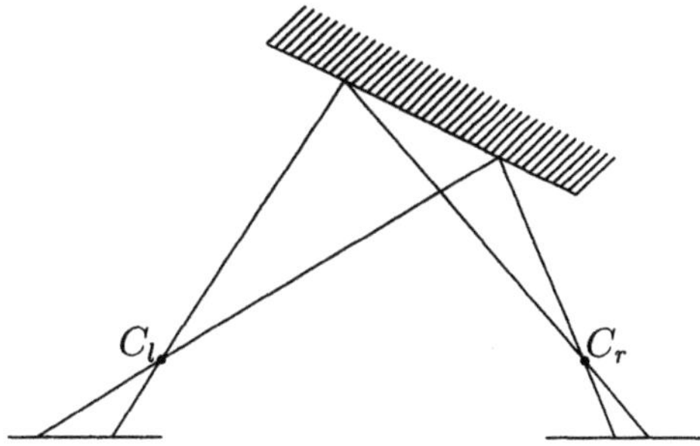

Abbildung 2.7: Das Problem des ungleichen Sichtbereichs in Korrelationsverfahren.

der Fenstergröße deutlich. In der obigen Ausführung der Korrelationsverfahren wird von einem Fenster fixer Größe ausgegangen. In der Praxis wird diese Größe meistens experimentell festgelegt. Eine Alternative dazu liefert der Ansatz in [KO94] mit adaptivem Korrelationsfenster. Hierbei wird ein statistisches Modell der Disparität innerhalb eines Fensters aufgestellt, das die Berechnung der Disparitätswahrscheinlichkeit ermöglicht. Daraufhin kann das Korrelationsfenster dynamisch so bestimmt werden, daß eine Disparität mit der größten Wahrscheinlichkeit erreicht wird. Durch experimentelle Untersuchungen wurde in [KO94] die Überlegenheit dieser adaptiven Fensterwahl eindeutig bestätigt.

2.5.2 Relaxation

Wie von Marr und Poggio [MP76] ausgeführt, liegen eindeutige psychophysikalische Hinweise vor, daß in biologischen Sehsystemen ein kooperativer Prozeß lokaler Zuordnungen mit dem Ziel, eine globale konsistente Zuordnung zu erreichen, stattfindet. Algorithmisch kann ein derartiger kooperativer Prozeß mittels einer kontinuierlichen Relaxation simuliert werden, bei der die Wahrscheinlichkeit einer potentiellen Zuordnung iterativ der Gegebenheit der lokalen Umgebung angepaßt wird, bis sich eine globale konsistente Zuordnung einstellt.

In diesem Abschnitt soll beispielhaft der Relaxationsalgorithmus aus [KA87] vorgestellt werden. Weitere auf Relaxation beruhende Stereosysteme finden sich in [BT80, PMF85]. Als Zuordnungsmerkmale werden in [KA87] Kantenpunkte verwendet, die mit dem Kantendetektor von Marr und Hildreth detektiert werden. Es wird von der Stereogeometrie mit parallelen Achsen ausgegangen. Die epipolare Geometrie wie auch die Szenengeometrie wird ausgenutzt, um den Suchbereich bei der Korrespondenzanalyse auf ein Intervall der epipolaren Linie zu beschränken. Einem Kantenpunkt $P_l(i_l, j)$ des linken Bildes stehen als Zuordnungskandidaten die Kantenpunkte $(i_{rk}, j), k = 1, 2, \cdots, m$, innerhalb

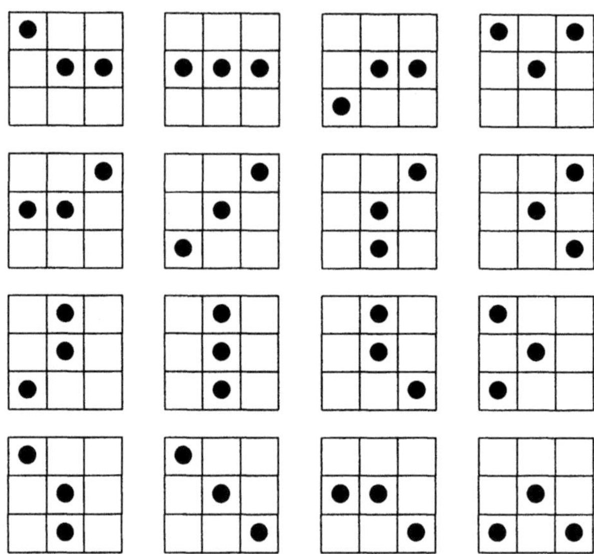

Abbildung 2.8: Verteilungen von Kantenpunkten in einer 3×3 Nachbarschaft.

des entsprechenden Intervalls im rechten Bild zur Verfügung. Hierbei soll auch
der Fall berücksichtigt werden, daß der Punkt P_l gar keine Korrespondenz besitzt. Benutzen wir dafür das Sondersymbol Λ, so lautet die Menge potentieller
Zuordnungen:

$$ ZM \;=\; \{\Lambda,\; (i_{r1}, j),\; (i_{r2}, j),\; \cdots,\; (i_{rm}, j)\}. $$

Die initiale Wahrscheinlichkeit dieser Zuordnungen wird mithilfe von zwei lokalen Eigenschaften ermittelt. Zum einen sollen P_l und der Zuordnungskandidat
(i_{rk}, j) vergleichbare Intensitätsgradienten aufweisen, was mit

$$ w_1(i_{rk}, j) \;=\; \frac{1}{1 + |G_l(i_l, j) - G_r(i_{rk}, j)|} $$

$$ G_l \;=\; \frac{I_l(i_l + 1, j) - I_l(i_l - 1, j)}{2}, \quad G_r \;=\; \frac{I_r(i_{rk} + 1, j) - I_r(i_{rk} - 1, j)}{2} $$

getestet wird. Zum anderen wird ein ähnlicher Verlauf des Kantenzugs gefordert. Dazu betrachten wir die 3×3 lokale Nachbarschaft N_3 des jeweiligen
Kantenpunktes. Für den Fall, daß darin nur zwei weitere Kantenpunkte existieren, sind insgesamt 16 verschiedene Konstellationen möglich, siehe Abb. 2.8.
Wir numerieren die acht Positionen von N_3 wie folgt:

3	2	1
4	●	0
5	6	7

Seien $D_1(i_l, j)$ und $D_2(i_l, j)$, $D_1(i_l, j) < D_2(i_l, j)$, die Positionsnummern der beiden benachbarten Kantenpunkte von P_l; analog seien $D_1(i_{rk}, j)$ und $D_2(i_{rk}, j)$, $D_1(i_{rk}, j) < D_2(i_{rk}, j)$, für den Zuordnungskandidaten (i_{rk}, j) definiert. Die Ähnlichkeit der lokalen Kantenzüge läßt sich mittels

$$w_2(i_{rk}, j) = \frac{1}{1 + \mathit{DIFF}_1 + \mathit{DIFF}_2}$$

$$\mathit{DIFF}_x = \begin{cases} |D_x(i_l, j) - D_x(i_{rk}, j)|, & \text{falls } |D_x(i_l, j) - D_x(i_{rk}, j)| \leq 4 \\ |8 - (D_x(i_l, j) - D_x(i_{rk}, j))|, & \text{falls } |D_x(i_l, j) - D_x(i_{rk}, j)| > 4 \end{cases}$$

quantitativ charakterisieren. Eine Ausnahme bildet hier der Fall, wo mindestens eine der zu vergleichenden Nachbarschaften nicht genau zwei Kantenpunkte hat. In diesem Fall wird w_2 auf einen sehr kleinen Wert gesetzt. Aus w_1 und w_2 können wir nun ein Ähnlichkeitsmaß von P_l und dem Zuordnungskandidaten (i_{rk}, j) als

$$w(i_{rk}, j) = a \cdot w_1(i_{rk}, j) + b \cdot w_2(i_{rk}, j)$$

definieren, wobei mit den Konstanten a und b die Möglichkeit einer Gewichtung der beiden Faktoren gegeben wird. Schließlich berechnen wir die initiale Wahrscheinlichkeit der Zuordnungen aus

$$P^0(x) = \frac{w(x)}{\sum\limits_{y \in ZM} w(y)}, \quad x \in ZM$$

wobei $w(\Lambda) = 1 - \max(w(i_{rk}, j))$.

Befinden wir uns in der k-ten Iteration der Relaxation, so sollen die Zuordnungswahrscheinlichkeiten der Gegebenheit der jeweiligen lokalen Umgebung angepaßt werden. Hierbei kann die Umgebung unterstützend wie auch zurückweisend auf eine bestimmte Zuordnung wirken. Dementsprechend soll die Wahrscheinlichkeit herauf- bzw. herabgesetzt werden. In [KA87] wird diese Anpassung wie folgt vorgenommen:

$$P^k(x) = \frac{\tilde{P}^k(x)}{\sum\limits_{y \in ZM} \tilde{P}^k(y)}$$

$$\tilde{P}^k(\Lambda) = P^{k-1}(\Lambda)$$

$$\tilde{P}^k(i_{rk}, j) = P^{k-1}(i_{rk}, j) + c \cdot P_1^{k-1} - d \cdot I_{12}$$

mit

$$I_{12} = \left\{ \begin{array}{ll} 0, & \text{falls } P_1^{k-1} + P_2^{k-1} \neq 0 \\ 1, & \text{falls } P_1^{k-1} + P_2^{k-1} = 0 \end{array} \right.$$

Die Terme $P_{1,2}^{k-1}$ repräsentieren eine quantitative Bewertung dafür, daß die beiden benachbarten Kantenpunkte von P_l nach der $(k-1)$-ten Iteration eine ähnliche Zuordnung wie die aktuelle Paarung $(P_l, (i_{rk}, j))$ aufweisen. Bei einer Disparität $D = i_{rk} - i_l$ der aktuellen Paarung wird diese Bewertung durch das Maximum der Wahrscheinlichkeiten, daß der jeweilige benachbarte Kantenpunkt eine Disparität von $D, D \pm 1$ besitzen, vorgenommen. Unterstützung erhält die aktuelle Zuordnung von P_l zu (i_{rk}, j) dann, wenn benachbarte Kantenpunkte von P_l auch ähnlich zugeordnet werden. In diesem Fall wird lediglich derjenige mit der kleineren Positionsnummer berücksichtigt. Sofern die Möglichkeit besteht, daß dieser eine ähnliche Zuordnung wie P_l aufweist, d.h. $P_1^{k-1} \neq 0$, so soll die Wahrscheinlichkeit der aktuellen Zuordnung erhöht werden. Umgekehrt soll diese Wahrscheinlichkeit aber nach unten korrigiert werden, falls beide benachbarten Kantenpunkte von P_l die aktuelle Zuordnung nicht unterstützen, d.h. $P_1^{k-1} + P_2^{k-1} = 0$. Das Ausmaß der Korrektur wird durch die Koeffizienten c und d festgelgt. An dieser Stelle soll noch erwähnt werden, daß durch die Formulierung des Iterationsschemas indirekt auch die in Abschnitt 2.4 besprochene Kantenkontinuität gefördert wird.

Nach jeder Iteration werden diejenigen potentiellen Zuordnungen mit einer Wahrscheinlichkeit unter 0.05 als nicht plausibel betrachtet. Entsprechend wird diese Wahrscheinlichkeit auf null gesetzt und der Zuordnungskandidat aus der jeweiligen Zuordnungsmenge entfernt. Andererseits werden die Zuordnungen mit einer Wahrscheinlichkeit über 0.7 als endgültig angenommen. Für diese wird die Wahrscheinlichkeit in den nachfolgenden Iterationen nicht mehr aktualisiert. Daher verringert sich der Rechenaufwand auf einem sequentiellen Rechner von Iteration zu Iteration. Falls sich nicht schon vorher eine globale konsistente Zuordnung einstellt, wird die Relaxation nach einer vorgegebenen maximalen Anzahl von Iterationen abgebrochen.

2.5.3 Dynamische Programmierung

Für die merkmalsbasierte Zuordnung wird häufig auch dynamische Programmierung eingesetzt. Zur Illustration dieses Vorgehens gehen wir im folgenden von einem rektifizierten Stereobildpaar aus und betrachten zuerst die zeilenweise Zuordnung. Als Zuordnungsmerkmal wird von Kantenpunkten Gebrauch gemacht. Seien $l_0, l_1, \cdots, l_M$ und $r_0, r_1, \cdots, r_N$ die Kantenpunkte auf zwei korrespondierenden Bildzeilen des linken bzw. rechten Stereobildes, wobei einfachheitshalber der erste und der letzte Bildpunkt einer Bildzeile ebenso als Kantenpunkt angesehen werden. Wir können eine Bildzeile auch als eine Folge von durch Kantenpunkte begrenzten Intervallen auffassen. Folglich entspricht das Zuordnungsergebnis einer Korrespondenzliste der Intervalle. Für das Beispiel in

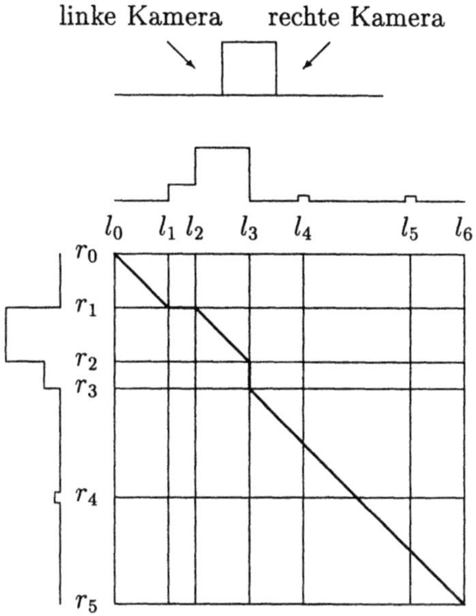

Abbildung 2.9: Der Suchraum für die zeilenweise Korrespondenzanalyse mithilfe der dynamischen Programmierung.

Abb. 2.9, wo die Kantenpunkte l_4, l_5 und r_4 durch Störungen zustandekommen, lautet die optimale Zuordnung:

$$\{([l_0..l_1], [r_0..r_1]),\ ([l_1..l_2], \Lambda),\ ([l_2..l_3], [r_1..r_2]),\ (\Lambda, [r_2..r_3]),\ ([l_3..l_6], [r_3..r_5])\},$$

wobei mit dem Symbol Λ der Fall repräsentiert wird, daß ein Intervall keine Korrespondenz im anderen Stereobild besitzt. Graphisch wird diese Zuordnung in Abb. 2.9 durch einen Pfad von (l_0, r_0) nach (l_6, r_5) in einem von den Kantenpunkten bestimmten Suchraum veranschaulicht. Hier werden auch alle möglichen Situationen bei der Zuordnung von Zeilenintervallen deutlich:

- Ein Intervall des linken Bildes entspricht exakt einem Intervall des rechten Bildes. Das ist beispielsweise bei $[l_0..l_1]$ und $[r_0..r_1]$ der Fall.

- Ein Intervall des linken Bildes ist im rechten Bild nicht sichtbar, was wie am Beispiel von $[l_1..l_2]$ durch ein horizontales Linienstück auf dem Pfad zum Ausdruck gebracht wird. Umgekehrt zeichnet sich ein derartiges Intervall des rechten Bildes ohne Entsprechung im linken Bild wie $[r_2..r_3]$ durch ein senkrechtes Linienstück aus.

- Die Gesamtheit von mehreren Intervallen wird einer solchen des anderen Bildes zugeordnet. Diese Situation tritt bei $([l_3..l_6], [r_3..r_5])$ auf.

Generell zeigt sich eine mögliche Zuordnung als ein Pfad vom Knoten (l_0, r_0) zum Knoten (l_M, r_N) im Suchraum, wobei dieser immer nach rechts, unten oder rechts unten fortgesetzt wird. Äquivalent lautet die Zuordnung symbolisch:

$$\{([l_{ik}..l_{i,k+1}], [r_{ik}..r_{i,k+1}]) \mid k = 1, 2, \cdots, K\}$$

mit den Randbedingungen $l_{i1} = l_0$, $r_{i1} = r_0$, $l_{i,K+1} = l_M$ und $r_{i,K+1} = r_N$. Hier gilt $[x..x] = \Lambda$.

Gehen wir von einer Bewertungsfunktion $s()$ für die Zuordnung zweier Intervalle aus, so läßt sich mittels

$$S = \sum_{k=1}^{K} s([l_{ik}..l_{i,k+1}], [r_{ik}..r_{i,k+1}]) \tag{2.2}$$

eine Aussage über die Güte der gesamten Zuordnung machen. Die Aufgabe der zeilenweisen Korrespondenzanalyse besteht nun darin, die optimale Zuordnung gemäß (2.2) zu finden. Unter Verwendung der in Abschnitt 2.4 diskutierten Ordnungseinschränkung kann diese Optimierung recht effizient mithilfe der dynamischen Programmierung vorgenommen werden. Hierbei bezeichnen wir mit $D(l_m, r_n), 0 \leq m \leq M, 0 \leq n \leq N$, die Bewertung des optimalen Pfades vom Startknoten (l_0, r_0) nach (l_m, r_n), also der optimalen Zuordnung der Zeilenteile $[l_0..l_m]$ und $[r_0..r_n]$. Zu Beginn der dynamischen Programmierung ist lediglich $D(l_0, r_0) = 0$ bekannt. Angenommen, wir befinden uns am Knoten $(l_m, r_n), 1 \leq m \leq M, 1 \leq n \leq N$. Ein Pfad vom Startknoten nach (l_m, r_n) setzt sich aus einem Teilpfad vom Startknoten zu einem Vorgänger $(l_i, r_j), 0 \leq i \leq m, 0 \leq j \leq n, i \neq m \vee j \neq n$, und der direkten Verbindung von (l_i, r_j) nach (l_m, r_n) zusammen. Aufgrund des iterativen Schemas der dynamischen Programmierung ist $D(l_i, r_j)$ zu diesem Zeitpunkt bereits bekannt. Somit ergibt sich die Bewertung des optimalen Pfades vom Startknoten nach (l_m, r_n) aus

$$\begin{aligned} D(l_m, r_n) \;=\; \min\{&D(l_i, r_j) + s([l_i..l_m], [r_j..r_n]) \mid 0 \leq i \leq m, \\ &0 \leq j \leq n, i \neq m \vee j \neq n\}. \end{aligned}$$

Zum Festhalten des optimalen Pfades wird ein Zeiger von (l_m, r_n) auf denjenigen Knoten (l_i, r_j) eingesetzt, der die optimale Bewertung hervorruft. Nach diesem iterativen Schema wird im Suchraum vom Startknoten nach rechts unten sukzessiv der Wert $D(l_m, r_n)$ berechnet, bis der Knoten (l_M, r_N) erreicht ist. Nun kennen wir die Bewertung $D(l_M, r_N)$ der optimalen Zuordnung der beiden Bildzeilen. Die optimale Zuordnung selbst läßt sich durch Rückverfolgung der installierten Zeiger ermitteln.

Zur Realisierung der dynamischen Programmierung wird die Bewertungsfunktion $s()$ benötigt. In [OK85] beruht diese auf dem Grauwertunterschied der Intervalle. Bestehen die Intervalle $[l_i..l_m]$ und $[r_j..r_n]$ aus Bildpunkten mit Grauwert $a_1, a_2, \cdots, a_h$ bzw. $b_1, b_2, \cdots, b_l$, so lautet

$$s([l_i..l_m], [r_j..r_n]) \;=\; \sigma^2 \sqrt{h^2 + l^2}$$

$$\sigma^2 \;=\; \frac{1}{2}\Big(\frac{1}{h}\sum_{k=1}^{h}(a_k - g) + \frac{1}{l}\sum_{k=1}^{l}(b_k - g)\Big) \quad \text{(Varianz)}$$

$$g \;=\; \frac{1}{2}\Big(\frac{1}{h}\sum_{k=1}^{h} a_k + \frac{1}{l}\sum_{k=1}^{l} b_k\Big) \quad \text{(Mittelwert)}$$

Für den Spezialfall $[l_i..l_m] = \Lambda$ oder $[r_j..r_n] = \Lambda$ wird noch eine weitere Bewertungsfunktion definiert.

In der obigen Ausführung der dynamischen Programmierung werden bei der Zuordnung die Zeilen der Stereobilder völlig unabhängig voneinander behandelt. Dadurch ist vor allem die wichtige Kantenkontinuität nicht immer gewährleistet. Ohta und Kanade [OK85] weichen deshalb von diesem Schema ab und bauen statt dessen einen dreidimensionalen Suchraum auf, in dem die dynamische Programmierung stattfindet. Hierbei wird einerseits die Summe aller zeilenweisen Zuordnungskosten minimiert und andererseits die Kantenkontinuität erreicht. Anders wird in [LHB87] vorgegangen. Dort wird die dynamische Programmierung so erweitert, daß neben dem optimalen Pfad auch die besten suboptimalen Pfade gefunden werden. Zusammen gehen diese in einen Relaxationsprozeß ein, in dem die Kantenkontinuität iterativ verbessert wird. Auf diese Weise entsteht eine globale, unter Berücksichtigung der Kantenkontinuität optimale Zuordnung.

2.6 Sonstige Stereoverfahren

Im wesentlichen weisen die bisher behandelten Stereoverfahren zwei gemeinsame Eigenschaften auf. Es wird stets von zwei nebeneinander aufgestellten Kameras ausgegangen. Außerdem sind sie passive Verfahren im Gegensatz zu sog. aktiven Systemen, wo eine Energiequelle eingesetzt wird, um künstlich Merkmale auf den Objekten der Szene zu erzeugen. Auch wenn die in der Literatur berichteten Stereosysteme größtenteils auf dieser traditionellen Vorgehensweise beruhen, wurden doch in den letzten Jahren einige abweichende Ansätze vorgeschlagen. Dabei wurde das Ziel verfolgt, den Schwächen des traditionellen Stereoaufbaus mit anderen Stereogeometrien oder zusätzlichen Systemkomponenten zu begegnen. Nachfolgend gehen wir kurz auf drei derartige Ansätze ein.

2.6.1 Aktives Stereo

Die Verwendung sämtlicher Bildpunkte bei der Korrespondenzanalyse ermöglicht die Erstellung eines dichten Tiefenbildes. Dabei kann jedoch nur eine begrenzte Genauigkeit erzielt werden, da sich die Zuordnung ausschließlich auf das lokale Grauwertmuster stützt. Auf der anderen Seite lassen sich Bildmerkmale physikalischen Ursprungs wesentlich genauer lokalisieren und dadurch steigt auch die Qualität der Rekonstruktion. Leider überdecken derartige Merkmale nicht die gesamte Bildfläche, so daß lediglich eine lückenhafte Rekonstruktion entsteht. Ein extremes Beispiel für diese gegenläufige Tendenz liefert die Situation bei einer homogenen Bildregion, wo praktisch keine Merkmale für die Korrespondenzanalyse vorliegen, während bei einem Korrelationsverfahren mit einer Rekonstruktion unzureichender Genauigkeit gerechnet werden muß. In beiden Fällen liegt die Wurzel des Übels in mangelnden unterscheidbaren Bilddetails.

Wenn von der Natur her ausreichende Merkmale nicht vorhanden sind, dann kann u.U. mit technischen Mitteln nachgeholfen werden. Eine Möglichkeit dazu wird in [Nis84, SU90] beschrieben. Hierbei wird ein Texturmuster auf die Szene projiziert. Auf diese Weise entstehen künstlich feine Strukturen auf den Objektoberflächen, die dann zu zuordnungsfähigen Merkmalen in den Stereobildern führen. Alternativ dazu wird in [MA93] die Projektion eines Musters bestehend aus parallelen Liniensegmenten vorgeschlagen. Eine ausführlichere Schilderung des aktiven Stereos mit Bildbeispielen findet sich auch in [GK94b]. Natürlich ist die praktische Einsatzbarkeit dieses Vorgehens durch den Umstand eingeschränkt, daß eine aktive Musterprojektion nötig ist. In kontrollierten Umgebungen kann es dennoch als eine nützliche Erweiterung des traditionellen Stereoaufbaus betrachtet werden.

2.6.2   Trinokulares Stereo

Im Gegensatz zum bisherigen auch als binokular bezeichneten Stereoaufbau wird beim trinokularen Stereo von einer dritten Kamera Gebrauch gemacht. Dies bringt vor allem drei Vorteile mit sich:

- Die durch die unterschiedliche Position der Kameras verursachte Verdeckung wird verringert. Ist eine Struktur der Szene im Bild 1 sichtbar aber nicht im Bild 2, so besteht die Möglichkeit, daß das dritte Bild diese Struktur beinhaltet.

- Die dritte Kamera bringt weitere Einschränkungen in den Zuordnungsprozeß ein, so daß fehlerhafte Zuordnungen reduziert werden können.

- Aus drei Bildpunkten läßt sich die Position eines räumlichen Punktes im allgemeinen genauer bestimmen als beim binokularen Stereo.

Die zusätzliche epipolare Geometrie bedingt durch die dritte Kamera kann auf zweierlei Art und Weise ausgenutzt werden. Angenommen, der Punkt P im Raum wird auf die drei Bildpunkte p_1, p_2 und p_3 abgebildet. In bezug auf p_1 sind zwei epipolare Linien L_{21} und L_{31} in den beiden anderen Bildern

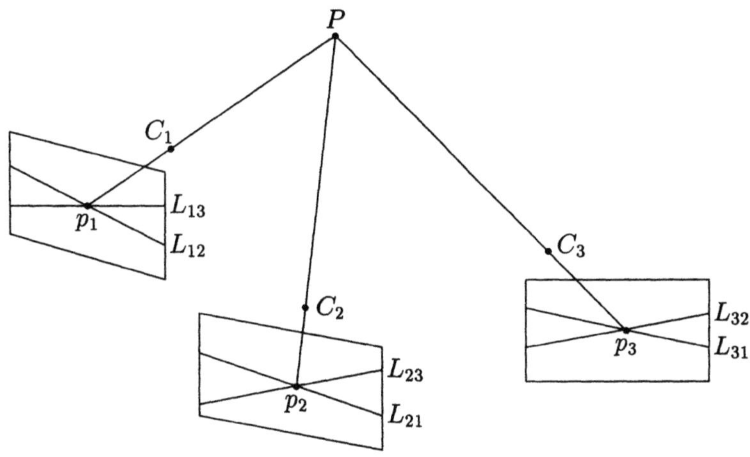

Abbildung 2.10: Epipolare Geometrie im trinokularen Stereo.

auszumachen. Wird p_1 zu p_2 zugeordnet, so wird der entsprechende Punkt p_3 im dritten Bild durch die Schneidung der epipolaren Linien L_{31} und L_{32} bestimmt. Dieser kann dazu benutzt werden, die allein aus den ersten beiden Bildern getroffene Zuordnung zu verifizieren, indem die Verträglichkeit von p_3 mit p_1 und p_2 überprüft wird. Analog hilft die zusätzliche epipolare Geometrie auch bei der Auflösung möglicher Mehrdeutigkeiten im Zuordnungsprozeß. Sind für p_1 mehrere Zuordnungskandidaten im Bild 2 vorhanden, so lassen sich diese aufgrund einer Überprüfung im dritten Bild drastisch, nicht selten gar auf einen einzigen Punkt reduzieren.

Um die aufwendige Berechnung der epipolaren Linie zu vermeiden, kann auch hier ein Rektifikationsschritt [AH88, Aya91] eingeführt werden (vgl. 2.2.1). Hierbei stehen die initialen Stereobilder $I_k(i_k, j_k)$, $k = 1, 2, 3$, und die zugehörigen Zielbilder $I'_k(i'_k, j'_k)$ auf einer gemeinsamen imaginären Bildebene in folgendem Zusammenhang:

$$\begin{bmatrix} u' \\ v' \\ w' \end{bmatrix} = R_k \cdot \begin{bmatrix} i_k \\ j_k \\ 1 \end{bmatrix}, \quad i'_k = \frac{u'}{w'}, \; j'_k = \frac{v'}{w'}$$

$$R_k = \begin{bmatrix} (C_{k-1} \times C_k)^t \\ (C_k \times C_{k+1})^t \\ (C_1 \times C_2 + C_2 \times C_3 + C_3 \times C_1)^t \end{bmatrix} \cdot \begin{bmatrix} t_{k2} \times t_{k3} & t_{k3} \times t_{k1} & t_{k1} \times t_{k2} \end{bmatrix}$$

wobei t_{kx} einen Spaltenvektor bestehend aus den ersten drei Elementen der x-ten Zeile der perspektivischen Transformationsmatrix T_k der k-ten Kamera bezüglich eines gemeinsamen Weltkoordinatensystems repräsentiert. Außerdem

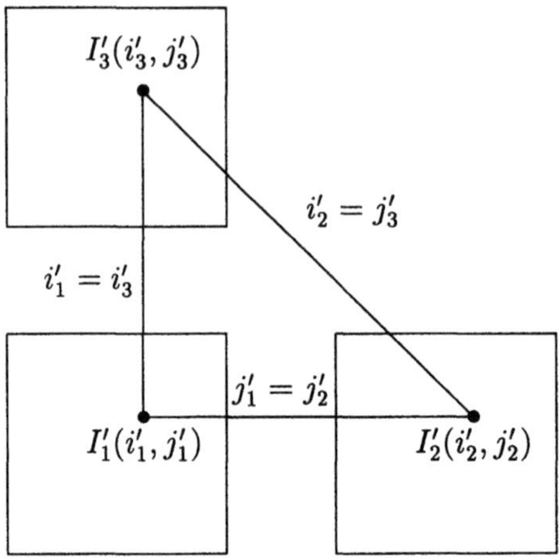

Abbildung 2.11: Rektifikation im trinokularen Stereo.

wird hierbei auch von $3 + 1 \equiv 1$ und $1 - 1 = 3$ Gebrauch gemacht. Nach der Rektifikation gilt für drei korrespondierende Bildpunkte $I_k'(i_k', j_k')$, $k = 1, 2, 3$, die Beziehung:

$$j_1' = j_2', \quad i_1' = i_3', \quad i_2' = j_3'$$

siehe Abb. 2.11.

Als Zuordnungsmerkmale werden im trinokularen Stereo vor allem Kantenpunkte [II86, YKK86] und gerade Liniensegmente [AL91, Aya91] verwendet. Ein Überblick über frühere trinokulare Stereosysteme findet sich in [PS88]. Diesem Thema haben sich zum Teil auch die beiden Übersichtsartikel [DA89, GK94b] gewidmet. Dhond und Aggarwal [DA91] haben einen quantitativen Vergleich zwischen dem binokularen und trinokularen Stereo durchgeführt. Dabei hat sich gezeigt, daß bei einer Zunahme des Rechenaufwandes um etwa 25% eine Reduktion fehlerhafter Zuordnungen von bis zu 50% mit einem trinokularen Stereosystem erzielt werden kann. Obwohl sich diese Ergebnisse auf zwei bestimmte Stereoalgorithmen beziehen und daher Abweichungen bei anderen Verfahren möglich sind, zeigen sie doch deutlich den potentiellen Gewinn der Verwendung einer dritten Kamera.

2.6.3 Axiales Stereo

Bei den bisherigen Stereoverfahren wird von einer Stereogeometrie ausgegangen, wo zwei Kameras nebeneinander aufgestellt werden. Als Alternative zu dieser als lateral bezeichneten Kameraanordnung wurde auch die axiale Stereogeometrie untersucht. Hierbei wird eine Kamera entlang der optischen Ach-

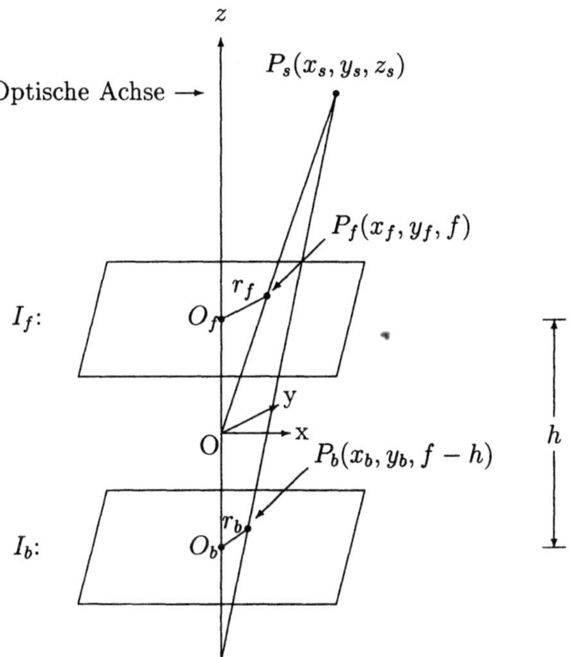

Abbildung 2.12: Die axiale Stereogeometrie.

se verschoben. In der in Abb. 2.12 gezeigten axialen Stereogeometrie wird das optische Zentrum der Kamera bei der vorderen Position als Ursprung des Weltkoordinatensystems gewählt. Die Z-Achse entspricht der optischen Achse, so daß die XY-Ebene parallel zur Bildebene steht. Aus einem Paar korrespondierender Punkte P_f und P_b des vorderen und hinteren Kamerabildes läßt sich bei einer Kameraverschiebung von h der entsprechende Punkt im Raum durch

$$x_s = \frac{r_f x_b h}{f(r_f - r_b)}, \quad y_s = \frac{r_f y_b h}{f(r_f - r_b)}, \quad z_s = \frac{r_b h}{r_f - r_b}$$

ermitteln, wobei r_f und r_b die Distanz der Bildpunkte P_f und P_b zu ihrem jeweiligen Bildzentrum O_f und O_b repräsentieren.

Gegenüber dem lateralen Stereosehen weist die axiale Kameraanordnung einige nicht unbedeutende Vorteile auf [ABG89]:

- Bei gleichem Tiefenbereich ist der Suchbereich für die Korrespondenzanalyse im axialen Stereosehen weniger als halb so groß wie im lateralen Stereosehen.

- In einem axialen Stereosystem wird das gemeinsame Sichtfeld durch die vordere Kameraposition bestimmt. Werden für die Korrespondenzanalyse

Bildmerkmale aus dem vorderen Bild extrahiert, so besteht die Garantie, daß sich ein entsprechendes Merkmal aus dem hinteren Bild finden läßt. Ausnahmen treten nur dann auf, wenn die zugehörige Struktur im Raum bei dieser Kameraposition verdeckt ist.

- In beiden Kameraanordnungen nimmt der Fehler der Tiefenbestimmung mit der steigenden Kameradistanz ab. Im axialen Stereosehen geschieht dies aber in einem stärkeren Ausmaß als im lateralen Stereosehen.

Als Nachteil der axialen Stereogeometrie ist vor allem die Tatsache zu nennen, daß wegen ungleicher Distanz zur Szene dieselbe Struktur im Raum Bildstrukturen unterschiedlicher Größe hervorruft. Dieses Phänomen ist zwar zum Teil auch beim lateralen Stereosehen zu beobachten, tritt aber bei relativ großer Kameraverschiebung im axialen Stereosehen besonders augenfällig zutage. Ein weiterer Nachteil der axialen Stereogeometrie geht auf die diskrete Natur der Bildebene zurück. Die Projektion eines räumlichen Punktes auf die Bildebene kann nur mit einer begrenzten Genauigkeit bestimmt werden. Daraus resultiert der sog. Quantisierungsfehler bei der Triangulation. Die Untersuchung in [NH92] hat gezeigt, daß bei vergleichbaren Systemparametern dieser Fehler beim axialen Stereosehen größer ausfällt als beim lateralen Verfahren.

Im Gegensatz zum lateralen erfordert das axiale Stereo andere Kalibrierungsverfahren, siehe dazu [RA94]. Als Zuordnungsmerkmale werden in axialen Stereoverfahren vor allem punktartige Bildstrukturen [ABG89, IMO84, JBO87] sowie gerade Liniensegmente [JB95b] verwendet. Die axiale Stereogeometrie bringt eine wirkungsvolle Zuordnungseinschränkung mit sich. Für einen Punkt P_f im vorderen Bild ist der entsprechende Punkt P_b im hinteren Bild auf dem von O_b ausgehenden Strahl parallel zu $O_f P_f$ zu suchen. Zusätzlich gilt $r_b < r_f$. Falls noch Kenntnis über die Tiefenbegrenzung der Szene, d.h. $z_{min} \leq z \leq z_{max}$, vorliegt, so läßt sich der Suchbereich weiter auf das Intervall

$$\frac{r_f \cdot z_{min}}{z_{min} + h} \leq r_b \leq \frac{r_f \cdot z_{max}}{z_{max} + h}$$

beschränken. In [JB95b] werden weitere Zuordnungseinschränkungen analog zu denen in Abschnitt 2.4 diskutiert.

2.7 Literaturhinweise

Eine gute Übersicht über das Stereosehen vermitteln die Übersichtsartikel [BF82, DA89, GK94b]. Während es bei [BF82] primär um das prinzipielle Vorgehen beim Stereosehen ging und deshalb nur kurz auf konkrete Stereosysteme bis 1981 eingegangen wurde, sind in [DA89, GK94b] neue Entwicklungen auf diesem Gebiet samt technischen Details zu finden. Methoden zum Vergleich von

Stereoverfahren werden in [BBH93, FFH$^+$92] beschrieben. Besonders interessant ist dabei der quantitative Vergleich einer Reihe von Stereoverfahren anhand realer Testszenen. Im Stereosehen hängt die Genauigkeit der Tiefenberechnung von mehreren Faktoren ab. Eine diesbezügliche Analyse findet sich in [ML82, VT86]. Insbesondere wurde der durch die diskrete Natur der Bildebene verursachte Quantisierungsfehler aufgrund seiner relativ leichten mathematischen Modellierbarkeit intensiv untersucht [BH87a, KP94, RA90]. Während alle diese Untersuchungen von einer Stereogeometrie mit parallelen Achsen ausgehen, wird in [CCK94] über eine ähnliche Analyse für die allgemeine Stereogeometrie berichtet. Wegen der Korrespondenzanalyse sind Stereoverfahren häufig sehr rechenintensiv. Daher sind in der Literatur auch Arbeiten erschienen, die eine Realisierung des Stereosehens im Bereich der Echtzeit zum Ziel haben. Einige Beispiele sind [Kan94, KE90, Nis84].

Im vorliegenden Kapitel haben wir uns weitgehend mit klassischen Verfahren für das Stereosehen befaßt. Neuerlich sind in der Literatur Erweiterungen verschiedenster Art zu sehen. Dazu gehören beispielsweise die Arbeiten [JB91b, JB92], wo Farbbilder verwendet werden. Es hat sich gezeigt, daß die Farbinformation einen erheblichen Beitrag zur Reduktion der Zuordnungsmehrdeutigkeit und somit zur Erhöhung der Genauigkeit der Korrespondenzanalyse leisten kann. In [SA94] wird über den Einsatz von Fischaugenlinsen berichtet. Selbst gegenüber Weitwinkellinsen ermöglichen diese ein größeres Sichtfeld und dadurch die Tiefenberechnung auch für sehr nahe an der Kamera liegende Objekte in der Szene. Für derartige Objekte wird in [SA94] ferner eine Verbesserung der Tiefengenauigkeit im Vergleich zu Weitwinkellinsen festgestellt. In der Diskussion des Stereosehens wird stets von zwei Kameras oder einer Kamera mit Verschiebung ausgegangen. Stereobilder lassen sich aber auch mit einer fixen Kamera aufnehmen. Hierbei werden als Hilfsmittel häufig Spiegel verwendet [GG93, TZ84]. Eine weitere Gemeinsamkeit der meisten Stereoverfahren besteht in der Berechnung der absoluten Tiefe. Dazu nötig sind genaue Kenntnisse über die internen Parameter der Kameras sowie die externen Parameter der Kameraanordnung. Interessanterweise lassen sich aber auch ohne diese Kenntnisse zuverlässige Aussagen über die relative Tiefe von Objekten machen [Wei90].

Kapitel 3

Auswertung monokularer Tiefenhinweise

Infolge der Projektion des dreidimensionalen Raums auf die zweidimensionale Bildebene geht ein Teil der räumlichen Information verloren. Eine Umkehrung dieses Prozesses, d.h. eine Bestimmung der räumlichen Szenengeometrie aus den Intensitäten eines einzigen monokularen Bildes, ist im allgemeinen Fall nicht möglich. Unter Einbezug einschränkender Nebenbedingungen, z.B. an die Oberflächenform, lassen die Bildintensitäten bzw. die daraus extrahierten Bildstrukturen eine Rekonstruktion dennoch teilweise zu. Bezüglich der Formrekonstruktion sind in der Forschung vor allem folgende Themenbereiche anzutreffen. An erster Stelle stehen sicher Verfahren der Klasse "Form aus Schattierung" (shape from shading). Diese gehen mit der für die Bildinterpretation wegweisenden Einsicht einher, die Bildentstehung direkt in Beziehung zur Beleuchtung und Szenengeometrie zu setzen. Für sich allein vermögen diese Verfahren lediglich, die Flächennormalen zu rekonstruieren. Aus diesen können relative, jedoch nicht absolute Tiefenwerte gewonnen werden. Weitere Informationen über die Oberflächengestalt in einer perspektivischen Projektion liefern unter bestimmten Voraussetzungen die Texturen. Hierbei werden die Texturelemente, auch Texel genannt, in direkter Abhängigkeit von der Neigung der Oberfläche deformiert auf die Bildebene abgebildet. Verfahren der Klasse "Form aus Textur" (shape from texture) versuchen deshalb, mithilfe der detektierten Texel im Bild auf die Flächenneigung im Raum zu schließen. Auch in Linienzeichnungen liegen in vielen Fällen ausreichende Tiefenhinweise zur eindeutigen Interpretation vor. In diesem Zusammenhang wurde u.a. eine Reihe von sog. Markierungsschemata vorgeschlagen, die den Kanten ihre physikalische Bedeutung zuweisen und auf diese Weise eine gesamte Interpretation der Szene erlauben. Abb. 3.1 illustriert eine derartige Interpretation einer aus einem einzigen Polyeder bestehenden Linienzeichnung.

All diese Tiefenhinweise tragen dazu bei, die bei der Bildentstehung verlorengegangene räumliche Information zurückzugewinnen. Jedoch ist keine der

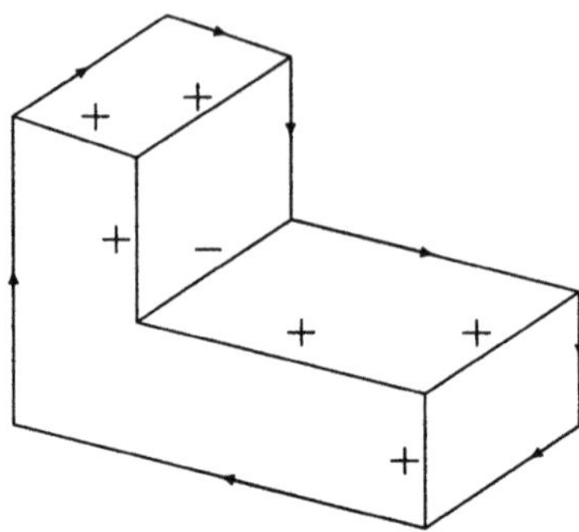

Abbildung 3.1: Interpretation einer Linienzeichnung: mit den Symbolen +, −
und dem Pfeil werden konvexe, konkave bzw. äußere Extremkonturen markiert.

bisher vorgestellten Methoden auch nur annähernd in der Lage, unter realistischen Bildaufnahmebedingungen die Szenengeometrie mit ausreichender Qualität zu rekonstruieren. Typischerweise enthält jeder Ansatz z.T. umfangreiche Einschränkungen, so daß die Anwendbarkeit nur auf wohldefinierte Bilddaten unter experimentellen Laborbedingungen beschränkt geblieben ist. Unter dem Aspekt, daß die Forschung zur Formrekonstruktion aus Einzelbildern auch als Nachbildung des menschlichen Wahrnehmungsprozesses anzusehen ist, kann aus der Kombination der verschiedensten Tiefenhinweise eine erhöhte Qualität der Rekonstruktion erwartet werden. Auch hier hat die Forschung noch nicht viel anzubieten. Bisher wurde dieses Thema lediglich ansatzweise untersucht. Nach einer ausführlichen Diskussion über Form aus Schattierung folgt in diesem Kapitel exemplarisch die Beschreibung eines Verfahrens aus der Kategorie "Form aus Textur". Auf die Interpretation von Linienzeichnungen sowie die Auswertung sonstiger monokularer Tiefenhinweise wird nicht eingegangen.

3.1 Form aus Schattierung

Verfahren der Klasse "Form aus Schattierung" liegt die Beziehung zwischen der gemessenen Bildintensität und der Oberflächenorientierung unter Berücksichtigung der Anordnung von Kamera und Lichtquelle zugrunde. Ausgehend von früheren Arbeiten in der Photogrammetrie führte Horn [Hor77] erstmals eine quantitative Beschreibung dieser Beziehung als

$$I(i,j) \;=\; \kappa I_i(x,y,z)\Phi(\boldsymbol{n}(x,y,z), \boldsymbol{s}(x,y,z), \boldsymbol{v}(x,y,z)) \tag{3.1}$$

ein, siehe Abb. 3.2. Hierbei entspricht κ einer Kamerakonstanten. Die Funktion $I_i(x,y,z)$ beschreibt die Eingangsintensität des Lichtes an einem räumlichen Punkt $P(x,y,z)$. Weiterhin handelt es sich bei Φ um die Reflexionsfunktion

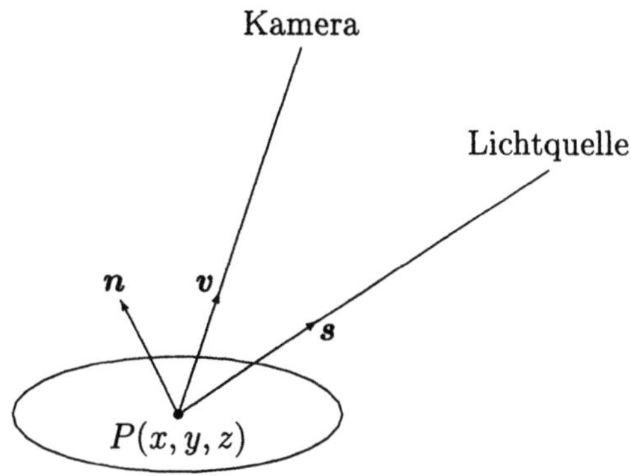

Abbildung 3.2: Geometrie der Bildentstehung.

mit den Vektoren $n(x, y, z)$, $s(x, y, z)$ und $v(x, y, z)$ zur Festlegung der lokalen Oberflächenorientierung, der Beleuchtungsrichtung bzw. des lokalen Projektionsstrahls. In (3.1) und nachfolgenden Diskussionen gehen wir von auf das Intervall [0..1] normalisierten Intensitäten der Bildfunktion aus. Unter folgenden Annahmen läßt sich die obige Beziehung weiter vereinfachen:

- Es wird eine entfernt positionierte Lichtquelle eingesetzt. Folglich nimmt die Funktion $I_i(x, y, z)$ für alle Szenenpunkte einen konstanten Wert an. Wegen des nun parallelen Lichtstrahlengangs wird der Projektionsvektor s der Beleuchtung ebenfalls positionsunabhängig.

- Im Verhältnis zur Objektgröße wird die Kamera weit entfernt von der Szene aufgestellt, so daß von einer annähernd orthogonalen (parallelen) Projektion ausgegangen werden kann. Darum kann der Vektor v als positionsunabhängig angenommen werden.

Nach diesen Vereinfachungen nimmt die Bildintensität die Form

$$I(i, j) \;=\; \kappa I_i \Phi(n(x, y, z), s, v) \tag{3.2}$$

an. Einige Beispiele der Reflexionsfunktion sind:

- Bei einer idealen Lambert-Reflexion wird das eingehende Licht mit gleicher Intensität in alle Richtungen reflektiert:

$$\Phi(n, s, v) \;=\; \alpha \cos \theta_i,$$

wobei α eine Reflexionskonstante repräsentiert und θ_i den Winkel zwischen der Beleuchtungsrichtung s und der Flächennormalen n angibt.

- Neben dieser diffusen Reflexion kommt in der Regel noch ein weiterer Lichtanteil aus der Spiegelung hinzu:

$$\Phi(\boldsymbol{n}, \boldsymbol{s}, \boldsymbol{v}) \; = \; \alpha \cos \theta_i + \beta \cos^m d.$$

Hierbei ist β eine Reflexionskonstante. Mit m und d wird der Grad der spiegelnden Reflexion bzw. der Winkel zwischen der Kamerablickrichtung $\boldsymbol{v}$ und der Richtung des ausfallenden Lichtes bei idealer Spiegelung angegeben.

- Das Reflexionsverhalten der Maria auf dem Mond läßt sich recht gut mittels

$$\Phi(\boldsymbol{n}, \boldsymbol{s}, \boldsymbol{v}) \; = \; \frac{\cos \theta_i}{\cos \theta_e}$$

modellieren, wobei θ_e dem Winkel zwischen der Flächennormalen $\boldsymbol{n}$ und der Kamerablickrichtung $\boldsymbol{v}$ entspricht.

Wird die Flächennormale $\boldsymbol{n}$ durch die partiellen Ableitungen der Flächenfunktion $z = f(x, y)$ als

$$\boldsymbol{n} \; = \; (-\frac{\partial f}{\partial x}, -\frac{\partial f}{\partial y}, 1) \; = \; (-p, -q, 1)$$

repräsentiert, so läßt sich die Beziehung (3.2) in die charakteristische Form

$$I(i, j) \; = \; R(p, q) \tag{3.3}$$

im sog. Gradientenraum (p, q) überführen. Hierbei wird die Funktion $R(p, q)$ auch als Reflektanzkarte bezeichnet. Analog kann die Beleuchtungsrichtung $\boldsymbol{s}$ ebenfalls im Gradientenraum durch $(p_s, q_s) \equiv (-p_s, -q_s, 1)$ angegeben werden. Nun erhalten wir für die ideale Lambert-Reflexion die Bildintensitätsfunktion:

$$I(i, j) \; = \; \rho \cdot \frac{1 + p_s p + q_s q}{\sqrt{1 + p_s^2 + q_s^2}\sqrt{1 + p^2 + q^2}},$$

wobei $\kappa I_i \alpha$ zu einem Term ρ, auch Albedo genannt, zusammengefaßt wird. Hier wird deutlich, daß das Rekonstruktionsproblem der dreidimensionalen Gestalt aus einem einzigen monokularen Bild ohne weitere Einschränkungen unterbestimmt ist. Für eine beobachtete Intensität existieren unendlich viele Lösungen auf der entsprechenden Iso-Intensitätskontur der Reflektanzkarte.

Die Gleichung (3.3) bildet die Grundlage für die Verfahren der Klasse "Form aus Schattierung". Methodisch lassen sich diese weiter in lokale und globale Verfahren unterteilen. Zur Formrekonstruktion benutzt die lokale Schattierungsanalyse lediglich eine räumlich beschränkte Nachbarschaft des zu untersuchenden Bildpunktes. Sie nahm ihren Anfang durch die Arbeit von Pentland [Pen84] und wurde durch weiterführende Arbeiten [LR85, Pen90, TS94] fortgesetzt.

Als einschränkende Maßnahme wird hierbei einerseits von der Annahme ausgegangen, daß jeder Punkt der Objektoberfläche lokal durch eine Kugelfläche approximiert werden kann [Pen84, LR85]. Andererseits wird in [Pen90, TS94] von einer linearen Approximation der Reflektanzkarte Gebrauch gemacht. Im Gegensatz zu dieser lokalen Vorgehensweise zielen globale Verfahren auf die Optimierung einer Energiefunktion für die gesamte Fläche ab. Hierbei sind als Randbedingungen Bildpunkte mit bekannter Forminformation nötig. Stellvertretend für die verschiedensten Verfahren der Klasse "Form aus Schattierung" soll nachfolgend auf deren zwei mit globaler Ausrichtung eingegangen werden.

3.1.1   Rekonstruktion der Flächennormalen

Gesucht sind zwei Funktionen $p(x, y)$ und $q(x, y)$. Diese sollen eine Fläche implizieren, die tatsächlich die beobachtete Bildintensität $I(x, y)$ hervorruft. Die diesbezügliche Einschränkung drückt sich durch die Minimierung des Funktionals

$$e_i = \iint (I(x, y) - R(p(x, y), q(x, y)))^2 \, dxdy$$

aus. Da das Rekonstruktionsproblem in dieser Form unterbestimmt ist, werden weitere Einschränkungen benötigt. Hierbei wird häufig von der lokalen Kontinuität der Flächen Gebrauch gemacht. Eine glatte Oberfläche bedingt, daß die partiellen Richtungsableitungen p_x, p_y, q_x und q_y betragsmäßig klein sind. Daher liegt eine mögliche Form der Glattheitseinschränkung in der Minimierung des Funktionals

$$e_s = \iint (p_x^2 + p_y^2 + q_x^2 + q_y^2) \, dxdy.$$

Gesamthaft stellt sich das Rekonstruktionsproblem somit als die Minimierung von

$$e = e_s + \lambda e_i \tag{3.4}$$

dar, wobei λ die relativen Gewichte der beiden Fehlerterme zum Ausdruck bringt.

Optimierung eines Integrals der Form

$$\iint F(p, q, p_x, p_y, q_x, q_y) \, dydy$$

stellt ein typisches Problem der Variationsrechnung dar. Im folgenden soll jedoch eine Herleitung der Lösung angegeben werden, die unter Zuhilfenahme einer diskreten Version des zu optimierenden Integrals ohne Methoden aus der Variationsrechnung auskommt. Dazu schreiben wir (3.4) zu

$$e = \sum_i \sum_j [\underbrace{p_x^2(i,j) + p_y^2(i,j) + q_x^2(i,j) + q_y^2(i,j)}_{s_{ij}} +$$

$$\underbrace{\lambda(I(i,j) - R(p(i,j), q(i,j)))^2}_{r_{ij}}] \tag{3.5}$$

um. Verwenden wir die diskrete Approximation der partiellen Ableitungen

$$p_x(i,j) = \frac{1}{2}(p_{i+1,j} - p_{ij}), \quad p_y = \frac{1}{2}(p_{i,j+1} - p_{ij}),$$

$$q_x(i,j) = \frac{1}{2}(q_{i+1,j} - q_{ij}), \quad q_y = \frac{1}{2}(q_{i,j+1} - q_{ij}),$$

wobei wir zur Vereinfachung der Notation von der Abkürzung $f(i,j) \equiv f_{ij}$ Gebrauch machen, so läßt sich (3.5) als Funktion einer großen Anzahl unabhängiger Variablen p_{ij} und q_{ij} auffassen. Eine Ableitung dieser Funktion nach einer bestimmten Variablen p_{kl} oder q_{kl} liefert

$$\frac{\partial e}{\partial p_{kl}} = 2(p_{kl} - \overline{p}_{kl}) - 2\lambda(I_{kl} - R(p_{kl}, q_{kl}))\frac{\partial R}{\partial p}\bigg|_{p_{kl},q_{kl}}$$

$$\frac{\partial e}{\partial q_{kl}} = 2(q_{kl} - \overline{q}_{kl}) - 2\lambda(I_{kl} - R(p_{kl}, q_{kl}))\frac{\partial R}{\partial q}\bigg|_{p_{kl},q_{kl}}$$

wobei

$$\overline{p} = \frac{1}{4}(p_{k+1,l} + p_{k-1,l} + p_{k,l+1} + p_{k,l-1})$$

$$\overline{q} = \frac{1}{4}(q_{k+1,l} + q_{k-1,l} + q_{k,l+1} + q_{k,l-1})$$

den lokalen Durchschnitt repräsentieren. Bei dieser Ableitung gilt es zu beachten, daß die Variablen p_{kl} und q_{kl} in vier verschiedenen Termen, nämlich r_{kl}, s_{kl}, $s_{k-1,l}$ und $s_{k,l-1}$, auftreten. Die Fehlerfunktion (3.5) wird genau dann minimiert, wenn die Ableitungen null werden. In diesem Fall erhalten wir die folgenden Vorschriften für p_{kl} und q_{kl}:

$$p_{kl} = \overline{p}_{kl} + \lambda(I_{kl} - R(p_{kl}, q_{kl}))\frac{\partial R}{\partial p}\bigg|_{p_{kl},q_{kl}}$$

$$q_{kl} = \overline{q}_{kl} + \lambda(I_{kl} - R(p_{kl}, q_{kl}))\frac{\partial R}{\partial q}\bigg|_{p_{kl},q_{kl}}$$

Daraus ergibt sich schließlich das iterative Schema zur Lösung des Optimierungsproblems:

$$p_{kl}^{n+1} = \overline{p}_{kl}^{n} + \lambda(I_{kl} - R(p_{kl}^{n}, q_{kl}^{n}))\frac{\partial R}{\partial p}\bigg|_{p_{kl}^{n},q_{kl}^{n}}$$

$$q_{kl}^{n+1} = \overline{q}_{kl}^{n} + \lambda(I_{kl} - R(p_{kl}^{n}, q_{kl}^{n}))\frac{\partial R}{\partial q}\bigg|_{p_{kl}^{n},q_{kl}^{n}}$$

Aus Gründen der numerischen Stabilität wird in [IH81] diese Berechnungsvorschrift noch zu

$$p_{kl}^{n+1} = \overline{p}_{kl}^{n} + \lambda(I_{kl} - R(\overline{p}_{kl}^{n}, \overline{q}_{kl}^{n}))\frac{\partial R}{\partial p}\bigg|_{\overline{p}_{kl}^{n},\overline{q}_{kl}^{n}}$$

$$q_{kl}^{n+1} = \overline{q}_{kl}^{n} + \lambda(I_{kl} - R(\overline{p}_{kl}^{n}, \overline{q}_{kl}^{n}))\frac{\partial R}{\partial q}\bigg|_{\overline{p}_{kl}^{n},\overline{q}_{kl}^{n}}$$

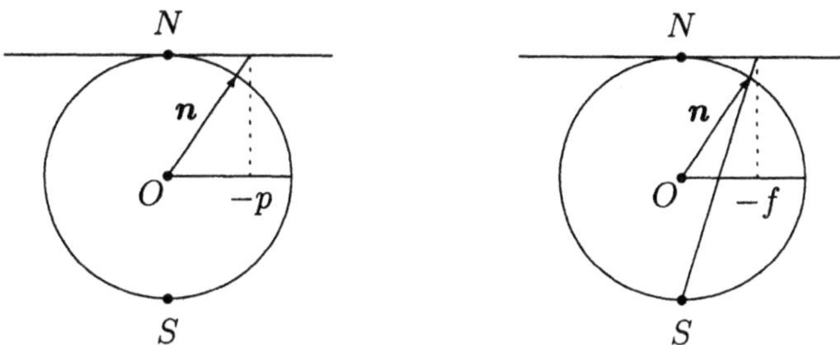

Abbildung 3.3: Repräsentation einer Normalen im Gradienten- (links) und stereographischen Raum (rechts).

modifiziert. Eine analytische Behandlung der Konvergenzkriterien ist hierbei schwierig, jedoch konnte an verschiedenen – einfachen – Beispielen die Konvergenz experimentell gezeigt werden.

Als Eingangsgrößen für diesen iterativen Algorithmus werden Startpunkte mit bekannten Flächennormalen benötigt. Hierzu eignen sich beispielsweise Punkte auf tangentialen Verdeckungskonturen, wo die Flächennormale jeweils senkrecht zur Kontur und zur Betrachtungsrichtung steht[1]. Dabei muß die Verdeckungskontur keineswegs geschlossen sein. Eine geschlossene Kontur hat insofern aber einen Vorteil, daß dadurch die Konvergenz beschleunigt werden kann. In der bisher angenommenen Gradientenraumdarstellung (p, q) lassen sich derartige Normalen allerdings nicht repräsentieren. Eine elegante Lösung hierfür aus [IH81] verwendet statt dessen eine Repräsentation (f, g) im stereographischen Raum. Wie der Gradient repräsentiert auch ein Punkt (f, g) der von der stereographischen Projektion bestimmten FG-Ebene eindeutig eine Oberflächenorientierung. Mit dem Gradienten (p, q) steht diese in der Beziehung:

$$ f = \frac{2p}{1 + \sqrt{1 + p^2 + q^2}}, \quad g = \frac{2q}{1 + \sqrt{1 + p^2 + q^2}}, $$

$$ p = \frac{4f}{4 - f^2 - g^2}, \quad q = \frac{4g}{4 - f^2 - g^2}. $$

Eine geometrische Interpretation dieser Repräsentation für den zweidimensionalen Fall findet sich in Abb. 3.3. Hierbei ergibt sich der Gradient p aus der Projektion der Normalen $\boldsymbol{n}$ auf die Tangente am Nordpol N. Im stereographischen Raum hingegen geschieht die Projektion vom Südpol S statt vom Mittelpunkt O des Einheitskreises aus. Unter Verwendung von (f, g) läßt sich

---

[1]Dieses Vorgehen erfordert jedoch die Bestimmung der physikalischen Ursache der mit einer Kontur verbundenen Diskontinuitäten der Bildfunktion, was entweder eine Einschränkung bezüglich der möglichen Objekttypen oder manuelle Eingriffe in den Verarbeitungsablauf zur Folge hat.

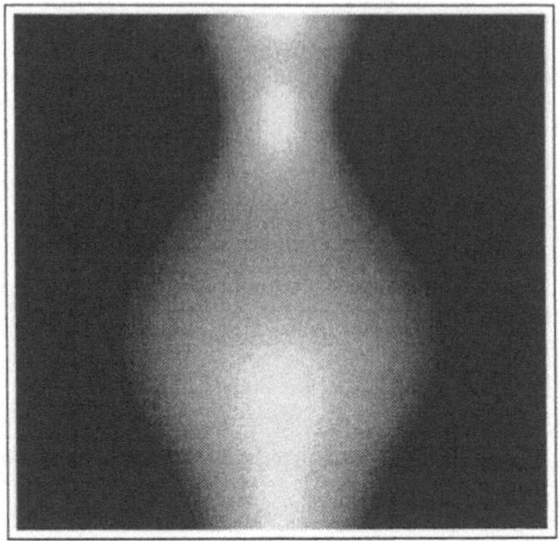

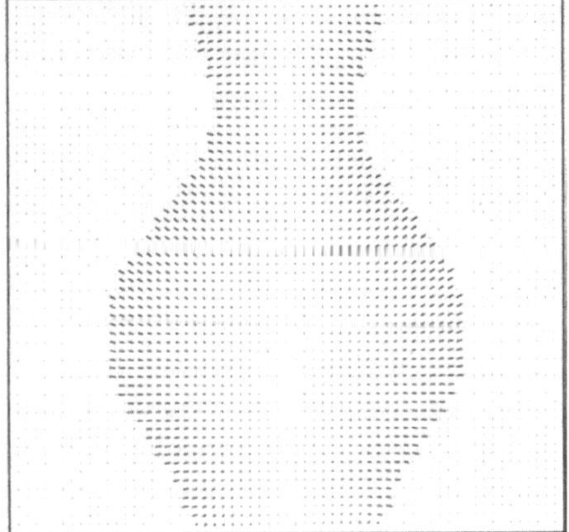

Abbildung 3.4: Rekonstruktion der Flächennormalen.

ebenfalls ein iterativer Algorithmus zur Rekonstruktion der Flächennormalen
herleiten. Der einzige Unterschied zur bisherigen Version besteht darin, daß p
und q überall durch f resp. g ersetzt werden.

Beispiel 3.1 Wir betrachten die Lambert-Reflexion mit $\rho = 1$ und einer Licht-
quelle $\boldsymbol{s} = (a, b, c), |\boldsymbol{s}| = 1$,

$$R(f, g) \;=\; \frac{c(4 - f^2 - g^2) - 4af - 4bg}{4 + f^2 + g^2}.$$

Die partiellen Ableitungen hierfür lauten

$$\frac{\partial R}{\partial f} \;=\; \frac{8bfg - 16cf - 4a(4 - f^2 + g^2)}{(4 + f^2 + g^2)^2},$$

$$\frac{\partial R}{\partial g} \;=\; \frac{8afg - 16cg - 4a(4 + f^2 - g^2)}{(4 + f^2 + g^2)^2}.$$

Abb. 3.4 illustriert die Rekonstruktion eines synthetischen Intensitätsbildes mit einer Vase anhand des obigen Algorithmus. Unten links ist die initialisierte tangentiale Verdeckungskontur zu sehen, wobei zum Zweck der Darstellung die Flächennormalen jeweils von der Repräsentation (f, g) mittels

$$\boldsymbol{n} \;=\; (\frac{-4f}{4 + f^2 + g^2},\; \frac{-4g}{4 + f^2 + g^2},\; \frac{4 - f^2 - g^2}{4 + f^2 + g^2})$$

in einen Richtungsvektor $\boldsymbol{n}$ der Einheitslänge umgerechnet werden. Gezeichnet wird dann die Projektion eines derartigen Richtungsvektors auf die XY-Ebene. Aus dem Algorithmus ergibt sich die Darstellung unten rechts. Dieses Bild der Flächennormalen bezeichnen wir als ein Nadeldiagramm. $\square$

3.1.2   Rekonstruktion der Tiefe

Der im vorigen Abschnitt vorgestellte Ansatz zielt auf die Rekonstruktion der Flächennormalen ab, woraus ein Nadeldiagramm resultiert. Dieses läßt sich erst mit einem weiteren Schritt der Tiefenbestimmung aus Flächennormalen (siehe Abschnitt 3.1.4) in ein Tiefenbild umwandeln. Alternativ dazu existieren in der Literatur auch Verfahren, die diesen letzten Schritt unnötig machen, indem aus der Bildintensität direkt ein Tiefenbild rekonstruiert wird. Nachfolgend soll beispielhaft auf die Methode aus [LB91] eingegangen werden. Weitere derartige Verfahren finden sich in [BP92b, Hor90, TS94].

In [LB91] wird ebenfalls angestrebt, eine aus der Intensitätsdifferenz und dem Glattheitsmaß zusammengesetzte Fehlerfunktion zu minimieren. Im Gegensatz zu (3.5) nimmt diese nun die Form

$$e \;=\; \sum_i \sum_j \; [\lambda \underbrace{(u_{ij}^2 + v_{ij}^2)}_{s_{ij}} + (1 - \lambda)\underbrace{(I_{ij} - R(p_{ij}, q_{ij}))^2}_{r_{ij}}] \qquad (3.6)$$

an, wobei die Glattheit der zugrundeliegenden Fläche $z(i, j)$ durch deren partielle Ableitungen $u_{ij} = z_{xx}(i, j)$, $v_{ij} = z_{yy}(i, j)$ zum Ausdruck gebracht wird. Ein weiterer Unterschied zum vorigen Abschnitt besteht in der Art der Gewichtung der beiden Terme. Diese Fehlerfunktion wird in Beziehung zur Flächenfunktion gesetzt, indem alle involvierten partiellen Ableitungen diskret approximiert werden:

$$p_{ij} \;=\; \frac{1}{2}(z_{i+1,j} - z_{i-1,j}), \qquad q_{ij} \;=\; \frac{1}{2}(z_{i,j+1} - z_{i,j-1})$$

$$u_{ij} \;=\; z_{i+1,j} - 2z_{ij} + z_{i-1,j}, \qquad v_{ij} \;=\; z_{i,j+1} - 2z_{ij} + z_{i,j-1}$$

Auf diese Weise kann die Fehlerfunktion als eine Funktion $e(z_{ij})$ einer großen Anzahl unabhängiger Variablen z_{ij} aufgefaßt und das Problem der Tiefenrekonstruktion in die Optimierung dieser Funktion übergeführt werden.

Neben der im vorigen Abschnitt verwendeten Lösungsmethode ist aus der numerischen Mathematik [PFTV86] noch eine Reihe weiterer iterativer Verfahren zur Funktionsoptimierung bekannt. In [LB91] wurde dasjenige von Polak und Ribiere ausgewählt, das zusätzlich zur Berechnung der Funktionswerte $e(z_{ij})$ auch eine Auswertung der partiellen Ableitungen $\frac{\partial e}{\partial z_{ij}}$ erforderlich macht. Zur Initialisierung der Iteration wurden Tiefenwerte z_{ij} aus einem Stereosystem übernommen. Durch dieses Vorgehen wird der komplementäre Charakter von Stereo und Form aus Schattierung nachhaltig unterstrichen.

Beispiel 3.2 Wir betrachten wiederum die Lambert-Reflexion mit einer Lichtquelle $s = (a, b, c), |s| = 1$,

$$R(p_{ij}, q_{ij}) = -\frac{ap_{ij} + bq_{ij} - c}{\sqrt{1 + p_{ij}^2 + q_{ij}^2}} = -\frac{N_{ij}}{\sqrt{D_{ij}}}.$$

In diesem Fall lautet die partielle Ableitung der Fehlerfunktion nach einer bestimmten Variablen z_{kl}:

$$\frac{\partial e}{\partial z_{kl}} = 2\lambda(u_{k+1,l} + u_{k-1,l} - 2u_{kl} + v_{k,l+1} + v_{k,l-1} - 2v_{kl}) + (\lambda - 1) \times$$

$$\{\frac{R_{k-1,l} - I_{k-1,l}}{\sqrt{D_{k-1,l}}}(a - \frac{N_{k-1,l}}{2D_{k-1,l}}p_{k-1,l}) +$$

$$\frac{R_{k+1,l} - I_{k+1,l}}{\sqrt{D_{k+1,l}}}(-a + \frac{N_{k+1,l}}{2D_{k+1,l}}p_{k+1,l}) +$$

$$\frac{R_{k,l-1} - I_{k,l-1}}{\sqrt{D_{k,l-1}}}(b - \frac{N_{k,l-1}}{2D_{k,l-1}}p_{k,l-1}) +$$

$$\frac{R_{k,l+1} - I_{k,l+1}}{\sqrt{D_{k,l+1}}}(-b + \frac{N_{k,l+1}}{2D_{k,l+1}}p_{k,l+1})\}. \tag{3.7}$$

Hierbei gilt es zu beachten, daß die Variable z_{ij} in neun verschiedenen Termen, nämlich $s_{k\pm1,l}$, $s_{k,l\pm1}$, s_{kl}, $r_{k\pm1,l}$ und $r_{k,l\pm1}$ auftritt, die alle bei der Ableitung berücksichtigt werden müssen. Zusammen mit den initialen Tiefenwerten bilden (3.6) und (3.7) die Grundlage für die direkte Tiefenrekonstruktion. □

3.1.3　Photometrisches Stereo

Die Idee des photometrischen Stereos geht auf die Arbeit von Woodham [Woo80] zurück. Für eine beobachtete Bildintensität schränkt die Gleichung $I(x, y) = R(p, q)$ zwar die möglichen Lösungen für (p, q) drastisch auf eine Iso-Intensitätskontur ein. Es existieren dennoch unendlich viele Lösungen. Nimmt man nun bei gleichbleibender Aufnahmegeometrie ein zweites Bild der Szene auf, wobei jedoch die Lage der Lichtquelle verändert wird, so kann die Oberflächenorientierung aus dem Schnittpunkt zweier Iso-Intensitätskonturen

$$I_1(i,j) \ = \ R_1(p,q), \quad I_2(i,j) \ = \ R_2(p,q) \tag{3.8}$$

ermittelt werden. Bei R_1 und R_2 handelt es sich wegen der unterschiedlichen Aufnahmebedingungen (Lichtquellen) um zwei verschiedene Reflektanzkarten. Für den Fall, daß R_1 und R_2 linear in p und q sind, läßt sich die Flächennormale aus (3.8) eindeutig bestimmen. Beispielsweise kann gezeigt werden, daß diese Eigenschaft bei der Reflektanzkarte für die Maria auf dem Mond unter der Bedingung der Übereinstimmung der Z-Achse mit der Kamerablickrichtung gegeben ist. Im allgemeinen, insbesondere bei der Lambert-Reflexion, ist dies allerdings nicht der Fall. Hier schneiden sich die zugehörigen Iso-Intensitätskonturen in mehr als einem Punkt. Es verbleiben also noch mehrere mögliche Lösungen[2]. Kommt nun ein drittes Bild derselben Szene hinzu, so kann die Flächennormale eindeutig bestimmt werden.

Beispiel 3.3 Bei der Lambert-Reflexion läßt sich neben der Flächennormalen auch die Albedo ermitteln, die von Punkt zu Punkt variieren kann. Es gilt für jede Lichtquelle $s_k = (s_{kx}, s_{ky}, s_{kz}), |s_k| = 1$:

$$I_k(i,j) \ = \ \rho \cdot (s_k \cdot n), \quad k = 1, 2, 3.$$

In Matrixform ausgedrückt präsentiert sich die Ausgangslage für das photometrische Stereo wie folgt:

$$I \ = \ \begin{bmatrix} I_1 \\ I_2 \\ I_3 \end{bmatrix} \ = \ \rho \cdot \begin{bmatrix} s_{1x} & s_{1y} & s_{1z} \\ s_{2x} & s_{2y} & s_{2z} \\ s_{3x} & s_{3y} & s_{3z} \end{bmatrix} \cdot \begin{bmatrix} n_x \\ n_y \\ n_z \end{bmatrix} \ = \ \rho N_s n.$$

Aufgrund der Einheitslänge von n ergibt sich daraus

$$\rho \ = \ |N_s^{-1} I|.$$

Schließlich erhalten wir

$$n \ = \ \frac{1}{\rho} N_s^{-1} I.$$

Sofern die Richtungsvektoren der drei Lichtquellen nicht koplanar sind, ist somit die Flächennormale für jeden Bildpunkt direkt bestimmbar. $\quad\square$

---

[2]Für die Lambert-Reflextion kann jedoch gezeigt werden [LR84], daß unter Verwendung einer lokalen Approximation der Objektoberfläche durch eine Kugelfläche eine eindeutige Rekonstruktion der Flächennormalen möglich ist. Weiter lassen zwei Lichtquellen unter Einbeziehung von Kontextinformationen eine Rekonstruktion ebenfalls zu [OB90]. Eine gründliche theoretische Analyse hierfür findet sich in [Koz93].

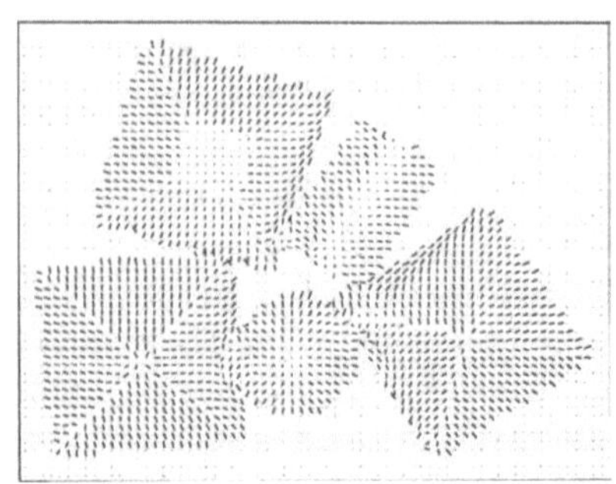

Abbildung 3.5: Das photometrische Stereo: eines der Stereobilder und das gewonnene Nadeldiagramm.

In der Praxis ist eine direkte Realisierung des photometrischen Stereos durch Schnittbildung dreier Iso-Intensitätskonturen äußerst rechenaufwendig. Erschwerend kommt noch hinzu, daß, abgesehen von einfachen Reflexionsmodellen wie die Lambert-Reflexion, die Reflektanzkarte häufig experimentell ermittelt werden muß und hierbei nicht immer eine analytische Formel gefunden werden kann. Ein praktisches Vorgehen hierfür liefert deshalb der folgende Ansatz mit einer Lookup-Tabelle: Diese kann mithilfe einer bekannten analytischen Reflektanzkarte berechnet oder durch einen Lernprozeß bestimmt werden. Im letzteren Fall wird in einer Lernphase ein Kalibrierungskörper bekannter Form – häufig eine Kugel – unter die Kamera gelegt. Hintereinander werden die Lichtquellen eingeschaltet und auf diese Weise drei Bilder aufgenommen. In diesen Bildern sind alle möglichen Oberflächenorientierungen vertreten. Zu jedem Intensitätstripel kann nun die zugehörige Oberflächenorientierung auf der Kugel mittels des Kugelrandes im Bild berechnet und in die Tabelle eingetragen werden. Nach dieser Lernphase geschieht die Rekonstruktion der Flächennormalen durch ein einfaches Tabellen-Lookup. Zur Illustration des photometrischen Stereos zeigt Abb. 3.5 eines der drei Stereobilder bestehend aus einigen einfachen Objekten sowie das auf diese Weise gewonnene Nadeldiagramm.

Die Zahl der Lichtquellen kann weiter erhöht werden. Die daraus resultierende Redundanz kann u.a. dazu benutzt werden, den Spiegelungseffekt zu berücksichtigen. In [CJ82, SI96] wird ein derartiges Vorgehen vorgeschlagen. Hierbei liegt die Überlegung zugrunde, daß viele Oberflächen selbst bei ausreichender Erfüllung der Lambert-Reflexion immer eine gewisse Spiegelungskomponente aufweisen. Zwar besteht eine mögliche Lösung hierfür sicher darin, diese explizit in die Modellierung der Reflexionseigenschaft einzubeziehen und so in die Reflektanzkarte zu integrieren. Dies bedingt jedoch einen recht komplexen Modelliervorgang. Eine einfache Alternative dazu kann durch den Einsatz einer vierten Lichtquelle realisiert werden. Aus den vier möglichen Kombinationen dreier Lichtquellen ergeben sich in diesem Fall für jeden Bildpunkt vier Lösungen:

$$(\rho_k, \boldsymbol{n}_k), \quad k = 1, 2, 3, 4.$$

Diese Redundanz erlaubt uns nun, das Vorhandensein einer Spiegelung zu erkennen. Falls durch eine der vier Lichtquellen bedingt eine Spiegelung vorliegt, ist wegen der erhöhten Intensität im entsprechenden Bild eine größere Streuung der vier berechneten Flächennormalen $\boldsymbol{n}_k$ zu erwarten. Analog verhalten sich die Albedo ρ_k. Quantitativ wird diese Streuung in [CJ82] durch die Größe σ:

$$\sigma = \frac{\sum_{k=1}^{4}(\rho_k - \overline{\rho})^2}{4 \cdot \rho_{\min}}$$

$$\overline{\rho} = \frac{1}{4}\sum_{k=1}^{4}\rho_k, \quad \rho_{\min} = \min\{\rho_1, \rho_2, \rho_3, \rho_4\}$$

beschrieben. Unter Verwendung eines Schwellwertes τ können wahlweise zwei Rechenvorschriften für die Flächennormale festgelegt werden, je nachdem, ob eine Spiegelung vorliegt oder nicht:

$$\boldsymbol{n} = \begin{cases} \sum_{k=1}^{4}\boldsymbol{n}_k / |\sum_{k=1}^{4}\boldsymbol{n}_k|, & \text{falls } \sigma \leq \tau \\[2ex] \boldsymbol{n}_i, & \text{falls } \sigma > \tau \end{cases}$$

wobei $\boldsymbol{n}_i$ die zur kleinsten Albedo ρ_i zugehörige Flächennormale ist.

Zum Schluß dieses Abschnitts sollen noch die Unterschiede des photometrischen Stereos zu den im vorigen Kapitel behandelten Stereosystemen klar herausgestellt werden. Während bei der traditionellen Auswertung von Stereobildern zwei oder auch mehrere Aufnahmen unter verschiedenen Blickwinkeln angefertigt werden, erfolgt hier die Aufnahme der Bilder bei gleicher Kameraposition. Jedoch sind die Lichtquellen unterschiedlich positioniert. Somit tritt ein Punkt der Szene jeweils an derselben Stelle der Bilder, i.a. aber mit unterschiedlichen Intensitätswerten, auf. Durch die Konstanz der Kameraposition entfällt so die bei traditionellen Stereoverfahren heikle Problematik der Korrespondenzbestimmung. Als Nachteil des photometrischen Stereos ist vor allem die erhöhte Anforderung an die Bildaufnahme zu erwähnen. Daher kann es nur unter kontrollierbaren Aufnahmebedingungen realisiert werden, was durch die in der Literatur bekannten, auf dem photometrischen Stereo basierenden Arbeiten [CDAM92, HI84, Ike81, JB90b] eindeutig bestätigt wird.

3.1.4 Tiefenbestimmung aus Nadeldiagramm

Methoden der Klasse "Form aus Schattierung" liefern typischerweise lediglich ein Nadeldiagramm. Da unser Ziel der Szenenrekonstruktion letztendlich in einer Beschreibung der Szene in Form eines Tiefenbildes besteht, benötigen wir

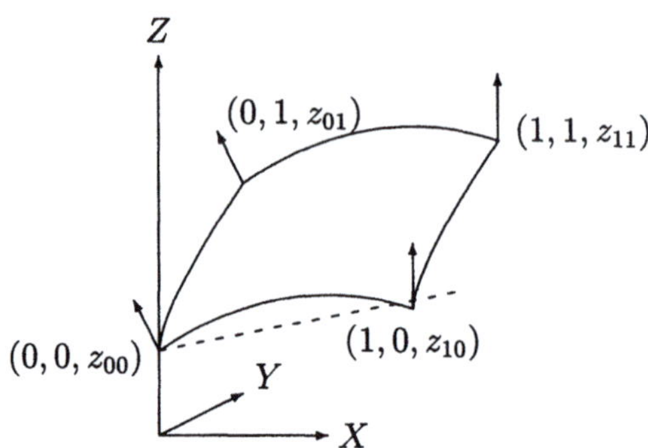

Abbildung 3.6: Bestimmung der Tiefenwerte der Nachbarn.

noch einen Algorithmus, um aus den Flächennormalen die zugehörige Flächenfunktion $z(i, j)$ zu gewinnen. Diese Art der Tiefenbestimmung ist stets mit zwei Einschränkungen verbunden:

- Es kann nur die relative Tiefe gewonnen werden.

- Es wird vorausgesetzt, daß eine kontinuierliche Fläche vorliegt. Der Tiefenunterschied zweier durch eine Tiefendiskontinuität getrennter Flächen geht dabei verloren.

Nachfolgend soll auf ein einfaches Verfahren aus [CJ82] eingegangen werden. Für Verbesserungen mit erhöhter Rekonstruktionsgenauigkeit sei auf [HJ84, WL88] verwiesen.

Grundoperation der Tiefenbestimmung ist eine Rechenvorschrift, um aus einem Punkt mit bekanntem Tiefenwert den Tiefenwert seiner acht Nachbarn zu gewinnen. Zur Vereinfachung der Notation gehen wir von den Koordinaten $(0, 0, z_{00})$ für den zentralen Punkt aus. Seien $\boldsymbol{n}_0 = (n_{0x}, n_{0y}, n_{0z})$ die Normale an diesem Punkt und $\boldsymbol{n}_1 = (n_{1x}, n_{1y}, n_{1z})$ die Normale seines Nachbarn $(1, 0, z_{10})$. Nun betrachten wir die in der XZ-Ebene liegende Kurve auf der Fläche. In einem lokalen Bereich läßt sich diese als eine Gerade darstellen, die den Punkt $(0, z_{00})$ passiert und tangential zum Durchschnitt der beiden Normalen $\boldsymbol{n}_0$ und $\boldsymbol{n}_1$ steht, siehe Abb. 3.6. Die Gleichung dieser Geraden lautet

$$z = z_{00} - \frac{n_{0x} + n_{1x}}{n_{0z} + n_{1z}} \cdot x.$$

Setzen wir $x = 1$ ein, so erhalten wir

$$z_{10} = z_{00} - \frac{n_{0x} + n_{1x}}{n_{0z} + n_{1z}}.$$

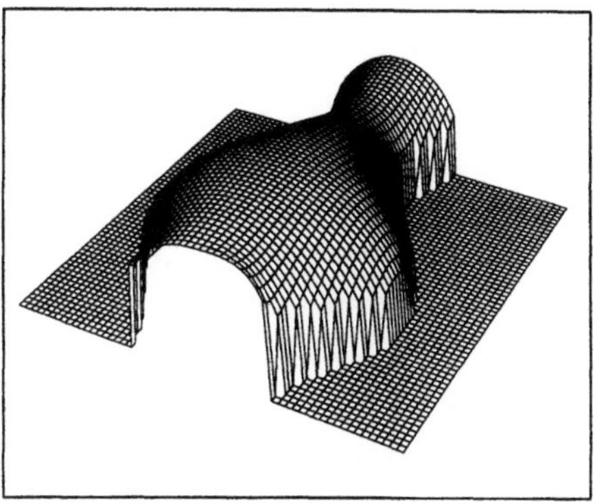

Abbildung 3.7: Relative Tiefe aus einem Nadeldiagramm.

Seien nun (n_{2x}, n_{2y}, n_{2z}), (n_{3x}, n_{3y}, n_{3z}) und (n_{4x}, n_{4y}, n_{4z}) die Normalen der weiteren Nachbarn $(-1, 0, z_{-1,0})$, $(0, 1, z_{01})$ bzw. $(0, -1, z_{0,-1})$. Dann können die zugehörigen Tiefenwerte aus

$$z_{-1,0} = z_{00} + \frac{n_{0x} + n_{2x}}{n_{0z} + n_{2z}}$$

$$z_{01} = z_{00} - \frac{n_{0y} + n_{3y}}{n_{0z} + n_{3z}}$$

$$z_{0,-1} = z_{00} + \frac{n_{0y} + n_{3y}}{n_{0z} + n_{3z}}$$

gewonnen werden. Mit dieser Rechenvorschrift läßt sich der Tiefenwert z_{11} sowohl aus $(1, 0, z_{10})$ als auch aus $(0, 1, z_{01})$ bestimmen. Eine Mittelung der beiden berechneten Werte liefert dann z_{11}. Analog erfolgt die Ermittlung von $z_{-1,1}$, $z_{1,-1}$ und $z_{-1,-1}$.

Als Eingangsgröße für die Tiefenbestimmung muß der Tiefenwert eines inneren Punktes der Fläche auf eine Konstante gesetzt werden. Alle anderen Tiefenwerte ergeben sich iterativ aus der obigen Grundoperation. Hierbei wird zunächst vom initialen Punkt aus dieselbe Zeile und Spalte expandiert. Anschließend erweitert sich die Berechnung schichtweise um die nun bekannten Tiefenwerte. Als Beispiel für diese Methode der Tiefenbestimmung zeigt Abb. 3.7 eine dreidimensionale Darstellung des aus dem Nadeldiagramm in Abb. 3.4 gewonnenen Tiefenbildes.

3.2 Form aus Textur

In der perspektivischen Projektion texturierter Oberflächen liegen in vielen Fällen auswertbare Hinweise auf die Oberflächenorientierung vor. Unter der

Voraussetzung von Kenntnissen über die genaue Form der Texturelemente (Texel) kann aus der durch die Neigung der Oberfläche sowie die Projektion hervorgerufenen geometrischen Deformierung der abgebildeten Texel im Bild auf die Oberflächenorientierung geschlossen werden. Besteht die untersuchte Textur beispielsweise aus Kreisen gleicher Größe, so deformieren sich diese zu Ellipsen im Kamerabild. Hierbei gibt die Hauptachse der Ellipsen den Rotationswinkel bezüglich der Kamerablickrichtung an, während das Verhältnis der beiden Hauptachsen proportional zur Neigung der Oberfläche ist.

Aufgrund von Untersuchungen in der Wahrnehmungspsychologie hat die Formrekonstruktion aus Textur eine lange Tradition. Auch in der rechnergestützten Bildinterpretation wird seit etwa Anfang der achtziger Jahre an diesem Thema geforscht. Dabei hat sich der sog. Texturgradient als einer der zentralen Begriffe zur quantitativen Beschreibung der Texturdeformierung herausgestellt. Der Texturgradient liefert ein Maß für die maximale Änderung der Texel. Hierfür können verschiedene spezifische Eigenschaften der untersuchten Texel bewertet werden. Für das obige Beispiel der kreisförmigen Texturmuster äußert sich dieses Vorgehen in der Analyse der Hauptachsen der Ellipsen im Kamerabild. Die Richtung des Texturgradienten entspricht dann der Drehung der Oberfläche gegenüber der Kamerablickrichtung. Die Neigung der Oberfläche wird durch den Betrag des Gradienten impliziert.

Bei dieser Vorgehensweise reicht theoretisch bereits ein einziges Texel zur Bestimmung der Oberflächenorientierung aus. Ein Nachteil ist jedoch, daß hierbei genaue Kenntnisse über die Form der Texel sowie die Art der Deformierung erforderlich sind. Lassen wir diese Einschränkungen außer Betracht und gehen statt dessen nur von der Annahme aus, daß ein regelmäßiges Muster eines beliebigen ebenen Texels auf der Oberfläche vorliegt, so ist eine lokale Formbestimmung nicht mehr möglich. Verwertbare Information liefert hier einzig der Flächeninhalt der Texel im Bild. Interessanterweise läßt dieses minimale Wissen über die Textur unter Einbeziehung von Kontextinformationen dennoch eine Formrekonstruktion zu. Nachfolgend soll eine Lösung hierfür aus [AS88] vorgestellt werden, die methodisch eng mit Abschnitt 3.1.1 und 3.1.3 verwandt ist.

Sei S_W der (unbekannte) Flächeninhalt des einheitlichen Texels im Raum. Bei der Bildentstehung wird ein derartiges Texel mit der Orientierung (p, q) in der Gradientenraumdarstellung und dem Abstand d zur Kamera auf ein Texel mit der Größe S_I und dem Mittelpunkt (A, B) im Bild abgebildet. Unter Verwendung einer approximativen perspektivischen Projektion kann gezeigt werden, daß diese Größen der Texturprojektion in der Beziehung:

$$S_I = \frac{S_W}{d^2} \cdot \frac{1 - Ap - Bq}{\sqrt{1 + p^2 + q^2}} = \rho \cdot \frac{1 - Ap - Bq}{\sqrt{1 + p^2 + q^2}} \qquad (3.9)$$

stehen. Von der Form her ähnelt diese Gleichung stark der im vorigen Abschnitt eingeführten Reflektanzkarte, weshalb in [AS88] auch von Texturintensität S_I

und Texturalbedo ρ die Rede ist. In Anlehnung an die dortige Notation schreiben wir nun (3.9) in

$$I \;=\; R(p,q)$$

um, wobei die Texturintensität I den Flächeninhalt eines Texels im Bild darstellt. Für jedes einzelne Texel im Bild sind die Größen A, B und I bekannt. Analog zur Schattierungsanalyse ist auch hier das Problem der Formrekonstruktion unterbestimmt. Es kann deshalb nur unter Einbeziehung von Kontextinformationen gelöst werden.

Dafür betrachten wir ein Texel T_1 zusammen mit seinen zwei benachbarten Texeln T_2 und T_3. Angenommen, die zu T_1, T_2 und T_3 gehörigen Texel liegen im Raum eng beisammen, so daß diese lokal durch eine Ebene der Orientierung (p,q) approximiert werden können, so gilt $\rho_1 \approx \rho_2 \approx \rho_3$. Somit erhalten wir

$$I \;=\; \begin{bmatrix} I_1 \\ I_2 \\ I_3 \end{bmatrix} \;=\; \rho \cdot \begin{bmatrix} A_1 & B_1 & 1 \\ A_2 & B_2 & 1 \\ A_3 & B_3 & 1 \end{bmatrix} \boldsymbol{n} \;=\; \rho N \boldsymbol{n},$$

wobei $\boldsymbol{n} = (-p, -q, 1)/\sqrt{1 + p^2 + q^2}$ die Einheitsnormale der Texel ist. Analog zum photometrischen Stereo (vgl. Abschnitt 3.1.3) ergibt sich die Lösung aus

$$\rho \;=\; |N^{-1}I|, \quad \boldsymbol{n} \;=\; \frac{1}{\rho} N^{-1}I.$$

Betrachten wir noch die anderen Nachbarn von T_1, so sind mehrfache Lösungen möglich. Eine Mittelung all dieser Lösungen soll dann eine gute Abschätzung der Oberflächenorientierung liefern.

Diese Abschätzung kann weiter verbessert werden, indem unter Optimierung einer Energiefunktion eine möglichst glatte Oberfläche angestrebt wird. Hierbei sind die Formulierung dieser Energiefunktion und daher auch die daraus abgeleitete iterative Lösungsmethode identisch mit dem in Abschnitt 3.1.1 beschriebenen Verfahren. Es gilt

$$e \;=\; \iint [p_x^2 + p_y^2 + q_x^2 + q_y^2 + \lambda(I - R(p,q))^2]\, dx dy$$

zu minimieren. Das Iterationsschema lautet:

$$p_{kl}^{n+1} \;=\; \overline{p}_{kl}^n + \lambda(I_{kl} - R(\overline{p}_{kl}^n, \overline{q}_{kl}^n)) \frac{\partial R}{\partial p}\bigg|_{\overline{p}_{kl}^n, \overline{q}_{kl}^n}$$

$$q_{kl}^{n+1} \;=\; \overline{q}_{kl}^n + \lambda(I_{kl} - R(\overline{p}_{kl}^n, \overline{q}_{kl}^n)) \frac{\partial R}{\partial q}\bigg|_{\overline{p}_{kl}^n, \overline{q}_{kl}^n}$$

Zur Initialisierung werden die obigen Abschätzungen verwendet. In Abb. 3.8 wird dieses Verfahren am Beispiel eines einfachen Ringkörpers mit kreisförmigen Texeln illustriert. Aus dem Eingangsbild in Abb. 3.8(a) werden zuerst die Texel detektiert. Die Mittelpunkte der Texel werden dann einer Delaunay-Triangulation unterzogen, so daß das Ergebnis in Abb. 3.8(b) die Nachbarschaft

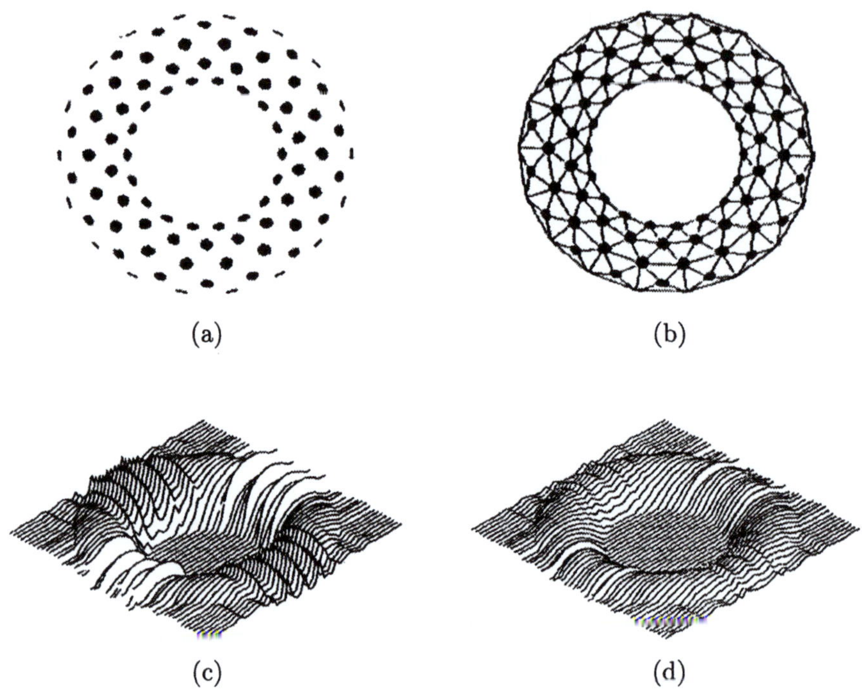

Abbildung 3.8: Formrekonstruktion aus Textur am Beispiel eines Ringkörpers. Reproduziert aus [AS88] mit Genehmigung von Kluwer Academic Publishers.

eines Texels für die lokale Abschätzung der Oberflächenorientierung definiert. Schließlich präsentieren sich die Ergebnisse der lokalen und globalen Rekonstruktion in Abb. 3.8(c) bzw. (d), wobei erwähnt werden soll, daß wegen der wesentlich niedrigeren Dichte der Texel gegenüber der Bildauflösung eine Interpolation diesen dreidimensionalen Darstellungen vorausgegangen ist.

Die praktische Anwendbarkeit der bisher in der Literatur vorgestellten Verfahren der Formrekonstruktion aus Textur ist noch stark beschränkt. Am Beispiel der soeben beschriebenen Methode wird das Vorhandensein eines regelmäßigen Musters desselben Texturelementes als bekannt vorausgesetzt. Ein weiterer wichtiger Aspekt, der im Laufe dieses Abschnitts noch nicht zur Sprache gekommen ist, betrifft die Detektion der Texel im Bild. Abgesehen von einfachen unter Laborbedingungen aufgenommenen Texturbildern ist dies im allgemeinen Fall ein schwer lösbares Problem. Dadurch werden auch dem allgemeinen Charakter dieses Algorithmus, der zuläßt, daß das Texel eine beliebige Form annehmen kann, enge Grenzen gesetzt. Für eine erfolgreiche Detektion der Texel im Bild sind Wissen über deren genaue Form unabdingbar.

3.3 Literaturhinweise

Einen guten Überblick über die Auswertung monokularer Tiefenhinweise liefert der Übersichtsartikel [AC89a]. Eine Sammlung wichtiger Beiträge zur Formrekonstruktion aus Schattierung findet sich in [HB89]. Auch im Buch von Horn [Hor86] wird dieses Thema ausführlich behandelt. Ein experimenteller Vergleich von acht verschiedenen Algorithmen der Schattierungsanalyse anhand synthetischer und realer Testbilder wird in [ZTCS94] beschrieben. Die Formrekonstruktion aus Schattierung gehört zu jenen Teilgebieten der automatischen Bildinterpretation, wo das Verständnis des Reflexionsverhaltens verschiedenster Oberflächenmaterialien eine zentrale Rolle spielt. Für einen Überblick über dieses wichtige Thema sei auf [Ike94] verwiesen.

Im vorliegenden Kapitel sind wir von einigen stark einschränkenden Annahmen über die Bildentstehung ausgegangen. In der Literatur sind Erweiterungen verschiedenster Art bekannt. Häufig wird die Beleuchtungsrichtung als bekannt vorausgesetzt. Während diese Annahme bei synthetischen Bildern zweifellos zutrifft, muß die Beleuchtungsrichtung bei der Analyse realer Bilder zuerst abgeschätzt werden. Hierfür existiert eine Reihe von Algorithmen [LR85, Pen82, ZC91]. Eine experimentelle Vergleichsstudie der verschiedenen Algorithmen zur Bestimmung der Lichtquelle findet sich in [GBC91]. Es ist auch möglich, diese Bestimmung in den Prozeß der Formrekonstruktion zu integrieren [BH89]. In dieselbe Richtung zielt die Arbeit [ZC91] ab. Im Gegensatz zu vielen anderen Methoden, wo die Albedo als eine Konstante (eins) angenommen wird, haben die Autoren einen Algorithmus zur Abschätzung der Albedo vorgeschlagen. Für stark spiegelnde Oberflächen ist die Verwendung einer punktförmigen Beleuchtung nicht mehr angebracht. Statt dessen hat Ikeuchi [Ike81] von Flächenlichtquellen Gebrauch gemacht. Abgesehen von der einfachen Situation, wo ein einziges konvexes Objekt in der Szene vorliegt, findet stets eine gegenseitige Reflexion zwischen den Flächen statt, was das Ergebnis der Schattierungsanalyse zum Teil massiv verfälschen kann. Unter Annahme der Lambert-Reflexion hat Nayar [NIK91] ein Modell dieser Interreflexion aufgestellt, mit dessen Hilfe das Ergebnis der Schattierungsanalyse nachträglich korrigiert werden kann. Verfahren der Klasse "Form aus Schattierung" vermögen relative, aber nicht absolute Tiefendaten zu gewinnen. Ausnahme bilden lediglich diejenigen Systeme, wo die Initialisierung des iterativen Lösungsprozesses mittels Stereodaten vorgenommen wird. Neuerlich wird die klassische Schattierungsanalyse von einigen Autoren [Cla92, ISI90, KB91] dahingehend erweitert, daß die Lichtquelle nun nicht mehr als entfernt positioniert betrachtet wird. In diesem Fall hängt sowohl die Eingangsintensität des Lichtes als auch der Beleuchtungsrichtungsvektor von der Position eines räumlichen Punktes ab. Aus der Formrekonstruktion mittels einer derart modifizierten Reflektanzkarte können deshalb absolute Tiefendaten gewonnen werden. Typischerweise wird die Formrekonstruktion aus Schattierung iterativ gelöst. Auch wenn die Konvergenz an – meist einfachen – Testbildern gezeigt werden kann, ist diese Eigenschaft mathematisch nicht immer gesichert. In seiner Arbeit [Lee89] hat Lee ein alternatives Iterationsschema vorgeschlagen, dessen Konvergenz bewiesen werden kann.

In der Praxis erfreut sich das photometrische Stereo dank seiner Robustheit besonderer Beliebtheit. Eine Fehleranalyse des photometrischen Stereos findet sich in [RBK83, JB91a]. Im Gegensatz zu den herkömmlichen Verfahren werden in [CS94] Farbbilder verwendet. Tagare [Td91] hat ein allgemeines Reflexionsmodell aufgestellt, das als Spezialfall u.a. die Lambert-Reflexion einschließt. Es wird dann ein photometrisches Verfahren für dieses Modell entwickelt. In einer weiteren Arbeit [Td92] hat Tagare ferner gezeigt, daß einige Parameter dieses allgemeinen Reflexionsmodells zusammen mit der Formrekonstruktion bestimmt werden können. Neuerlich wird das photometrische Stereo erweitert [Wol87, Woo94], um neben einem Nadeldiagramm auch die Krümmungen der Oberflächen zu gewinnen.

Der Begriff Texturgradient wurde erstmals von Gibson [Gib50] eingeführt. Die Beziehung des Texturgradienten zur Formänderung der Texturelemente wird in [Ste81] besprochen. Ein allgemeingültiger Mechanismus zur Analyse des Texturgradienten muß grundsätzlich mehrere Anforderungen erfüllen. Eine Diskussion darüber findet sich in [BA89]. Zu den Klassikern auf dem Gebiet Form aus Textur gehört die Arbeit [Wit81]. Beispiele neuerer Algorithmen sind [BM90, BA89, Gar93, KC89a].

Eine übersichtsartige Ausführung für die Interpretation von Linienzeichnungen wird in [CF84, NZU94] gegeben. In diesem Zusammenhang spielen identifizierte Schattengebiete innerhalb einer Linienzeichnung eine besondere Rolle. Diese liefern starke Hinweise für die Formrekonstruktion [SK83, Sha85].

Im allgemeinen kann aus der Kombination der verschiedenen Tiefenhinweise eine erhöhte Qualität der Rekonstruktion erwartet werden. Einige Beispiele für Untersuchungen dieser Art sind Stereo und Schattierungsanalyse [CTS95, LB91, PJ95], Schatten- und Texturanalyse [SR90] sowie Schattierungs- und Texturanalyse [CK91]. Für grundsätzliche Überlegungen zur Kombination verschiedener Tiefenhinweise sei an dieser Stelle auf [AB88, AS89] verwiesen.

Kapitel 4

Aktive Tiefengewinnung

Stereoverfahren und Methoden, die zur Klasse "Form-aus-X" gehören, stellen einen Ansatz dar, die durch Projektion einer dreidimensionalen Szene in die Bildebene verlorengegangene Tiefeninformation zurückzugewinnen. In der Praxis aber ist ein Einsatz derartiger Verfahren nach heutigem Kenntnisstand noch mit erheblichen Problemen verbunden. Das schwierige Korrespondenzproblem läßt sich selbst mit hohem Rechenaufwand nur teilweise lösen, und aufgrund mangelnder Merkmale ist eine flächendeckende Rekonstruktion oft unmöglich. Vor allen Dingen aber sind die Form-aus-X-Methoden noch kaum an praktischen Szenen erprobt. In diesem Kapitel beschäftigen wir uns mit den sogenannten aktiven Sensoren. Hierbei wird immer eine aktive Energiequelle eingesetzt, die künstlich Merkmale auf der zu vermessenden Fläche erzeugt. Da diese Erzeugung unter voller Kontrolle des Sensors geschieht, wird die Korrespondenzfindung wesentlich vereinfacht. Durch gezielte Ablenkung der Energiequelle läßt sich außerdem eine flächendeckende Vermessung ohne große Schwierigkeit realisieren.

Die in diesem Kapitel beschriebenen aktiven Sensoren arbeiten entweder nach dem Laufzeit- oder dem Triangulationsprinzip. Sie liefern ein dichtes Tiefenbild, d.h. eine Matrix der Dimension $m \times n$:

$$T = (\boldsymbol{X}_{ij}), \quad \boldsymbol{X}_{ij} = (x_{ij}, y_{ij}, z_{ij}), \quad 1 \leq i \leq m,\ 1 \leq j \leq n.$$

Im Fall äquidistanter Abtastung in X- und Y-Richtung kann das Tiefenbild vereinfacht als

$$T = (z_{ij}), \quad 1 \leq i \leq m,\ 1 \leq j \leq n$$

dargestellt werden. Hierbei sind die X- und Y-Werte implizit durch den Zeilen- bzw. Spaltenindex gegeben und lassen sich aus

$$x_{ij} = x_0 + s_x \cdot (i - 1), \quad y_{ij} = y_0 + s_y \cdot (j - 1) \tag{4.1}$$

errechnen, wobei (x_0, y_0) dem ersten Abtastungspunkt entspricht und s_x sowie s_y die Abtastungsintervalle in X- bzw. Y-Richtung repräsentieren. Tiefenbilder dieser Art sind besonders vorteilhaft, weil die Verarbeitung und Analyse in vielen Fällen stark vereinfacht werden kann. Unter Umständen kommt es vor, daß einzelne Punkte im Meßfeld vom Sensor nicht gemessen werden können. Im Tiefenbild werden derartige Punkte mit einem speziellen Wert – beispielsweise 0 – gekennzeichnet, der sonst als Tiefenwert nicht vorkommt. In diesem Fall kann auch das Tiefenbild um ein Markierungsfeld zu

$$T = (z_{ij}, m_{ij}), \quad 1 \leq i \leq m, \ 1 \leq j \leq n$$

erweitert werden, wobei m_{ij} mit dem Wert 0 einen nicht meßbaren Punkt darstellt und sonst den Wert 1 annimmt.

4.1 Laufzeitverfahren

Eine Strecke S, die ein Signal in einer Zeit t zurücklegt, steht mit der Geschwindigkeit v des Signals in der Beziehung

$$S = vt.$$

Jede der drei Größen S, v und t läßt sich aus den beiden anderen berechnen. Im Zusammenhang mit der Tiefenmessung geht man üblicherweise von bekannter Signalgeschwindigkeit v aus. Das Schema eines derartigen Tiefensensors ist in Abb. 4.1 dargestellt. Es wird ein Signal von einem Emitter ausgestrahlt und trifft über einen Ablenker auf eine Zielfläche. Ein Teil des Signals wird von der Zielfläche reflektiert und vom Empfänger des Sensorsystems registriert. Sei R der Abstand zwischen dem Sensor und der Zielfläche. In der Zeitspanne t zwischen Aussendung und Empfang hat das Signal eine Strecke von $2R$ zurückgelegt. Somit läßt sich die unbekannte Größe R aus

$$R = \frac{vt}{2} \tag{4.2}$$

errechnen. Die Laufzeit t kann direkt gemessen werden. Durch geeignete Modulation des Signals wie z. B. Amplitudenmodulation läßt sich die Laufzeit aber auch indirekt aus der Phasenverschiebung oder Schwebungsfrequenz bestimmen. Um eine flächendeckende Vermessung durchzuführen, wird das Signal sowohl horizontal als auch vertikal abgelenkt, beispielsweise durch Einsatz von Galvanometerspiegeln.

Drei Signalarten werden typischerweise in den Emittern von Tiefensensoren verwendet: Radiowellen, Ultraschall sowie Laser. Im Grunde genommen liegt jeder der drei Signalarten das gleiche Meßprinzip zugrunde. Ihre unterschiedlichen Eigenschaften führen jedoch zu erheblichen Unterschieden im Sensoraufbau, in der Qualität der gewonnenen Tiefendaten und somit auch in den Anwendungsmöglichkeiten der Sensoren.

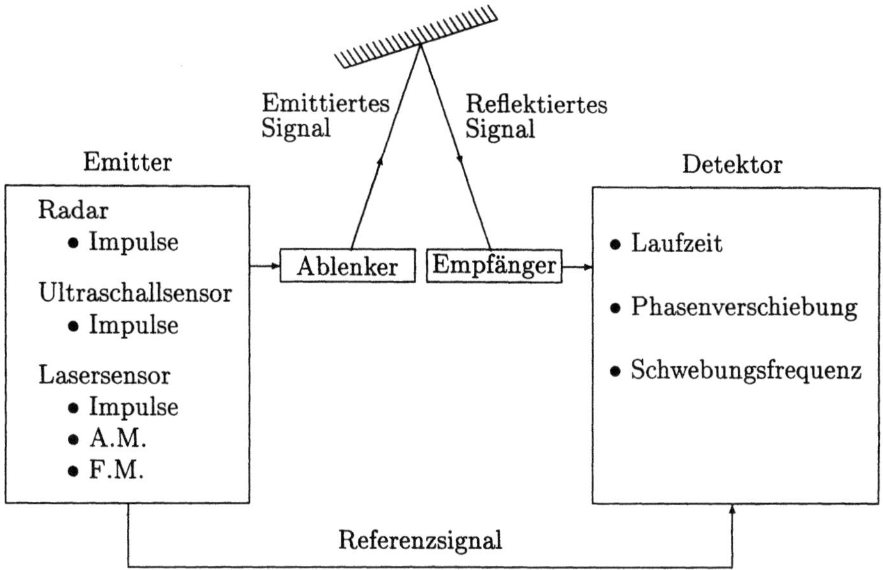

Abbildung 4.1: Schema eines Laufzeitsensors.

4.1.1 Eigenschaften der Signale

Bei der Diskussion über Tiefensensoren nach dem Laufzeitprinzip stehen drei
wichtige Eigenschaften der verwendeten Signale im Vordergrund. Bei diesen
Eigenschaften handelt es sich um die Bündelungsfähigkeit, die Ausbreitungsgeschwindigkeit und die Reflexionseigenschaft. Der Ausbreitungswinkel α des
Signalbündels bestimmt das Auflösungsvermögen des Sensors. Als Beispiel betrachten wir Abb. 4.2. Der Sensor mit einem dicken Signalbündel liefert den
Abstandswert h. Ihm sind die Bereiche auf der Zielfläche mit dem Abstand
H sozusagen nicht einmal bewußt. Bei dem anderen Sensor mit einem dünnen
Signalbündel hingegen können Flächenteile beider Höhen gemessen werden. Eine gute Ortsauflösung, die für die Messung feiner Strukturen unabdingbar ist,
läßt sich also nur mit einem Signal erzielen, das stark gebündelt ausgestrahlt
werden kann.

Eine weitere wichtige Eigenschaft der Signale stellt die Ausbreitungsgeschwindigkeit dar. Um eine Tiefenauflösung von ΔR zu erreichen, muß die Zeitmessungselektronik eine Zeitdifferenz von

$$\Delta t = \frac{2\Delta R}{v}$$

messen können.

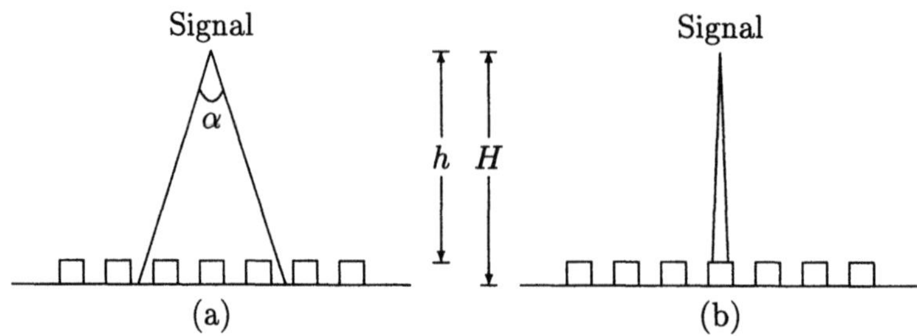

Abbildung 4.2: (a) Ein dickes Signalbündel. (b) Ein dünnes Signalbündel.

Beispiel 4.1 Die Schallgeschwindigkeit in der Luft beträgt etwa 330m/s. Somit ist für eine Tiefenauflösung von 1cm eine Zeitauflösung von $60\mu s$ erforderlich. Da Licht eine bedeutend höhere Ausbreitungsgeschwindigkeit in der Luft hat, nämlich $3\cdot10^8$m/s, muß für die gleiche Tiefenauflösung von 1cm sogar eine Zeitauflösung von 67ps bewerkstelligt werden. $\square$

Generell gilt, daß die Ansprüche an die Zeitmessungselektronik mit der Signalgeschwindigkeit wachsen.

Daß die Entfernung der Zielfläche vom Sensor überhaupt gemessen werden kann, setzt voraus, daß ein genügend hoher Anteil des Signals von der Zielfläche zurück zum Sensor reflektiert wird. Falls die Unebenheiten einer Fläche im Vergleich zur Wellenlänge des Signals klein sind, wird die Fläche zu einem Spiegel. Dadurch wird der Sensor kaum reflektierte Signalanteile empfangen können, außer wenn das Signal fast senkrecht auf die Fläche trifft. Dieses Problem tritt besonders deutlich bei den Ultraschallsensoren zutage. Ultraschallwellen im Bereich 50-60kHz haben eine relativ große Wellenlänge von etwa 1/2-2/3cm. Deshalb reflektieren die meisten Flächen bei ungünstigen Einfallswinkeln eher spiegelnd.

4.1.2 Direkte Messung der Laufzeit

Radar

Von einer Antenne mit parabolförmigem Reflektor werden elektromagnetische Wellen im Millimeter-, Zentimeter- und Dezimeterbereich in Form kurzer Impulse in den Raum abgestrahlt. In der Zeit zwischen aufeinanderfolgenden Impulsen wird die Antenne automatisch auf den Empfang der Signale, die von der Zielfläche reflektiert werden, umgeschaltet. Die Entfernung der Zielfläche vom Sensor wird dann mit (4.2) bestimmt. Wird die Radarantenne gedreht, so läßt sich der gesamte Raum in einem bestimmten Umkreis abtasten.

Der Durchmesser eines Radiowellenbündels ist bekanntlich umgekehrt proportional zur Antennengröße. Dies bedingt eine große Antenne, falls eine feine Ortsauflösung, wie etwa bei Robotikanwendungen, benötigt wird. Einen weiteren kritischen Faktor stellt die Tiefenauflösung dar. Hochfrequente Radiowellen breiten sich fast mit der Lichtgeschwindigkeit aus und eine genaue Zeitmessung über kurzen Distanzen kann nur mit extrem komplexer Elektronik erreicht werden. Aus diesen beiden Gründen hat Radar keine Anwendung im Bereich Computersehen oder Robotik gefunden. Vielmehr wird es z.B. zur Ortung von Schiffen und Flugzeugen sowie in der Metereologie (Ortung und Beobachtung entfernter Gewitter) und Astronomie (Bestimmung der Bahnen und Geschwindigkeit von Meteoren) angewendet.

Ultraschallsensor

Ein Ultraschallsensor sendet einen hochfrequenten Schallimpuls aus und wartet auf das Echo. Durch das Material oder die Topologie der Zielfläche kann ein Impuls jeder beliebigen Frequenz absorbiert werden. In diesem Fall kann der Sensor auch kein Echo empfangen. Deswegen übertragen die meisten Ultraschallsensoren ein Zirpen, das aus einer Menge verschiedener Frequenzen besteht. Der elektrostatische Schallwandler von Polaroid beispielsweise überträgt ein Zirpen bestehend aus vier Ultraschallfrequenzen, nämlich 60, 57, 53 und 50kHz.

Da die Schallgeschwindigkeit v in der Luft gering ist, kann die Zeitmessung bei derartigen Sensoren leicht bewerkstelligt werden. Dazu wird oft ein Zähler eingesetzt, der bei der Aussendung der Schallimpulse gestartet und beim Empfang des Echos gestoppt wird. Sei f die Taktfrequenz eines k-stelligen Zählers. Dann entspricht ein Zählerstand n einer Laufzeit von $t = n/f$ und somit einer Entfernung von

$$R = \frac{nv}{2f}.$$

Beträgt der maximale Zählerstand $2^k - 1$, hat der Sensor einen Eindeutigkeitsbereich von

$$R^* = \frac{(2^k - 1)v}{2f}.$$

Beispiel 4.2 Ein mit 1MHz betriebener 16-stelliger Zähler besitzt einen Eindeutigkeitsbereich von 10.8m. Der Zählerstand 0110 1111 1111 1111 bedeutet eine Entfernung von 4.7m. □

Bedingt durch zwei Eigenschaften der Ultraschallwellen sind die Einsatzmöglichkeiten von Ultraschallsensoren stark eingeschränkt. Bei derartigen Sensoren wird meistens ein dickes Wellenbündel ausgestrahlt. Der Schallwandler von Polaroid beispielsweise weist einen Ausbreitungswinkel von 30° auf. Für einen Beobachtungswinkel von 90° läßt dies gerade eine Ortsauflösung von 4×4

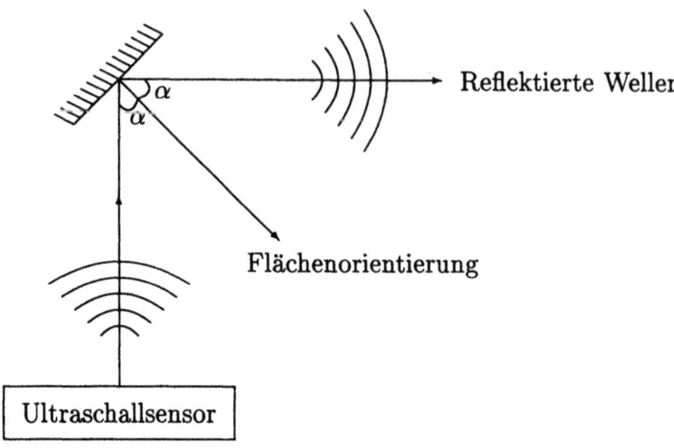

Abbildung 4.3: Spiegelung der Ultraschallwellen.

Meßpunkten zu. Zwar ist es möglich, mit Hilfe spezieller Vorrichtungen zur akustischen Fokussierung die Bündelung der Ultraschallwellen zu verbessern. Ein dichtes Tiefenbild vermögen die Ultraschallsensoren dennoch nicht zu liefern. Ein weiteres Problem hängt mit bestimmten Eigenschaften akustischer Wellen und dem Reflexionsverhalten der Flächen zusammen. Wie in Abschnitt 4.1.1 erläutert, verhalten sich die meisten Flächen wegen der relativ großen Wellenlänge der Ultraschallwellen wie ein akustischer Spiegel. In der Praxis zeigt sich, daß bei einem Einfallswinkel von $\alpha \geq 40^o$ die emittierten Wellen größtenteils in die Richtung mit einem Ausfallswinkel gleich dem Einfallswinkel reflektiert werden, siehe Abb. 4.3. Dadurch kann der Sensor praktisch kein Echo empfangen, und eine Messung wird unmöglich.

Ultraschallsensoren sind nicht geeignet für die Vermessung feiner Strukturen, um etwa eine Objekterkennung vorzunehmen. Sehr nützlich erweisen sie sich hingegen bei Anwendungen im Bereich der Robotertechnik, wo mögliche Hindernisse detektiert und umgangen werden müssen, oder wo lediglich eine annähernde Abstandsmessung benötigt wird. Beispielsweise kann ein Ultraschallsensor den Greifer eines Roboters ziemlich nahe an das gewünschte Ziel heranführen. Anschließend kann ein an der Hand angebrachter optischer Näherungssensor eingesetzt werden, um eine genauere Positionierung durchzuführen.

Lasersensor

Laserstrahlen haben die Eigenschaft der leichten Bündelung. Dadurch ist es möglich, eine Fläche mittels eines Ablenkers mit einer hohen Ortsauflösung zu vermessen. Umgekehrt stellen Lasersensoren aber äußerst hohe Ansprüche an die Zeitmessungselektronik, da sich Licht mit einer Geschwindigkeit von $3 \cdot 10^8$m/s ausbreitet. Zwei Lasersensoren wurden in [LJ77, Jar83a] beschrieben. Hierbei werden Lichtimpulse vom Sensor ausgestrahlt. Das von einer diffus streuenden Zielfläche zurückgestreute Licht wird detektiert und die Zeitdifferenz zwischen Aussendung und Empfang der Lichtimpulse gemessen. Die technischen Voraussetzungen, solche Messungen mit einer Genauigkeit von einigen Picosekunden durchzuführen, was eine Tiefenauflösung von 1mm zuläßt, liefern Koinzidenzmessungen (Zeit-Spektroskopie) aus der Kern- und Elementarteilchenphysik. Bei dieser Technik wird das reflektierte Licht von einem Oberflächen-Sperrschicht-Detektor aufgenommen und anschließend an eine Reihe von hochkomplexen Vorrichtungen weitergegeben. Am Ende dieser Reihe steht der Zeit-Amplituden-Konverter, dessen Ausgangssignal eine Amplitude hat, die genau der Zeitdifferenz zwischen Aussendung und Empfang der Lichtimpulse entspricht. Ein A/D-Wandler erzeugt daraus einen Digitalwert. Um eine zuverlässige Entfernungsmessung zu erreichen, wird die Differenzmessung über eine große Anzahl von Impulsen durchgeführt, und der Mittelwert der Zeitdifferenzen zur Berechnung der Entfernung verwendet.

Mit dem in [LJ77] beschriebenen Sensor wurde eine Tiefenauflösung von 2cm bei einem Tiefenbereich von 1-3m erzielt. Die Aufnahmezeit für ein Tiefenbild der Größe 64×64 betrug etwa 40 Sekunden. Der von Jarvis entwickelte Laufzeitsensor gleicher Bauart [Jar83a] konnte innert 40 Sekunden ein Tiefenbild der Größe 64×64 mit einer Tiefenauflösung von 5mm bei einem Tiefenbereich von 1-4m liefern.

4.1.3 Laufzeitmessung durch Amplitudenmodulation

Die Bündelungsfähigkeit von Laserlicht macht Lasersensoren zu attraktiven Kandidaten für hochauflösende Flächenvermessungen. Wegen der hohen Lichtgeschwindigkeit läßt sich eine direkte Zeitmessung, wie sie in den beiden in Abschnitt 4.1.2 beschreibenden Sensoren realisiert wurde, jedoch nur mit extrem aufwendiger Elektronik durchführen. Zudem liegt die Tiefenauflösung derartiger Sensoren im Millimeterbereich. Einer weiteren Verbesserung der Tiefenauflösung sind aufgrund der technischen Machbarkeit oder der enormen Kosten enge Grenzen gesetzt.

Abhilfe schafft hier eine Klasse von Lasersensoren, bei der die Laufzeit indirekt aus der Phasenverschiebung des Detektorsignals relativ zur Phase des emittierten Signals ermittelt wird. Statt einzelne Lichtimpulse auszusenden und auf das Echo zu warten, wird bei derartigen Sensoren ein kontinuierliches Laserlicht emittiert. Hierbei wird die Lichtleistung sinusförmig mit einer Frequenz f_{AM} moduliert, indem der Antriebsstrom variiert wird. Das Licht wird von einer diffus streuenden Zielfläche reflektiert und vom Sensor detektiert. Im Vergleich zum emittierten Licht (Referenzsignal) weist das Detektorsignal die gleiche Fre-

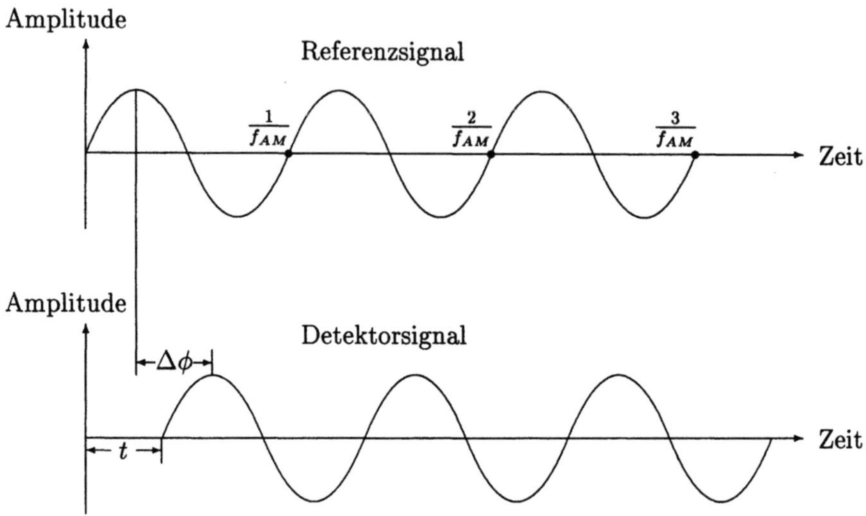

Abbildung 4.4: Laufzeitmessung durch Amplitudenmodulation.

quona f_{AM} auf, siehe Abb. 4.4. Wegen der zeitlichen Verzögerung von

$$t = \frac{2R}{c},$$

die das Licht für den Lauf vom Sensor zur Zielfläche und wieder zurück zum Sensor benötigt, erfährt das Detektorsignal aber eine Phasenverschiebung

$$\Delta\phi = \frac{t}{\frac{1}{f_{AM}}} \cdot 2\pi = \frac{4\pi f_{AM} R}{c} \quad \text{(Radiant)}$$

relativ zur Phase des Referenzsignals. Hier steht c für die Lichtgeschwindigkeit und R für die Distanz zwischen dem Sensor und der Zielfläche. Wird die Phasenverschiebung $\Delta\phi$ von einem elektronischen Phasendetektor gemessen, so läßt sich die Distanz aus

$$R = \frac{c\Delta\phi}{4\pi f_{AM}} \tag{4.3}$$

errechnen. Da eine relative Phasenverschiebung nur modulo 2π bestimmt werden kann, beträgt der Eindeutigkeitsbereich der Distanzmessungen

$$R^* = \frac{c}{2f_{AM}} = \frac{\lambda_{AM}}{2},$$

d.h. die halbe Wellenlänge λ_{AM} der Modulation. Ohne besondere Vorkehrungen zur Auflösung dieser Mehrdeutigkeit verursachen Punkte im Raum mit einer Distanz von

$$R + \frac{k\lambda_{AM}}{2} = R + \frac{kc}{2f_{AM}}, \quad R < R^*, \quad k = 1, 2, 3, \cdots$$

dieselbe Phasenverschiebung

$$\Delta\phi \; = \; \frac{4\pi f_{AM}}{c} \cdot (R + \frac{kc}{2f_{AM}}) \; = \; \frac{4\pi f_{AM} R}{c} \quad (\text{modulo } 2\pi)$$

und können somit bei der Distanzmessung nicht voneinander unterschieden werden.

Aus (4.3) ist es ersichtlich, daß eine hohe Tiefenauflösung entweder eine hohe Modulationsfrequenz f_{AM} oder eine hohe Phasenauflösung der Elektronik erforderlich macht. Prinzipiell ist es zwar möglich, Phasenverschiebungen, die kleiner oder gleich 0.01^o sind, zu messen. In der Praxis kann aber diese Genauigkeit vor allem wegen des großen Dynamikbereichs des reflektierten Signals kaum erreicht werden.

Beispiel 4.3 Bei einer Modulationsfrequenz von 9MHz beträgt der Eindeutigkeitsbereich der Distanzmessung 16.67m. Eine Phasenverschiebung von $\pi/2$ entspricht einer Distanz von 4.17m. Um eine Tiefenauflösung von 1cm bei der gegebenen Modulationsfrequenz zu erzielen, muß der Phasendetektor ein Phasenauflösungsvermögen von

$$\Delta\phi \; = \; \frac{4\pi f_{AM} R}{c} \; = \; \frac{4\pi \cdot 9 \cdot 10^6 \cdot 1}{3 \cdot 10^{10}} \; = \; 0.2^o$$

haben. $\square$

Einer der ersten Lasersensoren für nichtmilitärische Zwecke, die auf dem Prinzip der Amplitudenmodulation beruhen, wurde von Nitzan [NBD77] gebaut. Bei diesem Sensor wurde das Laserlicht mit einer Frequenz von 9 MHz moduliert. Innerhalb des Eindeutigkeitsbereichs von 16.67m wurde eine Meßgenauigkeit von 4mm erzielt. Die Aufnahmezeit für ein Tiefenbild der Größe 128 × 128 belief sich auf zwei Stunden, was einer Meßrate von zwei Punkten pro Sekunde entspricht. In den 80er Jahren wurde am Environmental Research Institute of Michigan (ERIM) eine Reihe von Tiefensensoren entwickelt [Sam87]. Einer davon ist beispielsweise imstande, 10^5 Messungen pro Sekunde mit einer Tiefenauflösung von 0.003cm durchzuführen. Eine weitere Serie derartiger Tiefensensoren wird von der Firma Perceptron [Inc93, DHJ95] produziert. Einer dieser Sensoren arbeitet mit einer Modulationsfrequenz von 17.75MHz. Daraus ergibt sich ein Eindeutigkeitsbereich von 8.45m. Bei diesem Sensor wird die Phasenverschiebung mit einer Genauigkeit von 12 Bits gemessen, so daß eine Tiefenauflösung von 2.0mm resultiert. Die Aufnahmezeit liegt im Sekundenbereich. Als Beispiel zeigt Abb. 4.5 das von einem Perceptron-Sensor aufgenommene Tiefenbild[1] einer polyedrischen Szene. Zur Verdeutlichung des Szeneninhaltes wird auch das entsprechende Reflektanzbild dargestellt, das die Energie

---

[1]In dieser Darstellung des Tiefenbildes handelt es sich bei einem Pixelwert um eine Codierung der räumlichen Position der Meßpunkte, so daß die Helligkeit mit der Entfernung zum Tiefensensor zunimmt. Zur Ermittlung der effektiven dreidimensionalen Koordinaten ist noch eine Umrechnung nötig (siehe Anhang B).

Abbildung 4.5: Das mit einem Perceptron-Sensor aufgenommene Tiefenbild (links) und Reflektanzbild (rechts) einer polyedrischen Szene.

des vom Sensor empfangenen Laserlichts codiert. Eine detaillierte Analyse der Sensorserien von ERIM und Perceptron findet sich in [HK92].

4.1.4 Laufzeitmessung mit Frequenzmodulation

Eine andere Art, die Laufzeit des Laserlichts indirekt zu messen, stellt die Frequenzmodulation dar. Im wesentlichen handelt es sich dabei um dasselbe Meßprinzip wie im FMCW (frequency-modulated continuous-wave) Mikrowellenradar. Statt Mikrowellenemitter werden bei dieser Klasse von Tiefensensoren Laserdioden verwendet.

Die Frequenz des von einer Laserdiode emittierten Lichts läßt sich leicht über den Antriebsstrom und die Temperatur modulieren. Die Technik der Frequenzmodulation nutzt diese Eigenschaft aus und erzeugt ein Laserlicht periodischer Frequenzen. Eine Variante hierfür ist die in Abb. 4.6 dargestellte trianguläre Frequenzmodulation mit einem Frequenzintervall Δf und einer Modulationsfrequenz f_{FM}. Die Modulation kann aber auch eine andere, beispielsweise sinusförmige, Form haben. Das frequenzmodulierte Laserlicht wird von einer diffus streuenden Zielfläche reflektiert und nach einer Zeit von

$$t = \frac{2R}{c}$$

vom Sensor empfangen, wobei R die Distanz zwischen dem Sensor und der Zielfläche repräsentiert. Durch diese Verzögerung weist das Detektorsignal zu jedem Zeitpunkt eine Frequenz f_d auf, die ein wenig von der Frequenz f_r des emittierten Signals (des Referenzsignals) abweicht. Die Überlagerung dieser beiden Signale erzeugt somit eine Schwebung, deren Frequenz f_s die Differenz

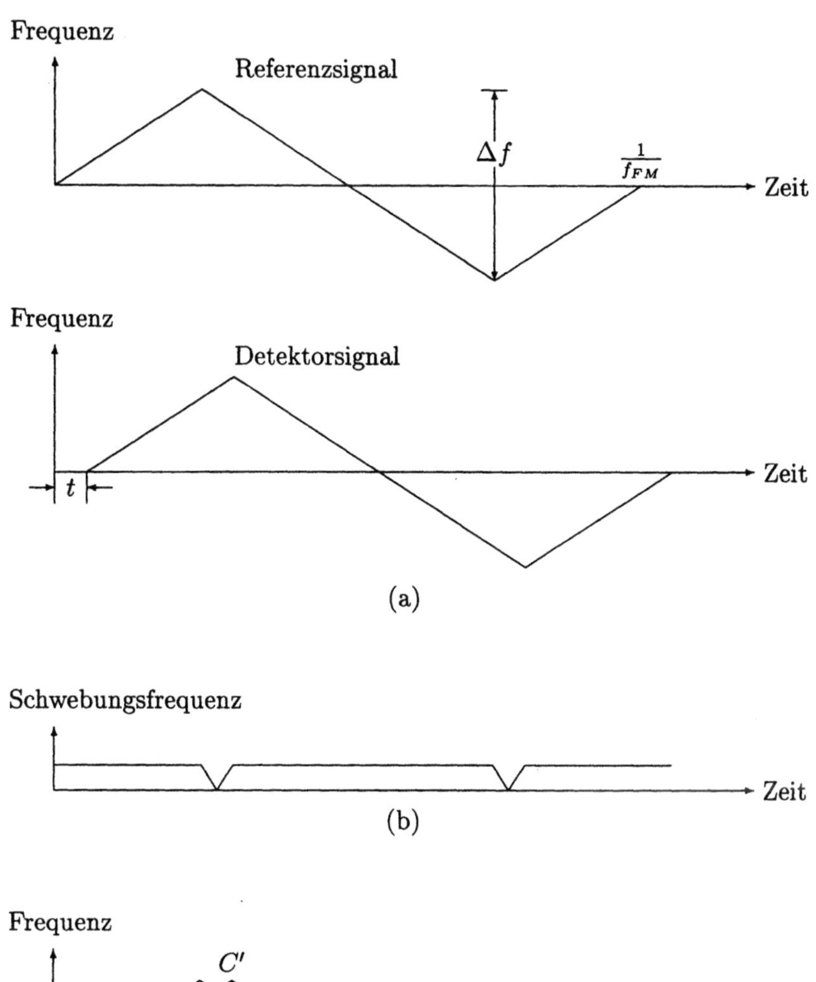

Abbildung 4.6: (a) Trianguläre Frequenzmodulation. (b) Schwebungsfrequenz. (c) Herleitung der Tiefenberechnung.

von f_d und f_r ist. Aus Abb. 4.6(b) ist es ersichtlich, daß diese Frequenz f_s mit Ausnahme der Richtungsänderungsbereiche konstant ist. Zur Tiefenberechnung werden das Referenzsignal und das Detektorsignal in Abb. 4.6(c) überlagert dargestellt. Aus den ähnlichen Dreiecken ABB' und ACC' folgt die Beziehung

$$\overline{BB'} = \frac{\overline{CC'}}{\overline{AC}} \cdot \overline{AB}.$$

Da außerdem

$$\overline{BB'} = f_s, \quad \overline{AB} = \frac{2R}{c}, \quad \overline{CC'} = \frac{\Delta f}{2}, \quad \overline{AC} = \frac{1}{4f_{FM}}$$

gilt, resultiert daraus

$$R = \frac{cf_s}{4f_{FM}\Delta f}. \tag{4.4}$$

Um die Größen f_{FM} und Δf des Sensors nicht exakt ermitteln zu müssen, wird in der Praxis oft eine Referenztechnik verwendet. Dabei wird eine Strecke bekannter Länge R_{ref} gemessen, die mit der bei der Messung beobachteten Schwebungsfrequenz f_{ref} in der Beziehung

$$R_{ref} = \frac{cf_{ref}}{4f_{FM}\Delta f} \tag{4.5}$$

steht. Aus (4.4) und (4.5) erhalten wir

$$R = \frac{f_s}{f_{ref}} \cdot R_{ref}.$$

Die beiden Schwebungsfrequenzen f_s und f_{ref} lassen sich einfach durch Zählen der Interferenzmaxima feststellen, die während der Modulation der Lichtfrequenz über das gesamte Frequenzintervall auftreten.

Die Technik der Frequenzmodulation nutzt die Interferenz zwischen emittiertem und von der Zielfläche reflektiertem Licht aus. Damit Interferenzen überhaupt beobachtet werden können, muß die Meßdistanz die Bedingung

$$R_{max} \ll \frac{c}{f_{FM}}$$

erfüllen.

In [HGKS87] wurde über einen kommerziellen Tiefensensor berichtet, der auf Frequenzmodulation basiert. Für einen Tiefenbereich von 1m liefert dieser Sensor vier Tiefenbilder der Größe 256×256 pro Sekunde mit einer Genauigkeit von 8 Bits. Ein anderer derartiger Tiefensensor wurde in [BF86] beschrieben. Je nach Tiefenbereich variiert bei diesem Sensor die Meßgenauigkeit. Für einen Tiefenbereich von 50-500mm beträgt sie beispielsweise 2.7mm.

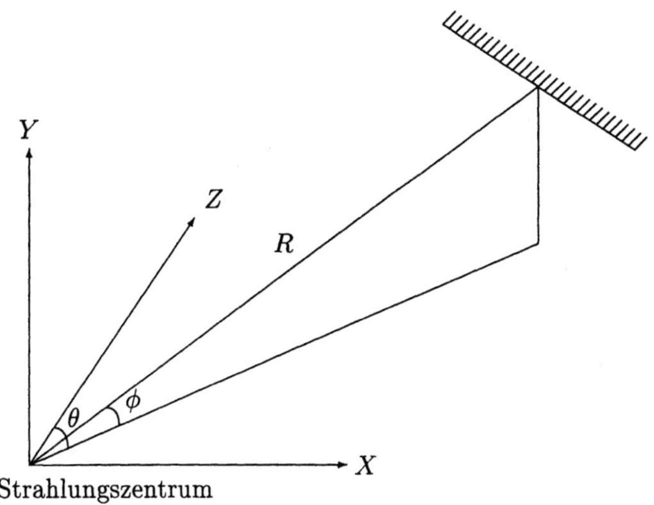

Abbildung 4.7: Transformation ins kartesische Koordinatensystem.

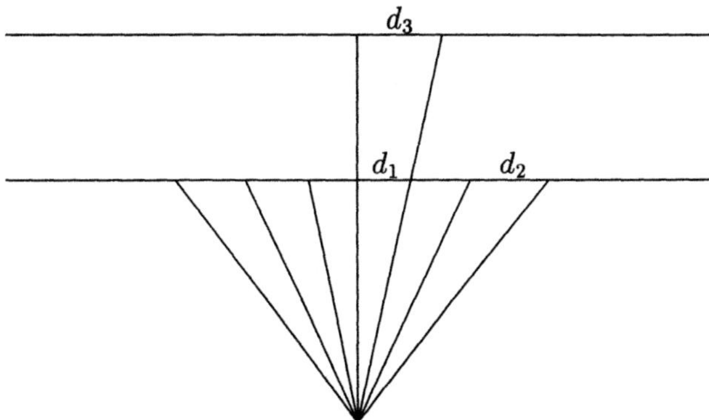

Abbildung 4.8: Äquiwinklige Ablenkung erzeugt kein äquidistantes Tiefenbild.

4.1.5   Transformation ins kartesische Koordinatensystem

Nachdem wir das Meßprinzip der Laufzeitsensoren kennengelernt haben, betrachten wir nun die Ausgabedaten dieser Sensoren genauer. Wie in Abschnitt 4.1 erläutert, wird ein Tiefenbild (R_{ij}) durch Ablenkung des Signals sowohl in horizontaler als auch in vertikaler Richtung generiert. In der Praxis erfolgt diese Ablenkung in einzelnen Schritten mit jeweils gleichem Winkel. Bezogen auf das in Abb. 4.7 dargestellte Koordinatensystem mit dem Strahlungszentrum als Ursprung nehmen wir an, daß das Signal in horizontaler Richtung zuerst um einen Winkel θ_0 und anschließend in Schritten von $\Delta\theta$ abgelenkt wird. Ähnlich erfolgt die Ablenkung in vertikaler Richtung mit einem Anfangswinkel ϕ_0 und Schrittweite $\Delta\phi$. Ein Meßpunkt R_{ij} bedeutet dann einen räumlichen Punkt, der einen Strahlungswinkel (θ_{ij}, ϕ_{ij}):

$$\begin{aligned}
\theta_{ij} &= \theta_0 + (i-1) \cdot \Delta\theta \\
\phi_{ij} &= \phi_0 + (j-1) \cdot \Delta\phi
\end{aligned}$$

und eine Distanz R_{ij} vom Strahlungszentrum hat.

Für die Verarbeitung der Meßdaten ist es vorteilhaft, Koordinaten der Meßpunkte in einem kartesischen Koordinatensystem zu verwenden. Die Transformation des von einem Laufzeitsensor gelieferten Tiefenbildes (R_{ij}) in das kartesische Koordinatensystem in Abb. 4.7 erfolgt über die Beziehungen

$$\begin{aligned}
x_{ij} &= R\cos\phi_{ij}\sin\theta_{ij}, \\
y_{ij} &= R\sin\phi_{ij}, \\
z_{ij} &= R\cos\phi_{ij}\cos\theta_{ij}.
\end{aligned}$$

Am Schluß erhalten wir also ein Tiefenbild (X_{ij}), $X_{ij} = (x_{ij}, y_{ij}, z_{ij})$.

Ablenkung mit gleicher Winkelschrittweite bedeutet nicht äquidistante Abtastung in X- und Y-Richtung. Abb. 4.8 veranschaulicht diese Situation. Bei gleicher Winkelschrittweite ist d_1 ungleich d_2. Je größer der Beobachtungswinkel ist, umso deutlicher macht sich diese Ungleichheit bemerkbar. Ebenso tritt das Problem bei unterschiedlicher Entfernung vom Strahlungspunkt auf, z. B. gilt $d_1 \neq d_3$. Bei geringem Beobachtungswinkel und Tiefenbereich der Meßfläche kann man das Tiefenbild (X_{ij}) dennoch annähernd als äquidistant betrachten. Sei $\overline{R}$ die durchschnittliche Entfernung der Punkte der Meßfläche. Dann läßt sich das Tiefenbild (X_{ij}) zu einem äquidistanten Tiefenbild (z_{ij}) mit Abtastungsintervallen

$$\begin{aligned}
s_x &= \overline{R}\sin\Delta\theta \\
s_y &= \overline{R}\sin\Delta\phi
\end{aligned}$$

vereinfachen.

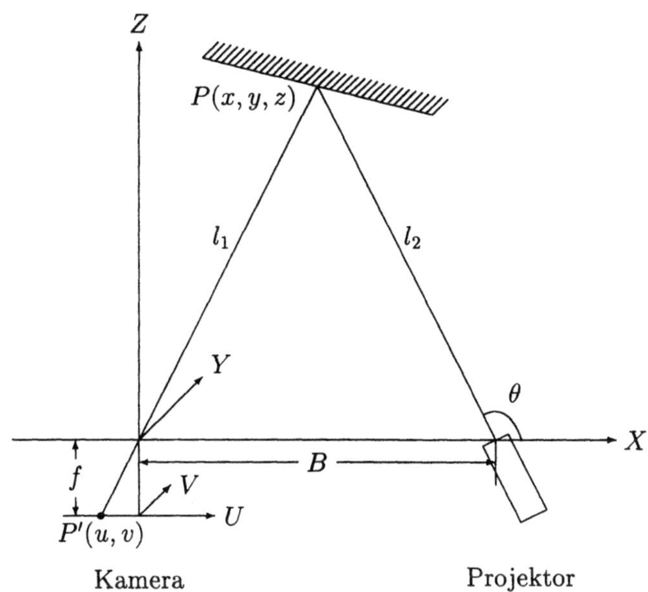

Abbildung 4.9: Punktweise Vermessung der Oberfläche.

4.2 Triangulationsverfahren

Aktive Triangulation stellt wohl das am häufigsten eingesetzte Meßprinzip zur
optischen Abstandsmessung dar. Der Unterschied zwischen dieser Art der Triangulation und jener in den Stereoverfahren besteht darin, daß eine der Stereokameras hierbei durch eine aktive Lichtquelle ersetzt wird. Auf diese Weise
wird die Korrespondenzfindung wesentlich vereinfacht. Mittels gezielter Ablenkung der Lichtquelle läßt sich außerdem eine flächendeckende Vermessung der
Oberfläche problemlos realisieren.

4.2.1 Projektion von Lichtstrahlen

Die einfachste Art der Triangulation geschieht dadurch, daß ein Lichtprojektor
einen Lichtstrahl in die Szene projiziert. Der daraus resultierende Lichtfleck
auf der Oberfläche wird von einer Kamera aufgenommen. Wird die Lage dieses
Lichtflecks in der Bildebene gemessen, ist das Dreieck zur Bestimmung des
Abstands des beleuchteten Szenenpunktes vollständig gegeben.

Eine einfache Geometrie eines derartigen Sensors ist in Abb. 4.9 dargestellt.
Hierbei wird ein lokales Koordinatensystem UV in der Bildebene definiert. Das

Weltkoordinatensystem XYZ, in dem die Messung vorgenommen wird, hat das optische Zentrum der Kamera als Ursprung. Die X- und Y-Achse sind parallel zur U- bzw. V-Achse und die Z-Achse entspricht der optischen Achse der Kamera. Ein Punkt $P(x, y, z)$ auf der Oberfläche wird von der Lichtquelle beleuchtet und auf einen Punkt $P'(u, v)$ in der Bildebene abgebildet. Aus dieser Abbildung ergibt sich

$$\frac{x}{z} = \frac{u}{-f}, \quad \frac{y}{z} = \frac{v}{-f}. \tag{4.6}$$

Um die Position von P zu bestimmen, betrachten wir zuerst dessen Z-Koordinate und dazu die Projektion der Punkte P und P' auf die XZ-Ebene. In dieser Ebene hat die Gerade l_1 die Gleichung

$$z = -\frac{f}{u}x. \tag{4.7}$$

Unter der Annahme, daß die Projektion l_2 des Lichtstrahls auf die XZ-Ebene einen Winkel θ mit der X-Achse ausmacht, wird die Gerade l_2 durch die Gleichung

$$z = (x - B)\tan\theta \tag{4.8}$$

repräsentiert. Nach Auflösung der Gleichungen (4.7) und (4.8) erhalten wir die Z-Koordinate von P und aus (4.6) resultieren dann die X- und Y-Koordinate:

$$
\begin{aligned}
x &= \frac{B\tan\theta}{u\tan\theta + f} \cdot u \\[2mm]
y &= \frac{B\tan\theta}{u\tan\theta + f} \cdot v \\[2mm]
z &= \frac{-B\tan\theta}{u\tan\theta + f} \cdot f
\end{aligned}
\tag{4.9}
$$

Wird ein von der Lichtquelle beleuchteter Punkt P auf der Oberfläche auf die Position (u, v) der Bildebene abgebildet, so liefert (4.9) die Position von P im Raum. Bei einer Ablenkung der Lichtquelle in horizontaler und vertikaler Richtung wird die Oberfläche dann flächendeckend gemessen. An dieser Stelle ist noch zu erwähnen, daß von der Kamera her lediglich die ganzzahligen Bildkoordinaten (i, j) von P' gegeben sind. Die Umrechnung ins UV-Koordinatensystem erfolgt durch

$$u = d_x \cdot i, \quad v = d_y \cdot j, \tag{4.10}$$

wobei d_x und d_y dem Abtastungsintervall der Kamera in der X- bzw. Y-Richtung entsprechen. In diesem Kapitel wird oft von den Koordinaten (u, v) ausgegangen. Der Beziehung (4.10) müssen wir uns jedoch immer bewußt sein.

In der Literatur wurde eine große Anzahl von Tiefensensoren, die auf der Lichtstrahlprojektion basieren, beschrieben. Als Lichtquelle kommt oft eine Laserdiode mit Kollimatoroptik zum Einsatz. Besonders vorteilhaft bei Laserlicht ist die Tatsache, daß mit Hilfe eines Interferenzfilters der Fremdlichteinfluß durch

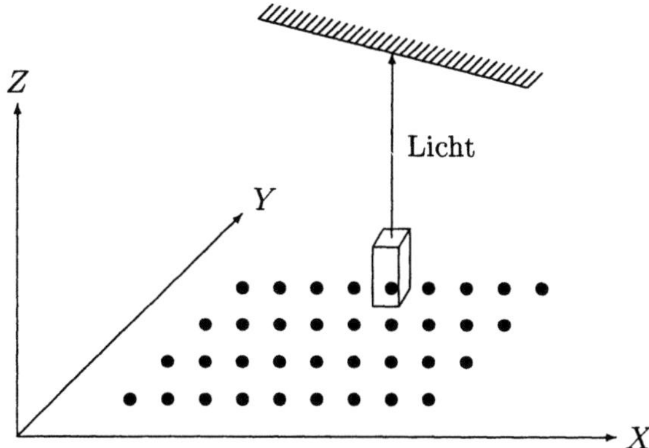

Abbildung 4.10: Äquidistante Vermessung der Oberfläche.

Tages- und Kunstlicht stark reduziert werden kann. Die verschiedenen Sensoren unterscheiden sich vor allem in der Wahl der Bildaufnahmegeräte. Bei einer CCD-Kamera wird nach jeder Strahlung ein Bild aufgenommen und nach dem hellsten Bildpunkt gesucht. Dabei ist die Kamera jedoch äußerst schlecht ausgenutzt. Ein Bild von beispielsweise 512×512 Bildpunkten wird lediglich dazu verwendet, einen einzigen Punkt zu extrahieren. Besser geeignet für diese Aufgabe erweisen sich u.a. positionsempfindliche Chips, die direkt die XY-Position des Lichtflecks mit einer Geschwindigkeit von mehr als 1000 Punkten pro Sekunde liefern.

Äquidistante Vermessung

Eine äquidistante Vermessung läßt sich auf eine einfache Weise realisieren. Hierbei wird das Weltkoordinatensystem wie in Abb. 4.10 dargestellt so definiert, daß die Z-Achse senkrecht zur Meßfläche steht. Parallel zur Z-Achse wird das Licht ausgestrahlt. Der komplette Sensor, bestehend aus der Lichtquelle und dem Bildaufnahmegerät, wird dann hintereinander an äquidistanten Punkten in der XY-Ebene positioniert und bei jeder Positionierung wird die Z-Koordinate des beleuchteten Punktes auf der Meßfläche bestimmt. Die X- und Y- Koordinate ergeben sich aus der Position des Sensors. Zur Berechnung der Z-Koordinate ist (4.9) zwar nicht mehr verwendbar. Die entsprechende Formel kann jedoch in analoger Weise leicht abgeleitet werden.

Eine derartige Vermessung wurde beispielsweise in [Jar82] mit einem Plotter realisiert. Dabei wurde der Tiefensensor, die Abstandsmessungskomponente der Autofokus-Kamera Canon 35M, an einem inkrementellen Plotter angebracht und nach dem obigen Punktmuster verschoben. Bei jeder Sensorposition wird ein Abstand gemessen. Alle Messungen zusammen ergeben dann ein äquidistantes Tiefenbild.

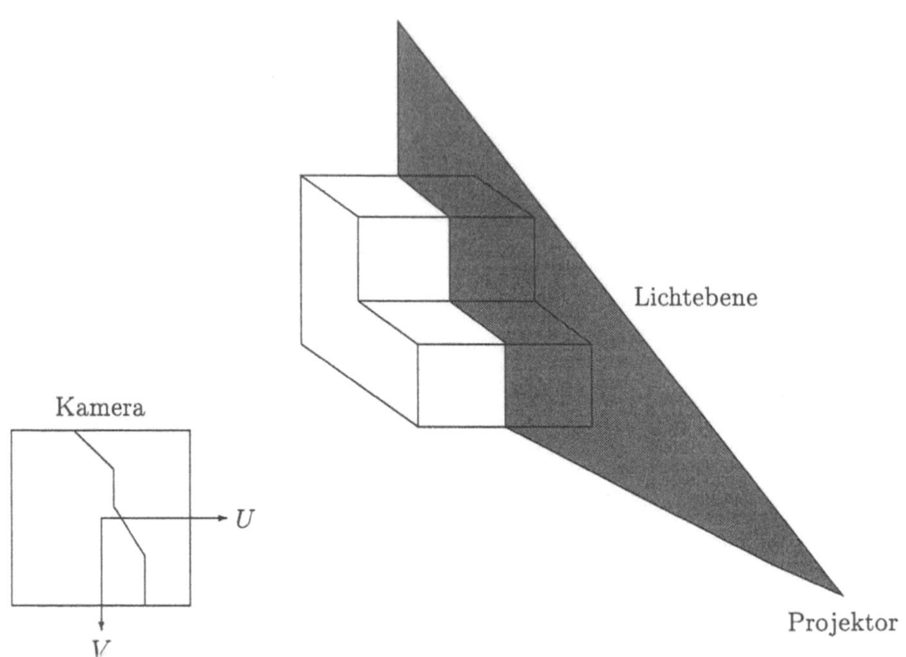

Abbildung 4.11: Projektion von Lichtebenen.

4.2.2   Projektion von Lichtebenen

Die im letzten Abschnitt beschriebene punktweise Vermessung benötigt eine
zweidimensionale Ablenkung, was u.a. die Nachteile einer komplexen Ablenkung und langer Aufnahmezeit hat. Eine flächendeckende Vermessung ist aber
auch mit einer eindimensionalen Ablenkung möglich. Dafür muß jeweils eine
Lichtebene anstatt eines Lichtstrahls projiziert werden. Die fehlende Dimension der Ablenkung wird also durch eine zusätzliche Dimension der Projektion
wettgemacht.

Das Meßprinzip ist in Fig. 4.11 gezeigt. Hierbei ist die Geometrie identisch
mit derjenigen in Abb. 4.9. Der einzige Unterschied zum punktmessenden Sensor besteht darin, daß der Projektor nun eine Lichtebene ausstrahlt. Eine
Laserlichtebene beispielsweise kann mithilfe einer zylinderischen Linse erzeugt
werden. Diese Lichtebene streift die Meßfläche und daraus resultiert eine Schnittlinie, die sich im Kamerabild als eine Profillinie auszeichnet. Diese Profillinie
kann detektiert werden, indem in jeder Bildzeile nach dem hellsten Punkt gesucht wird. Ein derartiger Punkt gehört dann zur Profillinie, falls dessen Intensität eine vorgegebene Schwelle überschreitet. Für jeden detektierten Punkt
$P'(u, v)$ wird der entsprechende Punkt P auf der Meßfläche durch das Schneiden der Lichtebene mit der von P' und dem optischen Zentrum festgelegten

Geraden l bestimmt. Sei die Lichtebene durch die Gleichung

$$z = ax + by + c \qquad (4.11)$$

beschrieben. Die Gerade l läßt sich mit einem freien Parameter t als

$$t(u, v, -f) \qquad (4.12)$$

definieren. Der t-Wert von P wird durch Einsetzen von (4.12) in (4.11) ermittelt,

$$t = \frac{-c}{au + bv + f}.$$

Somit hat P die Koordinaten

$$
\begin{aligned}
x &= \frac{-c}{au + bv + f} \cdot u \\
y &= \frac{-c}{au + bv + f} \cdot v \\
z &= \frac{c}{au + bv + f} \cdot f
\end{aligned}
\qquad (4.13)
$$

Für den Spezialfall, daß die Lichtebene senkrecht zur XZ-Ebene steht, d.h. die Gleichung $z = ax + c$ hat, reduziert sich (4.13) zu (4.9) mit dem Projektionswinkel $\theta = \tan^{-1} a$.

Eine flächendeckende Vermessung kann auf verschiedene Weise erreicht werden. Zum Beispiel kann die Lichtebene gedreht werden. Eine Alternative ist das Verschieben der Lichtebene oder der Meßszene entlang der X-Achse.

In [YSI86] wurde eine interessante Variante des Lichtschnittverfahrens beschrieben, die von der direkten Projektion der einzelnen Lichtebenen abweicht. Um n Lichtebenen zu erhalten, werden bei dieser Technik n Muster projiziert, die mit einem Streifen zunehmender Breite abgedeckt sind. Nach jeder Projektion wird ein Bild aufgenommen und anschließend binärisiert. Falls ein Pixel beleuchtet ist, bekommt es den Wert 1 zugeordnet, sonst den Wert 0. Am Schluß ergibt sich für jedes Pixel die Nummer der entsprechenden Lichtebene aus der Summe der binären Werte der einzelnen Projektionen.

Beispiel 4.4 Für $n = 8$ präsentieren sich die Projektionsmuster in Abb. 4.12. Im hier betrachteten eindimensionalen Beispiel entstehen nach der jeweiligen Projektion folgende binäre Bilder:

$$
\begin{array}{llllllllll}
P_1 &:& 1 & 1 & 1 & 1 & 1 & 1 & 1 & 1 \\
P_2 &:& 1 & 1 & 1 & 1 & 1 & 1 & 1 & 0 \\
P_3 &:& 1 & 1 & 1 & 1 & 1 & 1 & 0 & 0 \\
P_4 &:& 1 & 1 & 1 & 1 & 1 & 0 & 0 & 0 \\
P_5 &:& 1 & 1 & 1 & 1 & 0 & 0 & 0 & 0 \\
P_6 &:& 1 & 1 & 1 & 0 & 0 & 0 & 0 & 0 \\
P_7 &:& 1 & 1 & 0 & 0 & 0 & 0 & 0 & 0 \\
P_8 &:& 1 & 0 & 0 & 0 & 0 & 0 & 0 & 0
\end{array}
$$

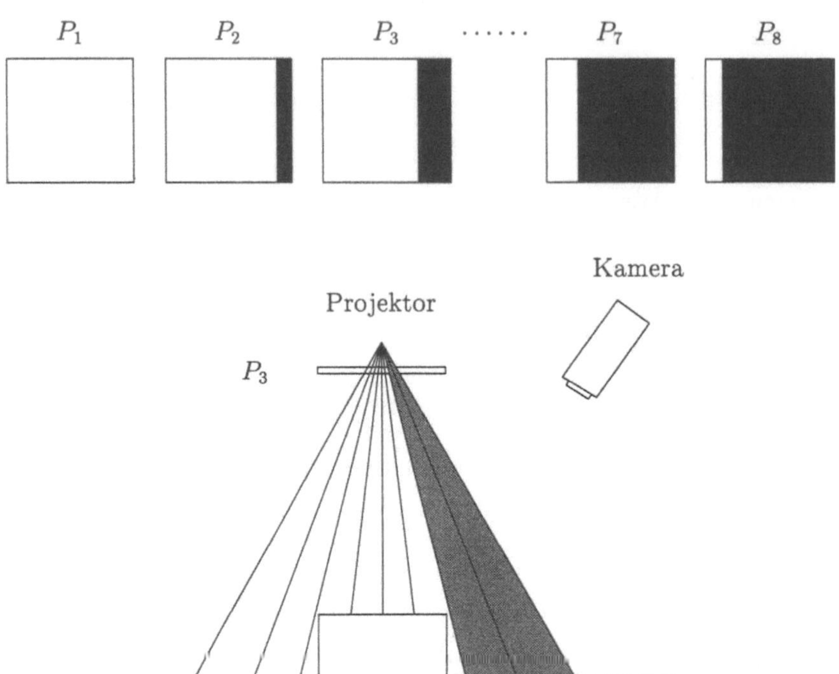

Abbildung 4.12: Bestimmung der Lichtebene durch Aufsummierung binärer Bilder.

deren Summe dann

$$8 \quad 7 \quad 6 \quad 5 \quad 4 \quad 3 \quad 2 \quad 1$$

ergibt.

Es muß gesagt werden, daß die Lichtebenen hier in Wirklichkeit dünne Streifen sind. Allen Meßpunkten in einem derartigen Streifen wird dieselbe Nummer zugewiesen. Je größer der Meßabstand ist, desto breiter sind auch solche Streifen. Ein potentielles Problem bei dieser Realisierung des Lichtschnittverfahrens stellt die Binärisierung dar, die entscheidet, ob ein Punkt beleuchtet ist oder nicht. Ein einheitlicher Schwellwert hat wohl kaum Chancen auf Erfolg. Wesentlich robuster ist eine Schwellwertoperation mit ortsabhängigen Schwellwerten. Eine einfache Technik dieser Art wird in Abschnitt 4.2.3 vorgestellt. □

In einem Sensor basierend auf Lichtebenenprojektion wird normalerweise eine CCD-Kamera verwendet. Trotz einer Verbesserung gegenüber dem punktmessenden Sensor ist die Kamera immer noch schlecht ausgenutzt. In jeder Bildzeile wird lediglich ein einziger Punkt benötigt. Für diesen Zweck genügt

Abbildung 4.13: Positionsempfindlicher Detektor aus einer Photodiodenzeile und einer Streifenmaske.

auch eine eindimensionale Anordnung von positionsempfindlichen Detektoren. Ein solcher kann aus einer Lateraleffekt-Photodiode hergestellt werden, oder auch aus einer Kombination von zwei identischen dreieckigen Photodioden, die so angeordnet sind, daß die Aufteilung des Profilliniensegments in den beiden Photodioden mit der lateralen Position des Segments in linearem Zusammenhang steht. Ein derartiger positionsempfindlicher Detektor wurde beispielsweise in [KSB90] mit einer kommerziell erhältlichen Photodiodenzeile realisiert, auf die eine einfache Streifenmaske geklebt wurde, siehe Abb. 4.13. Ein Detektorelement besteht somit aus zwei benachbarten Photodioden, die je zur Hälfte durch die Maske abgedeckt sind. Die Position des Profilliniensegments ist dann gegeben durch den Quotienten aus der Differenz der beiden Diodenströme und deren Summe.

Vermessung mit Subpixel-Genauigkeit

In diesem Abschnitt wird von einer CCD-Kamera ausgegangen. In einer Bildzeile hat das Profilliniensegment normalerweise eine Breite von einigen Pixeln. Die Stelle mit U-Koordinate u_m, wo das Maximum I_m der Intensitätsverteilung auf dem Segment auftritt, wird als Abbildung eines räumlichen Punktes betrachtet. Eine Kamera hat jedoch nur eine endliche Auflösung, wodurch die Meßgenauigkeit von u_m begrenzt ist. In der Regel fällt u_m nicht mit einem Bildpunkt zusammen und ist somit im Kamerabild nicht direkt gegeben. Der Bildpunkt u_k mit der maximalen Intensität stellt lediglich eine Annäherung dar.

Mit einer einfachen Interpolation kann u_m mit einer Subpixel-Genauigkeit bestimmt werden [SMJM91]. Hierbei werden u_k und seine beiden Nachbarn u_{k-1}

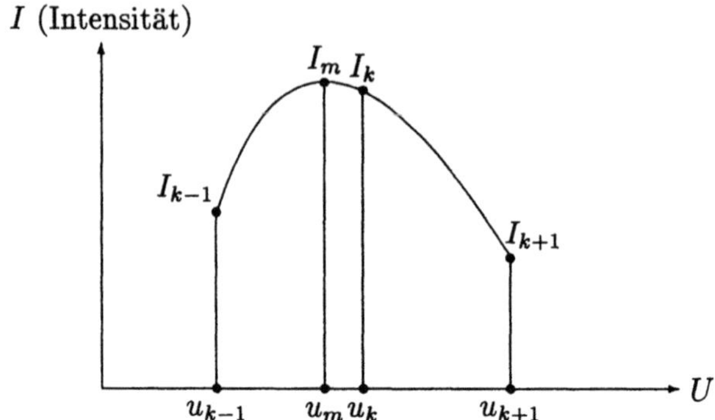

Abbildung 4.14: Intensitätsmaximum mit Subpixel-Genauigkeit.

und u_{k+1} dazu verwendet, ein quadratisches Polynom

$$I = au^2 + bu + c$$

festzulegen. Aus den drei Punkten ergeben sich die Gleichungen

$$\begin{bmatrix} I_{k-1} \\ I_k \\ I_{k+1} \end{bmatrix} = \begin{bmatrix} u_{k-1}^2 & u_{k-1} & 1 \\ u_k^2 & u_k & 1 \\ u_{k+1}^2 & u_{k+1} & 1 \end{bmatrix} \cdot \begin{bmatrix} a \\ b \\ c \end{bmatrix} = A \cdot \begin{bmatrix} a \\ b \\ c \end{bmatrix}. \qquad (4.14)$$

Die Lösung dieses Gleichungssystems ist

$$\begin{bmatrix} a \\ b \\ c \end{bmatrix} = A^{-1} \cdot \begin{bmatrix} I_{k-1} \\ I_k \\ I_{k+1} \end{bmatrix}.$$

Die maximale Intensität wird an der Stelle u_m erreicht, wo die erste Ableitung der polynomialen Funktion null wird, d.h.

$$2au_m + b = 0.$$

Dies führt zu

$$u_m = -\frac{b}{2a}.$$

Anstelle von u_k wird nun u_m bei der Tiefenberechnung eingesetzt. Zum Schluß noch eine kleine Anmerkung zum Gleichungssystem (4.14): die Determinante der Matrix A ist die sog. Vandermonde-Determinante. Es gilt $|A| \neq 0$, da u_{k-1}, u_k und u_{k+1} verschieden sind. Deshalb ist A immer invertierbar.

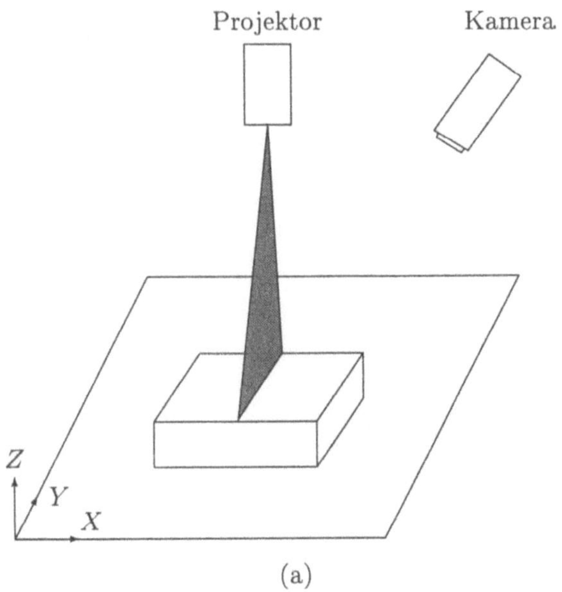

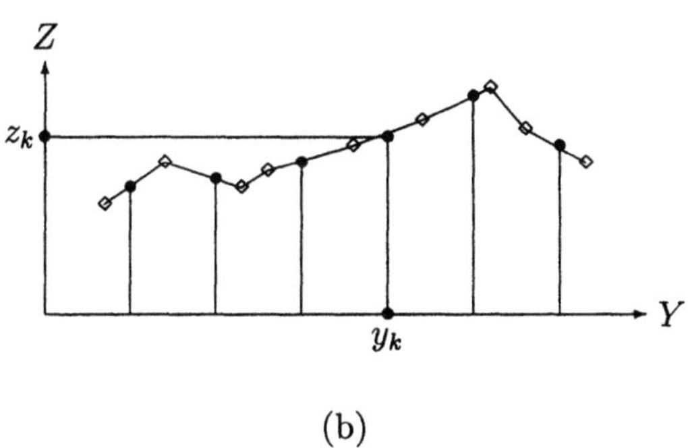

Abbildung 4.15: (a) Sensoraufbau zur äquidistanten Vermessung. (b) Äquidistante Abtastung in der Y-Richtung.

Äquidistante Vermessung

Wie bei der Projektion von Lichtstrahlen läßt sich auch hier durch geschickte
Wahl des Weltkoordinatensystems, der Ablenkung sowie der relativen Position der Projektions- und Aufnahmekomponente eine äquidistante Vermessung
realisieren. In diesem Abschnitt beschreiben wir eine Variante aus [SMJM91].
Dabei wird das Meßobjekt auf einen Translationstisch gelegt, der in einer Richtung um eine gegebene Schrittweite bewegt werden kann. Das Weltkoordinatensystem wird mithilfe des Translationstisches festgelegt, wobei die X-Achse
der Bewegungsrichtung entspricht (siehe Abb. 4.15(a)). Der Projektor wird so
angeordnet, daß die Lichtebene senkrecht zur XY-Ebene und parallel zur YZ-
Ebene projiziert wird. Die Szene wird schrittweise vermessen, indem nach der
Messung einer Schnittlinie der Translationstisch samt dem Objekt um einen
kleinen Schritt Δx verschoben wird. Das daraus resultierende Tiefenbild hat
die Eigenschaft, daß in der X-Richtung die Meßpunkte vom Sensoraufbau her
bereits äquidistant sind. In der Y-Richtung ist dies jedoch nicht der Fall. Deshalb ist eine nachträgliche äquidistante Abtastung mittels Interpolation der
Meßdaten nötig. Dieser Schritt wird in Abb. 4.15(b) veranschaulicht, wo die
Meßpunkte auf einer Schnittlinie jeweils mit einem Quadrat dargestellt sind.
Zur äquidistanten Abtastung der Y-Richtung werden zuerst der minimale sowie maximale Y-Wert y_{min} und y_{max} im gesamten Tiefenbild ermittelt. Auf
jeder Schnittlinie wird das Intervall $[y_{min}, y_{max}]$ dann äquidistant mit derselben
Schrittweite wie in der X-Richtung, d.h. Δx, abgetastet, wobei der Z-Wert
der Abtastungspunkte anhand der beiden benachbarten Meßpunkte interpo-
liert wird. In Abb. 4.15(b) werden diese künstlich erzeugten Abtastungspunkte
als gefüllte Kreise dargestellt. Das Ergebnis dieser Interpolation ist ein Tiefenbild, das sowohl in der X- als auch in der Y-Richtung äquidistant ist.

4.2.3 Codierter Lichtansatz

Mit der Projektion von Lichtebenen läßt sich die Anzahl benötigter Projektionen zwar gegenüber der punktweisen Vermessung drastisch reduzieren. Um
n Lichtebenen zu erzeugen, sind aber immer noch n Projektionen nötig. Mit
der Technik der codierten Lichtprojektion kann die Anzahl Projektionen weiter
reduziert werden. Hierbei reichen bereits n Projektionen zur Erzeugung von 2^n
Lichtebenen aus.

Trifft eine Lichtebene auf das Meßobjekt, so resultiert daraus eine Schnittlinie. Sei P ein Punkt auf dieser Schnittlinie und P' dessen Abbildung in der
Bildebene der Kamera. Wird die Lichtebene projiziert, so erhält das Pixel P'
nach der Binärisierung den Wert 1. Andernfalls nimmt P' den Wert 0 an. Wird
die Projektion der Lichtebene in einer zeitlichen Folge ein- oder ausgeschaltet, resultiert daraus bei P' ein binäres Codewort $b_1 b_2 \ldots b_n$, dessen einzelne
Bits b_i genau dem Status der jeweiligen Projektion entsprechen. Somit kann

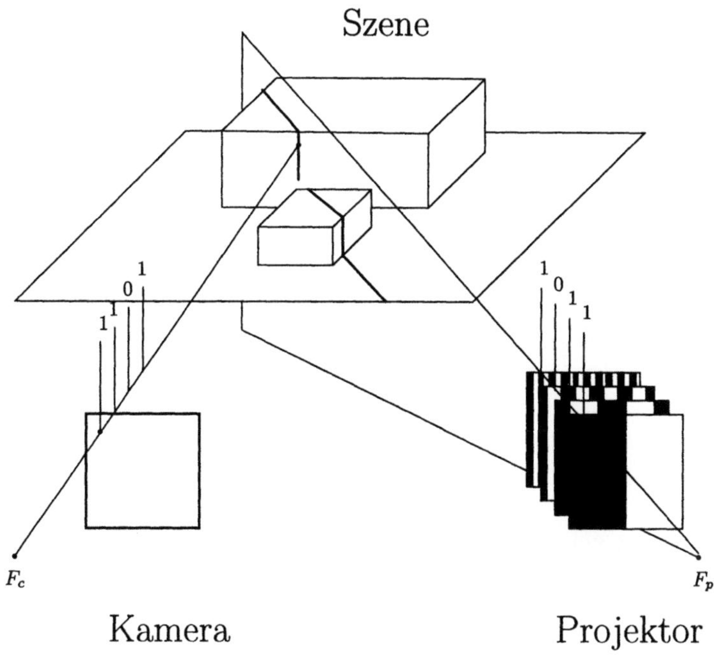

Abbildung 4.16: Binärcodierte Projektion von Lichtebenen.

von einem Projektions- und Empfangscodewort gesprochen werden. Werden die Lichtebenen mit unterschiedlichen Codewörtern aus einem n-stelligen Code codiert, kann die einem Pixel entsprechende Lichtebene anhand des Empfangscodewortes eindeutig identifiziert werden. Auf diese Weise erlaubt ein n-stelliger Code die Projektion von bis zu 2^n Lichtebenen.

In der Praxis werden alle 2^n Lichtebenen gleichzeitig n-mal projiziert. Bei der k-ten Projektion werden die Lichtebenen gemäß dem k-ten Bit ihres jeweiligen Codewortes ein- oder ausgeschaltet. Dies läßt sich u.a. mit einem konventionellen Lichtprojektor realisieren, wobei die Projektionsmuster von einem programmierbaren LCD-Shutter erzeugt werden. Eine schematische Darstellung dieser Projektionsart findet sich in Abb. 4.16.

Beispiel 4.5 Das naheliegendste Codierungsschema für die Projektion ist der n-stellige Binärcode B_n. Aus B_3 ergeben sich folgende drei Projektionsmuster:

Lichtebene:	0	1	2	3	4	5	6	7
Muster 1:	0	0	0	0	1	1	1	1
Muster 2:	0	0	1	1	0	0	1	1
Muster 3:	0	1	0	1	0	1	0	1

$\square$

Nach jeder Projektion wird ein Bild aufgenommen und binärisiert. Das Empfangscodewort in einem Pixel (u, v) setzt sich schließlich aus den Bits der einzelnen Projektionen zusammen. Die bekannte Lage der durch dieses Codewort identifizierten Lichtebene und die Bildposition (u, v) erlauben dann die Positionsbestimmung des Punktes auf dem Meßobjekt.

Binärisierung

Die Binärisierung entscheidet, ob die einem Pixel entsprechende Lichtebene bei der Projektion eingeschaltet ist oder nicht. Hier zeigt sich jedoch, daß es kaum möglich ist, einen einheitlichen Schwellwert für das gesamte Bild anzusetzen. Die Objektoberflächen weisen oft recht unterschiedliche Reflexionseigenschaften auf. Es ist auch sinnvoll, die Binärisierung möglichst robust bezüglich der Umgebungsbeleuchtung zu gestalten. Ferner muß noch das Problem des Schattenwurfs berücksichtigt werden. Teile der Oberfläche werden zwar von der Kamera gesehen, aber wegen Fremd- oder Eigenverdeckung nicht beleuchtet. Unabhängig davon, ob die Lichtebene eingeschaltet ist oder nicht, bleibt die Intensität an dieser Stelle im Bild ungefähr konstant.

Ohne großen Aufwand läßt sich eine robuste Binärisierung folgendermaßen realisieren: Vor der Projektion der codierten Lichtmuster wird zuerst ein Referenzbild erstellt, indem ein Bild bei voller Beleuchtung der Meßszene und eines bei Ausschaltung sämtlicher Lichtebenen aufgenommen werden. Das Referenzbild ergibt sich aus der Mittelwertbildung der beiden Aufnahmen. Falls sich die Grauwerte in den beiden Bildern nur unwesentlich voneinander unterscheiden, wird der Punkt im Raum als im Schatten befindlich betrachtet. Für die restlichen Pixel dient der Grauwert s_{uv} im Referenzbild als positionsabhängiger Schwellwert für die Binärisierung an der Bildposition (u, v). Nach der Projektion eines Lichtmusters erfolgt die Binärisierung in einem Pixel mit Grauwert g_{uv} dann durch

$$\begin{cases} 1, & \text{falls } g_{uv} \geq s_{uv} \\ 0, & \text{sonst} \end{cases}$$

Bei einer Reihe von Tiefensensoren wurde diese einfache Technik eingesetzt. Es sind aber auch andere robuste Binärisierungsmethoden bekannt, siehe dazu [YSI86, SI87].

Graycode als Projektionscode

Nicht nur die korrekte Bestimmung des Empfangscodewortes durch die Binärisierung ist entscheidend für die Tiefenberechnung. Die Wahl des Projektionscodes spielt dabei auch eine Rolle. Im Binärcode B_3 hat die Lichtebene 3 beispielsweise das Codewort 011. Falls sich das Projektionsmuster 1 (00001111) wegen einer Projektionsungenauigkeit um ein Bit nach links verschiebt, so resultiert daraus für genau dieselbe Lichtebene das Codewort 111, das die Lichtebene 7 impliziert. Somit ist die Lichtebenennummer um vier verkannt.

Fehler dieser Art lassen sich leicht mit dem Graycode minimieren, der die nützliche Eigenschaft hat, daß zwei benachbarte Codewörter nur in einem Bit verschieden sind. Dadurch verursacht bei Verwendung des Graycodes die Verschiebung eines einzigen Projektionsmusters um ein Bit höchstens einen Fehler von ± 1 in der Lichtebenennummer. Dies erklärt die Popularität des Graycodes im codierten Lichtansatz. In praktisch allen derartigen Tiefensensoren wird der Graycode anstatt des Binärcodes verwendet.

Der n-stellige Graycode G_n wird rekursiv definiert. Der Code G_1 enthält zwei Wörter 0, 1. Der Code G_k ergibt sich aus G_{k-1} mit einer vorgestellten 0 und aus G_{k-1} in umgekehrter Reihenfolge mit einer vorgestellten 1.

Beispiel 4.6 Der 3-stellige Graycode G_3 wird wie folgt erzeugt:

$$
G_1 : \begin{matrix} 0 \\ 1 \end{matrix} \implies G_2 : \begin{matrix} 0 & 0 \\ 0 & 1 \\ 1 & 1 \\ 1 & 0 \end{matrix} \implies G_3 : \begin{matrix} 0 & 0 & 0 \\ 0 & 0 & 1 \\ 0 & 1 & 1 \\ 0 & 1 & 0 \\ 1 & 1 & 0 \\ 1 & 1 & 1 \\ 1 & 0 & 1 \\ 1 & 0 & 0 \end{matrix}
$$

$\square$

Zwischen dem k-ten Codewort $b_1 b_2 \ldots b_n$ des Binärcodes B_n und dem k-ten Codewort $g_1 g_2 \ldots g_n$ des Graycodes G_n besteht die einfache Beziehung:

$$
\begin{aligned}
b_i &= g_1 + g_2 + \cdots + g_i \quad (\text{mod } 2) \\
g_i &= b_{i-1} + b_i \quad\quad\quad\;\; (\text{mod } 2)
\end{aligned}
$$

für $i = 1, 2, \cdots, n$. Für einen Beweis, siehe z.B. [Wil89]. Diese Beziehung kann dazu verwendet werden, um aus dem Empfangscodewort des Graycodes das entsprechende Codewort des Binärcodes zu bestimmen, das genau die Lichtebenennummer wiedergibt.

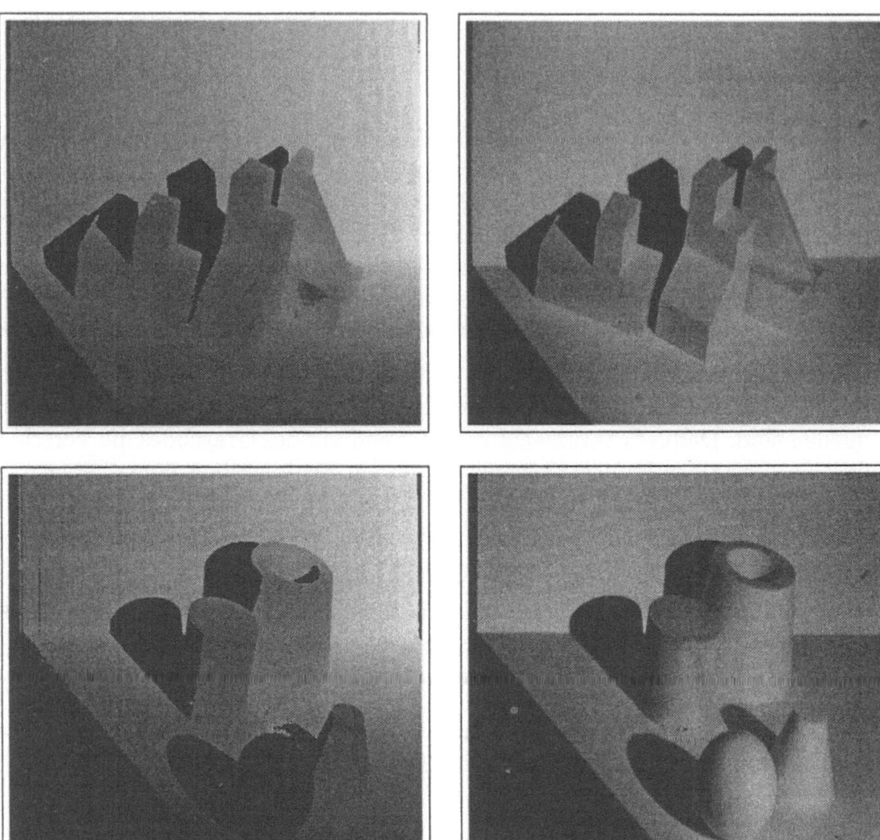

Abbildung 4.17: Zwei mit einem ABW-Sensor aufgenommene Tiefenbilder mit ihren zugehörigen Grauwertbildern.

Am Schluß dieses Abschnitts über den codierten Lichtansatz sind in Abb. 4.17 zwei Tiefenbilder[2] der Größe 512×512 gezeigt, die von einem Tiefensensor der Firma ABW aufgenommen wurden. Bei diesem Sensor werden 320 mit Graycode G_9 codierte Lichtebenen von einem programmierbaren LCD-Shutter erzeugt und projiziert. Zum besseren Verständnis des Szeneninhalts wird hier das Grauwertbild der jeweiligen Meßszene ebenfalls dargestellt.

---

[2] Analog zu Abb. 4.5 werden auch hier die Tiefenbilder in codierter Form dargestellt. Eine Beschreibung der Umrechnung in effektive dreidimensionale Koordinaten findet man in Anhang B.

4.2.4 Farbcodierte Projektion

Mit dem codierten Lichtansatz wird die Anzahl Projektionen drastisch reduziert. Anstatt von n Projektionen bei einem normalen Projektionsschema werden nur noch $\log n$ Projektionen benötigt, um n Lichtebenen zu erzeugen. Es
kann aber Situationen geben, wie etwa bei beweglichen Objekten, wo die Meßobjekte selbst während der kurzen Zeitdauer für die wenigen Projektionen nicht
konstant bleiben. Dann wird die Grundvoraussetzung des codierten Lichtansatzes, nämlich die volle Übereinstimmung der einzelnen Aufnahmen, verletzt.
Für derartige Meßaufgaben ist der codierte Lichtansatz nicht geeignet. Vielmehr drängen sich Meßverfahren auf, die mit einer einzigen Projektion auskommen. Dazu gehören die beiden in diesem und dem nächsten Abschnitt vorgestellten Projektionsmethoden.

Bei einer einzigen Projektion werden alle Lichtebenen gleichzeitig projiziert.
Ohne Zusatzinformation ist die Identifikation der Lichtebenen, also die Beant-
wortung der Frage, welcher Lichtebene eine detektierte Schnittlinie im Bild
entspricht, äußerst schwierig. In der allgemeinsten Form ist diese Aufgabe
kaum lösbar. Somit stellt sich die Frage der Codierung und Decodierung der
Lichtebenen. Einen möglichen Ansatz dazu liefert die farbcodierte Projektion
[BK87]. Hierbei wird jede Lichtebene mit einer Farbe versehen und eine derart beleuchtete Szene wird mit einer Farbkamera aufgenommen. Im Kamerabild
werden zuerst die Position und Farbe der Schnittlinien detektiert. Anschließend
wird jede Bildzeile mit den Farben der diese Bildzeile durchlaufenden Schnittlinien

$$C = C_1 C_2 \cdots C_m$$

beschrieben. Sei

$$C' = C_1' C_2' \cdots C_n'$$

nun die Farbanordnung der n projizierten Lichtebenen. Bei der Farbprojek-
tion besteht das zentrale Problem somit in der Zuordnung der aufgenommenen
Lichtebenen C zu den projizierten Lichtebenen C'. Dieses Zuordnungsproblem
ist keineswegs einfach. Normalerweise tauchen nicht alle Lichtebenen von C'
in C auf, d.h. $m < n$. Durch Verdeckungen muß die Reihenfolge der aufgenommenen Lichtebenen auch nicht immer vollumfänglich derjenigen der projizierten Lichtebenen entsprechen.

In [BK87] wird nach dem Prinzip der exakten lokalen Zuordnung und der heuristischen globalen Zuordnung vorgegangen. Hierbei werden die Farben von C'
in kleine Gruppen der Größe 4 aufgeteilt:

$$\begin{aligned}
C' &= (C_1' C_2' C_3' C_4')\,(C_5' C_6' C_7' C_8')\,\cdots\,(C_{n-3}' C_{n-2}' C_{n-1}' C_n') \\
&= (CG_1, CG_2, \cdots, CG_{n/4}).
\end{aligned}$$

Die lokale Zuordnung basiert auf der perfekten Übereinstimmung einer Farbgruppe mit einem Teil von C. Bei der globalen Zuordnung wird hingegen

1 Lokale Zuordnung.
Falls eine Farbgruppe CG_i genau mit dem Teil $C_jC_{j+1}C_{j+2}C_{j+3}$ von C übereinstimmt, wird eine lokale Zuordnung (CG_i, j) generiert. Dieser Schritt liefert eine Liste L mit allen möglichen lokalen Zuordnungen.

2 Lokale Expansion.
Für jede lokale Zuordnung (CG_i, j) aus L wird die Zuordnung zwischen C' und C nach links und rechts so lange erweitert, bis die Übereinstimmung verletzt wird. Die dadurch entstandene längere Zuordnung von $C'_kC'_{k+1}\cdots C'_l$ zu $C_uC_{u+1}\cdots C_v$ wird mit (CG_i, k, l, u, v) bezeichnet. Nach diesem Schritt liegt eine Liste L_l mit allen erweiterten lokalen Zuordnungen vor.

3 Globale Zuordnung.
Am Anfang wird die Liste L_s, welche die globalen Zuordnungen enthält, auf $\emptyset$ gesetzt. Dann wird 3.1 – 3.3 wiederholt bis $L_l = \emptyset$.

3.1 Suche die längste Zuordnung $A = (CG_i, k, l, u, v)$ aus L_l. Nimm A nach L_s auf. Lösche A aus L_l.

3.2 Lösche alle Zuordnungen der Form $(CG_i, -, -, -, -)$ aus L_l, wobei das Symbol "-" für einen beliebigen Eintrag steht.

3.3 Für jede lokale Zuordnung (CG_j, k', l', u', v') aus L_l, schneide den Zuordnungsbereich um so viel ab, daß nachher kein Konflikt mit der angenommenen Zuordnung A existiert, d.h. $[k, l] \cap [k', l'] = \emptyset$ und $[u, v] \cap [u', v'] = \emptyset$.

Abbildung 4.18: Algorithmus für die Zuordnung der projizierten Farbsequenz C' zur empfangenen Farbsequenz C.

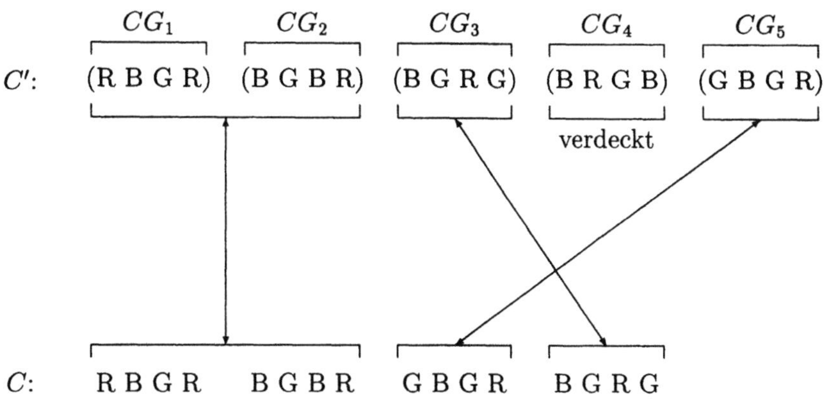

Abbildung 4.19: Die Farbsequenzen C und C' sowie die optimale Zuordnung.

heuristisch vorgegangen (siehe Abb. 4.18), indem die längsten lokalen Zuordnungen als korrekt angenommen und anschließend als eingefroren betrachtet werden. Die restlichen Zuordnungen werden so angepaßt, daß kein Konflikt mit den eingefrorenen Zuordnungen existiert. Am Schluß des Zuordnungsverfahrens enthält die Liste L_s die im heuristischen Sinn optimale Zuordnung zwischen C und C'.

Beispiel 4.7 Ein konkretes Zuordnungsproblem wird in Abb. 4.19 dargestellt. Hierbei stehen die Symbole R, G und B für die Farben Rot, Grün und Blau. Nach der lokalen Zuordnungsfindung erhalten wir

$$L = ((CG_1, 1) \; (CG_1, 12) \; (CG_2, 5) \; (CG_3, 13) \; (CG_4, 7) \; (CG_5, 9)).$$

Lokal expandiert entsteht die zweite Liste

$$L_l = ((CG_1, 1, 8, 1, 8) \; (CG_1, 1, 4, 12, 15) \; (CG_2, 1, 8, 1, 8)$$
$$(CG_3, 8, 12, 12, 16) \; (CG_4, 12, 17, 6, 11) \; (CG_5, 17, 20, 9, 12)).$$

Nach der globalen Zuordnung lautet die optimale Lösung schließlich

$$L_s = ((CG_1, 1, 8, 1, 8) \; (CG_3, 9, 12, 13, 16) \; (CG_5, 17, 20, 9, 12)),$$

die in Abb. 4.19 grafisch dargestellt ist. $\qquad\qquad\Box$

In der obigen Ausführung wurde eine Farbsequenz C' der projizierten Lichtebenen angenommen. Bei einer gegebenen Anzahl von einsetzbaren Farben existiert im Prinzip eine große Anzahl von möglichen Farbsequenzen. Zum Gelingen des farbcodierten Lichtansatzes trägt nicht zuletzt auch eine geeignete Wahl der Farbsequenz bei. Für Diskussionen zu diesem Thema sei auf [HM88, BK87] hingewiesen. Eine verbesserte Methode für die Zuordnung findet sich in [MC93].

4.2.5 Projektion binärer Muster

Der im letzten Abschnitt beschriebene farbcodierte Lichtansatz könnte eine gute Lösung für Meßaufgaben in einer farbneutralen Arbeitsumgebung liefern, wo die Farben der Lichtebenen nicht vollständig von der Szene absorbiert oder verfälscht werden. Ist diese Voraussetzung nicht erfüllt, so werden Meßverfahren benötigt, die nicht mit Farben arbeiten. Im folgenden wird ein solches Verfahren aus [VO90] kurz vorgestellt.

In den bisher diskutierten aktiven Triangulationsverfahren ist die Entscheidung, an welchen Punkten im Kamerabild die Tiefenberechnung vorzunehmen ist, immer klar. Im Gegensatz zu anderen Bildpunkten zeichnen sich derartige Meßpunkte beispielsweise durch hohe Helligkeit oder vordefinierte Farben aus. Eine eindeutige Identifikation der Lichtebenen ist entweder nicht nötig, wie bei der Projektion von einzelnen Lichtstrahlen und -ebenen, oder erfolgt mithilfe zeitlicher Information bzw. Nachbarschaftsinformation. Soll nun hingegen nur eine einzige Projektion mit einem binären Muster erlaubt sein, so stellt sich zuerst die Frage nach der Art der Meßpunkte sowie deren Detektion im Kamerabild. Eine interessante Antwort darauf liefert die in [VO90] vorgeschlagene Methode. Es wird ein schachbrettartiges Muster auf die Szene projiziert. Im Kamerabild, wo das Projektionsmuster leicht verzerrt zu beobachten ist, sind die Meßpunkte als Eckpunkte des folgenden Schachbrettmusters definiert:

Um den Meßpunkten jeweils noch ein Codebit zuzuordnen, werden diese lokalen Strukturen zu

modifiziert, so daß von einem dunklen (0) bzw. hellen (1) Meßpunkt gesprochen werden kann. Im Kamerabild wird für jeden detektierten Meßpunkt auch das entsprechende Codebit bestimmt. Zur eindeutigen Identifikation der Position eines Meßpunktes im gesamten Projektionsmuster werden dann die Codebits der Meßpunkte in der Nachbarschaft herangezogen.

Entscheidend für das Gelingen dieses Ansatzes ist die Detektion der Meßpunkte im Kamerabild sowie die Bestimmung des dazugehörigen Codebits. In [VO90] wurden der Projektor und die Kamera so aufgestellt, daß eine lokale Struktur im Kamerabild ungefähr eine Größe von 16×16 Punkten ausmacht. Zur Detektion der Meßpunkte wird das aufgenommene Bild einer Faltungsoperation mit dem Faltungskern

$$\frac{1}{9}\begin{bmatrix} -1 & -1 & -1 & 0 & 1 & 1 & 1 \\ -1 & -1 & -1 & 0 & 1 & 1 & 1 \\ -1 & -1 & -1 & 0 & 1 & 1 & 1 \\ 0 & 0 & 0 & 0 & 0 & 0 & 0 \\ 1 & 1 & 1 & 0 & -1 & -1 & -1 \\ 1 & 1 & 1 & 0 & -1 & -1 & -1 \\ 1 & 1 & 1 & 0 & -1 & -1 & -1 \end{bmatrix} \tag{4.15}$$

unterzogen. Es resultieren an den Eckpunkten des Schachbrettmusters hohe absolute Werte. Diese Faltungsoperation wird durch Hintereinanderreihung zweier einfacherer Faltungen

$$\frac{1}{9}\begin{bmatrix} 1 & 1 & 1 \\ 1 & 1 & 1 \\ 1 & 1 & 1 \end{bmatrix} * \begin{bmatrix} -1 & 0 & 0 & 0 & 1 \\ 0 & 0 & 0 & 0 & 0 \\ 0 & 0 & 0 & 0 & 0 \\ 0 & 0 & 0 & 0 & 0 \\ 1 & 0 & 0 & 0 & -1 \end{bmatrix}$$

realisiert, d.h. einer Mittelwertbildung gefolgt von einer Faltung mit einem dünn besetzten Faltungskern. Sei $\bar{g}(u,v)$ das aus der Mittelwertbildung eines Bildes $g(u,v)$ resultierende Bild. Dann läßt sich das Endergebnis der Faltung mit (4.15) aus

$$g^*(u,v) = \bar{g}(u+2,v+2) + \bar{g}(u-2,v-2) - \bar{g}(u+2,v-2) - \bar{g}(u-2,v+2)$$

errechnen. Ein Bildpunkt (u,v) wird als Meßpunkt angenommen, falls folgende Bedingungen erfüllt sind:

- $|g^*(u,v)|$ ist ein lokales Maximum,

- $|g^*(u,v)| > T_0$, und

- $|g^*(u,v)| > T_1 \cdot (|\bar{g}(u+2,v+2) - \bar{g}(u-2,v-2)| + |\bar{g}(u+2,v-2) - \bar{g}(u-2,v+2)|)$,

wobei T_0 und T_1 zwei Schwellwerte sind. Die letzte Bedingung ist heuristischer Natur und soll die Tatsache zum Ausdruck bringen, daß für Meßpunkte bei einer geringfügigen Verzerrung der lokalen Strukturen die Symmetrien entlang der beiden Diagonalen auch im Kamerabild gut erhalten sind. Für eine genauere Tiefenberechnung kann die Position der Meßpunkte anschließend mit Subpixel-Genauigkeit bestimmt werden.

Sind die Meßpunkte im Kamerabild detektiert, so bleibt noch das zugehörige Codebit zu bestimmen. Das Codebit eines Meßpunktes hängt davon ab, ob die entsprechende Stelle im Projektionsmuster mit einem dunklen oder hellen Quadrat abgedeckt ist. Im Grunde genommen gilt es also zu entscheiden,

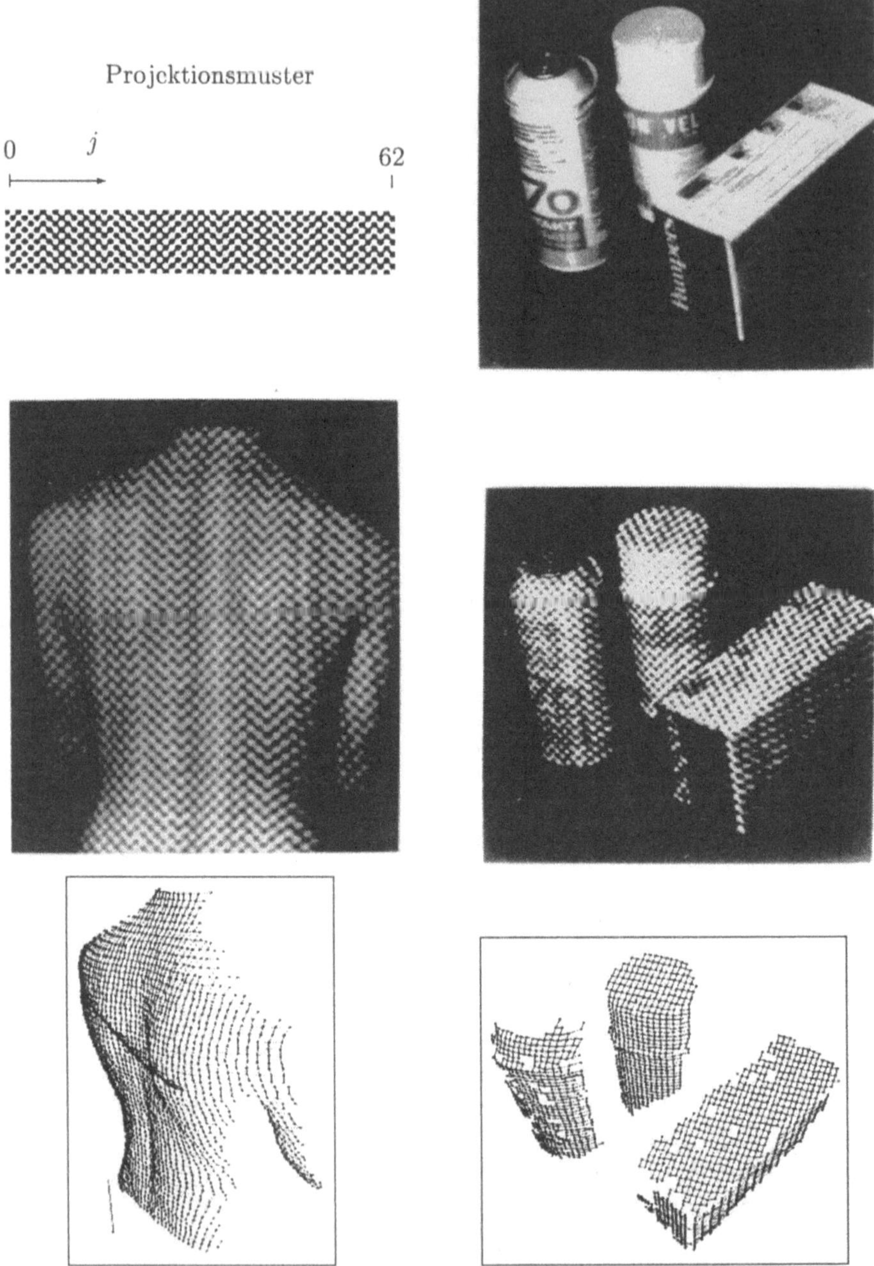

Abbildung 4.20: Vermessung mit einem einzigen binären Projektionsmuster. Reproduziert aus [VO90] mit Genehmigung von IEEE.

ob ein Meßpunkt im Kamerabild dunkel oder hell ist. Hierbei hat eine einfache Schwellwertoperation wohl kaum eine Erfolgschance. Das schachbrettartige Projektionsmuster hat jedoch die Eigenschaft, daß in der lokalen Nachbarschaft eines Meßpunktes im Kamerabild dunkle und helle Punkte etwa gleich oft vorkommen, so daß das lokale Histogramm bimodal und symmetrisch ist. Somit liefert der Mittelwert der Nachbarpunkte einen optimalen Schwellwert für eine adaptive Binärisierung. Konkret berechnet sich der lokale Schwellwert bei einem Meßpunkt (u, v) aus

$$t(u, v) \; = \; \frac{1}{8}\Big(\sum_{k=-1}^{1} \sum_{l=-1}^{1} \bar{g}(u + 3k, v + 3l) - \bar{g}(u, v)\Big),$$

was dem Mittelwert der 9×9 Nachbarschaft von (u, v) ohne den mittleren Bereich der Größe 3×3 entspricht. Die Bestimmung des Codebits erfolgt dann durch

$$\text{Codebit} \; = \; \begin{cases} 1, & \text{falls } \bar{g}(u, v) \geq t(u, v) \\ 0, & \text{falls } \bar{g}(u, v) < t(u, v) \end{cases}$$

Zur Illustration dieses Meßverfahrens mit einer einzigen Projektion zeigt Abb. 4.20 (links oben) das effektive Projektionsmuster mit 63 Spalten und je 64 Meßzeilen in einer Spalte (nur 10 davon gezeigt) sowie das Ergebnis zweier Testszenen. Von oben nach unten in der rechten Spalte sind das Grauwertbild einer Szene mit zwei Dosen und einer Box, dieselbe Szene mit der Projektion und das Meßergebnis in Form eines 3D-Plottings zu sehen. Eine weitere Testszene mit einem menschlichen Körper ist in der linken Spalte dargestellt.

4.2.6   Triangulation mit zwei Kameras

Der Triangulation liegt das Prinzip zugrunde, den Projektor und die Kamera an verschiedenen Positionen aufzustellen. Dadurch entsteht aber das Verdeckungsproblem. Es kann nämlich nur ein Teil der vom Projektor beleuchteten Szene durch die Kamera aufgenommen werden. Mit größer werdender Distanz der Kamera zum Projektor nimmt diese Verdeckung zu. Eine naheliegende Lösung zur Verminderung der Verdeckungen besteht darin, die Szene aus verschiedenden Richtungen aufzunehmen und die dadurch gewonnenen Teilbilder zu einem Gesamtbild der Szene zu integrieren.

Ohne Einschränkung an die Sensorgeometrie ist eine derartige Integration äußerst schwierig zu realisieren. Geht man jedoch von der Geometrie zur äquidistanten Vermessung in Abb. 4.15 aus, so erhält man eine einfache Lösung, wenn man die Konfiguration um eine zweite Kamera auf der anderen Seite des Projektors ergänzt. Hintereinander werden ein Tiefenbild $z_l(x, y)$ mit der linken und ein Tiefenbild $z_r(x, y)$ mit der rechten Kamera erstellt, wobei beide Tiefenbilder in X- und Y-Richtung äquidistant sind. Ferner kann bei der nachträglichen Abtastung in Y-Richtung von einem gemeinsamen Intervall $[y_{\min}, y_{\max}]$ für

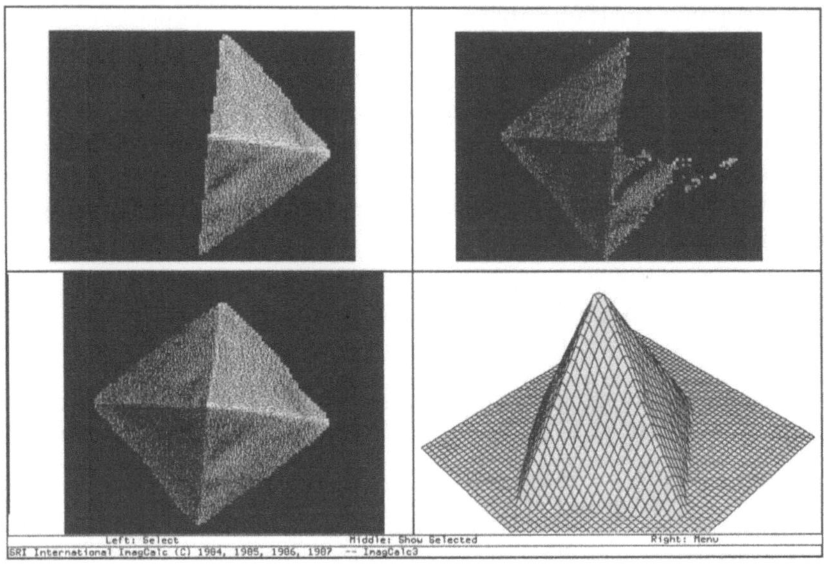

Abbildung 4.21: Integration von zwei Tiefenbildern. Aus [SMJM91] mit Genehmigung von IEEE.

beide Aufnahmen ausgegangen werden, so daß $z_l(x,y)$ und $z_r(x,y)$ in voller Registrierung stehen, d.h. beide Tiefenbilder enthalten Meßwerte für Punkte (x,y) auf demselben äquidistanten Gitter.

Nun gilt es, aus $z_l(x,y)$ und $z_r(x,y)$ ein Gesamtbild $z(x,y)$ zu bilden. Der Algorithmus hierfür aus [SMJM91] geht folgendermaßen vor: In jedem Punkt (x,y) sind grundsätzlich zwei Situationen möglich. Entweder ist nur ein Meßwert aus einem der beiden Teilbilder vorhanden oder es liegen zwei Meßwerte vor. Für alle Punkte letzterer Art wird ein Differenzbild $D(x,y) = z_r(x,y) - z_l(x,y)$ berechnet. Anschließend wird eine Fehlerfunktion $E(x,y)$ definiert, die der Ausgleichsebene für die Punkte in $D(x,y)$ entspricht. Bei der Bildung von $z(x,y)$ wird $z_l(x,y)$ als Referenzbild betrachtet. Ist für einen Punkt (x,y) der Meßwert $z_l(x,y)$ vorhanden, so erhält $z(x,y)$ diesen Wert. Sonst wird $z(x,y)$ gleich $z_r(x,y) - E(x,y)$ gesetzt.

Ein Beispiel dieser Integrationstechnik mit einer Pyramide präsentiert sich in Abb. 4.21. In der oberen Reihe wird $z_l(x,y)$ und $z_r(x,y)$ gezeigt. In der unteren Reihe sind das Ergebnis nach der Integration sowie eine dreidimensionale Darstellung der Pyramide dargestellt.

4.2.7   Tiefenberechnung bei der Lichtebenenprojektion

Unabhängig davon, wie die Projektion von Lichtebenen realisiert wird, ob jeweils nur eine Lichtebene projiziert und diese dann über die ganze Meßszene abgelenkt wird, oder alle Lichtebenen gleichzeitig mit binärem Code, Farben oder sonstigen Mustern codiert ausgestrahlt werden, stellt sich immer die folgende Frage der Tiefenberechnung. Gegeben seien ein Bildpunkt $P'(i, j)$ und die Nummer k der entsprechenden Lichtebene. Gesucht ist der Punkt $P(x, y, z)$ auf der Meßfläche, der von der Lichtebene beleuchtet und auf P' abgebildet wird. In diesem Abschnitt werden drei Methoden dafür behandelt.

Direkte Tiefenberechnung

Mit der Nummer k steht die Gleichung der Lichtebene $z = a_k x + b_k y + c_k$ fest. Werden a, b und c in (4.13) jeweils durch a_k, b_k und c_k ersetzt und die Bildkoordinaten (i, j) mit (4.10) ins UV-Koordinatensystem transformiert, so liefert

$$
\begin{aligned}
x &= \frac{-c_k}{a_k d_x i + b_k d_y j + f} \cdot d_x i \\[2mm]
y &= \frac{-c_k}{a_k d_x i + b_k d_y j + f} \cdot d_y j \\[2mm]
z &= \frac{c_k}{a_k d_x i + b_k d_y j + f} \cdot f
\end{aligned}
\qquad (4.16)
$$

die Koordinaten von P.

Tiefenberechnung mit Lookup-Tabellen

Hier betrachten wir ausschließlich die Berechnung der Z-Koordinate. Ist sie bekannt, lassen sich die beiden anderen Koordinaten aus $x = -d_x i z / f$ und $y = -d_y j z / f$ berechnen. Die Z-Koordinate von P

$$
z = \frac{c_k}{a_k d_x i + b_k d_y j + f} \cdot f
\qquad (4.17)
$$

ist eine Funktion der Variablen i, j und k. Theoretisch könnte eine dreidimensionale Tabelle aufgebaut werden, deren Position (i, j, k) genau den Z-Wert von P enthält. Angesichts der großen Wertebereiche von i, j und k ist dieser Ansatz jedoch wenig geeignet für eine Hardware-Implementation. Wie in Abschnitt 4.2.2 erläutert, läßt sich (4.17) bei einer vertretbaren Voraussetzung an die Lichtebene, daß sie nämlich senkrecht zur XZ-Ebene steht und somit die Gleichung $z = a_k x + c_k$ hat, auf

$$
z = \frac{c_k}{a_k d_x i + f} \cdot f
\qquad (4.18)
$$

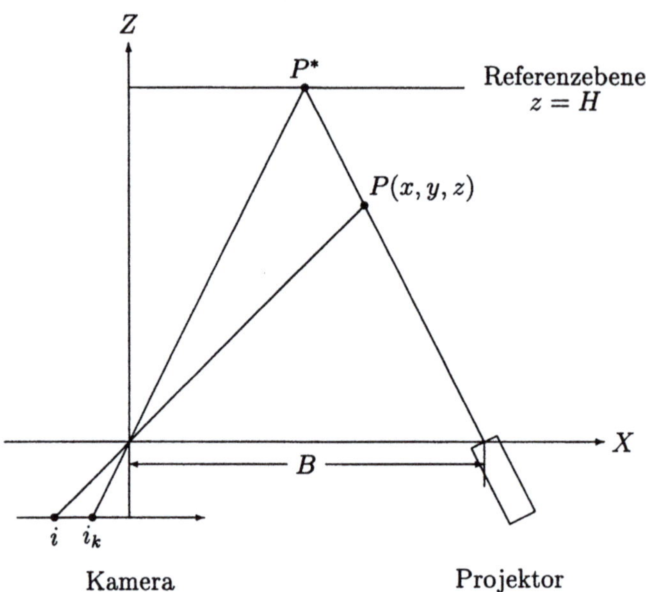

Abbildung 4.22: Referenztechnik zur Tiefenberechnung.

reduzieren. Nun ist z nur noch von den Variablen i und k abhängig.

Mit einer Referenztechnik [Ros88] kann diese Berechnung weiter vereinfacht werden, so daß am Schluß bereits eindimensionale Tabellen ausreichen. In einer Kalibrierungsphase wird eine Referenzebene $z = H$ aufgestellt (siehe Abb. 4.22) und die k-te Lichtebene schneidet diese am Punkt P^*, der dann auf einen Bildpunkt in der Spalte i_k abgebildet wird. Hierbei gilt

$$H = \frac{c_k}{a_k d_x i_k + f} \cdot f. \tag{4.19}$$

Aus (4.18) und (4.19) ergibt sich

$$z = \frac{H}{1 + \frac{a_k}{c_k} \cdot H d_x (i - i_k)/f}.$$

Von der Gleichung der Lichtebene $z = a_k x + c_k$ erhalten wir

$$B = -\frac{c_k}{a_k}.$$

Daraus resultiert schließlich

$$z = \frac{H}{1 - H d_x (i - i_k)/(Bf)}. \tag{4.20}$$

Demnach erfolgt die Berechnung der Z-Koordinate zweistufig. Mit der Lichtebenennummer k wird zuerst eine Tabelle LUT1 indexiert, in deren Position k der Wert i_k abgespeichert ist. Anschließend wird die Differenz $i - i_k$ dazu verwendet, eine weitere Tabelle LUT2 zu indexieren, die dann den z-Wert in (4.20) liefert. Insgesamt werden bei dieser Methode der Tiefenberechnung lediglich zwei eindimensionale Lookup-Tabellen benötigt, was eine Hardware-Realisierung direkt auf einer Bilddigitalisierungskarte zuläßt.

In [SW90] wurde eine weitere Referenztechnik zur Tiefenberechnung im Rahmen eines Tiefensensors basierend auf dem binärcodierten Lichtansatz entwickelt. Besonders interessant dabei ist die tatsächliche Realisierung der Lookup-Tabellen auf einer kommerziellen Bilddigitalisierungskarte.

Tiefenberechnung mit Matrixoperationen

Die Berechnung von P gemäß (4.16) läßt sich in eine Matrixoperation

$$[X\ Y\ Z\ W] = [i\ j\ 1] \cdot \begin{bmatrix} -c_k d_x & 0 & 0 & a_k d_x \\ 0 & -c_k d_y & 0 & b_k d_y \\ 0 & 0 & c_k f & f \end{bmatrix} = [i\ j\ 1] \cdot T \quad (4.21)$$

umformen, wobei (X, Y, Z, W) homogene Koordinaten sind, die mit den Koordinaten von P in der Beziehung

$$(X, Y, Z) = \frac{1}{W}(x, y, z) \quad (4.22)$$

stehen. Diese Umformung ermöglicht eine wesentlich einfachere Kalibrierung, wie in Abschnitt 4.2.8 noch genauer ausgeführt wird.

Die Berechnung von P nach (4.21) beruht auf der Sensorgeometrie in Abb. 4.11 und ist somit mit der Bedingung verknüpft, daß das Weltkoordinatensystem das optische Zentrum der Kamera als Ursprung hat. Außerdem verlaufen die X- und Y-Achse parallel zu den Bildzeilen bzw. -spalten und die Z-Achse entspricht der optischen Achse der Kamera. Im folgenden zeigen wir, daß in einem beliebigen Weltkoordinatensystem die Berechnung von P ebenfalls in der Form (4.21) mit einer 3×4 Matrix T vorgenommen werden kann.

In einem solchen Koordinatensystem haben wir es mit einer Sensorgeometrie, wie in Abb. 4.23 gezeigt, zu tun. Hierbei ist die Position der Kamera durch die Koordinaten des optischen Zentrums gegeben, die genau den Komponenten des Vektors C entsprechen. Die Orientierung der Kamera wird durch den Einheitsvektor a festgelegt. Ferner werden noch zwei Einheitsvektoren u und v definiert, welche die Richtung der Bildzeilen bzw. -spalten wiedergeben. Mit diesen Definitionen wird der Bildpunkt $P'(i, j)$ im Weltkoordinatensystem durch

$$P' = C + f a + d_x i u + d_y j v$$

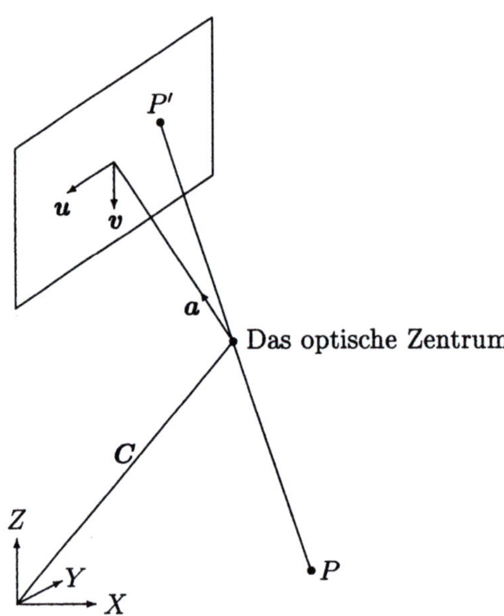

Abbildung 4.23: Sensorgeometrie mit einem beliebigen Weltkoordinatensystem.

repräsentiert. Der Punkt P liegt auf der von P' und dem optischen Zentrum der Kamera bestimmten Geraden, die sich mit einem freien Parameter t als

$$C + t(P' - C) \;=\; C + t(f\boldsymbol{a} + d_x i\boldsymbol{u} + d_y j\boldsymbol{v}) \qquad (4.23)$$

definieren läßt. Angenommen, die k-te Lichtebene hat die Gleichung

$$d_k z \;=\; a_k x + b_k y + c_k, \text{ oder } A \cdot (x, y, z) \;=\; c_k, \; A = (-a_k, -b_k, d_k) \qquad (4.24)$$

im Weltkoordinatensystem. Der t-Wert von P wird durch Einsetzen von (4.23) in (4.24) ermittelt:

$$t \;=\; \frac{c_k - A C}{A \cdot (f\boldsymbol{a} + d_x i\boldsymbol{u} + d_y j\boldsymbol{v})}.$$

Somit hat P die Koordinaten

$$
\begin{aligned}
(x, y, z) \;=\;& C + \frac{c_k - A C}{A \cdot (f\boldsymbol{a} + d_x i\boldsymbol{u} + d_y j\boldsymbol{v})} \cdot (f\boldsymbol{a} + d_x i\boldsymbol{u} + d_y j\boldsymbol{v}) \\
\;=\;& [d_x((A\boldsymbol{u})C + (c_k - A C)\boldsymbol{u}) \cdot i + d_y((A\boldsymbol{v})C + (c_k - A C)\boldsymbol{v}) \cdot j + \\
& (f(A\boldsymbol{a})C + f((c_k - A C)\boldsymbol{a})] \;/\; [d_x(A\boldsymbol{u})i + d_y(A\boldsymbol{v})j + f(A\boldsymbol{a})]
\end{aligned}
$$

Mit homogenen Koordinaten läßt sich diese Formel in Matrixform als

$$
[X\ Y\ Z\ W] \;=\; [i\ j\ 1] \cdot
\begin{bmatrix}
d_x((A\boldsymbol{u})C + (c_k - A C)\boldsymbol{u}) & d_x(A\boldsymbol{u}) \\
d_y((A\boldsymbol{v})C + (c_k - A C)\boldsymbol{v}) & d_y(A\boldsymbol{v}) \\
f(A\boldsymbol{a})C + f((c_k - A C)\boldsymbol{a}) & f(A\boldsymbol{a})
\end{bmatrix}
\qquad (4.25)
$$

darstellen.

Beispiel 4.8 Als Spezialfall betrachten wir die Sensorgeometrie in Abb. 4.11.
Hierbei wird die Lage der Kamera durch

$$C = (0,0,0), \quad a = (0,0,-1), \quad u = (1,0,0), \quad v = (0,1,0)$$

definiert. Die k-te Lichtebene hat die Form

$$A \cdot (x,y,z) \; = \; c_k, \quad A = (-a_k, -b_k, 1).$$

In diesem Fall vereinfacht sich (4.25) zu

$$[X \; Y \; Z \; W] \; = \; [i \; j \; 1] \cdot \begin{bmatrix} c_k d_x & 0 & 0 & -a_k d_x \\ 0 & c_k d_y & 0 & -b_k d_y \\ 0 & 0 & -c_k f & -f \end{bmatrix},$$

was bis auf das Vorzeichen der Matrixelemente mit (4.21) übereinstimmt. Bei
der Umrechnung von homogenen in kartesische Koordinaten nach (4.22) spielt
dieses Vorzeichen jedoch keine Rolle. $\square$

Dieselbe Aussage, nämlich daß die Position von P durch Matrixoperationen
mit einer 3×4 Matrix T berechnet werden kann, wurde in [CK87] mittels
projektiver Geometrie hergeleitet. Dort wurden die Elemente von T aber nicht
explizit angegeben. Die obige Herleitung hat den Vorteil, daß die Abhängigkeit
der Matrixelemente von den Systemparametern klar zum Ausdruck kommt.

4.2.8 Kalibrierung

Zur Tiefenberechnung nach (4.16), (4.20) oder (4.25) werden einige Kennzahlen
des Sensors benötigt. Dazu gehören:

- die Abtastungsintervalle d_x und d_y,

- die Brennweite der Kamera f,

- die Lage und Orientierung der Kamera im Weltkoordinatensystem,

- die Basislänge B und

- die Gleichung der Lichtebene im Weltkoordinatensystem.

Mit geeigneten Kalibrierungsverfahren können zwar all diese Parameter ermittelt werden. Derartige Verfahren sind jedoch oft recht komplex. Im folgenden
wird auf eine Kalibrierungsmethode eingegangen, bei der man sich nicht um
solche technischen Details kümmern muß.

Es wird von (4.25) ausgegangen. Die Elemente der Matrix

$$T = \begin{bmatrix} t_{11} & t_{12} & t_{13} & t_{14} \\ t_{21} & t_{22} & t_{23} & t_{24} \\ t_{31} & t_{32} & t_{33} & t_{34} \end{bmatrix}$$

sind abhängig von den Systemparametern. Bei einem Punkt (i, j) im Bild ergibt sich der entsprechende Punkt $P(x, y, z)$ im Raum aus

$$x = \frac{t_{11}i + t_{21}j + t_{31}}{t_{14}i + t_{24}j + t_{34}}$$

$$y = \frac{t_{12}i + t_{22}j + t_{32}}{t_{14}i + t_{24}j + t_{34}}$$

$$z = \frac{t_{13}i + t_{23}j + t_{33}}{t_{14}i + t_{24}j + t_{34}}$$

Hierbei kann t_{34} ohne weiteres auf eins gesetzt werden. Nach Umformungen erhalten wir somit

$$\begin{aligned} it_{11} + jt_{21} + t_{31} - xit_{14} - xjt_{24} &= x \\ it_{12} + jt_{22} + t_{32} - yit_{14} - yjt_{24} &= y \\ it_{13} + jt_{23} + t_{33} - zit_{14} - zjt_{24} &= z \end{aligned} \qquad (4.26)$$

In der Praxis erfolgt die Kalibrierung folgendermaßen: Es wird ein geeigneter Kalibrierungskörper so in die Szene gesetzt, daß sich l Punkte

$$P_1(x_1, y_1, z_1), \ P_2(x_2, y_2, z_2), \ \cdots, \ P_l(x_l, y_l, z_l)$$

mit bekannter Position im Weltkoordinatensystem genau in der Lichtebene befinden. Ihre entsprechenden Abbildungen

$$P_1'(i_1, j_1), \ P_2'(i_2, j_2), \ \cdots, \ P_l'(i_l, j_l)$$

werden dann im Kamerabild detektiert. Gemäß (4.26) liefert jedes Punktepaar (P_i, P_i') drei Gleichungen. Aus den l Punktepaaren ergibt sich dann ein Gleichungssystem mit $3l$ Gleichungen und 11 Unbekannten:

$$\begin{bmatrix} i_1 & j_1 & 1 & 0 & 0 & 0 & 0 & 0 & 0 & -x_1i_1 & -x_1j_1 \\ \cdot & \cdot & \cdot & \cdot & \cdot & \cdot & \cdot & \cdot & \cdot & \cdot\cdot & \cdot\cdot \\ i_l & j_l & 1 & 0 & 0 & 0 & 0 & 0 & 0 & -x_li_l & -x_lj_l \\ 0 & 0 & 0 & i_1 & j_1 & 1 & 0 & 0 & 0 & -y_1i_1 & -y_1j_1 \\ \cdot & \cdot & \cdot & \cdot & \cdot & \cdot & \cdot & \cdot & \cdot & \cdot\cdot & \cdot\cdot \\ 0 & 0 & 0 & i_l & j_l & 1 & 0 & 0 & 0 & -y_li_l & -y_lj_l \\ 0 & 0 & 0 & 0 & 0 & 0 & i_1 & j_1 & 1 & -z_1i_1 & -z_1j_1 \\ \cdot & \cdot & \cdot & \cdot & \cdot & \cdot & \cdot & \cdot & \cdot & \cdot\cdot & \cdot\cdot \\ 0 & 0 & 0 & 0 & 0 & 0 & i_l & j_l & 1 & -z_li_l & -z_lj_l \end{bmatrix} \cdot \begin{bmatrix} t_{11} \\ t_{21} \\ t_{31} \\ t_{21} \\ t_{22} \\ t_{23} \\ t_{31} \\ t_{32} \\ t_{33} \\ t_{14} \\ t_{24} \end{bmatrix} = \begin{bmatrix} x_1 \\ \cdot\cdot \\ x_l \\ y_1 \\ \cdot\cdot \\ y_l \\ z_1 \\ \cdot\cdot \\ z_l \end{bmatrix}$$

oder einfach

$$AT^* = D.$$

Mit $k \geq 4$ Punktepaaren führt die Methode der kleinsten Quadrate zur Lösung

$$T^* = (A^t A)^{-1} A^t D. \tag{4.27}$$

4.2.9 Diskussion und Vergleich

In den letzten Abschnitten wurde eine Reihe von aktiven Triangulationsverfahren vorgestellt. Sie reichen von der einfachen Projektion einzelner Lichtstrahlen bis hin zur Projektion eines einzigen codierten Musters. In dieser Reihenfolge nimmt die Komplexität bei der Wahl des Projektionsmusters in bezug auf die Detektierbarkeit der Muster im Kamerabild sowie die Fehlertoleranz bei der Detektion zu. Ebenso verhält sich der durch die Detektion bedingte Aufwand. Während bei der Projektion einzelner Lichtstrahlen oder -ebenen die Meßpunkte im Kamerabild ziemlich leicht gefunden werden können, bedarf eine derartige Detektion bei der Projektion von farbcodierten oder binären Mustern bereits recht umfangreicher Bildverarbeitungsoperationen. Selbst bei aufwendiger Bildverarbeitung können Fehldetektionen oder die Nichtdetektion vorhandener Meßpunkte nicht ausgeschloßen werden. Ein weiteres Problem stellt die Identifikation der gefundenen Meßpunkte, d.h. die Frage nach den entsprechenden Meßpunkten im Projektionsmuster, dar. Mit zunehmender Komplexität der Projektionsmuster wird auch die Identifikation immer fehleranfälliger. Vor allem bei Meßverfahren, wo diese Identifikation aus Informationen über den aktuellen Meßpunkt und dessen Nachbarpunkte hergeleitet wird, kann eine korrekte Identifikation nicht mehr in allen Fällen garantiert werden. So kann es beispielsweise vorkommen, daß einige der Nachbarn nicht detektiert werden oder im Kamerabild gänzlich unsichtbar sind. Ferner sind Meßverfahren, die mit wenigen Projektionen auskommen, oft an gewisse Bedingungen geknüpft. So verlangt der farbcodierte Lichtansatz zum Beispiel, daß die Meßobjekte farbneutral sind. Das Verfahren mit dem binären Muster versagt an Diskontinuitäten der Meßobjekte, wo die Codebits der Nachbarn nicht richtig bestimmt werden können.

Auf der anderen Seite nimmt die Aufnahmezeit mit kleiner werdender Anzahl von Projektionen ab. Am einen Ende der Skala wird bei der Projektion von Lichtstrahlen eine Projektion pro Meßpunkt benötigt. Am anderen Ende reicht bei der Projektion von farbcodierten oder binären Mustern bereits eine einzige Projektion aus. Meßverfahren letzterer Art haben u.a. den Vorteil, daß die Meßszene während der Aufnahmezeit nicht konstant bleiben muß. Damit sind sie beispielsweise geeignet für die Vermessung von beweglichen Objekten.

Auf dem Markt werden heute bereits kommerzielle Tiefensensoren angeboten, die nach dem Prinzip der Lichtebenenprojektion oder der codierten Lichtprojektion arbeiten. Besonders interessant sind hierbei relativ preisgünstige PC-basierte Tiefensensoren. Meßverfahren mit einer einzigen Projektion hingegen stehen noch in der Anfangsphase der Entwicklung. Es wird noch viel Aufwand nötig sein, um dieser Klasse von Methoden zur Marktreife zu verhelfen.

4.3 Form aus strukturiertem Licht

Wie in Abschnitt 4.2.9 ausgeführt, spielt bei allen aktiven Triangulationsverfahren die Identifikation der Meßpunkte eine zentrale Rolle. Mit kleiner werdender Anzahl von Projektionen nimmt leider auch der Rechenaufwand sowie die Fehleranfälligkeit bei der Identifikation zu. In diesem Abschnitt wird kurz auf eine Klasse von Verfahren eingegangen, bei denen die Oberflächenform, d.h. die lokalen Normalenvektoren an den Meßpunkten, mit einer einzigen Projektion und ohne Identifikation bestimmt werden kann.

In [SS89] wurde ein derartiges Verfahren vorgestellt. Dabei wird ein gitterförmiges Muster auf die Szene projiziert, siehe Abb. 4.24. Auf der Objektoberfläche entstehen verformte Vierecke, die dann von einer Kamera aufgenommen werden. Beim Bildentstehungsprozeß wird die Beziehung zwischen den Szenenvierecken und deren Abbildungen durch eine perspektivische Transformation hergestellt. Falls die Szene einen großen Abstand zur Kamera aufweist, vereinfacht sich die perspektivische Transformation zur orthogonalen Projektion, die sich für einen Szenenpunkt $p(x_w, y_w, z_w)$ im Weltkoordinatensystem und dessen Abbildung $p'(x_i, y_i)$ im Bildkoordinatensystem mit

$$[x_i \ y_i] \; = \; [x_w \ y_w \ z_w \ 1] \cdot \begin{bmatrix} c_{11} & c_{12} \\ c_{21} & c_{22} \\ c_{31} & c_{32} \\ c_{41} & c_{42} \end{bmatrix} \qquad (4.28)$$

beschreiben läßt.

Angenommen, ein im Bild detektiertes Viereck $p'_1 p'_2 p'_3 p'_4$ entspricht dem Szenenviereck $p_1 p_2 p_3 p_4$ mit den Koordinaten

$$p'_k = (x_{ik}, y_{ik}), \quad p_k = (x_{wk}, y_{wk}, z_{wk}), \quad k = 1, 2, 3, 4.$$

Nach (4.28) haben wir dann

$$\begin{aligned}
\boldsymbol{L}'_1 \; &= \; [x_{i2} \ y_{i2}] - [x_{i1} \ y_{i1}] \\[2mm]
&= \; \left\{ [x_{w2} \ y_{w2} \ z_{w2} \ 1] - [x_{w1} \ y_{w1} \ z_{w1} \ 1] \right\} \cdot \begin{bmatrix} c_{11} & c_{12} \\ c_{21} & c_{22} \\ c_{31} & c_{32} \\ c_{41} & c_{42} \end{bmatrix} \\[2mm]
&= \; [x_{w2} - x_{w1} \ y_{w2} - y_{w1} \ z_{w2} - z_{w1}] \cdot \begin{bmatrix} c_{11} & c_{12} \\ c_{21} & c_{22} \\ c_{31} & c_{32} \end{bmatrix}
\end{aligned}$$

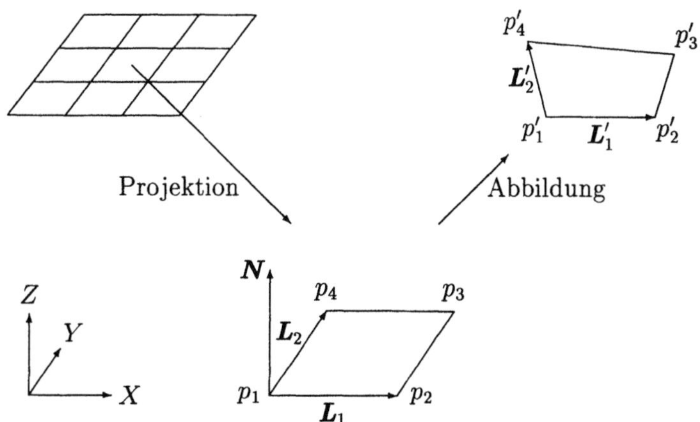

Abbildung 4.24: Geometrie zur Formbestimmung ohne Korrespondenzfindung.

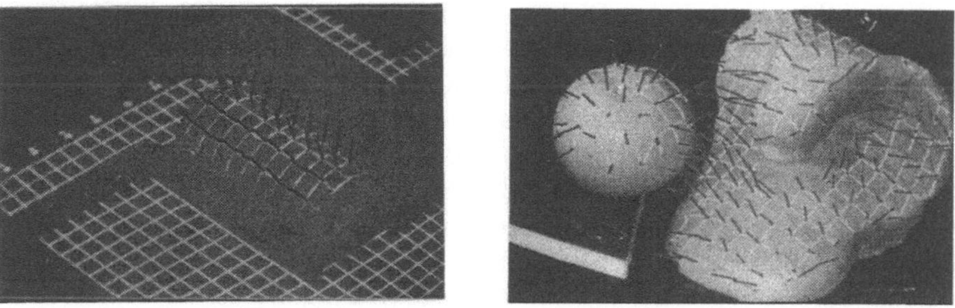

Abbildung 4.25: Testszenen mit eingezeichneten Normalenvektoren. Links: Eine Getränkdose. Rechts: eine Orange und eine Kobra. Reproduziert aus [SS89] mit Genehmigung von IEEE.

$$= \; \boldsymbol{L}_1 \begin{bmatrix} c_{11} & c_{12} \\ c_{21} & c_{22} \\ c_{31} & c_{32} \end{bmatrix} \tag{4.29}$$

Wird das Weltkoordinatensystem so definiert, daß die Z-Achse senkrecht zum Projektionsmuster steht und die X- sowie Y-Achse parallel zu den Seiten der Quadrate des Projektionsmusters verlaufen, resultiert daraus $y_{w1} = y_{w2}$. Somit hat der Vektor $\boldsymbol{L}_1$ nur zwei unbekannte Koordinaten, die durch Lösen des Gleichungssystem (4.29) bestimmt werden können. Analog läßt sich der Vektor $\boldsymbol{L}_2$ aus $\boldsymbol{L}'_2$ errechnen. Der Normalenvektor $\boldsymbol{N}$ im Punkt p_1 ergibt sich dann aus

$$\boldsymbol{N} = \frac{\boldsymbol{L}_1 \times \boldsymbol{L}_2}{|\boldsymbol{L}_1 \times \boldsymbol{L}_2|}.$$

Im Gegensatz zu den Triangulationsverfahren, wo die Korrespondenz zwischen Projektionsmerkmalen und deren Abbildungen im Bild bekannt sein muß, wird bei diesem Verfahren gar nicht nach dem korrespondierenden Quadrat im Projektionsmuster gesucht. Es wird lediglich vorausgesetzt, daß die abgebildeten Quadrate zuverlässig detektiert werden können. In Abb. 4.25 sind zwei Testszenen dargestellt, in denen die ermittelten Normalenvektoren an den Eckpunkten zusätzlich zum Projektionsmuster eingezeichnet sind. In [SS89] wurde für dieses Verfahren eine Genauigkeit von 4°-8° angegeben.

4.4   Literaturhinweise

Eine ausgezeichnete, breite Übersicht über aktive Tiefengewinnung liefert der Artikel von Besl [Bes88a, Bes89]. Neben der Beschreibung einer großen Anzahl in Forschungslabors entwickelter wie auch kommerziell verfügbarer Systeme hat der Autor eine Methode zur quantitativen Bewertung von Tiefensensoren unter Berücksichtigung verschiedener Evaluationskriterien vorgeschlagen. Ebenfalls interessant ist hierbei eine Diskussion über den Sicherheitsaspekt im Zusammenhang mit der Verwendung von Laser in Tiefensensoren. In der Abhandlung von Everett [Eve89] wird das Thema aktiver Tiefengewinnung unter dem Gesichtspunkt der Kollisionsvermeidung für mobile Roboter angegangen. Eine Besonderheit stellt hier die detaillierte Besprechung einer Reihe kommerzieller Tiefensensoren dar. In den achtziger Jahren wurden am National Research Council of Canada einige ausgesprochen schnelle und exakte aktive Tiefensensoren entwickelt. Für einen Überblick hierüber sei auf [RBBB89] verwiesen. Als die zuverlässigste Lösung zur Tiefengewinnung werden aktive Methoden auch ausführlich in den Übersichtsartikeln [Jar83b, Jar93, Kak85, PL89] diskutiert.

Im vorliegenden Kapitel konnten wir natürlich nicht alle möglichen aktiven Methoden behandeln. Unbehandelt bleiben z.B. die Moiré-Verfahren [Bes88a, Bes89]. Hier wird ein Gitter mit parallelen Linien auf die Szene projiziert. Wird sie nun durch ein Kameragitter beobachtet, so ergeben sich im Bild aus der Überlagerung des projizierten Gitters und des Kameragitters sog. Moiré-Muster, woraus sich Tiefeninformation gewinnen läßt. Im allgemeinen sind Moiré-Verfahren mit zwei Problemen behaftet. Es können nur relative Änderungen festgestellt werden, wobei die Vorzeichen der jeweiligen Änderungen unbestimmt sind. Außerdem können derartige Verfahren nur an Flächen ohne Diskontinuitäten in der Tiefe angewendet werden.

Auch der sog. Ratio Image Range Sensor wurde im vorliegenden Kapitel nicht erwähnt. Hierbei wird eine Szene vollständig durch ein moduliertes Licht – beispielsweise ein kontinuierlicher Graustufenkeil von dunkel zu hell – beleuchtet. Die Bildintensität eines Bildpunktes hängt nun auch von der Lichtstärke der Lichtebene ab, die den zugehörigen Punkt im Raum trifft, jedoch kann aus einer einzigen Bildintensität noch nicht auf die Identifikation der Lichtebene geschloßen werden. Dies ist erst dann möglich, wenn die Szene erneut unter

Beleuchtung eines anders modulierten Lichtes aufgenommen wird. Die beiden Intensitäten eines Bildpunktes geben Aufschluß über die gesuchte Lichtebene. Zwei Tiefensensoren dieser Art werden in [CH85, BS86] vorgestellt. Auf einer ähnlichen Idee basierend beschreibt Tajima [TI90] einen Tiefensensor, bei dem die Beleuchtung aus einem breiten Farbspektrum besteht.

Meßtechniken, die mit einer einzigen Projektion auskommen, sind wegen ihrer Eignung für dynamische Meßobjekte besonders interessant. Neben den im vorliegenden Kapitel vorgestellten Methoden sind in der Literatur noch weitere derartige Ansätze bekannt [BMLL93, GNY92, HS89b]. Auch der Klasse "Form aus strukturiertem Licht" gehören weitere Varianten [AIT88, WA87] an. Ohne Identifikation der Beleuchtungsquelle kann unter Einschränkung der Objekttypen neben der Oberflächenorientierung direkt die Tiefeninformation gewonnen werden. Die Arbeiten [CCH94, TC91] zeigen diese Möglichkeit für Polyeder und Zylinder. Einen Überblick über Form und Tiefe aus strukturiertem Licht liefert der Übersichtsartikel [AW88].

Neue Entwicklungen der aktiven Tiefensensoren konzentrieren sich vor allem auf die Aufnahmegeschwindigkeit und die Kompaktheit. Grundsätzliche Überlegungen über die Eigung der verschiedenen Sensortypen für Echtzeit-Anwendungen finden sich in [Bas89]. Der Rainbow Tiefensensor [TI90] ist in der Lage, 30 Tiefenbilder in der Sekunde zu liefern. Eine neue Realisierung des in Abschnitt 4.2.3 beschriebenen codierten Lichtansatzes [SO93] benötigt für ein Tiefenbild der Auflösung 512×256 lediglich 0.3 Sekunden. Noch schneller arbeitet der in [BRB$^+$92] vorgestellte Tiefensensor, der 30 Tiefenbilder der Auflösung 420×512 in der Sekunde zur Verfügung stellt. In den letzten Jahren wurde eine Reihe von Tiefensensoren entwickelt, bei denen die konventionelle CCD-Kamera durch einen sog. Smart Sensor ersetzt wird [ASN$^+$92, GTK93, JA93, KJHK93]. Dieser besteht aus einer zweidimensionalen Anordnung von photosensitiven Zellen, die jeweils über eine eigenständige Signalverarbeitungskomponente verfügen. Auf diese Weise ist jede dieser Zellen in der Lage, die Beleuchtung des abgebildeten räumlichen Punktes zu erkennen und den Zeitpunkt der Beleuchtung und somit die Identifikation der Lichtebene zu registrieren. Dadurch entfällt der Schritt, nach der Projektion einer Lichtebene ein Vollbild aufzunehmen und nach beleuchteten Punkten zu suchen. Bei Tiefensensoren dieser Art beträgt die Aufnahmezeit typischerweise einige Millisekunden.

Voll im Trend der Miniaturisierung liegt der in [SO93] beschriebene Tiefensensor, der einschließlich des Projektors und der Kamera ein Volumen von nur $140 \times 95 \times 35$ mm^3 aufweist. Den Anstrengungen dieser Art steht jedoch die Tatsache entgegen, daß die Meßgenauigkeit entscheidend von der Basislänge (Abstand zwischen Projektor und Kamera) beeinflußt wird. Eine elegante Lösung hierfür wird in [Rio84] vorgestellt, wo von einem Paar synchron zueinander bewegter Spiegel Gebrauch gemacht wird. Dadurch kann bei gleich bleibendem Meßbereich die Brennweite wesentlich erhöht werden, so daß der durch die kleiner werdende Basislänge verursachte Verlust an Tiefengenauigkeit wieder kompensiert wird. Der Sensor aus [BRB+92] beruht auf diesem Aufbau und ist mit einem Volumen von $245 \times 185 \times 90$ mm^3 recht kompakt. Ein positiver Nebeneffekt der Miniaturisierung ist, daß damit auch das Problem des Schattenwurfs entschärft wird.

Kapitel 5

Vorverarbeitung

Vor der eigentlichen Interpretation wird ein Tiefenbild normalerweise einer Reihe von Vorverarbeitungsoperationen unterzogen. Diese haben das Ziel, die anschließenden Interpretationsschritte zu vereinfachen, z.B. durch eine Verbesserung der Qualität oder Unterdrückung irrelevanter Information im Eingangsbild.

5.1 Glättung

Im allgemeinen sind Tiefenbilder realer Szenen mit Rauschen behaftet, was nicht zuletzt Auswirkung auf die Bestimmung charakteristischer Flächenmerkmale hat. Daher schaltet man häufig eine Glättung vor, um das Rauschen soweit möglich zu reduzieren. Da das Rauschen typischerweise hochfrequenter Natur ist, entspricht eine Glättung einem Tiefpaßfilter, was zur Folge hat, daß neben dem Rauschen auch feine Flächenstrukturen im Tiefenbild beeinflußt werden. Ziel der Glättung muß es daher sein, Störungen zu unterdrücken, Kanteninformationen jedoch möglichst zu erhalten. In den folgenden Abschnitten wird eine Reihe von Glättungsverfahren vorgestellt. Es wird auch auf eine Methode zum Vergleich dieser Verfahren eingegangen.

5.1.1 Klassische Glättungsoperatoren

Aus der Literatur zur Verarbeitung von Grauwertbildern ist eine Reihe weit verbreiteter Glättungsoperatoren bekannt. Den einfachsten davon stellt wohl die Mittelwertbildung dar, wo der Tiefenwert z_{ij} durch den Mittelwert der Tiefenwerte aus einer lokalen Nachbarschaft der Größe $N \times N$ ersetzt wird. Diese Operation ist recht gut zur Rauschunterdrückung geeignet. Ein Nachteil ist die Abschwächung hoher Ortsfrequenzen durch die Mittelwertbildung, was den Verlust von Details und die Unschärfe von Kanten zur Folge hat.

Die Unterdrückung des Rauschens ohne Verlust an Kantenschärfe ist das Ziel
zahlreicher Ansätze zur Glättung in einer ausgesuchten lokalen Nachbarschaft.
Die Grundidee hierbei ist, diejenigen Nachbarpunkte des aktuellen Bildpunktes
z_{ij}, die mit ziemlicher Sicherheit zur gleichen Bildregion wie z_{ij} gehören, bei
der Mittelwertbildung stärker zu gewichten als solche Nachbarpunkte, die zu
einer anderen Bildregion gehören. Die Kunst beim Entwurf derartiger selektiver
Glättungsoperatoren liegt darin, die Abschätzung möglichst einfach und wirksam zu formulieren. Dabei kann grundsätzlich zwischen "harten" und "weichen"
Entscheidungskriterien unterschieden werden. Die ersteren teilen die Nachbarschaft von z_{ij} auf heuristische Weise in zwei Mengen auf, nämlich in Bildpunkte
der gleichen Bildregion und in Bildpunkte anderer Bildregionen. Zu dieser Klasse der selektiven Glättung gehört z.B. die k-nearest-neighbor Glättung (KNN),
bei der nur die k Nachbarpunkte von z_{ij} zur Mittelwertbildung herangezogen
werden, die am nächsten zum Tiefenwert z_{ij} liegen. Durch geeignete Wahl von
k kann das Verhältnis zwischen Rauschunterdrückung und Beibehaltung der
Kantenschärfe je nach Bedarf festgelegt werden. Ebenso auf einem harten Ent-
scheidungsprinzip zur Wahl der Nachbarschaft basiert die Maximum Likelihood
Glättung (ML). Bei dieser Methode wird zuerst ein vorgegebener Prozentsatz t
der am nächsten zum aktuellen Bildpunkt z_{ij} liegenden Nachbarpunkte ermittelt. Anschließend wird eine verkleinerte Nachbarschaft von z_{ij} bestimmt, welche die größte Konzentration der soeben ermittelten Nachbarpunkte enthält.
Der Tiefenwert z_{ij} wird dann durch den Mittelwert dieser Nachbarschaft ersetzt. In der Praxis nimmt der freie Parameter t typischerweise Werte wie 55%
oder 75% ein. Im Fall einer anfänglichen Nachbarschaft der Größe 3×3 ist die
verkleinerte Nachbarschaft dann einfach ein Quadrat der Größe 2×2.

Anstatt einer binären Entscheidung, Nachbarpunkte bei der Mittelwertbildung
einzubeziehen oder auszuschließen, können die Nachbarpunkte auch nach einem
bestimmten Schema gewichtet werden, so daß diejenigen Nachbarn, die wahrscheinlich zu einer anderen Bildregion gehören, kleinere Gewichte zugewiesen
bekommen und somit weniger zum Mittelwert beitragen. Beispiele derartiger
Gewichtungsschemata finden sich in [Lee83, WW88].

Ein weiterer wichtiger Glättungsoperator ist die nichtlineare Medianfilterung.
Hierbei ergibt sich der gefilterte Tiefenwert $\overline{z_{ij}}$ als Median der Tiefenwerte,
die in einer Nachbarschaft um den aktuellen Bildpunkt z_{ij} im Eingangsbild
auftreten. Die Medianfilterung hat den Vorteil, daß die Kanten nicht verwischt
werden, was z.B. bei der Mittelwertbildung oft ein Problem darstellt. Als Nachteil ist jedoch eine gegenüber einem linearen Filter erhöhte Rechenzeit in Kauf
zu nehmen, die aus der für die Medianbildung nötigen Sortierung resultiert.
Aufgrund ihrer großen Nützlichkeit wurden verschiedene schnelle Algorithmen
zur Ausführung der Medianfiltertung entwickelt [AC89b, HYT79, Pae90]. So
kommt eine 3×3 Medianfilterung nach [Pae90] bereits mit 20 Vergleichen und
eine 5×5 Medianfilterung mit 99 Vergleichen aus. Abhilfe zur Verminderung
des Rechenaufwands der Medianfilterung schaffen auch sog. Pseudomedian-
filterungen, welche die Eigenschaft besitzen, mit einem wesentlich kleineren

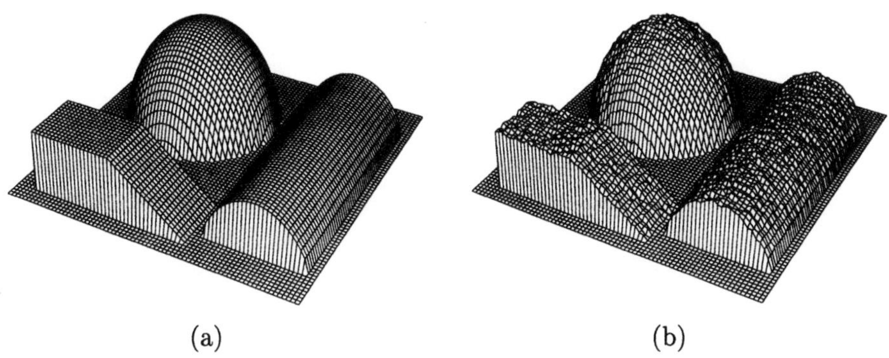

(a)   (b)

Abbildung 5.1: (a) Ein störungsfreies Tiefenbild. (b) Ein kontaminiertes Tiefenbild mit normalverteilter Störung.

Rechenaufwand annähernd das Verhalten der Medianfilterung nachzuahmen. Ein derartiges Verfahren aus [Pra91] beispielsweise betrachtet die Tiefenwerte $z_1, z_2, \cdots, z_{N^2}$ aus der Nachbarschaft der Größe $N \times N$ um den aktuellen Bildpunkt z_{ij}. Der Pseudomedian dieser Sequenz wird mit

$$\mathrm{PMED} \;=\; \frac{1}{2} \cdot (\mathrm{MAXMIN} + \mathrm{MINMAX})$$

berechnet, wobei für $M = (N^2 + 1)/2$,

$$\begin{aligned}
\mathrm{MAXMIN} \;=\; &\max\{\min(z_1, \cdots, z_M), \min(z_2, \cdots z_{M+1}), \cdots \\
&\min(z_{N^2-M+1}, \cdots, z_{N^2})\},
\end{aligned}$$

$$\begin{aligned}
\mathrm{MINMAX} \;=\; &\min\{\max(z_1, \cdots, z_M), \max(z_2, \cdots z_{M+1}), \cdots \\
&\max(z_{N^2-M+1}, \cdots, z_{N^2})\}.
\end{aligned}$$

Eine weitere Variante der Pseudomedianfilterung findet sich in [Dav90, Nar78]. Es ist hier noch anzumerken, daß in der Literatur eine Vielzahl von Variationen der Medianfilterungen existiert. Sie gehören alle zu den Rangordnungsoperatoren [PV90, PV92], einer Unterklasse nichtlinearer Filterungsverfahren, die sich aufgrund ihrer Vielfältigkeit an Anwendungen großer Beliebtheit erfreuen.

Zur Illustration der verschiedenen Glättungsverfahren verwenden wir das in Abb. 5.1(b) dargestellte synthetische Tiefenbild, das aus einer Kontaminierung des störungsfreien Tiefenbildes in Abb. 5.1(a) mit normalverteilter Störung von $\sigma = 0.005$ hervorgeht. In der Szene sind je ein Polyeder, eine Kugel (Radius=2.0) sowie ein Zylinder (Radius=1.5) enthalten. Die Ergebnisse der Mittelwertbildung und Medianfilterung präsentieren sich in Abb. 5.2. In beiden Fällen geschieht die Glättung in einer Nachbarschaft der Größe 5×5. Offensichtlich vermögen beide Verfahren der Unterdrückung von Rauschen zu genügen. Während dies bei der Mittelwertbildung in einem noch höheren Maß zutrifft, zeigt sie gleichzeitig aber auch eine unerwünschte Wirkung, die geglättete Kugeloberfläche weicht nämlich leicht von der Idealform ab.

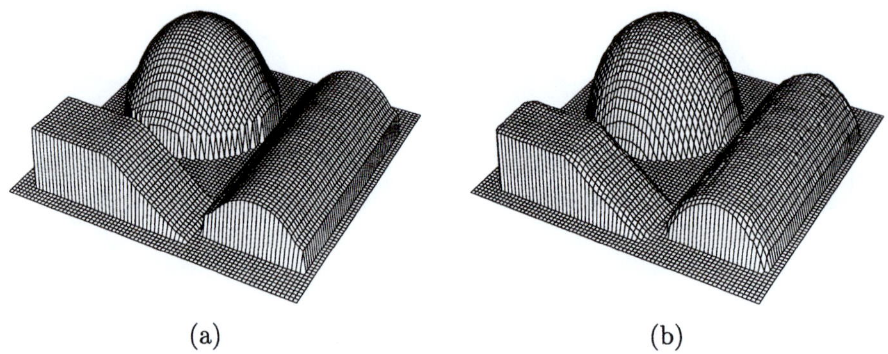

(a)   (b)

Abbildung 5.2: Die Glättungsergebnisse nach der Methode der (a) Mittelwertbildung und (b) Medianfilterung.

5.1.2 Morphologische Glättung

Zu den zahlreichen Anwendungen der mathematischen Morphologie (siehe Anhang A für eine Einführung) gehört auch die Bildglättung. Zur Glättung von Tiefenbildern werden vor allem Kombinationen der morphologischen Operationen Opening und Closing durch

$$\text{OPENCLOSE} = (f \circ g) \bullet g$$

und

$$\text{CLOSEOPEN} = (f \bullet g) \circ g$$

verwendet. Ebenfalls denkbar ist eine Hintereinanderausführung der beiden Glättungsoperatoren.

Anhand eines eindimensionalen Beispiels soll diese Art von Glättung veranschaulicht werden. Es sei eine Sequenz

$$f: \quad (\cdots 5\,5\,5\,9\,5\,5\,5\,1\,5\,5\,5 \cdots)$$

gegeben. Hier treten zwei Störungen, 9 und 1, auf. Zum Einsatz kommt ein flaches Strukturelement g mit Definitionsbereich $D = \{-1, 0, 1\}$. Einfachheitshalber sei ferner angenommen, daß alle Pixel links und rechts von der angegebenen Sequenz den Wert 5 haben. Die Operationen Opening und Closing erfolgen dann durch

$$f \ominus g: \quad (\cdots 5\,5\,5\,5\,5\,5\,1\,1\,1\,5\,5 \cdots),$$
$$f \circ g: \quad (\cdots 5\,5\,5\,5\,5\,5\,5\,1\,5\,5\,5 \cdots),$$

und

$$f \oplus g: \quad (\cdots 5\,5\,9\,9\,9\,5\,5\,5\,5\,5\,5 \cdots),$$
$$f \bullet g: \quad (\cdots 5\,5\,5\,9\,5\,5\,5\,5\,5\,5 \cdots).$$

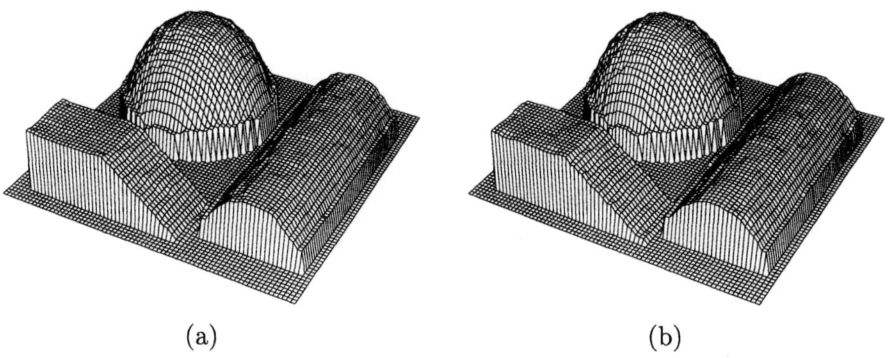

(a)   (b)

Abbildung 5.3: Morphologische Glättung mit (a) OPENCLOSE und (b) CLOSEOPEN.

Daraus ist ersichtlich, daß das Opening und Closing jeweils Störungen oberhalb resp. unterhalb des eigentlichen Signals herausfiltern. Eine Hintereinanderreihung der beiden Operationen ergibt somit einen guten Glättungsoperator. In diesem Beispiel resultiert aus einem Closing nach dem Opening die Sequenz

$$(f \circ g) \bullet g: \quad (\cdots 5\ 5\ 5\ 5\ 5\ 5\ 5\ 5\ 5\ 5\ 5 \cdots).$$

Das Ziel der Glättung ist somit vollumfänglich erreicht worden.

Für das synthetische Tiefenbild in Abb. 5.1(b) sind die Ergebnisse nach einer einmaligen Ausführung von OPENCLOSE bzw. CLOSEOPEN in Abb. 5.3 gezeigt. Auch wenn sie gegenüber dem Eingangsbild sicher eine Verbesserung darstellen, ist der Glättungseffekt hier doch weit weniger stark als bei der Mittelwertbildung und Medianfilterung.

5.1.3 Gaußsche Glättung

Dank der Arbeit von Marr und Hildreth [MH80] ist die Gaußsche Glättung populär geworden. Die Methode benutzt eine Filterungsmaske, die der Funktion

$$g(x,y) \;=\; e^{-\frac{x^2+y^2}{2\sigma^2}}$$

entspricht. Hierbei wird mit dem Parameter σ der Wirkungsbereich der Filterung festgelegt, der idealerweise groß genug sein sollte, um das Rauschen wirksam zu unterdrücken. Da auf der anderen Seite große Werte von σ aber Bildunschärfe und Detailverlust verursachen, ist in der Praxis immer ein Kompromiß zu treffen.

Eine konkrete Realisierung der Gaußschen Filterung, d.h. die Bestimmung der Maskengröße und Koeffizienten für einen gegebenen Wert von σ, ist eher eine Kunst. Demnach existieren in der Literatur auch keine einheitlichen Definitionen dafür. Vielmehr unterscheiden sich die vorgeschlagenen Masken in

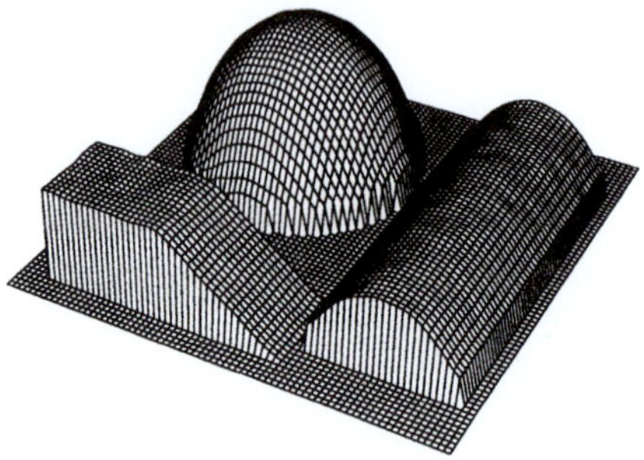

Abbildung 5.4: Das Ergebnis der Gaußschen Glättung.

der Maskengröße sowie der Approximationsgenauigkeit der Funktion $g(x,y)$. In [Rus92] sind Masken für eine Reihe von σ-Werten angegeben. Dazu gehört z.B. die Maske:

$$\frac{1}{121} \cdot \begin{bmatrix} 1 & 2 & 3 & 2 & 1 \\ 2 & 7 & 11 & 7 & 2 \\ 3 & 11 & 17 & 11 & 3 \\ 2 & 7 & 11 & 7 & 2 \\ 1 & 2 & 3 & 2 & 1 \end{bmatrix}$$

für $\sigma = 0.625$. Mit dieser Maske liefert die Gaußsche Glättung das Ergebnis in Abb. 5.4 für das Tiefenbild in Abb. 5.1(b).

Eine direkte Ausführung der Gaußschen Filterung mit großen Masken bringt einen enormen Rechenaufwand mit sich. So benötigt eine Filterungsoperation an einem Bild der Größe 256×256 mit einer 21×21 Maske ungefähr 55 Millionen Grundoperationen. Glücklicherweise können wir eine Eigenschaft der Gaußschen Funktion ausnutzen, um die Rechenzeit drastisch zu senken. Die Gaußsche Funktion läßt sich nämlich auch in der Form

$$g(x,y) \;=\; e^{-\frac{x^2}{2\sigma^2}} \cdot e^{-\frac{y^2}{2\sigma^2}}$$

schreiben. Dies ermöglicht eine Zerlegung der zweidimensionalen Gaußschen Filterung in zwei eindimensionale Gaußsche Filterungen. Sei

$$G \;=\; (a_1\, a_2\, \cdots\, a_N)$$

Realisierung der Funktionen $e^{-\frac{x^2}{2\sigma^2}}$. Eine zeilenweise Filterung mit G, gefolgt von einer spaltenweisen Filterung mit G^t, entspricht exakt einer zweidimensionalen Filterung mit der Maske G^tG. Dadurch wird der Bedarf an Grundoperationen von $O(N^2)$ bei einer direkten Ausführung auf nunmehr $O(N)$ reduziert, was vor allem bei großen Maksen eine beachtliche Beschleunigung bedeutet.

Eine andere Technik, den Rechenaufwand der Gaußschen Filterung bei großen Masken niedrig zu halten, besteht darin, das Eingangsbild hintereinander mit der Maske

$$\frac{1}{24} \cdot \begin{bmatrix} 1 & 2 & 1 \\ 2 & 12 & 2 \\ 1 & 2 & 1 \end{bmatrix}$$

zu filtern. Auf diese Weise entspricht eine n-malige Filterung annähernd einer Gaußschen Filterung mit σ proportional zu $\sqrt{n}$ [Bur81, Bur83]. Diese Art der approximativen Gaußschen Filterung wurde beispielsweise in [BPYA85, YK86] verwendet.

5.1.4 Binomialfilterung

Die Binomialfilterung ist eine lineare Filterung zur Glättung durch eine gewichtete Mittelwertbildung, wobei die Gewichte aus den Binomialkoeffizienten abgeleitet werden. Konkret wird die Filterungsmaske einer $N \times N$ Binomialfilterung wie folgt definiert:

$$\frac{1}{2^{2N-2}} \cdot \begin{bmatrix} C_{N-1}^0 C_{N-1}^0 & C_{N-1}^0 C_{N-1}^1 & \cdots & C_{N-1}^0 C_{N-1}^{N-1} \\ C_{N-1}^1 C_{N-1}^0 & C_{N-1}^1 C_{N-1}^1 & \cdots & C_{N-1}^1 C_{N-1}^{N-1} \\ \cdots & \cdots & \cdots & \cdots \\ C_{N-1}^{N-1} C_{N-1}^0 & C_{N-1}^{N-1} C_{N-1}^1 & \cdots & C_{N-1}^{N-1} C_{N-1}^{N-1} \end{bmatrix}$$

Eine Separierung durch

$$\frac{1}{2^{N-1}} \begin{bmatrix} C_{N-1}^0 \\ C_{N-1}^1 \\ \cdots \\ C_{N-1}^{N-1} \end{bmatrix} \cdot \frac{1}{2^{N-1}} \begin{bmatrix} C_{N-1}^0 & C_{N-1}^1 & \cdots & C_{N-1}^{N-1} \end{bmatrix}$$

erlaubt es, auch bei großen Masken die Rechenzeit niedrig zu halten. Die Binomialfilterung kann als eine Approximation der Gaußschen Filterung betrachtet werden. Sie besitzt im wesentlichen deren Eigenschaften, ist aber leichter zu realisieren.

Abb. 5.5 illustriert das Ergebnis der Binomialfilterung für das in Abb. 5.1(b) gezeigte Tiefenbild. Es ist weitgehend identisch mit dem Ergebnis der Gaußschen Glättung. Beide Verfahren vermögen Störungen wirkungsvoll zu unterdrücken.

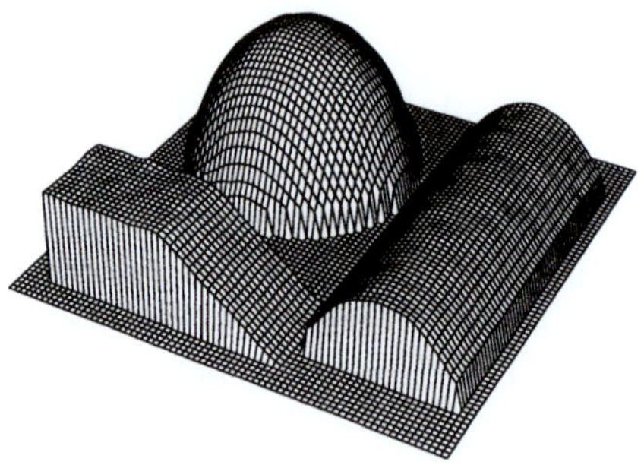

Abbildung 5.5: Das Ergebnis der Binomialfilterung.

5.1.5 Adaptive Glättung

Bei linearen Filterungen handelt es sich im Grunde genommen um eine gewichtete Mittelwertbildung. Falls diese Gewichtung unabhängig von den Pixeln konstante Werte hat, was beispielsweise bei der Gaußschen Filterung oder der Binomialfilterung der Fall ist, findet in jedem Pixel dieselbe Glättungsoperation statt. Diese undifferenzierte Vorgehensweise hat u.a. den Nachteil, daß die Diskontinuität zweier sich klar unterscheidender Bildregionen verwischt wird. Dieser Effekt ist offensichtlich nicht erwünscht.

Eine mögliche Lösung dieses Problems besteht darin, die Gewichtung den Bilddaten anzupassen. An Diskontinuitäten sollen die Gewichte klein oder gar auf null gesetzt werden, so daß die Glättung nicht über die Diskontinuitätsgrenze hinausgeht. Da wir jedoch kein a priori Wissen über die Position der Diskontinuität im Bild haben, können wir im besten Fall von einer Abschätzung $d(x,y)$ von deren Existenz bzw. Betrag ausgehen. Anschließend kann die Gewichtung $g(x,y)$ für ein Pixel (x,y) mit einer monoton abnehmenden Funktion g^* als

$$g(x,y) \;=\; g^*(d(x,y))$$

definiert werden, wobei $g^*(0) = 1$ und $g^*(d(x,y)) \to 0$ mit zunehmendem $d(x,y)$.

Für dieses allgemeine Gewichtungsschema einer adaptiven Glättung sind viele Realisierungsvarianten denkbar. Unter der Voraussetzung, daß die Bildfunktion $f(x,y)$ idealerweise stückweise konstante Werte annimmt, wurde in [SMCM91] beispielsweise die Diskontinuitätsabschätzung mit dem Gradienten

$$d(x,y) \;=\; \sqrt{(\frac{\partial f(x,y)}{\partial x})^2 + (\frac{\partial f(x,y)}{\partial y})^2}$$

definiert. Als Gewichtungsfunktion g^* wurde die Gaußsche Funktion ausgewählt, so daß ein Pixel (x,y) mit

$$g(x,y) \;=\; g^*(d(x,y)) \;=\; e^{-\frac{(d(x,y))^2}{2\sigma^2}} \tag{5.1}$$

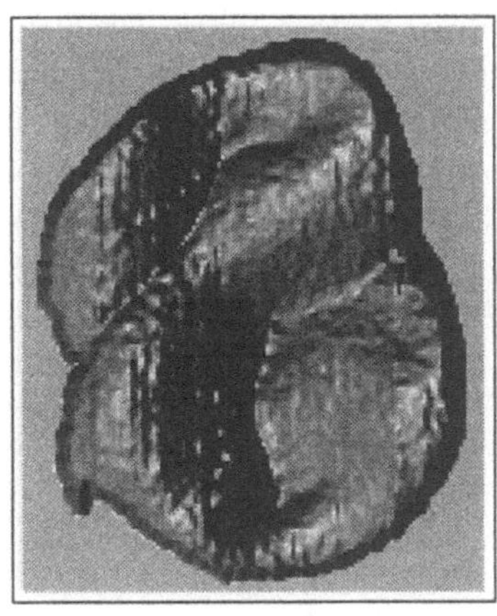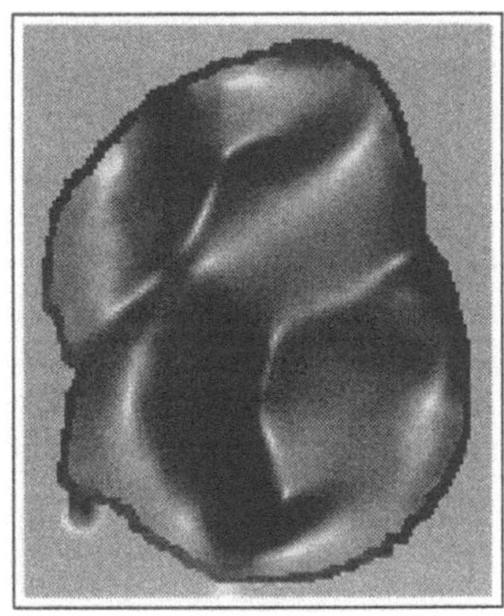

Abbildung 5.6: Adaptive Glättung eines Tiefenbildes: Original (links) und das geglättete Bild (rechts). Aus [SMCM91] mit Genehmigung von IEEE.

gewichtet zur Mittelwertbildung herangezogen wird. Eine adaptive Glättung dieser Art in einer Nachbarschaft der Größe $(2k + 1) \times (2k + 1)$ erfolgt dann durch

$$\overline{f}(x,y) \;=\; \frac{\displaystyle\sum_{u=-k}^{k}\sum_{v=-k}^{k} f(x + u, y + v) \cdot g(x + u, y + v)}{\displaystyle\sum_{u=-k}^{k}\sum_{v=-k}^{k} g(x + u, y + v)}. \tag{5.2}$$

In [SMCM91] wurde diese Glättungsoperation iterativ eingesetzt, und das nach der Konvergenz entstandene Bild ist stückweise konstant. Während dies im Bereich der Grauwertbilder in hohem Maß erwünscht ist, schafft es aber Probleme für Tiefenbilder. Generell kann ein Tiefenbild $f(x,y)$ nämlich nicht als stückweise konstant betrachtet werden. Hingegen ist diese Bedingung bei den ersten Ableitungen von $f(x,y)$ erfüllt. Daher wurde in [SMCM91] die Glättungsoperation (5.2) nicht an dem Tiefenbild $f(x,y)$ selbst sondern getrennt an

$$p(x,y) \;=\; \frac{\partial f(x,y)}{\partial x}, \quad q(x,y) \;=\; \frac{\partial f(x,y)}{\partial y}$$

durchgeführt. Hierbei kommt ebenfalls die Gewichtungsfunktion $g(x,y)$ in (5.1) zum Einsatz, diesmal jedoch mit

$$d(x,y) \;=\; \frac{\partial f(x,y)}{\partial x} + \frac{\partial f(x,y)}{\partial y}.$$

Bei dieser Glättungsmethode ist das geglättete Tiefenbild nicht direkt gegeben. Statt dessen erhalten wir lediglich eine geglättete Version der ersten Ableitungen. Diese Tatsache stellt jedoch keine Beeinträchtigung der praktischen Anwendbarkeit dieser Glättungsmethode dar. Wie später im nächsten Kapitel ausgeführt wird, benötigen wir zur Bestimmung von charakteristischen

Flächenmerkmalen wie Normalenvektoren oder Krümmungen der Tiefenbilder ohnehin nur deren Ableitungen. Auch bei der Visualisierung von Tiefenbildern, wo ein entsprechendes Grauwertbild unter Annahme eines Schattierungsmodells erstellt wird, werden ausschließlich erste Ableitungen der Bildfunktion verwendet. In all diesen Fällen kann die oben vorgestellte Glättungsmethode trotz der Nichtverfügbarkeit des geglätteten Tiefenbildes eingesetzt werden. Ihre Anwendung bei der Visualisierung illustriert Abb. 5.6, wo links ein Tiefenbild (der Oberfläche eines Zahns) mithilfe der berechneten ersten Ableitungen sowie eines Schattierungsmodells als ein Grauwertbild gezeigt wird. Die adaptive Glättung führt zur optisch wesentlich ansprechenderen Darstellung rechts in Abb. 5.6.

5.1.6 Vergleich von Glättungsmethoden

Für die zahlreichen Glättungsmethoden im Bereich der Grauwertbilder existieren bereits umfangreiche Vergleichsstudien über Rauschunterdrückung und Beibehaltung der Kanteninformation, siehe beispielsweise [CY83]. Ebenso wurden die Glättungsmethoden direkt oder in modifizierter Form an dreidimensionalen medizinischen Bildern untersucht [HR84]. Im Bereich der Tiefenbilder kann das gleiche jedoch nicht behauptet werden. In praktisch allen Arbeiten wurde bisher ein Glättungsverfahren willkürlich oder – wenn überhaupt – anhand weniger meist unsystematischer Tests an den zu bearbeitenden Bildern ausgewählt. Diese Tatsache steht in einem offensichtlichen Mißverhältnis zu der Vielzahl von Techniken zur Gewinnung von Tiefenbildern. Jede Meßtechnik und überhaupt jeder Tiefensensor hat seine eigene Fehlercharakteristik. Daher stellt eine sorgfältige Charakterisierung und Evaluation der verschiedenen Verfahren eine unabdingbare Voraussetzung für die Wahl einer wirksamen Glättungsmethode dar.

Ein Versuch in diese Richtung wurde in [HAM89] unternommen. Dort wurden die Glättungsverfahren Mittelwertbildung, Medianfilterung, k-nearest-neighbor Glättung, Maximum Likelihood Glättung sowie die morphologische Glättung anhand einer Reihe von Testbildern, die von einem Laufzeitsensor aufgenommen worden waren, untersucht. Zum großen Teil beschränkte sich diese Untersuchung auf das Verhalten der Glättungsmethoden bezüglich planarer Flächen. Für diesen Zweck wurden aus den Testbildern insgesamt 14 planare Regionen ausgewählt. Die obengenannten Glättungsmethoden wurden dann an diesen Regionen ausgeführt. Das gefilterte Tiefenbild wurde mit einem "störungsfreien" Referenzbild verglichen und diverse statistische Meßwerte zur Charakterisierung der Glättungsmethoden berechnet. Hierbei wurde das Referenzbild durch die Ausgleichsebene in einer 11×11 Nachbarschaft eines jeden Pixels ermittelt. Dieses Referenzbild wurde als störungsfrei und das eigentliche Tiefenbild als mit Störungen kontaminiert betrachtet.

Im folgenden sei angenommen, daß die ausgewählten planaren Regionen ein

Tiefenbild $f(x, y)$ mit dem Definitionsbereich D_f bilden. Ferner werden das gefilterte Bild und das Referenzbild mit $\overline{f}(x, y)$ bzw. $g(x, y)$ bezeichnet. Zur Charakterisierung der Rauschunterdrückung wurden in [HAM89] folgende Meßwerte definiert:

1. Die durchschnittliche Differenz zwischen dem gefilterten Bild und dem Referenzbild:

$$\sqrt{\frac{1}{|D_f|} \sum_{(x,y) \in D_f} (\overline{f}(x, y) - g(x, y))^2}.$$

2. Die Differenz zwischen dem Maximum und Minimum der Differenzbildung:

$$\max\{\overline{f}(x, y) - g(x, y) \mid (x, y) \in D_f\} - \min\{\overline{f}(x, y) - g(x, y) \mid (x, y) \in D_f\}.$$

3. Die zweiten Ableitungen planarer Flächen sind null. Dieser Tatsache wird bezüglich des gefilterten Bildes $\overline{f}(x, y)$ durch den Meßwert

$$\frac{1}{|D_f|} \cdot \sum_{(x,y) \in D_f} \text{median}(dd_1, dd_2, dd_3, dd_4, dd_5, dd_6)$$

Rechnung getragen, wobei

$$
\begin{aligned}
dd_1 &= \overline{f}(x - 1, y + 1) + \overline{f}(x + 1, y + 1) - 2\overline{f}(x, y + 1) \\
dd_2 &= \overline{f}(x - 1, y) + \overline{f}(x + 1, y) - 2\overline{f}(x, y) \\
dd_3 &= \overline{f}(x - 1, y - 1) + \overline{f}(x + 1, y - 1) - 2\overline{f}(x, y - 1) \\
dd_4 &= \overline{f}(x + 1, y + 1) + \overline{f}(x + 1, y - 1) - 2\overline{f}(x + 1, y) \\
dd_5 &= \overline{f}(x, y + 1) + \overline{f}(x, y - 1) - 2\overline{f}(x, y) \\
dd_6 &= \overline{f}(x - 1, y + 1) + \overline{f}(x - 1, y - 1) - 2\overline{f}(x - 1, y)
\end{aligned}
$$

die zweite Ableitung der jeweiligen Zeile bzw. Spalte in einer 3×3 Nachbarschaft um den aktuellen Punkt (x, y) repräsentieren. Bei einer wirksamen Glättungsmethode ist dieser Wert klein. Eine optimale Glättung würde ihn gar auf null bringen.

4. Im Gegensatz zum letzten Meßwert werden hier die zweiten Ableitungen in den Zeilen und Spalten getrennt betrachtet. Für jede Zeile oder Spalte im gefilterten Bild $\overline{f}(x, y)$ bestehend aus den Werten $a_1, a_2, \cdots, a_n$ wird die durchschnittliche zweite Ableitung mittels

$$\frac{1}{n - 2} \cdot \sum_{i=2}^{n-1} (a_{i-1} + a_{i+1} - 2a_i)$$

berechnet. Übers ganze Bild wird dann der Durchschnitt für alle Zeilen und Spalten ermittelt. Analog zum letzten Meßwert verursacht eine wirksame Glättungmethode auch hier einen kleinen Wert.

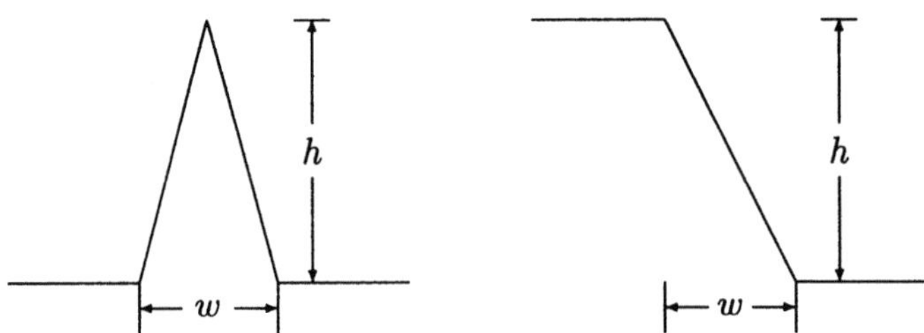

Abbildung 5.7: Kantentypen zur Charakterisierung der Kantenbeibehaltung.

Diese vier Meßwerte geben eine quantitative Charakterisierung der Rauschunterdrückung von Glättungsmethoden ab.

Zur Charakterisierung der Erhaltung von Kanten wurden in [HAM89] die Glättungsmethoden an den beiden in Abb. 5.7 dargestellten Kantentypen getestet. Die beiden Kenngrößen w (Breite) und h (Höhe), vor und nach der Filterung, dienten dazu, die Kantenerhaltung quantitativ zu messen.

Die Tests in [HAM89] haben nichts Überraschendes zutage gebracht. Zusammengefaßt kann gesagt werden, daß unter den untersuchten Glättungsmethoden Mittelwertbildung, Medianfilterung und morphologische Glättung die größte Wirkung an Rauschunterdrückung zeigen, während Medianfilterung, k-nearest-neighbor Glättung und Maximum Likelihood Glättung den geringsten Verlust an Kanteninformation verursachen. Als ein guter Kompromiß kann deshalb die Medianfilterung angesehen werden.

In [HAM89] wurden lediglich die klassischen Glättungsmethoden und die morphologische Glättung berücksichtigt. Diese wurden auch nur an planaren Regionen getestet, die von einem einzigen Tiefensensor aufgenommen wurden. Trotz des einschränkenden Charakters dieser Untersuchung ist die hier offenbarte Methodik zum Vergleich von Glättungsmethoden von Bedeutung. Sie stellt einen positiven Schritt dar, die offensichtliche Lücke bei den systematischen Untersuchungen der für Tiefenbilder anwendbaren Glättungsmethoden zu schließen.

5.2 Störungsabschätzung und Schwellwertbestimmung

Segmentierungsverfahren (siehe Kapitel 7) sind praktisch immer auf gewisse Schwellwerte angewiesen. In vielen Fällen wird durch einen Schwellwert ausgedrückt, wie gut die Bilddaten mit der approximierenden Flächenfunktion übereinstimmen müssen, um diese Funktion dann als Repräsentant der Bilddaten annehmen zu können. Sinnvollerweise sollte diese Forderung in Einklang mit der effektiven Qualität des jeweiligen Tiefenbildes stehen. Auf diese Weise ist das Segmentierungsverfahren in der Lage, sich automatisch an die gegebenen Bilddaten anzupassen. Voraussetzung hierbei ist jedoch eine Abschätzung der Bildstörung. Im folgenden wird kurz auf eine Methode für diesen Zweck aus [Bes88b, BJ88] eingegangen.

Ist das Rauschen über das gesamte Bild I stationär, so kann die Varianz σ_{img}^2 des Bildes durch Mittelung aller lokalen Varianzen $\sigma_g^2(P)$ in jedem Bildpunkt P berechnet werden:

$$\sigma_{img}^2 \approx \frac{1}{|I|} \sum_{P \in I} \sigma_g^2(P).$$

Eine einfache und wirkungsvolle Methode, die lokale Varianz $\sigma_g^2(P)$ zu bestimmen, besteht darin, die Ausgleichsebene $g(x,y) = ax + by + c$ für die 3×3 Umgebung $W_3(P)$ um P zu ermitteln. Liegt P auf einer glatten Oberfläche, so ist die Abweichung zwischen dem approximierten Wert $g(x,y)$ und dem gemessenen Tiefenwert z in erster Linie dem Rauschen zuzuschreiben. Die lokale Störungsvarianz berechnet sich daher aus

$$\sigma_g^2(P) = \frac{1}{9} \sum_{(x,y,z) \in W_3(P)} (g(x,y) - z)^2.$$

Demgegenüber lassen sich Bildpunkte in Umgebungen mit großen Steigungen schlecht approximieren. Um eine gute Schätzung des Rauschens zu erhalten, müssen diese Punkte unbedingt ausgeschlossen werden. Deshalb werden nur Bildpunkte berücksichtigt, deren Gradient unter einem Schwellwert liegt. Bezeichnen wir mit I' die Menge der berücksichtigten Bildpunkte, so läßt sich die Störungsvarianz aus

$$\sigma_{img}^2 = \frac{1}{|I'|} \sum_{P \in I'} \sigma_g^2(P)$$

berechnen.

Es existieren weitere Methoden zur Abschätzung der Bildstörung. In [Ols93] wurden insgesamt sechs derartige Methoden zusammengetragen und experimentell miteinander verglichen.

Das Wissen über die Störungsstärke jedes einzelnen Tiefenbildes versetzt uns in die Lage, viele der von der Segmentierung benötigten Schwellwerte abhängig davon zu gestalten. In [Bes88b, BJ88, JB94, LCJ91] wurde dies mit Erfolg angewendet. Gewöhnlich werden die Schwellwerte als lineare Funktion der Bildstörung definiert. Die beiden Koeffizienten dieser Funktion lassen sich dann experimentell ermitteln.

Kapitel 6

Bestimmung charakteristischer Flächenmerkmale

6.1 Grundlagen der Differentialgeometrie

Die Differentialgeometrie befaßt sich mit lokalen Eigenschaften von Kurven und Flächen, die nur vom Verhalten der Kurve oder Fläche in der Umgebung eines Punktes abhängen, sowie dem Einfluß lokaler Eigenschaften auf die gesamte Kurve oder Fläche. Da man es bei der Analyse von Tiefenbildern immer mit den von einem Tiefensensor erfaßten Flächen einer Szene zu tun hat, bietet die Differentialgeometrie ein ausgezeichnetes Instrument, um diese Flächen zu studieren. In folgenden werden Grundbegriffe und Ergebnisse aus der Differentialgeometrie wiedergegeben, die für das Verständnis der weiteren Gegenstände in diesem Buch relevant sind. Eine ausführliche Darstellung der entsprechenden Theorie findet man in jedem Buch über Differentialgeometrie, wobei an dieser Stelle beispielhaft auf [Car76] verwiesen sei.

6.1.1 Räumliche Kurven

Eine reguläre differenzierbare Kurve ist eine Vektorfunktion

$$\boldsymbol{x}(t) \;=\; (x(t), y(t), z(t)), \quad t \in I$$

mit der Bedingung $\boldsymbol{x}'(t) = (x'(t), y'(t), z'(t)) \neq \boldsymbol{0}$ für alle $t \in I$, die ein offenes Intervall $I = (a, b)$ der reellen Geraden $\Re$ in den Raum $\Re^3$ abbildet. Die Variable t heißt der Parameter der Kurve. Der Vektor

$$\boldsymbol{t}(t) \;=\; \frac{\boldsymbol{x}'(t)}{|\boldsymbol{x}'(t)|}$$

heißt der Tangenteneinheitsvektor der Kurve $\boldsymbol{x}(t)$ bei t.

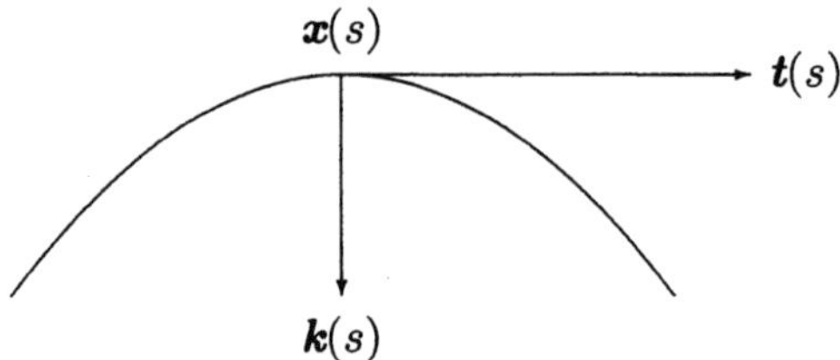

Abbildung 6.1: Richtung des Krümmungsvektors.

Ist $t \in I$ gegeben, so ist die Bogenlänge der Kurve x vom Punkt $x(t_0)$ aus

$$s(t) \;=\; \int_{t_0}^{t} |x'(t)| \, dt \;=\; \int_{t_0}^{t} \sqrt{(x'(t))^2 + (y'(t))^2 + (z'(t))^2} \; dt.$$

Um die Darstellung zu vereinfachen, wird oft von einer Parametrisierung nach der Bogenlänge ausgegangen. Sei $x(s) = (x(s), y(s), z(s))$ eine nach der Bogenlänge parametrisierte Kurve. Es gilt

$$(x'(s))^2 + (y'(s))^2 + (z'(s))^2 \;=\; 1. \tag{6.1}$$

Der Vektor

$$k(s) \;=\; x''(s) \;=\; (x''(s), y''(s), z''(s))$$

heißt der Krümmungsvektor und dessen Betrag

$$k(s) \;=\; |x''(s)|$$

die Krümmung bei $x(s)$. Die Krümmung $k(s)$ gibt an, wie schnell sich die Kurve in der Umgebung von $x(s)$ von der Tangente bei $x(s)$ wegdreht. Der Krümmungsvektor $k(s)$ zeigt in die Richung, in die sich, wie in Abb. 6.1 gezeigt, die Kurve krümmt. Für eine beliebige Parametrisierung $x(t)$ ergibt sich die Krümmung aus

$$k(t) \;=\; \frac{|x' \times x''|}{|x'|^3}. \tag{6.2}$$

Beispiel 6.1 Betrachten wir eine ebene Kurve

$$x(t) \;=\; (t \cos \alpha, t \sin \alpha, f(t)),$$

die sich in der Ebene $y = x \tan \alpha$ befindet. Für diese Kurve erhalten wir

$$x' \;=\; (\cos \alpha, \sin \alpha, f'), \quad x'' \;=\; (0, 0, f'').$$

Nach (6.2) berechnet sich die Krümmung an der Stelle $x(t)$ aus

$$k(t) \;=\; \frac{|f''|}{(1 + (f')^2)^{\frac{3}{2}}}.$$

$\square$

6.1.2 Flächen

Ein reguläre differenzierbare Fläche ist eine Vektorfunktion

$$\boldsymbol{x}(u,v) \;=\; (x(u,v), y(u,v), z(u,v)), \quad (u,v) \in U,$$

die eine offene Menge U der reellen Ebene $\mathfrak{R}^2$ in den Raum $\mathfrak{R}^3$ abbildet. Außerdem soll noch die Bedingung $\boldsymbol{x}_u \times \boldsymbol{x}_v \neq \boldsymbol{0}$ erfüllt sein, wobei

$$\boldsymbol{x}_u = \left(\frac{\partial \boldsymbol{x}(u,v)}{\partial u}, \frac{\partial \boldsymbol{y}(u,v)}{\partial u}, \frac{\partial \boldsymbol{z}(u,v)}{\partial u}\right), \quad \boldsymbol{x}_v = \left(\frac{\partial \boldsymbol{x}(u,v)}{\partial v}, \frac{\partial \boldsymbol{y}(u,v)}{\partial v}, \frac{\partial \boldsymbol{z}(u,v)}{\partial v}\right).$$

Wie bei den Kurven werden die Variablen u und v als Parameter verwendet. Für einen Punkt P auf der Fläche heißt die Ebene, die durch P und parallel zu $\boldsymbol{x}_u$ und $\boldsymbol{x}_v$ verläuft, die Tangentialebene in P. Sie wird mit T_P bezeichnet. Den Vektor

$$\boldsymbol{N} \;=\; \frac{\boldsymbol{x}_u \times \boldsymbol{x}_v}{\|\boldsymbol{x}_u \times \boldsymbol{x}_v\|}$$

nennt man den Einheitsnormalenvektor in P. Die Bedingung $\boldsymbol{x}_u \times \boldsymbol{x}_v \neq \boldsymbol{0}$ garantiert, daß die Normale, also die Gerade durch P und senkrecht zu T_P, überall definiert ist.

Der Ausdruck

$$\begin{aligned}
I \;&=\; d\boldsymbol{x} \cdot d\boldsymbol{x} \\
&=\; (\boldsymbol{x}_u du + \boldsymbol{x}_v dv) \cdot (\boldsymbol{x}_u du + \boldsymbol{x}_v dv) \\
&=\; E du^2 + 2F du\, dv + G dv^2
\end{aligned}$$

mit

$$E = \boldsymbol{x}_u \cdot \boldsymbol{x}_u, \quad F = \boldsymbol{x}_u \cdot \boldsymbol{x}_v, \quad G = \boldsymbol{x}_v \cdot \boldsymbol{x}_v$$

wird als die erste Fundamentalform der Fläche $\boldsymbol{x}(u,v)$ bezeichnet. Die Koeffizienten E, F und G heißen metrische erste Fundamentalgrößen. Sie spielen eine grundlegende Rolle bei der Berechnung von Bogenlängen und Flächeninhalten. Sei $\boldsymbol{x}(u(t), v(t)), a \leq t \leq b$, eine reguläre Kurve auf der Fläche $\boldsymbol{x}(u,v)$. Ihre Länge ist durch das Integral

$$S \;=\; \int_a^b \sqrt{E\left(\frac{du}{dt}\right)^2 + 2F\frac{du}{dt}\frac{dv}{dt} + G\left(\frac{dv}{dt}\right)^2}\; dt$$

gegeben. Ferner sei W eine Punktmenge in der Parameterebene. Das der Menge W entsprechende Flächenstück auf $\boldsymbol{x}(u,v)$ hat den Flächeninhalt

$$A \;=\; \iint_W \sqrt{EG - F^2}\; du\, dv.$$

Der Ausdruck

$$\begin{aligned}
II \;&=\; -d\boldsymbol{x} \cdot d\boldsymbol{N} \\
&=\; -(\boldsymbol{x}_u du + \boldsymbol{x}_v dv) \cdot (\boldsymbol{N}_u du + \boldsymbol{N}_v dv) \\
&=\; L du^2 + 2M du\, dv + N dv^2
\end{aligned}$$

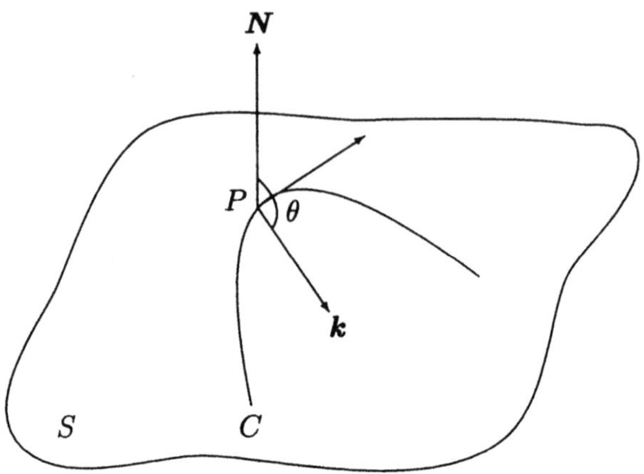

Abbildung 6.2: Normalkrümmung.

mit

$$L = -\boldsymbol{x}_u \cdot \boldsymbol{N}_u, \quad M = -\frac{1}{2}(\boldsymbol{x}_u \cdot \boldsymbol{N}_v + \boldsymbol{x}_v \cdot \boldsymbol{N}_u), \quad N = -\boldsymbol{x}_v \cdot \boldsymbol{N}_v$$

wird als die zweite Fundamentalform der Fläche $\boldsymbol{x}(u, v)$ bezeichnet. Die Koeffizienten L, M und N heißen nun zweite Fundamentalgrößen. Da $\boldsymbol{x}_u$ und $\boldsymbol{x}_v$ für alle (u, v) senkrecht auf $\boldsymbol{N}$ stehen, gilt $\boldsymbol{x}_u \cdot \boldsymbol{N} = \boldsymbol{x}_v \cdot \boldsymbol{N} = 0$. Aus der Ableitung dieser Beziehung ergeben sich die Gleichungen

$$
\begin{aligned}
0 &= (\boldsymbol{x}_u \cdot \boldsymbol{N})_u = \boldsymbol{x}_{uu} \cdot \boldsymbol{N} + \boldsymbol{x}_u \cdot \boldsymbol{N}_u \\
0 &= (\boldsymbol{x}_u \cdot \boldsymbol{N})_v = \boldsymbol{x}_{uv} \cdot \boldsymbol{N} + \boldsymbol{x}_u \cdot \boldsymbol{N}_v \\
0 &= (\boldsymbol{x}_v \cdot \boldsymbol{N})_u = \boldsymbol{x}_{uv} \cdot \boldsymbol{N} + \boldsymbol{x}_v \cdot \boldsymbol{N}_u \\
0 &= (\boldsymbol{x}_v \cdot \boldsymbol{N})_v = \boldsymbol{x}_{vv} \cdot \boldsymbol{N} + \boldsymbol{x}_v \cdot \boldsymbol{N}_v
\end{aligned}
$$

und diese liefern die folgenden alternativen Ausdrücke für die zweiten Fundamentalgrößen:

$$L = \boldsymbol{x}_{uu} \cdot \boldsymbol{N}, \quad M = \boldsymbol{x}_{uv} \cdot \boldsymbol{N}, \quad N = \boldsymbol{x}_{vv} \cdot \boldsymbol{N}.$$

Es sei C eine reguläre Kurve auf der Fläche S, die durch einen Punkt $P \in S$ geht, k die Krümmung von C in P und θ der Winkel zwischen dem Krümmungsvektor $\boldsymbol{k}$ und dem Normalenvektor $\boldsymbol{N}$ auf S in P, siehe Abb. 6.2. Die Zahl $k_n = k \cos \theta$ wird als Normalkrümmung von C in P bezeichnet.

Bei der Untersuchung der Normalkrümmungen von unterschiedlichen Kurven in P erlaubt das folgende Theorem, die Menge der zu berücksichtigenden Kurven drastisch zu reduzieren.

Theorem 6.1 (Meusnier) *Alle Kurven auf einer Fläche S, die in einem gegebenen Punkt $P \in S$ dieselbe Tangente haben, besitzen in P dieselbe Normalkrümmung.*

Somit kann von der Normalkrümmung längs einer Richtung in der Tangentialebene T_P gesprochen werden. Ist ein Einheitsvektor $v \in T_P$ gegeben, so heißt der Durchschnitt von S mit der Ebene, die v und $N(P)$ enthält, der Normalschnitt von S bei P längs v. Unter allen Kurven, welche die von v bestimmte Gerade durch P tangieren, erweist sich der Normalschnitt als besonders geeignet für die Untersuchung der Flächenkrümmungen. In einer Umgebung um P ist der Normalschnitt von S bei P längs v eine reguläre ebene Kurve auf S und ihre Krümmung ist gleich dem absoluten Wert der Normalkrümmung längs v bei P.

Unter den Normalkrümmungen längs aller möglichen Richtungen in der Ebene T_P heißen die maximale Normalkrümmung k_1 und die minimale Normalkrümmung k_2 die Hauptkrümmungen und die zugehörigen Richtungen werden als die Hauptkrümmungsrichtungen bezeichnet. Die Gaußsche Krümmung K und die mittlere Krümmung H von S in P werden dann mit

$$K = k_1 k_2, \quad H = \frac{k_1 + k_2}{2}$$

definiert. Es kann gezeigt werden, daß eine reelle Zahl k dann und nur dann eine Hauptkrümmung in P ist, wenn k eine Lösung der Gleichung

$$(FG - F^2)k^2 - (EN + GL - 2FM)k + (LN - M^2) = 0$$

darstellt. Somit gelten die Gleichungen

$$K = \frac{LN - M^2}{EG - F^2}, \quad H = \frac{EN + GL - 2FM}{2(EG - F^2)}$$

und

$$k_{1,2} = H \pm \sqrt{H^2 - K}.$$

Beispiel 6.2 Betrachten wir eine Halbkugel mit Radius r:

$$x(\phi, \theta) = (r \cos \theta \sin \phi, r \sin \theta \sin \phi, r \cos \phi), \quad 0 \leq \phi \leq \frac{\pi}{2}, \ 0 \leq \theta \leq 2\pi.$$

Hierfür gilt

$$\begin{aligned}
x_\phi &= (r \cos \theta \cos \phi, r \sin \theta \cos \phi, -r \sin \phi) \\
x_\theta &= (-r \sin \theta \sin \phi, r \cos \theta \sin \phi, 0) \\
x_{\phi\phi} &= (-r \cos \theta \sin \phi, -r \sin \theta \sin \phi, -r \cos \phi) \\
x_{\phi\theta} &= (-r \sin \theta \cos \phi, r \cos \theta \cos \phi, 0) \\
x_{\theta\theta} &= (-r \cos \theta \sin \phi, -r \sin \theta \sin \phi, 0)
\end{aligned}$$

Daraus ergibt sich

$$N = (\cos \theta \sin \phi, \sin \theta \sin \phi, \cos \phi)$$

und

$$E = r^2, \quad F = 0, \quad G = r^2 \sin^2 \phi$$
$$L = -r, \quad M = 0, \quad N = -r \sin^2 \phi$$

Somit gelten die Beziehungen

$$K = \frac{1}{r^2}, \quad H = -\frac{1}{r}, \quad k_1 = k_2 = -\frac{1}{r}.$$

Die Normalkrümmungen längs aller möglichen Richtungen in der Ebene T_P sind also identisch. $\square$

Beispiel 6.3 Betrachten wir einen Halbzylinder mit Radius r:

$$\boldsymbol{x}(y, \phi) \;=\; (r \cos \phi, y, r \sin \phi), \quad 0 \leq \phi \leq \pi$$

dessen Symmetrieachse entlang der Y-Achse des Koordinatensystems verläuft. Hierfür gilt

$$
\begin{aligned}
\boldsymbol{x}_y &= (0, 1, 0) \\
\boldsymbol{x}_\phi &= (-r \sin \phi, 0, r \cos \phi) \\
\boldsymbol{x}_{yy} &= (0, 0, 0) \\
\boldsymbol{x}_{y\phi} &= (0, 0, 0) \\
\boldsymbol{x}_{\phi\phi} &= (-r \cos \phi, 0, -r \sin \phi)
\end{aligned}
$$

Daraus ergibt sich

$$\boldsymbol{N} \;=\; (\cos \phi, 0, \sin \phi)$$

und

$$E = 1, \quad F = 0, \quad G = r^2,$$
$$L = 0, \quad M = 0, \quad N = -r.$$

Somit gelten die Beziehungen

$$K = 0, \quad H = -\frac{1}{2r}, \quad k_1 = 0, \quad k_2 = -\frac{1}{r}.$$

Hierbei wird die maximale Normalkrümmung k_1 längs der Y-Achse und die minimale Normalkrümmung k_2 längs der X-Achse, wo der Normalschnitt einem Kreis entspricht, erreicht. $\square$

Nachfolgend geben wir einige Eigenschaften der Krümmungen und Fundamentalgrößen an. Diese sollen helfen, die Eignung der beiden Größen als charakteristische Merkmale zur Beschreibung von Flächen in einem Tiefenbild zu klären.

Theorem 6.2 *Die Fundamentalgrößen E, F, G, L, M und N sowie die Krümmungen k_1, k_2, K und H sind invariant gegenüber Rotation und Translation.*

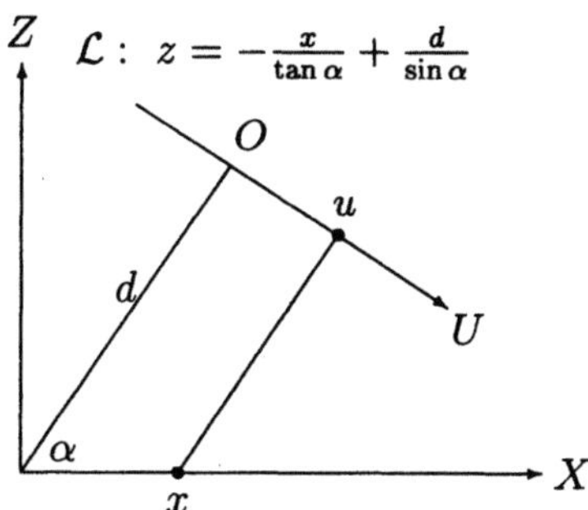

Abbildung 6.3: Illustration der Eigenschaft, daß die Parametrisierung einen Einfluß auf die Fundamentalgrößen, aber nicht auf die Krümmungen hat.

Eine transformierte Version der Fläche $\boldsymbol{x}(u,v)$ läßt sich als $\boldsymbol{x}'(u,v) = \boldsymbol{x}(u,v)R +$ t darstellen, wobei R eine Rotationsmatrix und t ein Translationsvektor ist. Das obige Theorem bedeutet, daß die genannten Größen in einem beliebigen Punkt $P = \boldsymbol{x}(u_0, v_0)$ auf der Originalfläche mit demjenigen im entsprechenden Punkt $P' = \boldsymbol{x}'(u_0, v_0)$ auf der transformierten Fläche übereinstimmen. Dadurch ist die in hohem Maß erwünschte Eigenschaft der Rotations- und Translationsinvarianz gewährleistet.

Theorem 6.3 *Die Krümmungen k_1, k_2, K und H sind invariant bezüglich Parameterwechsel, die Fundmentalgrößen hingegen nicht.*

Erfolgt für die Fläche $\boldsymbol{x}(u,v)$ ein Parameterwechsel durch $u = u(s,t)$, $v = v(s,t)$, so erhält die Fläche eine neue Parametrisierung $\boldsymbol{x}^*(s,t)$. Dieses Theorem besagt, daß an demselben Punkt $P = \boldsymbol{x}^*(s_0, t_0) = \boldsymbol{x}(u_0, v_0)$ der Fläche die Fundamentalgrößen unter den beiden Parametrisierungen unterschiedliche Werte haben können. Die Krümmungen bleiben jedoch unabhängig von der Parametrisierung konstant. Dies kann am Beispiel 6.2 der Halbkugel mit einer anderen Parametrisierung

$$\boldsymbol{x}(x,y) = (x, y, \sqrt{r^2 - x^2 - y^2})$$

verifiziert werden. Es folgt nun ein weiteres Beispiel mit Bezug auf die Tiefenbildanalyse.

Beispiel 6.4 Betrachten wir die folgende Parametrisierung der Ebene $z = 0$:

$$\boldsymbol{x}(u,v) = (\frac{1}{\sin\alpha}u, v, 0). \tag{6.3}$$

	$k_1 < 0$	$k_1 = 0$	$k_1 > 0$
$k_2 < 0$	elliptisch ($\top$)	zylindrisch ($\top$)	Sattelfläche
$k_2 = 0$	–	Ebene	zylindrisch ($\perp$)
$k_2 > 0$	–	–	elliptisch ($\perp$)

	$K < 0$	$K = 0$	$K > 0$
$H < 0$	Sattelfläche ($\top$)	zylindrisch ($\top$)	elliptisch ($\top$)
$H = 0$	Minimalfläche	Ebene	–
$H > 0$	Sattelfläche ($\perp$)	zylindrisch ($\perp$)	elliptisch ($\perp$)

Tabelle 6.1: Flächentypen aus den Krümmungsvorzeichen. Hierbei repräsentieren die Symbole $\top$ und $\perp$ Flächen, die dominierend nach oben bzw. unten gewölbt sind, während das Symbol – für eine unmögliche Kombination steht.

Hierbei werden die Parameter u und v mittels einer orthogonalen Koordinatenbasis UV auf der Ebene $\mathcal{L}$: $z = -\frac{x}{\tan\alpha} + \frac{d}{\sin\alpha}$ festgelegt, siehe Abb. 6.3. Einfache Berechnungen führen zu

$$E = \frac{1}{\sin^2\alpha}, \quad F = 0, \quad G = 1, \quad L = 0, \quad M = 0, \quad N = 0$$

und

$$K = H = k_1 = k_2 = 0.$$

Die Gleichung (6.3) repräsentiert eine von α abhängige Familie von Parametrisierungen. Offensichtlich ist hier die Fundamentalgröße E von der konkreten Parametrisierung abhängig. $\qquad\Box$

Dieses Beispiel macht ein grundsätzliches Problem bezüglich der Fundamentalgrößen als Flächenmerkmale deutlich. Die Ebene $\mathcal{L}$ kann als die Bildebene eines abstandsmessenden Sensors interpretiert werden und die Parameter u und v entsprechen den Indizes der gemessenen Punkte im Tiefenbild. Je nachdem, wie der Sensor aufgestellt ist, weisen die Fundamentalgrößen für denselben Punkt der Szene unterschiedliche Werte auf, sofern die Indizes zur Parametrisierung herangezogen werden. Selbstverständlich ist dieses Phänomen äußerst unerwünscht.

Es gibt einen weiteren Grund, der gegen eine Verwendung der Fundamentalgrößen als Flächenmerkmale spricht. Als Gesamtheit bestimmen die Fundamentalgrößen zwar die Flächenform eindeutig. Es ist jedoch schwierig, aufgrund der Fundamentalgrößen Aussagen über die genaue Flächenform zu machen. Andererseits genügen bereits die Vorzeichen der Krümmungen, um Oberflächen qualitativ zu beschreiben. Mithilfe der Hauptkrümmungen können so sechs Oberflächentypen unterschieden werden, siehe Tabelle 6.1. Mit der Gaußschen

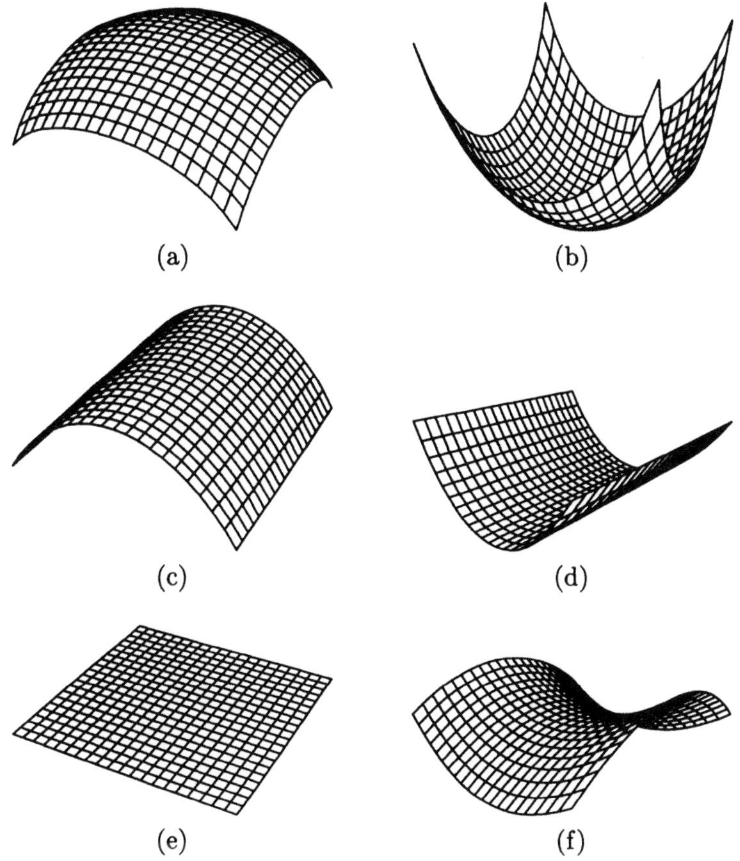

Abbildung 6.4: Die sechs fundamentalen Flächentypen. (a) elliptisch ($\top$).
(b) elliptisch ($\perp$). (c) zylindrisch ($\top$). (d) zylindrisch ($\perp$). (e) Ebene. (f)
Sattelfläche.

Krümmung K und der mittleren Krümmung H kann ferner der Flächentyp Sattelfläche in drei weitere Typen unterteilt werden. Eine graphische Darstellung dieser Flächentypen findet sich in Abb. 6.4.

In der Analyse von Tiefenbildern haben die Flächenmerkmale wie der Normalenvektor, die Hauptkrümmungen, die Gaußsche und mittlere Krümmung und die daraus abgeleiteten Flächentypen eine große Popularität gewonnen. Zur Berechnung dieser Flächenmerkmale werden in den meisten Fällen zwei Parametrisierungen verwendet. Wird die lokale Fläche um jeden Bildpunkt mit einer Funktion $f(x, y)$ approximiert, so kommt die Parametrisierung $(x, y, f(x, y))$ zum Einsatz. In einem äquidistanten Tiefenbild können auch die Bildkoordinaten als Parameter gewählt werden. Für beide Parametrisierungen ist eine einfache Berechnung der Flächenmerkmale möglich. Diese wird in den folgenden Beispielen angegeben.

Beispiel 6.5 Ein Monge'sches Flächenstück besitzt die Form

$$\boldsymbol{x}(x,y) \;=\; (x,y,f(x,y)).$$

Für diese Parametrisierung berechnen sich die charakteristischen Flächenmerkmale aus

$$\boldsymbol{N} \;=\; \left(-\frac{f_x}{\sqrt{1+f_x^2+f_y^2}},\; -\frac{f_y}{\sqrt{1+f_x^2+f_y^2}},\; \frac{1}{\sqrt{1+f_x^2+f_y^2}}\right)$$

$$K \;=\; \frac{f_{xx}f_{yy} - f_{xy}^2}{(1+f_x^2+f_y^2)^2} \tag{6.4}$$

$$H \;=\; \frac{(1+f_y^2)f_{xx} + (1+f_x^2)f_{yy} - 2f_xf_yf_{xy}}{2(1+f_x^2+f_y^2)^{\frac{3}{2}}}$$

Es genügt somit, die partiellen Ableitungen der Flächenfunktion $f(x,y)$ zu ermitteln. $\hfill \square$

Beispiel 6.6 Im Fall eines äquidistanten Tiefenbildes kann von einer Parametrisierung

$$(x_0 + s_x \cdot (u-1),\; y_0 + s_y \cdot (v-1),\; f(u,v))$$

(vgl. (4.1)) mit den Bildkoordinaten (u,v) als Parametern ausgegangen werden. Hierbei gelten

$$\boldsymbol{N} \;=\; \left(-\frac{s_y f_u}{\sqrt{\Delta}},\; -\frac{s_x f_v}{\sqrt{\Delta}},\; \frac{s_x s_y}{\sqrt{\Delta}}\right)$$

$$K \;=\; \frac{s_x^2 s_y^2 (f_{uu}f_{vv} - f_{uv}^2)}{\Delta^2}$$

$$H \;=\; \frac{s_x s_y[(s_y^2 + f_v^2)f_{uu} + (s_x^2 + f_u^2)f_{vv} - 2f_uf_vf_{uv}]}{2\Delta^{\frac{3}{2}}}$$

$$\Delta \;=\; s_x^2 s_y^2 + s_y^2 f_u^2 + s_x^2 f_v^2$$

Zur Berechnung der charakteristischen Flächenmerkmale reichen hier ebenfalls die partiellen Ableitungen der Flächenfunktion $f(u,v)$. $\hfill \square$

6.1.3　Digitale Berechnung der Flächenmerkmale

Statt vollständiger Flächen haben wir es bei der Verarbeitung von Tiefenbildern stets mit einer Menge von diskreten Meßpunkten zu tun. Es gilt, die charakteristischen Flächenmerkmale der einem Tiefenbild zugrundeliegenden Fläche F an den gegebenen Punkten zu berechnen. Aus der obigen Ausführung ist ersichtlich, daß sämtliche Flächenmerkmale von den ersten und zweiten partiellen Ableitungen der Fläche F abhängen. Daher liegt es nahe, diese charakteristischen Flächenmerkmale aus Abschätzung der Ableitungen in den Bildpunkten zu bestimmen. Alternativ kann auch die unbekannte Fläche F abgeschätzt werden. In diesem Fall erfolgt die Bestimmung der charakteristischen Flächenmerkmale analytisch aus der Darstellung von F.

6.2 Numerische Berechnung der Flächenmerkmale

Die im vorliegenden Abschnitt betrachtete Klasse von Verfahren berechnet aus den Bildpunkten direkt die richtungsabhängigen Ableitungen und Krümmungen. Daraus ergeben sich dann die Flächenmerkmale. Im folgenden gehen wir auf die in [HJ87] beschriebene Methode ein.

Hierbei wird die Krümmung in einem Punkt p aufgrund der Änderungsrate der Normalenvektoren von p im Vergleich zu seinen Nachbarpunkten in einer $m \times m$ Umgebung U_p abgeschätzt. Als Voraussetzung für diese Abschätzung wird zunächst der Normalenvektor $\boldsymbol{n}_p$ in jedem Bildpunkt p berechnet, indem die Ausgleichsebene für die 5×5 Umgebung von p bestimmt wird, siehe dazu Abschnitt 6.3.1 und 6.3.3. Daraufhin wird die Krümmung von p in Richtung eines Nachbarpunktes $q \in U_p$ mit

$$k(p,q) \;=\; s(p,q) \cdot \frac{\|\boldsymbol{n}_p - \boldsymbol{n}_q\|}{\|p - q\|}$$

ermittelt, wobei die Funktion

$$s(p,q) \;=\; \left\{ \begin{array}{ll} 1, & \|p - q\| \leq \|(p + \boldsymbol{n}_p) - (q + \boldsymbol{n}_q)\| \\ -1, & \text{sonst} \end{array} \right.$$

das Vorzeichen der Krümmung definiert. Eine graphische Veranschaulichung dieser Funktion präsentiert sich in Abb. 6.5. Aus den richtungsabhängigen Krümmungen werden schließlich sechs krümmungsrelevante Kennzahlen für den Bildpunkt p berechnet:

- durchschnittliche Krümmung

$$k_{\text{avg}}(p) \;=\; \frac{1}{|U_p|} \sum_{q \in U_p} k(p,q)$$

- minimale und maximale Krümmung

$$k_{\text{min}} \;=\; \min_{q \in U_p} |k(p,q)|$$
$$k_{\text{max}} \;=\; \max_{q \in U_p} |k(p,q)|$$

- Gaußsche Krümmung

$$K(p) \;=\; k_{\text{min}} \cdot k_{\text{max}}$$

- mittlere Krümmung

$$H(p) \;=\; \frac{k_{\text{min}} + k_{\text{max}}}{2}$$

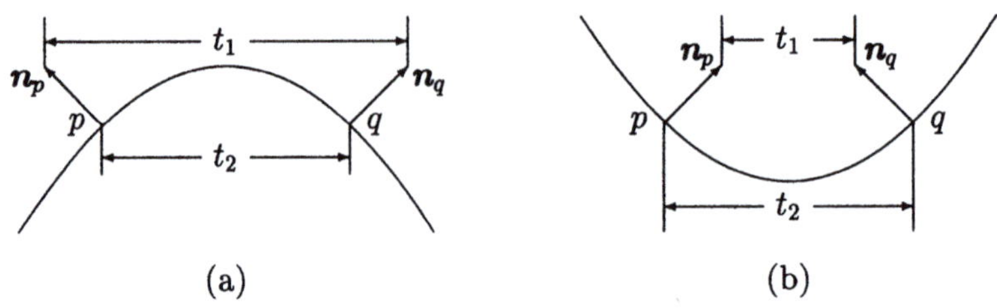

(a)   (b)

Abbildung 6.5: Veranschaulichung des Krümmungsvorzeichens. (a) Konvexe Fläche mit positiver Krümmung. (b) Konkave Fläche mit negativer Krümmung. In beiden Fällen gilt $t_1 = ||(p + \boldsymbol{n_p}) - (q + \boldsymbol{n_q})||$, $t_2 = ||p - q||$.

- Krümmungsverhältnis

$$k_{\text{ratio}} = \frac{k_{\min}}{k_{\max}}$$

In [HJ87] wurde berichtet, daß diese Methode trotz ihrer Einfachheit eine recht genaue Abschätzung der Krümmungen liefert.

6.3 Analytische Berechnung der Flächenmerkmale

Die lokale analytische Berechnung stellt wohl die populärste Methode zur Bestimmung der charakteristischen Flächenmerkmale dar. Hierbei wird nach dem folgenden allgemeinen Ablaufschema vorgegangen:

- Approximieren der Nachbarschaft um den aktuellen Punkt durch eine Oberflächenfunktion $f(x, y)$.

- Analytisches Bestimmen der ersten und zweiten partiellen Ableitungen f_x, f_y, f_{xx}, f_{xy} und f_{yy} von $f(x, y)$.

- Berechnen der charakteristischen Flächenmerkmale aus den partiellen Ableitungen.

Die aus der Literatur bekannten Verfahren dieser Klasse unterscheiden sich lediglich darin, wie die lokale Oberflächenfunktion $f(x, y)$ definiert ist und wie die optimale Approximation der gewählten Funktion $f(x, y)$ erreicht wird.

6.3.1 Lineare Regression

Die lokale Oberflächenapproximation kann über Standardtechniken der linearen Regression gelöst werden. Für ein Tiefenbild (x_{uv}, y_{uv}, z_{uv}) sei dabei grundsätzlich angenommen, daß die Messungen x_{uv} und y_{uv} nur mit vernachlässigbar kleinen Fehlern behaftet sind. Es soll dann in einer $N \times N$ Umgebung U um einen Bildpunkt $P_{uv} = (x_{uv}, y_{uv}, z_{uv})$ nach einer Funktion $f(x, y)$ gesucht werden, welche die Abweichung von den gemessenen Tiefenwerten z_{uv} minimiert. Als Oberflächenfunktion wird meistens das Polynom des Grades m

$$f(x, y) = \sum_{k+l \leq m} a_{kl} x^k y^l$$

verwendet. Zur Berechnung der Parameter von $f(x, y)$ muß die Summe der quadratischen Fehler ϵ^2 innerhalb der Umgebung U:

$$\epsilon^2 = \sum_{(u,v) \in U} (f(x_{uv}, y_{uv}) - z_{uv})^2$$

minimiert werden. Übersichtlichkeitshalber wird hier auf die Herleitung der Lösung dieser Minimierungsaufgabe für einen beliebigen Wert von m verzichtet. Statt dessen wird im folgenden von der biquadratischen Funktion

$$f(x, y) = ax^2 + bxy + cy^2 + dx + ey + g \tag{6.5}$$

ausgegangen. In der Praxis wird meistens ohnehin nur diese Funktion verwendet, weil sie bereits ausreicht, um die zur Gewinnung der charakteristischen Flächenmerkmale benötigten ersten und zweiten Ableitungen zu liefern. Die Bedingungen

$$\frac{\partial \epsilon^2}{\partial a} = 2 \cdot \sum_{(u,v) \in U} (ax_{uv}^2 + bx_{uv}y_{uv} + cy_{uv}^2 + dx_{uv} + ey_{uv} + g - z_{uv}) \cdot x_{uv}^2 = 0$$

$$\frac{\partial \epsilon^2}{\partial b} = 2 \cdot \sum_{(u,v) \in U} (ax_{uv}^2 + bx_{uv}y_{uv} + cy_{uv}^2 + dx_{uv} + ey_{uv} + g - z_{uv}) \cdot x_{uv}y_{uv} = 0$$

$$\frac{\partial \epsilon^2}{\partial c} = 2 \cdot \sum_{(u,v) \in U} (ax_{uv}^2 + bx_{uv}y_{uv} + cy_{uv}^2 + dx_{uv} + ey_{uv} + g - z_{uv}) \cdot y_{uv}^2 = 0$$

$$\frac{\partial \epsilon^2}{\partial d} = 2 \cdot \sum_{(u,v) \in U} (ax_{uv}^2 + bx_{uv}y_{uv} + cy_{uv}^2 + dx_{uv} + ey_{uv} + g - z_{uv}) \cdot x_{uv} = 0$$

$$\frac{\partial \epsilon^2}{\partial e} = 2 \cdot \sum_{(u,v) \in U} (ax_{uv}^2 + bx_{uv}y_{uv} + cy_{uv}^2 + dx_{uv} + ey_{uv} + g - z_{uv}) \cdot y_{uv} = 0$$

$$\frac{\partial \epsilon^2}{\partial g} = 2 \cdot \sum_{(u,v) \in U} (ax_{uv}^2 + bx_{uv}y_{uv} + cy_{uv}^2 + dx_{uv} + ey_{uv} + g - z_{uv}) = 0$$

führen zum Gleichungssystem

$$
\begin{bmatrix}
\sum x_{uv}^4 & \sum x_{uv}^3 y_{uv} & \sum x_{uv}^2 y_{uv}^2 & \sum x_{uv}^3 & \sum x_{uv}^2 y_{uv} & \sum x_{uv}^2 \\
\sum x_{uv}^3 y_{uv} & \sum x_{uv}^2 y_{uv}^2 & \sum x_{uv} y_{uv}^3 & \sum x_{uv}^2 y_{uv} & \sum x_{uv} y_{uv}^2 & \sum x_{uv} y_{uv} \\
\sum x_{uv}^2 y_{uv}^2 & \sum x_{uv} y_{uv}^3 & \sum y_{uv}^4 & \sum x_{uv} y_{uv}^2 & \sum y_{uv}^3 & \sum y_{uv}^2 \\
\sum x_{uv}^3 & \sum x_{uv}^2 y_{uv} & \sum x_{uv} y_{uv}^2 & \sum x_{uv}^2 & \sum x_{uv} y_{uv} & \sum x_{uv} \\
\sum x_{uv}^2 y_{uv} & \sum x_{uv} y_{uv}^2 & \sum y_{uv}^3 & \sum x_{uv} y_{uv} & \sum y_{uv}^2 & \sum y_{uv} \\
\sum x_{uv}^2 & \sum x_{uv} y_{uv} & \sum y_{uv}^2 & \sum x_{uv} & \sum y_{uv} & \sum 1
\end{bmatrix}}_{A}
\cdot
\underbrace{\begin{bmatrix} a \\ b \\ c \\ d \\ e \\ g \end{bmatrix}}_{x}
$$

$$
= \underbrace{\begin{bmatrix}
\sum x_{uv}^2 z_{uv} \\
\sum x_{uv} y_{uv} z_{uv} \\
\sum y_{uv}^2 z_{uv} \\
\sum x_{uv} z_{uv} \\
\sum y_{uv} z_{uv} \\
\sum z_{uv}
\end{bmatrix}}_{B}
\tag{6.6}
$$

Bei den Elementen von A handelt es sich immer um Summen über alle Punkte $(u, v) \in U$. Die Lösung dieses Gleichungssystems lautet dann

$$
x = A^{-1} B.
$$

Die biquadratische Funktion $f(x, y)$ mit den dadurch ermittelten Parametern legt eine Fläche fest, welche die lokale Umgebung um den aktuellen Punkt P_{uv} im Sinne der kleinsten quadratischen Approximationsfehler optimal beschreibt. Die partiellen Ableitungen am Punkt P_{uv} ergeben sich aus

$$
\begin{aligned}
f_x &= 2a x_{uv} + b y_{uv} + d \\
f_y &= b x_{uv} + 2c y_{uv} + e \\
f_{xx} &= 2a \\
f_{xy} &= b \\
f_{yy} &= 2c
\end{aligned}
\tag{6.7}
$$

Für ein äquidistantes Tiefenbild $T = (z_{uv})$ läßt sich das obige Regressionsschema weiter vereinfachen, indem das Koordinatensystem so verschoben wird, daß der aktuelle Punkt P_{uv} der neue Ursprung wird. Außerdem ist es hier vorteilhaft, mit der Parametrisierung

$$
(s_x u,\; s_y v,\; f(u, v) = au^2 + buv + cv^2 + du + ev + g),
$$

$-M \le u, v \le M, N = 2M + 1$, bezüglich der Zeilen- und Spaltenindizes zu arbeiten. Nun gilt es, die Fehlersumme

$$
\epsilon^2 = \sum_{u=-M}^{M} \sum_{v=-M}^{M} (au^2 + buv + cv^2 + du + ev + g - z_{uv})^2
$$

zu minimieren. Für $N = 5$ resultiert aus (6.6) das Gleichungssystem

$$
\begin{bmatrix}
170 & 0 & 100 & 0 & 0 & 50 \\
0 & 100 & 0 & 0 & 0 & 0 \\
100 & 0 & 170 & 0 & 0 & 50 \\
0 & 0 & 0 & 50 & 0 & 0 \\
0 & 0 & 0 & 0 & 50 & 0 \\
50 & 0 & 50 & 0 & 0 & 25
\end{bmatrix}
\cdot
\begin{bmatrix}
a \\ b \\ c \\ d \\ e \\ g
\end{bmatrix}
=
\begin{bmatrix}
\sum_{u=-2}^{2} \sum_{v=-2}^{2} u^2 z_{uv} \\
\sum_{u=-2}^{2} \sum_{v=-2}^{2} uv z_{uv} \\
\sum_{u=-2}^{2} \sum_{v=-2}^{2} v^2 z_{uv} \\
\sum_{u=-2}^{2} \sum_{v=-2}^{2} u z_{uv} \\
\sum_{u=-2}^{2} \sum_{v=-2}^{2} v z_{uv} \\
\sum_{u=-2}^{2} \sum_{v=-2}^{2} z_{uv}
\end{bmatrix}
$$

dessen Lösung

$$
\begin{bmatrix}
a \\ b \\ c \\ d \\ e \\ g
\end{bmatrix}
=
\begin{bmatrix}
\frac{1}{70} & 0 & 0 & 0 & 0 & -\frac{1}{35} \\
0 & \frac{1}{100} & 0 & 0 & 0 & 0 \\
0 & 0 & \frac{1}{70} & 0 & 0 & -\frac{1}{35} \\
0 & 0 & 0 & \frac{1}{50} & 0 & 0 \\
0 & 0 & 0 & 0 & \frac{1}{50} & 0 \\
-\frac{1}{35} & 0 & -\frac{1}{35} & 0 & 0 & \frac{27}{175}
\end{bmatrix}
\cdot
\begin{bmatrix}
\sum_{u=-2}^{2} \sum_{v=-2}^{2} u^2 z_{uv} \\
\sum_{u=-2}^{2} \sum_{v=-2}^{2} uv z_{uv} \\
\sum_{u=-2}^{2} \sum_{v=-2}^{2} v^2 z_{uv} \\
\sum_{u=-2}^{2} \sum_{v=-2}^{2} u z_{uv} \\
\sum_{u=-2}^{2} \sum_{v=-2}^{2} v z_{uv} \\
\sum_{u=-2}^{2} \sum_{v=-2}^{2} z_{uv}
\end{bmatrix}
$$

lautet. Ausmultipliziert lassen sich die Parameter $a, \ldots, g$ darstellen als

$$
\begin{aligned}
a &= \frac{1}{70} \cdot \sum_{u=-2}^{2} \sum_{v=-2}^{2} (u^2 - 2) \cdot z_{uv} \\
b &= \frac{1}{100} \cdot \sum_{u=-2}^{2} \sum_{v=-2}^{2} uv \cdot z_{uv} \\
c &= \frac{1}{70} \cdot \sum_{u=-2}^{2} \sum_{v=-2}^{2} (v^2 - 2) \cdot z_{uv} \\
d &= \frac{1}{50} \cdot \sum_{u=-2}^{2} \sum_{v=-2}^{2} u \cdot z_{uv} \\
e &= \frac{1}{50} \cdot \sum_{u=-2}^{2} \sum_{v=-2}^{2} v \cdot z_{uv}
\end{aligned}
\tag{6.8}
$$

$$g \;=\; \frac{1}{175} \cdot \sum_{u=-2}^{2} \sum_{v=-2}^{2} (27 - 5u^2 - 5v^2) \cdot z_{uv}$$

Da jeder Bildpunkt P_{uv} in seinem lokalen Koordinatensystem den Ursprung bildet, ergeben sich die partiellen Ableitungen in P_{uv} aus

$$f_u = d, \quad f_v = e, \quad f_{uu} = 2a, \quad f_{uv} = b, \quad f_{vv} = 2c. \tag{6.9}$$

Die Berechnung der partiellen Ableitungen nach (6.9) und (6.8) entspricht folgenden Faltungen des Tiefenbildes $T = (z_{uv})$:

$$f_u \;:\quad \frac{1}{50} \begin{bmatrix} -2 & -1 & 0 & 1 & 2 \\ -2 & -1 & 0 & 1 & 2 \\ -2 & -1 & 0 & 1 & 2 \\ -2 & -1 & 0 & 1 & 2 \\ -2 & -1 & 0 & 1 & 2 \end{bmatrix} * T$$

$$f_v \;:\quad \frac{1}{50} \begin{bmatrix} 2 & 2 & 2 & 2 & 2 \\ 1 & 1 & 1 & 1 & 1 \\ 0 & 0 & 0 & 0 & 0 \\ -1 & -1 & -1 & -1 & -1 \\ -2 & -2 & -2 & -2 & -2 \end{bmatrix} * T$$

$$f_{uu} \;:\quad \frac{1}{35} \begin{bmatrix} 2 & -1 & -2 & -1 & 2 \\ 2 & -1 & -2 & -1 & 2 \\ 2 & -1 & -2 & -1 & 2 \\ 2 & -1 & -2 & -1 & 2 \\ 2 & -1 & -2 & -1 & 2 \end{bmatrix} * T$$

$$f_{uv} \;:\quad \frac{1}{100} \begin{bmatrix} -4 & -2 & 0 & 2 & 4 \\ -2 & -1 & 0 & 1 & 2 \\ 0 & 0 & 0 & 0 & 0 \\ 2 & 1 & 0 & -1 & -2 \\ 4 & 2 & 0 & -2 & -4 \end{bmatrix} * T$$

$$f_{vv} \;:\quad \frac{1}{35} \begin{bmatrix} 2 & 2 & 2 & 2 & 2 \\ -1 & -1 & -1 & -1 & -1 \\ -2 & -2 & -2 & -2 & -2 \\ -1 & -1 & -1 & -1 & -1 \\ 2 & 2 & 2 & 2 & 2 \end{bmatrix} * T$$

Ferner lassen sich alle Faltungsmasken separieren, so daß die zweidimensionalen Faltungen durch Hintereinanderausführung zweier eindimensionaler Faltungen realisiert werden können, was eine enorme Reduktion des Rechenaufwandes bedeutet.

Beispiel 6.7 Wir verwenden die obigen fünf Faltungen zur Berechnung von Krümmungen für das in Abb. 5.1(b) gezeigte Tiefenbild. Zur Unterdrückung von Rauschen machen wir von der Mittelwertbildung bzw. Medianfilterung Gebrauch, es wird also von den geglätteten Tiefenbildern in Abb. 5.2 ausgegangen. Da in der Szene je ein Polyeder, eine Kugel (Radius=2.0) sowie ein Zylinder (Radius=1.5) enthalten sind, liegen die Sollwerte der Krümmungen für die drei Objekte bei:

$$\begin{array}{lll} \text{Polyeder:} & K = 0.0, & H = 0.0 \\ \text{Kugel:} & K = 0.25, & H = -0.5 \\ \text{Zylinder:} & K = 0.0, & H = -0.33 \end{array}$$

(vgl. Beispiel 6.2 und 6.3). In Abb. 6.6 sind die berechneten Krümmungswerte getrennt nach Objekten in Form von Histogrammen dargestellt, wobei die Zähler mittels des Maximums auf eine Skala bis 1.0 transformiert wurden. Es ist deutlich zu sehen, daß die größten Häufungen mit dem jeweiligen Sollwert gut übereinstimmen, auch wenn die Streuungen zum Teil recht groß ausfallen. Bestätigt wird hier auch die Beobachtung aus dem vorangegangenen Kapitel, daß die Mittelwertbildung einen stärkeren Glättungseffekt als die Medianfilterung erzielen kann. Dies zeigt sich in den kleineren Streuungen der Krümmungswerte im Fall der Mittelwertbildung gegenüber der Medianfilterung. $\square$

Für gewisse Aufgaben werden lediglich die ersten Ableitungen benötigt. Bei der Segmentierung von Tiefenbildern beispielsweise wird oft von den Normalenvektoren ausgegangen. Dazu reicht bereits eine lineare Approximationsfunktion

$$f(x,y) \;=\; ax + by + c$$

aus. Wenden wir dasselbe Herleitungsverfahren an, so erhalten wir

$$\begin{bmatrix} a \\ b \\ c \end{bmatrix} = \begin{bmatrix} \sum\limits_{(u,v)\in U} x_{uv}^2 & \sum\limits_{(u,v)\in U} x_{uv}y_{uv} & \sum\limits_{(u,v)\in U} x_{uv} \\[2ex] \sum\limits_{(u,v)\in U} x_{uv}y_{uv} & \sum\limits_{(u,v)\in U} y_{uv}^2 & \sum\limits_{(u,v)\in U} y_{uv} \\[2ex] \sum\limits_{(u,v)\in U} x_{uv} & \sum\limits_{(u,v)\in U} y_{uv} & \sum\limits_{(u,v)\in U} 1 \end{bmatrix}^{-1} \cdot \begin{bmatrix} \sum\limits_{(u,v)\in U} x_{uv}z_{uv} \\[2ex] \sum\limits_{(u,v)\in U} y_{uv}z_{uv} \\[2ex] \sum\limits_{(u,v)\in U} z_{uv} \end{bmatrix} \tag{6.10}$$

Die ersten Ableitungen lauten dann

$$f_x = a, \quad f_y = b.$$

Im Fall eines äquidistanten Tiefenbildes $T = (z_{uv})$ gehen wir ähnlich wie vorher von der Parametrisierung $(s_x u, s_y v, f(u,v) = au + bv + c)$ in einem lokalen Koordinatensystem aus. Das Gleichungssystem (6.10) läßt sich dann für einen

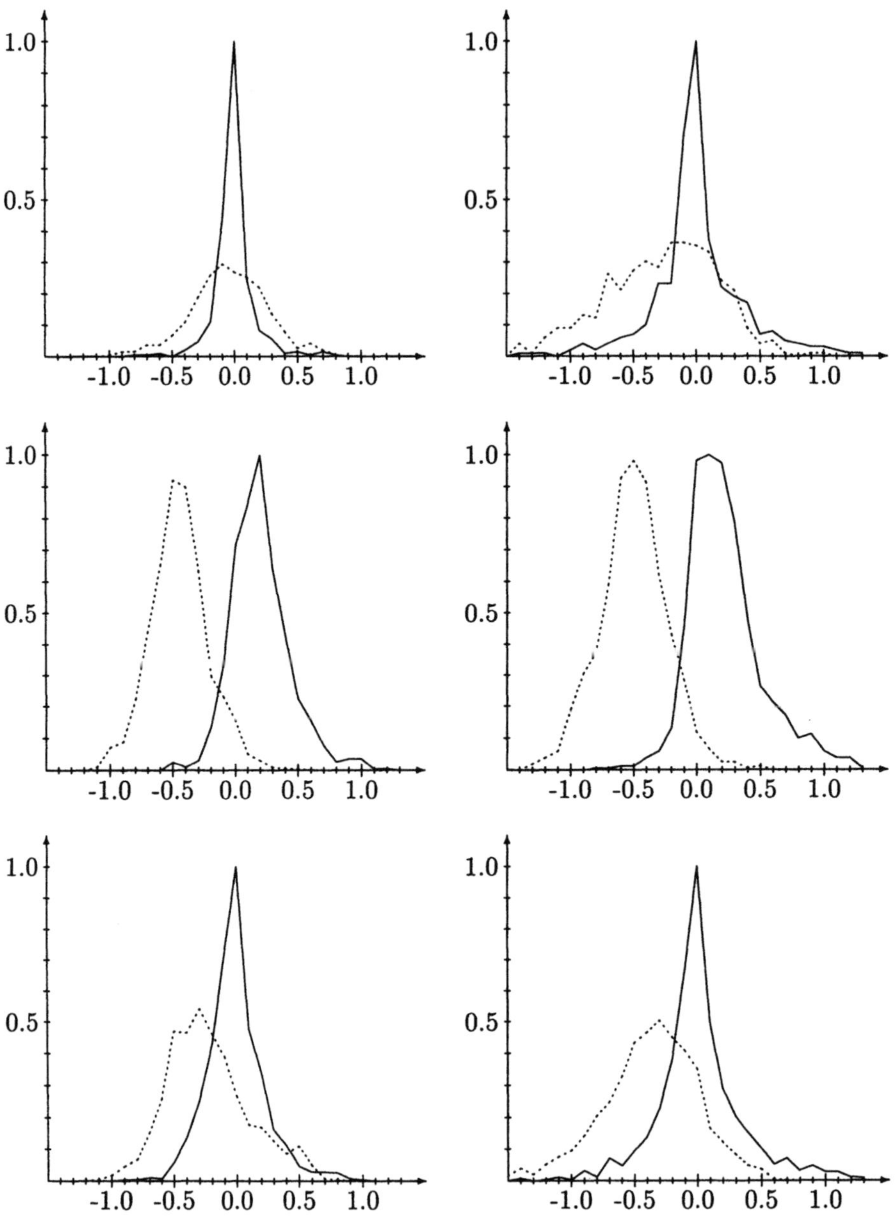

Abbildung 6.6: Histogramme der Krümmungswerte für das Polyeder (oben), die Kugel (Mitte) sowie den Zylinder (unten). Die durchgezogenen und gepunkteten Linien stehen für die Gaußsche bzw. mittlere Krümmung. Zur Unterdrückung von Rauschen wurde die Mittelwertbildung (links) bzw. Medianfilterung (rechts) eingesetzt.

beliebigen Wert von N lösen:

$$\begin{bmatrix} a \\ b \\ c \end{bmatrix} = \begin{bmatrix} \frac{M(M+1)N^2}{3} & 0 & 0 \\ 0 & \frac{M(M+1)N^2}{3} & 0 \\ 0 & 0 & N^2 \end{bmatrix}^{-1} \cdot \begin{bmatrix} \sum\limits_{u=-M}^{M} \sum\limits_{v=-M}^{M} u \cdot z_{uv} \\ \sum\limits_{u=-M}^{M} \sum\limits_{v=-M}^{M} v \cdot z_{uv} \\ \sum\limits_{u=-M}^{M} \sum\limits_{v=-M}^{M} z_{uv} \end{bmatrix}$$

$$= \begin{bmatrix} \frac{3}{M(M+1)N^2} \sum\limits_{u=-M}^{M} \sum\limits_{v=-M}^{M} u \cdot z_{uv} \\ \frac{3}{M(M+1)N^2} \sum\limits_{u=-M}^{M} \sum\limits_{v=-M}^{M} v \cdot z_{uv} \\ \frac{1}{N^2} \sum\limits_{u=-M}^{M} \sum\limits_{v=-M}^{M} z_{uv} \end{bmatrix} , \quad M = \frac{N-1}{2}.$$

Analog kann auch diese Berechnung mittels Faltungen realisiert werden:

$$f_u = a \quad : \quad C \cdot \begin{bmatrix} -M & -M+1 & \cdots & -1 & 0 & 1 & \cdots & M-1 & M \\ \cdots & \cdots & \cdots & \cdots & \cdots & \cdots & \cdots & \cdots & \cdots \\ -M & -M+1 & \cdots & -1 & 0 & 1 & \cdots & M-1 & M \end{bmatrix}$$

$$f_v = b \quad : \quad C \cdot \begin{bmatrix} M & M & \cdots & M & M \\ M-1 & M-1 & \cdots & M-1 & M-1 \\ \cdots & \cdots & \cdots & \cdots & \cdots \\ 1 & 1 & 1 & 1 & 1 \\ 0 & 0 & 0 & 0 & 0 \\ -1 & -1 & -1 & -1 & -1 \\ \cdots & \cdots & \cdots & \cdots & \cdots \\ 1-M & 1-M & \cdots & 1-M & 1-M \\ -M & -M & \cdots & -M & -M \end{bmatrix}$$

mit $C = 3/[M(M+1)N^2]$. Für $N = 5$ sind die resultierenden Faltungsmasken identisch mit den beiden Masken für f_u und f_v aus der biquadratischen Flächenfunktion. Daraus folgt, daß zur Berechnung der ersten Ableitungen die Erhöhung der Ordnung der Approximationsfunktion keinerlei Gewinn an Genauigkeit bringt.

6.3.2 Approximation mittels orthogonaler Polynome

Für ein äquidistantes Tiefenbild kann die oben verwendete biquadratische Funktion $f(u, v)$ auch mittels orthogonaler Polynome ausgedrückt werden. Betrachten wir eine Punktmenge P_{uv} mit $-M \leq u, v \leq M$ in einem lokalen Koordinatensystem mit dem aktuellen Bildpunkt als Ursprung.

Die eindimensionalen orthogonalen Polynome bis Grad zwei haben die Form

$$\phi_0(u) = 1, \quad \phi_1(u) = u, \quad \phi_2(u) = u^2 - \frac{M(M+1)}{3}.$$

Die normalisierten Polynome

$$b_k(u) = \frac{\phi_k(u)}{P_k(M)}, \quad k = 0, 1, 2$$

werden mithilfe der Normalisierungskonstanten

$$P_k(M) = \sum_{u=-M}^{M} \phi_k^2(u),$$

d.h.

$$P_0(M) = 2M + 1$$
$$P_1(M) = \frac{2}{3}M^3 + M^2 + \frac{1}{3}M$$
$$P_2(M) = \frac{8}{45}M^5 + \frac{4}{9}M^4 + \frac{2}{9}M^3 - \frac{1}{9}M^2 - \frac{1}{15}M$$

bestimmt. Die Orthogonalität dieser Polynome manifestiert sich in

$$\sum_{u=-M}^{M} \phi_k(u)\phi_l(u) = \begin{cases} P_k(M), & k = l \\ 0, & k \neq l \end{cases}$$

Basierend auf den orthogonalen Polynomen läßt sich eine biquadratische Funktion auch als

$$f(x, y) = \sum_{i+j\leq 2} a_{ij}\phi_i(x)\phi_j(y)$$
$$= a_{20}x^2 + a_{11}xy + a_{02}y^2 + a_{10}x + a_{01}y + a_{00} - \frac{M(M+1)}{3}(a_{20} + a_{02})$$

darstellen. Hier tritt der enge Zusammenhang zwischen dieser Funktion und derjenigen in (6.5) deutlich zutage. Bis auf die Ausnahme $g = a_{00} - \frac{M(M+1)}{3}(a_{20} + a_{02})$ bleiben nämlich alle Koeffizienten unverändert.

Zur Bestimmung der Koeffizienten a_{kl} wird wiederum der quadratische Fehler

$$\epsilon^2 = \sum_{u=-M}^{M} \sum_{v=-M}^{M} (f(u, v) - z_{uv})^2$$

minimiert. Die Bedingungen

$$\frac{\partial \epsilon^2}{\partial a_{kl}} = 2 \cdot \sum_{u=-M}^{M} \sum_{v=-M}^{M} \{(\sum_{i+j\leq 2} a_{ij}\phi_i(u)\phi_j(v) - z_{uv}) \cdot \phi_k(u)\phi_l(v)\}$$

$$= 2 \cdot \sum_{i+j\leq 2} a_{ij}\{ \sum_{u=-M}^{M} \phi_i(u)\phi_k(u) \}\{ \sum_{v=-M}^{M} \phi_j(v)\phi_l(v) \}$$

$$-2 \cdot \sum_{u=-M}^{M} \sum_{v=-M}^{M} z_{uv}\phi_k(u)\phi_l(v)$$

$$= 2a_{kl}P_k(M)P_l(M) - 2 \cdot \sum_{u=-M}^{M} \sum_{v=-M}^{M} z_{uv}\phi_k(u)\phi_l(v)$$

$$= 0$$

führen zu

$$a_{kl} = \sum_{u=-M}^{M} \sum_{v=-M}^{M} z_{uv}b_k(u)b_l(v), \quad k+l \leq 2. \tag{6.11}$$

Hierbei erfolgt die Vereinfachung der Bedingung $\frac{\partial \epsilon^2}{\partial a_{kl}} = 0$ aus der Orthogonalität der Polynome.

Die Berechnung der Koeffizienten a_{kl} nach (6.11) läßt sich leicht durch Hintereinanderreihung zweier eindimensionaler Faltungen realisieren, nämlich eine Faltung in den Bildzeilen mit der Maske

$$M_z^k : \quad [\, b_k(-M)\; b_k(-M+1) \cdots b_k(-1)\; b_k(0)\; b_k(1) \cdots b_k(M-1)\; b_k(M)\,]$$

gefolgt von einer Faltung in den Spalten mit der Maske

$$M_s^l : \quad [\, b_l(-M)\; b_l(-M+1) \cdots b_l(-1)\; b_l(0)\; b_l(1) \cdots b_l(M-1)\; b_l(M)\,]^t.$$

Sind die Koeffizienten a_{kl} bekannt, ergeben sich die Ableitungen der Approximationsfunktion dann aus

$$f_u = a_{10}, \quad f_v = a_{01}, \quad f_{uu} = 2a_{20}, \quad f_{uv} = a_{11}, \quad f_{vv} = 2a_{02}. \tag{6.12}$$

Beispiel 6.8 Betrachten wir wiederum den Fall $N = 5$, so sind die orthogonalen Polynome gegeben durch

$$\phi_0 = 1, \quad \phi_1 = u, \quad \phi_2 = u^2 - 2.$$

Mithilfe der Normailisierungskonstanten

$$P_0(2) = 5, \quad P_1(2) = 10, \quad P_2(2) = 14,$$

erhalten wir die normalisierten Polynome

$$b_0(u) = \frac{1}{5}, \quad b_1(u) = \frac{u}{10}, \quad b_2(u) = \frac{u^2 - 2}{14}.$$

Die eindimensionalen Faltungsmasken sind also

$$M_z^0 : \frac{1}{5}\,[\,1\ 1\ 1\ 1\ 1\,], \quad M_z^1 : \frac{1}{10}\,[\,-2\ -1\ 0\ 1\ 2\,], \quad M_z^2 : \frac{1}{14}\,[\,2\ -1\ -2\ -1\ 2\,]$$

und

$$M_s^k \; = \; (M_z^k)^t, \quad k = 0, 1, 2.$$

Entsprechend lassen sich die partiellen Ableitungen in (6.12) durch Faltungen

$$f_u : M_s^0 M_z^1 * T, \quad f_v : M_s^1 M_z^0 * T$$

$$f_{uu} : 2M_s^0 M_z^2 * T, \quad f_{uv} : M_s^1 M_z^1 * T, \quad f_{vv} : M_s^2 M_z^0 * T$$

realisieren. Diese Faltungsmasken sind identisch mit denjenigen aus dem letzten Abschnitt. $\qquad\Box$

Sowohl bei der linearen Regression als auch beim Verfahren mit orthogonalen Polynomen wird eine biquadratische Funktion approximiert. Daher sind die beiden Verfahren äquivalent, was die resultierende Approximationsfunktion $f(u, v)$ angeht. Aus der Sicht des Rechenaufwandes besteht dennoch ein gewisser Unterschied. Bei orthogonalen Polynomen können alle Koeffizienten a_{kl} durch eindimensionale Faltungen berechnet werden. Während dies bei der linearen Regression für die Koeffizienten a, b, c, d, e zutrifft, ist die der Formel für g in (6.8) entsprechende Faltungsmaske nicht separierbar. Im Zusammenhang mit der Berechnung der charakteristischen Flächenmerkmale ist diese Tatsache jedoch nicht von Bedeutung, da die Ableitungen nicht von diesem Koeffizienten abhängen. Daher hat das Verfahren mit orthogonalen Polynomen einzig den Vorteil, der leichten Herleitung der Zeilen- und Spaltenfaltungsmasken.

6.3.3   Approximation durch Eigenvektoren

In den letzten beiden Abschnitten wird grundsätzlich davon ausgegangen, daß die Messungen x_{uv} und y_{uv} mit vernachlässigbar kleinen Fehlern behaftet sind. In einem Tiefenbild trifft diese Annahme oft jedoch nicht zu. Daher sind die Fehler in x_{uv} und y_{uv} bei der Approximation der Oberflächen ebenfalls zu berücksichtigen. Im folgenden wird ein derartiges Verfahren mittels Hauptachsentransformation (engl. principal component analysis) [Jol86, NFJ93] vorgestellt.

Sei die Approximationsebene $ax+by+cz = d$ durch den Einheitsnormalenvektor

$$\boldsymbol{p}_0 \; = \; (a, b, c), \quad \boldsymbol{p}_0 \boldsymbol{p}_0^t = 1$$

sowie den Abstand d zum Ursprung gegeben. Ferner sei U die Punktmenge $\boldsymbol{x}_{uv} = (x_{uv}, y_{uv}, z_{uv})$, für welche die optimale Approximationsebene gesucht wird. Im Gegensatz zu den letzten beiden Abschnitten wird der Approximationsfehler nun als

$$\epsilon^2 \; = \; \sum_{(u,v)\in U} (\boldsymbol{x}_{uv} \boldsymbol{p}_0^t - d)^2$$

definiert, wobei der einzelne Fehler $\boldsymbol{x}_{uv}\boldsymbol{p}_0^t - d$ dem senkrechten Abstand vom Punkt $\boldsymbol{x}_{uv}$ zur Approximationsebene entspricht. Die Bedingung

$$\frac{\partial \epsilon^2}{\partial d} = -2 \cdot \sum_{(u,v)\in U} (\boldsymbol{x}_{uv}\boldsymbol{p}_0^t - d) = 0$$

führt zu

$$d = \overline{\boldsymbol{x}}\boldsymbol{p}_0^t, \quad \overline{\boldsymbol{x}} = \frac{1}{|U|} \cdot \sum_{(u,v)\in U} \boldsymbol{x}_{uv}.$$

D.h. die optimale Approximationsebene geht immer durch den Schwerpunkt der Punktmenge U, unabhängig von der Verteilung der Punkte in U. Setzen wir d in die Fehlerfunktion ϵ^2 ein, so erhalten wir

$$\begin{aligned}
\epsilon^2 &= \sum_{(u,v)\in U} \{(\boldsymbol{x}_{uv} - \overline{\boldsymbol{x}})\boldsymbol{p}_0^t\}^2 \\
&= \sum_{(u,v)\in U} \{\boldsymbol{p}_0(\boldsymbol{x}_{uv} - \overline{\boldsymbol{x}})^t \cdot (\boldsymbol{x}_{uv} - \overline{\boldsymbol{x}})\boldsymbol{p}_0^t\} \\
&= \boldsymbol{p}_0\{ \sum_{(u,v)\in U} (\boldsymbol{x}_{uv} - \overline{\boldsymbol{x}})^t \cdot (\boldsymbol{x}_{uv} - \overline{\boldsymbol{x}})\}\boldsymbol{p}_0^t \\
&= \boldsymbol{p}_0 A \boldsymbol{p}_0^t \qquad\qquad (6.13)
\end{aligned}$$

Nun erfolgt die Minimierung von ϵ^2 unter der Bedingung $\boldsymbol{p}_0\boldsymbol{p}_0^t = 1$. Diese Bedingung ist notwendig, da sonst mit $\boldsymbol{p}_0 = (0,0,0)$ der Approximationsfehler ϵ^2 immer null wird. Nach der Lagrange'schen Methode erhalten wir

$$\frac{\partial \epsilon^2}{\partial \boldsymbol{p}_0} - \lambda\frac{\partial}{\partial \boldsymbol{p}_0}(\boldsymbol{p}_0\boldsymbol{p}_0^t - 1) = 0.$$

Daraus ergibt sich

$$A\boldsymbol{p}_0^t = \lambda\boldsymbol{p}_0^t.$$

Die beiden Unbekannten λ und $\boldsymbol{p}_0$ sind also ein Eigenwert bzw. ein Eigenvektor von A. Wird diese Beziehung in (6.13) eingesetzt, so erhalten wir

$$\epsilon^2 = \boldsymbol{p}_0 A \boldsymbol{p}_0^t = \lambda\boldsymbol{p}_0\boldsymbol{p}_0^t = \lambda.$$

Somit ist klar, daß der Approximationsfehler ϵ^2 genau dann minimiert wird, wenn λ der kleinste Eigenwert von A ist. In diesem Fall ergeben sich die Parameter $\boldsymbol{p}_0$ der optimalen Approximationsebene aus dem entsprechenden Eigenvektor.

Bezeichnen wir die Eigenwerte von A mit $\lambda_1, \lambda_2, \lambda_3, \lambda_1 \geq \lambda_2 \geq \lambda_3$, und die entsprechenden Eigenvektoren mit $\boldsymbol{v}_1, \boldsymbol{v}_2, \boldsymbol{v}_3$, so besitzt die Hauptachsentransformation eine einfache geometrische Interpretation. Hierbei entspricht der Eigenvektor $\boldsymbol{v}_1$ der Richtung, in die die Streuung bei der gegebenen Punktmenge am größten ist. Mit $\boldsymbol{v}_2$ wird diejenige Richtung dargestellt, welche die größte Streuung unter allen zu $\boldsymbol{v}_1$ orthogonalen Richtungen kennt. Schließlich steht $\boldsymbol{v}_3$ orthogonal zu $\boldsymbol{v}_1$ und $\boldsymbol{v}_2$. Die Streuung in jeder der drei Richtungen ist durch den entsprechenden Eigenwert gegeben. Im Fall einer Ebene spannen die Vektoren $\boldsymbol{v}_1$ und $\boldsymbol{v}_2$ diese auf, während $\boldsymbol{v}_3$ dem Normalenvektor entspricht.

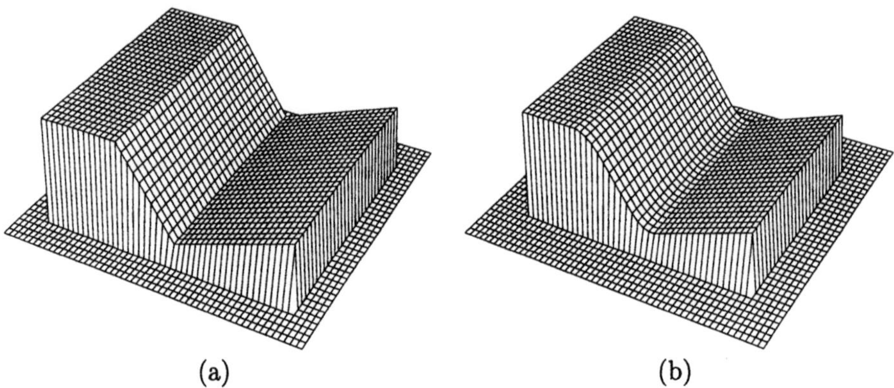

(a)   (b)

Abbildung 6.7: (a) Ein synthetisches Tiefenbild. (b) Das Ergebnis nach der Methode der kleinsten Quadrate.

6.4 Robuste Flächenapproximation

Die bisherige lokale Flächenapproximation läuft immer nach demselben Schema ab. In der $N \times N$ Umgebung U eines jeden Bildpunktes P_{uv} wird nämlich eine Flächenfunktion im Sinne der kleinsten Quadrate approximiert. Bekanntlich ist dieses Verfahren dann optimal, wenn in U nur eine Datenverteilung vorliegt und diese von einem normalverteilten Störungsprozeß kontaminiert wird. Bei der Verarbeitung von Tiefenbildern kann diese Voraussetzung jedoch auf vielerlei Art und Weise verletzt werden. So reicht bereits ein einziger durch Meßfehler hervorgerufener Ausreißer, um völlig unbrauchbare Ergebnisse zu liefern. Ebenso problematisch sind Situationen, wo zwei Flächen aufeinandertreffen oder wo Diskontinuitäten zu beobachten sind. In solch einem Grenzgebiet enthält die Umgebung U immer zwei Datenverteilungen. In all diesen Fällen versagt das Verfahren der kleinsten Quadrate. Diese Problematik wird in Abb. 6.7 anhand eines synthetischen Tiefenbildes illustriert. Hierbei wird für jeden Bildpunkt eine lokale Flächenfunktion $z = ax + by + c$ in seiner 5×5 Nachbarschaft mittels der Methode der kleinsten Quadrate approximiert und anschließend der Tiefenwert durch den Wert c ersetzt. Abb. 6.7(b) zeigt deutlich, daß Kanten verwischt wurden. Da die lokale Flächenapproximation eine zentrale Rolle bei der Bestimmung der charakteristischen Flächenmerkmale spielt, wurden große Anstrengungen unternommen, um sog. robuste Approximationsverfahren zu entwickeln, die in der Lage sind, mit den oben beschriebenen Situationen fertig zu werden. In diesem Abschnitt stellen wir drei derartige Methoden vor.

6.4.1 Selektive Flächenapproximation

Dieser von Yokoya und Levine [YL89] angeregten Methode liegt die Überlegung zugrunde, daß ein Bildpunkt P_{uv} neben seiner eigenen $N \times N$ Umgebung

U_{uv} ebenso in den Umgebungen seiner $N^2 - 1$ Nachbarn $U_{u+i,v+j}$, $-M \leq i, j \leq M, (i,j) \neq (0,0), M = (N-1)/2$, zu finden ist. Möglicherweise gibt es eine davon, die keine Ausreißer oder Diskontinuitäten beinhaltet. Dann soll P_{uv} durch die Flächenfunktion dieser Umgebung statt derjenigen von U_{uv} approximiert werden.

Es wird zunächst für jeden Bildpunkt P_{kl} die optimale biquadratische Flächenfunktion

$$f_{kl} = a_{kl}u^2 + b_{kl}uv + c_{kl}v^2 + d_{kl}u + e_{kl}v + g_{kl}$$

für die Umgebung U_{kl} nach der Methode in Abschnitt 6.3.1 berechnet und der Approximationsfehler

$$\epsilon_{kl}^2 = \sum_{i=-M}^{M} \sum_{j=-M}^{M} (a_{kl}i^2 + b_{kl}ij + c_{kl}j^2 + d_{kl}i + e_{kl}j + g_{kl} - z_{k+i,l+j})^2$$

ermittelt. Für einen bestimmten Bildpunkt P_{uv} wird anschließend unter allen N^2 Umgebungen der Größe $N \times N$, in denen sich P_{uv} befindet, diejenige $U_{u+i,v+j}$, $-M \leq i, j \leq M$, mit dem kleinsten Approximationsfehler

$$\epsilon_{u+i,v+j}^2 = \min\{\epsilon_{u+k,v+l}^2 \mid -M \leq k, l \leq M\}$$

ausgesucht und P_{uv} mit deren Flächenfunktion $f_{u+i,v+j}$ approximiert. Da im lokalen Koordinatensystem von $U_{u+i,v+j}$ der Bildpunkt P_{uv} die Koordinaten $(-i, -j)$ annimmt, ergeben sich die partiellen Ableitungen in P_{uv} aus denjenigen der Flächenfunktion $f_{u+i,v+j}$ in $(-i, -j)$:

$$\frac{\partial z_{uv}}{\partial u} = -2a_{u+i,v+j}i - b_{u+i,v+j}j + d_{u+i,v+j}$$

$$\frac{\partial z_{uv}}{\partial v} = -b_{u+i,v+j}i - 2c_{u+i,v+j}j + e_{u+i,v+j}$$

$$\frac{\partial^2 z_{uv}}{\partial u^2} = 2a_{u+i,v+j}$$

$$\frac{\partial^2 z_{uv}}{\partial u \partial v} = b_{u+i,v+j}$$

$$\frac{\partial^2 z_{uv}}{\partial v^2} = 2c_{u+i,v+j}$$

Diese Methode der besten Approximationsumgebung basiert auf der Idee, daß der Approximationsfehler in der Nähe von Ausreißern oder Diskontinuitäten stark ansteigt. Daher kann die Umgebung mit dem kleinsten Approximationsfehler vorteilhaft zur Beschreibung der den Punkt P_{uv} umgebenden Fläche und zur Bestimmung der partiellen Ableitungen in P_{uv} herangezogen werden, auch wenn P_{uv} nicht im Zentrum dieser Umgebung liegt. Dieselbe Grundidee wird u.a. auch bei kantenerhaltender Glättung von Grauwertbildern [NM79] verwendet.

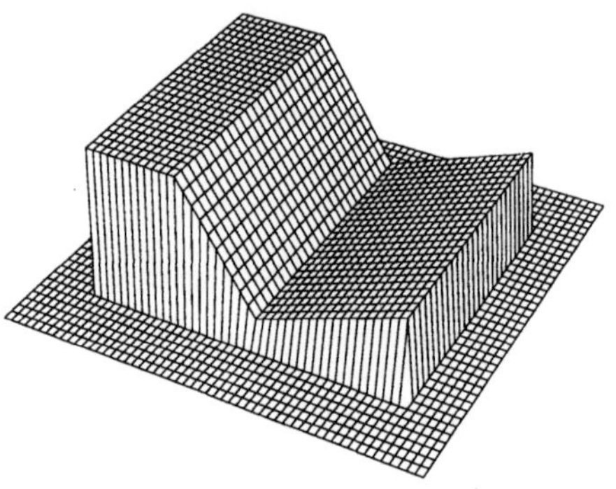

Abbildung 6.8: Selektive Flächenapproximation.

Wir wenden diese Methode auf das in Abb. 6.7(a) gezeigte Tiefenbild an und erhalten das Ergebnis in Abb. 6.8. Wegen der verwendeten Maskengröße ($N = 5$) werden hierbei die zwei äußeren Schichten des Objektes nicht berücksichtigt. Bezüglich der Kantenerhaltung weist die selektive Flächenapproximation tatsächlich ein robustes Verhalten auf.

6.4.2   Methoden aus der robusten Statistik

Es gibt viele Situationen, so auch bei der Flächenapproximation, wo Ausreißer vorhanden sind oder mehrere Datenverteilungen gleichzeitig vorliegen. In all diesen Situationen versagt die Methode der kleinsten Quadrate. Als Teilgebiet der Statistik beschäftigt sich die robuste Statistik mit der Untersuchung der Auswirkungen von Ausreißern auf statistische Verfahren sowie der Minimierung dieser Auswirkungen. Seit einigen Jahren ist ein eindeutiger Trend festzustellen, Methoden aus der robusten Statistik auch in der Bildanalyse einzusetzen. Es ist sogar von einer "Robustisierung" der bisherigen Verfahren die Rede. Unter allen bekannten Verfahren der robusten Statistik fanden vor allem deren zwei Anwendung in der Bildanalyse, nämlich der M-Schätzer und das Verfahren des least median of squares (LMS).

M-Schätzer

Beim M-Schätzer geht es darum, den Gesamtapproximationsfehler

$$\epsilon = \sum_{(u,v)\in U} \rho((f(x_{uv}, y_{uv}) - z_{uv})/s)$$

zu minimieren, wobei $\rho(\cdot)$ eine beliebige Fehlernorm repräsentiert. Bei s handelt es sich um den sog. Skalierungsfaktor, der je nach der Fehlernorm von Bedeutung oder bedeutungslos ist. Zum Beispiel entspricht $\rho(\cdot) = (\cdot)^2$ der Methode der kleinsten Quadrate. Im folgenden wird die Lösung dieses Minimierungsproblems beispielhaft für die Approximation einer lokalen Umgebung U durch eine lineare Flächenfunktion $f(x,y) = ax + by + c$ aufgezeigt. Hierbei wird der Gesamtfehler

$$\epsilon = \sum_{(u,v)\in U} \rho((ax_{uv} + by_{uv} + c - z_{uv})/s)$$

dann minimiert, wenn die Bedingungen

$$\frac{\partial \epsilon}{\partial a} = \sum \psi((ax_{uv} + by_{uv} + c - z_{uv})/s) \cdot x_{uv}/s = 0$$

$$\frac{\partial \epsilon}{\partial b} = \sum \psi((ax_{uv} + by_{uv} + c - z_{uv})/s) \cdot y_{uv}/s = 0$$

$$\frac{\partial \epsilon}{\partial c} = \sum \psi((ax_{uv} + by_{uv} + c - z_{uv})/s) \cdot 1/s = 0$$

gelten, wobei $\psi(x) = \frac{d\rho(x)}{dx}$ auch Einflußfunktion genannt wird. Mit der Definition einer Gewichtsfunktion

$$w_{uv} = \begin{cases} \dfrac{\psi(e_{uv}/s)}{e_{uv}/s}, & e_{uv} = ax_{uv} + by_{uv} + c - z_{uv} \neq 0 \\ 1, & e_{uv} = 0 \end{cases}$$

und Einsetzen von $\psi(e_{uv}/s) = w_{uv} \cdot e_{uv}/s$ lassen sich diese Bedingungen in

$$\begin{bmatrix} \sum w_{uv}x_{uv}^2 & \sum w_{uv}x_{uv}y_{uv} & \sum w_{uv}x_{uv} \\ \sum w_{uv}x_{uv}y_{uv} & \sum w_{uv}y_{uv}^2 & \sum w_{uv}y_{uv} \\ \sum w_{uv}x_{uv} & \sum w_{uv}y_{uv} & \sum w_{uv} \end{bmatrix} \cdot \begin{bmatrix} a \\ b \\ c \end{bmatrix} = \begin{bmatrix} \sum w_{uv}x_{uv}z_{uv} \\ \sum w_{uv}y_{uv}z_{uv} \\ \sum w_{uv}z_{uv} \end{bmatrix} \quad (6.14)$$

umformen. Nun erfolgt die Lösung dieses Gleichungssystems mittels des IRLS-Verfahrens (iteratively reweighted least square), indem von Initialwerten von a, b und c, ermittelt beispielsweise mittels der Methode der kleinsten Quadrate, ausgegangen wird. In jeder Iteration werden die pixelbezogenen Gewichte w_{uv} neu aufgrund der Werte von a, b und c aus der letzten Iteration berechnet. Die Lösung von (6.14) liefert die neuen Werte der Flächenparameter. Es wird so lange iteriert, bis die Parameter konvergieren oder eine vorgegebene Anzahl von Iterationen erreicht ist.

Von den Initialwerten der Flächenparameter wird auch Gebrauch gemacht, um den Skalierungsfaktor s zu bestimmen. Obwohl das Vorgehen etwas willkürlich erscheint, erfolgt dies in der robusten Statistik fast ausschließlich mit

$$s = 1.4826 \cdot \text{median}|e_{uv} - \text{median}(e_{uv})|.$$

Hierbei werden die Approximationsfehler e_{uv} aufgrund der initialen Parameterwerte ermittelt.

Da bei der Berechnung der Gewichte w_{uv} lediglich die Einflußfunktion $\psi(\cdot)$ notwendig ist, kann auf die explizite Berechnung oder sogar Definition der Fehlernorm $\rho(\cdot)$ verzichtet werden. Die populärsten Einflußfunktionen sind:

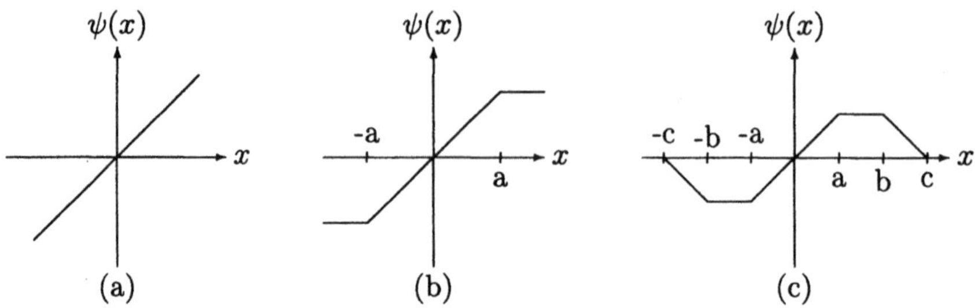

Abbildung 6.9: (a) Einflußfunktion für die Methode der kleinsten Quadrate.
(b) Minimax-Funktion von Huber. (c) Funktion von Hampel.

- $\psi(x) = x$. Daraus ergibt sich die Methode der kleinsten Quadrate.

- Minimax-Funktion von Huber

$$\psi(x) \;=\; \min(a, \max(x, -a))$$

- Funktion von Hampel

$$\psi(x) \;=\; \begin{cases} x, & 0 \leq |x| \leq a \\ a \cdot \mathrm{sign}(x), & a < |x| \leq b \\ a\frac{c-|x|}{c-b} \cdot \mathrm{sign}(x), & b < |x| \leq c \\ 0, & c < |x| \end{cases}$$

- Sinusfunktion von Andrew

$$\psi(x) \;=\; \begin{cases} \sin(\frac{x}{a}), & |x| \leq \pi a \\ 0, & |x| > \pi a \end{cases}$$

- Funktion von Tukey

$$\psi(x) \;=\; \begin{cases} x(a^2 - x^2)^2, & |x| \leq a \\ 0, & |x| > a \end{cases}$$

In Abb. 6.9 sind einige dieser Einflußfunktionen graphisch dargestellt. Daraus
ist ersichtlich, daß bei der Methode der kleinsten Quadrate der Einfluß auf die
Approximation mit dem Approximationsfehler ständig zunimmt. Bei den anderen Einflußfunktionen hingegen ist der Einfluß nach oben beschränkt; dieser
bleibt entweder ab einem bestimmten Punkt konstant oder nimmt sogar ab,
bis die Punkte mit sehr großem Approximationsfehler aus der Approximation
ausgeschloßen werden. Dies erklärt das robuste Verhalten dieser M-Schätzer.

Wir wenden den M-Schätzer mit der Einflußfunktion von Hampel auf das in
Abb. 6.7(a) gezeigte Tiefenbild an und erhalten das Ergebnis in Abb. 6.10. Zur

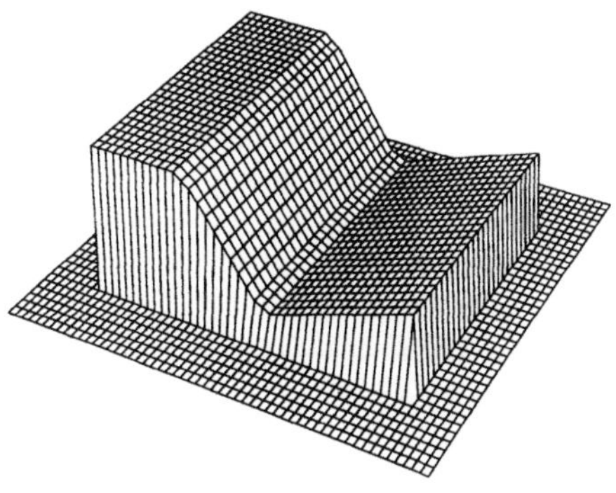

Abbildung 6.10: Flächenapproximation mittels M-Schätzer.

Initialisierung des IRLS-Verfahrens wird hierbei die Methode der kleinsten Quadrate herangezogen. Durch die Iteration wird die Flächenapproximation verbessert, so daß Kanten nun weniger stark verwischt werden (vgl. Abb. 6.7(b)). Das Verhalten der M-Schätzer hängt zum Teil wesentlich von den Initialwerten der Flächenparameter ab. In der Literatur existieren Arbeiten [JIK91], welche die Initialisierung sorgfältiger als beim obigen Vorgehen vornehmen und dadurch noch bessere Approximationsergebnisse erzielen können.

LMS-Verfahren

Eine weitere robuste Approximationsmethode stellt das LMS-Verfahren dar, bei dem es gilt,

$$\epsilon = \text{median}_{(u,v)\in U}\big(f(x_{uv}, y_{uv}) - z_{uv}\big)^2$$

zu minimieren. Da die Fehlernorm nicht analytisch definiert ist, wird dieses Optimierungsproblem gelöst, indem der Raum der Schätzer abgesucht wird [RL87]. Drückt sich die Flächenfunktion $f(x,y)$ mittels einer Funktionsbasis $b_0(x,y) = 1, b_1(x,y), \cdots, b_{p-1}(x,y)$ in der Form

$$f(x,y) = \sum_{k=0}^{p-1} a_k b_k(x,y)$$

aus, so sind p Parameter $a_0, \cdots, a_{p-1}$ zu schätzen. Für eine Ebene beispielsweise haben wir $p = 3, b_0 = 1, b_1 = x$ und $b_2 = y$. Bei n gegebenen Punkten der Fläche wird für jedes der insgesamt C_n^p p-Tupel von p Punkten wie folgt vorgegangen: Mit der Methode der kleinsten Quadrate werden die $p-1$ Parameter $a_1, \cdots, a_{p-1}$ ermittelt. Der Parameter a_0 hingegen ergibt sich aus der Minimierung von

$$\text{median}_{(u,v)\in U}\big(\sum_{k=0}^{p-1} a_k b_k(x_{uv}, y_{uv}) - z_{uv}\big)^2 \tag{6.15}$$

unter Verwendung der bereits gefundenen Parameter $a_1, \cdots, a_{p-1}$. Nach der Lösung von (6.15) stehen dann der Parameter a_0 und zusätzlich dazu auch der

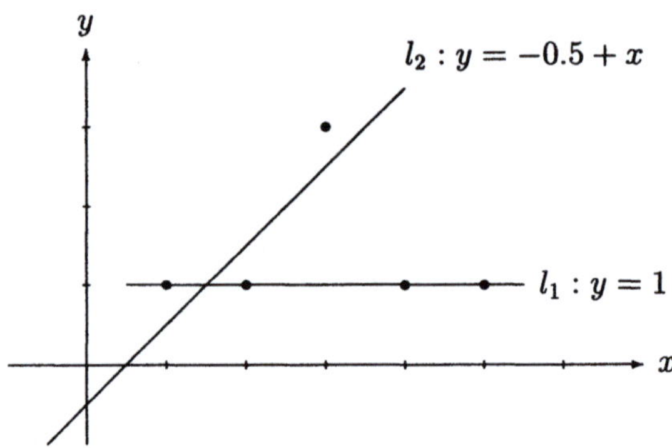

Abbildung 6.11: Beispiel des LMS-Verfahrens.

Approximationsfehler für diesen Satz von Parametern fest. Unter allen C_n^p Parametersätzen wird schließlich derjenige mit dem kleinsten Approximationsfehler angenommen.

Die Minimierungsaufgabe (6.15) ihrerseits läßt sich folgendermaßen lösen:

1. Berechne für alle n Punkte $e_i = z_i - \sum_{k=1}^{p} a_k b_k(x_i, y_i)$, $i = 1, 2 \cdots, n$.

2. Sortiere e_i zu e_i^* in steigender Reihenfolge.

3. Bilde die Reihe $D_i = e_{i+\lfloor n/2 \rfloor}^* - e_i^*$, $i = 1, 2, \cdots, \lceil \frac{n}{2} \rceil$.

4. Suche nach dem Minimum D_k dieser Reihe. Der Ausdruck (6.15) wird dann minimal, wenn $a_0 = (e_k^* + e_{k+\lfloor n/2 \rfloor}^*)/2$. Das Minimum lautet dann $(e_{k+\lfloor n/2 \rfloor}^* - e_k^*)^2/4$.

Bei diesem LMS-Verfahren wird der Parameter a_0 im Gegensatz zu den anderen Parametern mittels einer Optimierung ermittelt. Eine Alternative dazu stellt die Vorgehensweise in [RL93, SS92] dar, wo a_0 ebenfalls aus der Methode der kleinsten Quadrate berechnet wird.

Beispiel 6.9 Das LMS-Verfahren soll anhand eines zweidimensionalen Beispiels (siehe Abb. 6.11) demonstriert werden. Es gilt, die Approximationsgerade $y = a_0 + a_1 x$ für die fünf Punkte $P_1(1,1)$, $P_2(2,1)$, $P_3(3,3)$, $P_4(4,1)$ und $P_5(5,1)$ zu berechnen. Da $p = 2$ werden hier alle Paarungen $(P_i, P_j), i \neq j$, untersucht. Im Fall von (P_1, P_2) haben wir $a_1 = 0$. Die Minimierungsaufgabe (6.15) lautet

$$\min\ \mathrm{median}_{1 \leq i \leq 5}(a_0 - y_i)^2$$

oder

$$\min \ \mathrm{median}[(a_0 - 1)^2, (a_0 - 1)^2, (a_0 - 3)^2, (a_0 - 1)^2, (a_0 - 1)^2].$$

Das Minimum 0 wird mit $a_0 = 1$ erreicht. Für die Paarung (P_1, P_2) ist die optimale Gerade also $l_1 : y = 1$ mit dem entsprechenden Approximationsfehler 0. Betrachten wir nun eine weitere Paarung (P_1, P_3). In diesem Fall $(a_1 = 1)$ erhalten wir

$$\min \ \mathrm{median}_{1 \leq i \leq 5}(a_0 + x_i - y_i)^2$$

oder

$$\min \ \mathrm{median}[a_0^2, (a_0 + 1)^2, a_0^2, (a_0 + 3)^2, (a_0 + 4)^2].$$

Hier ist die Lösung nicht mehr so offensichtlich. Der oben beschriebene Algorithmus liefert folgende (Zwischen)ergebnisse:

1. $e_i = y_i - x_i$: $e_1 = 0$, $e_2 = -1$, $e_3 = 0$, $e_4 = -3$, $e_4 = -4$.

2. $e_1^* = -4$, $e_2^* = -3$, $e_3^* = -1$, $e_4^* = 0$, $e_5^* = 0$.

3. $D_1 = 3$, $D_2 = 3$, $D_3 = 1$.

4. Aus dem Minimum $D_3 = 1$ erhalten wir den optimalen Wert $a_0 = -0.5$. Der optimale Wert von (6.15) beträgt 0.25.

Für diese Paarung lautet die optimale Gerade $l_2 : \ y = -0.5 + x$. Es gibt noch weitere acht Paarungen. Da aber mit (P_1, P_2) der Approximationsfehler bereits null wird, ist l_1 gleich auch die optimale Approximationsgerade für die gegebenen Punkte. Das robuste LMS-Verfahren ist somit in der Lage, den Ausreißer P_3 von der Approximation auszuschließen. $\square$

Eine Anwendung des LMS-Verfahrens am in Abb. 6.7(a) gezeigten Tiefenbild bringt dasselbe Ergebnis wie bei der selektiven Flächenapproximation, siehe Abb. 6.8. Im Vergleich zu den M-Schätzern weist das LMS-Verfahren im allgemeinen ein noch robusteres Verhalten auf.

Wegen der Untersuchung von C_n^p p-Tupeln ist das oben beschriebene LMS-Verfahren äußerst rechenaufwendig. Abhilfe schafft hierfür eine Generierung von m ($\ll C_n^p$) p-Tupeln auf Zufallsbasis. Sei t der Anteil von Ausreißern in den Daten. Dann beträgt die Wahrscheinlichkeit, daß sich zumindest ein p-Tupel ohne Ausreißer unter den m p-Tupeln befindet:

$$P = 1 - [1 - (1 - t)^p]^m.$$

Daraus läßt sich dann die Mindestzahl der zu generierenden p-Tupel

$$m = \left\lceil \frac{\ln(1 - P)}{\ln(1 - (1 - t)^p)} \right\rceil$$

ermitteln. Bei einer Tolerierung von 45% Ausreißern ($t = 0.45$) und Sicherheit von 0.99 beispielsweise reichen für die 5×5 Approximation mit einer biquadratischen Flächenfunktion ($p = 6$) bereits 165 statt von $C_{25}^6 = 177100$ p-Tupel aus. In der Praxis wird meistens über diese Mindestzahl der Tupel hinausgegangen.

6.5　Literaturhinweise

In ihren Arbeiten [BJ86, Bes88b] haben sich Besl und Jain umfassend mit charakteristischen Flächenmerkmalen für die Tiefenbildanalyse auseinandergesetzt. Im wesentlichen folgen die Ausführungen im vorliegenden Kapitel den Diskussionen aus diesen beiden Abhandlungen.

Analytische Methoden mithilfe der Flächenapproximation stellen zweifellos das populärste Vorgehen bei der Bestimmung der charakteristischen Flächenmerkmale dar. Neben polynomialen Flächenfunktionen werden auch Spline-Funktionen [FJ89, VMA86, YK86] verwendet. Was numerische Verfahren angeht, so haben wir im vorliegenden Kapitel lediglich dasjenige aus [HJ87] vorgestellt. Ein weiteres derartiges Verfahren findet sich in [FMN87, Fan90], wo die Krümmungen aus den abgeschätzten Normalkrümmungen in vier verschiedenen Richtungen berechnet werden. In [CS92, LP82][1] werden zwei Methoden zur Krümmungsbestimmung für den Fall vorgeschlagen, daß die Eingangsdaten in Form eines Dreieck-Netzwerks vorliegen. Tanaka [TKL90] diskutiert ein Vorgehen, um Krümmungen aus Konturen identischer Tiefe zu berechnen. Dieses Verfahren findet vor allem bei Tiefensensoren Anwendung, deren Arbeitsprinzip dem Moiré-Verfahren entspricht.

Eine Übersicht über robuste Approximationsmethoden im Hinblick auf Anwendungen in der Bildanalyse wird in [MMR91] gegeben. Die Arbeit [BBW89] beschreibt eine Variation des M-Schätzers, wo polynomiale Flächenfunktionen von variablem Grad verwendet werden. Zur Steigerung der Recheneffizienz wird in [JIK91] ein hybrides Vorgehen mit der Methode der kleinsten Quadrate propagiert, so daß der aufwendige M-Schätzer nur bei Bedarf zum Zuge kommt. Das LMS-Verfahren wird in [KKM$^+$89] ausführlich behandelt. Sonstige Beispiele robuster Verfahren finden sich in [Ste95, ZWZ92]. Die in [Ste95] beschriebene Methode erlaubt beispielsweise eine Tolerierung von über 50% Ausreißern.

Über einen experimentellen Vergleich einiger numerischer und analytischer Methoden zur Krümmungsbestimmung wird in [FJ89] berichtet. Für diese Methoden enthält [Abd90a, Abd90b] eine theoretische Analyse der Krümmungsgenauigkeit im Zusammenhang mit Bildstörungen. In einer weiteren Arbeit [MB93] wird eine Reihe von M-Schätzern experimentell untersucht. Die Autoren der Arbeit [TF95] beschreiben eine Methode zur systematischen experimentellen Evaluation der krümmungsbasierten Tiefenbildsegmentierung. Darin wird u.a. die Genauigkeit der Krümmungsbestimmung anhand einer konkreten Berechnungsmethode untersucht.

Im vorliegenden Kapitel wurde von einem dichten Tiefenbild ausgegangen. Krümmungen lassen sich aber auch aus dreidimensionalen Daten anderer Form ermitteln. Im Zusammenhang mit Formbestimmung aus strukturiertem Licht (vgl. Abschnitt 4.3) wird in [Wan91] ein derartiges Verfahren vorgeschlagen.

---

[1]Die Methode aus [LP82] wird auch in [BJ86, Bes88b] beschrieben.

Hierbei können Krümmungen an den Kreuzpunkten eines gitterförmigen Projektionsmusters abgeschätzt werden.

Kapitel 7

Segmentierung

Als Segmentierung bezeichnet man den Vorgang, ein Bild in sinnvolle Bestandteile zu zerlegen. Bei Tiefenbildern wird üblicherweise eine Bildaufteilung dann als sinnvoll betrachtet, wenn sich die Bildregionen jeweils durch eine aus einer Menge vorgegebener Flächenfunktionen approximieren lassen. Um tatsächlich zu einer derartigen Bildaufteilung zu kommen, kann man sowohl kanten- als auch regionenorientiert vorgehen. Während der letztere Ansatz versucht, direkt nach homogenen Regionen bezüglich der Funktionsapproximation zu suchen, zielt eine kantenbasierte Segmentierung auf die Ermittlung von Grenzen zwischen den homogenen Bildregionen ab.

7.1 Kantenbasierte Segmentierung

In einem Tiefenbild können grundsätzlich drei Kantentypen beobachtet werden:

- Sprungkanten (jump edges) entsprechen Diskontinuitäten in den Tiefenwerten. Diese entstehen, wenn ein Objekt in der Szene ein anderes Objekt oder teilweise sich selbst überdeckt. Eine Sprungkante wird, wie in Abb. 7.1(a) dargestellt, durch den Parameter h charakterisiert.

- Schnittkanten zeichnen sich durch Diskontinuitäten in den Normalenvektoren aus, die beim Zusammentreffen zweier Flächen entstehen. Es kann weiter zwischen Dachkanten (roof edges) und Knickkanten (crease edges) unterschieden werden. Hierbei besteht der einzige Unterschied darin, daß bei Dachkanten der eigentliche Kantenpunkt das Extremum der Tiefenwerte der lokalen Umgebung bildet. Bei den beiden Kantentypen kann ferner jeweils von positiven oder negativen Kanten gesprochen werden. Eine grafische Illustration ist in Abb. 7.1(b)-(e) gezeigt.

- Glatte Kanten (smooth edges) entstehen ebenfalls beim Zusammentreffen zweier Flächen. Im Gegensatz zu Schnittkanten treten jedoch nur Diskon-

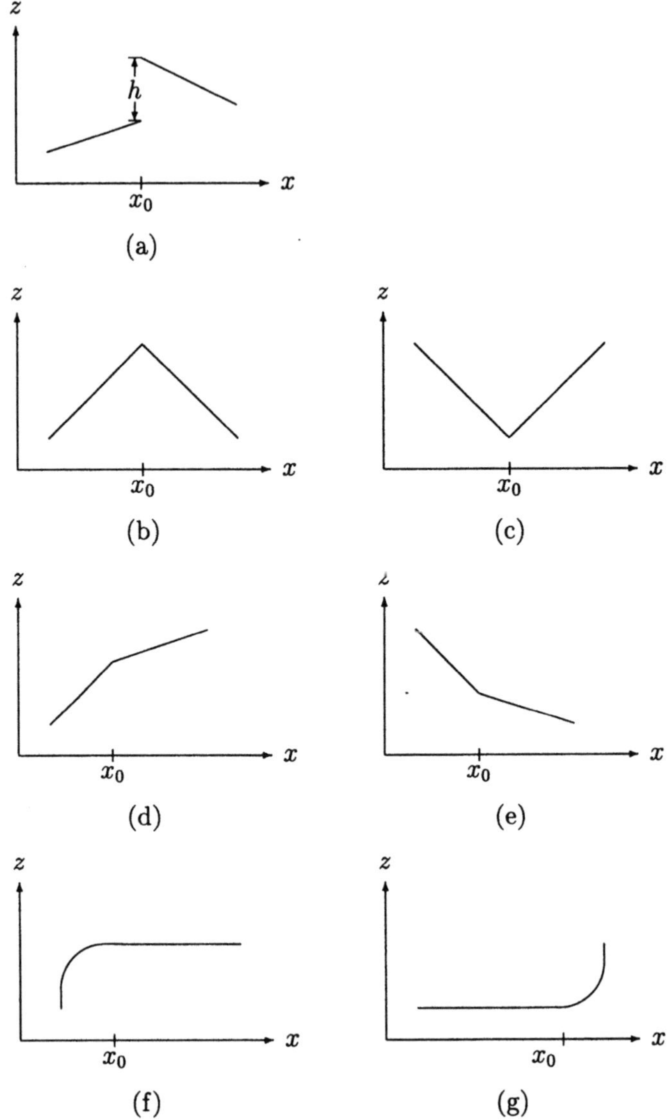

Abbildung 7.1: (a) Sprungkante. (b) Positive Dachkante. (c) Negative Dachkante. (d) Positive Knickkante. (e) Negative Knickkante. (f) Positive glatte Kante. (g) Negative glatte Kante.

tinuitäten in den Krümmungen, nicht aber in den Normalenvektoren auf. Man unterscheidet auch hier zwischen positiven und negativen Kanten (Abb. 7.1(f)-(g)).

Aufgrund der unterschiedlichen Natur der verschiedenen Typen von Kanten ist es naheliegend, unterschiedliche Techniken zu ihrer Detektion zu verwenden. Während eine Reihe von Verfahren zur Detektion von Sprung- und Schnittkanten bekannt ist, besteht für glatte Kanten weitgehend ein Vakuum. Im folgenden werden wir uns deshalb ausschließlich mit der Detektion der ersten beiden Kantentypen beschäftigen.

7.1.1 Ableitungsbasierte Kantendetektion

Der wohl einfachste Detektor für Sprungkanten ermittelt die maximale Tiefenwertdifferenz zwischen einem Bildpunkt $P_{uv} = (x_{uv}, y_{uv}, z_{uv})$ und seinen Nachbarn:

$$RD_{\max} = \max\{|z_{uv} - z_{u+i,v+j}|, \ -1 \leq i, j \leq 1\}.$$

Falls $RD_{\max}$ eine Schwelle T_j überschreitet, wird der Punkt P_{uv} als ein Kantenpunkt betrachtet.

Im Prinzip kann das Problem der Schnittkantendetektion immer auf dasjenige der Sprungkantendetektion reduziert werden, indem man Normalenvektoren, also partielle Ableitungen, berechnet und anschließend nach Sprüngen in den Komponenten der Normalenvektoren sucht. Hierzu können alle im letzten Kapitel vorgestellten Verfahren zur Ermittlung der Normalenvektoren angewendet werden. Insbesondere bieten sich die robusten Verfahren an, da sie die Sprünge in den Normalenvektoren nicht verwischen, was die Kantendetektion oft entscheidend vereinfacht. Werden die Normalenvektoren n_{uv} einmal berechnet, so gestaltet sich die Schnittkantendetektion recht einfach. Es wird zuerst der maximale Winkel zwischen dem Normalenvektor n_{uv} im Punkt P_{uv} und den Normalenvektoren seiner Nachbarn ermittelt:

$$AD_{\max} = \max\{\cos^{-1}(n_{uv}, n_{u+i,v+j}) \mid -1 \leq i, j \leq 1\}.$$

Kantenpunkte sind dann solche mit $AD_{\max} \geq T_c$, wobei T_c ein Schwellwert ist.

Im allgemeinen kann sowohl die Sprungkanten- als auch die Schnittkantendetektion nach der Berechnung der Normalenvektoren mithilfe der aus dem Bereich der Grauwertbilder bekannten Kantendetektoren angegangen werden, da den beiden Problemstellungen praktisch das gleiche Kantenmodell zugrundeliegt. Beispiele derartiger Kantendetektoren sind morphologische Kantendetektoren [LHS87], Gauß-Laplace-Operator [MH80, HM86] und Canny-Operator [Can86]. Einige Beispiele mit dem Canny-Operator werden in Abschnitt 7.1.4 angegeben.

158

$z:$	0	0	0	0	0	5	6	7	8	9
$z^*:$	0	0	0	0	$\frac{5}{3}$	$\frac{11}{3}$	6	7	8	9
$z^* \ominus b:$	0	0	0	0	0	$\frac{5}{3}$	$\frac{11}{3}$	6	7	8
$z^* \oplus b:$	0	0	0	$\frac{5}{3}$	$\frac{11}{3}$	6	7	8	9	10
$\hat{z}:$	0	0	0	0	$\frac{5}{3}$	2	$\frac{7}{3}$	1	1	1
$\overline{z}:$	0	0	0	$\frac{5}{3}$	2	$\frac{7}{3}$	1	1	1	1
$< c >:$	0	0	0	0	$\frac{5}{3}$	2	1	1	1	1
$< c > \circ b:$	0	0	0	0	1	1	1	1	1	1
$< z >:$	0	0	0	0	$\frac{2}{3}$	1	0	0	0	0

Abbildung 7.2: Detektion von Sprungkanten mittels morphologischer Operationen.

In [BBC90] wurde der morphologische Kantendetektor aus [LHS87] eingesetzt. Bei diesem Verfahren wird das Eingangsbild z zuerst mittels einer 3×3 Mittelwertbildung gefiltert. Auf das daraus resultierende Bild z^* werden dann zwei morphologische Operationen mittels eines 3×3 flachen Strukturelementes b

$$\hat{z} = z^* \ominus_r b, \quad \overline{z} = z^* \oplus_r b$$

durchgeführt und die Ergebnisse mit

$$< c > = \min(\hat{z}, \overline{z})$$

kombiniert. Zum Aufzeigen des Prinzips dieses morphologischen Kantendetektors werden in Abb. 7.2 alle Schritte anhand eines eindimensionalen Beispiels durchgerechnet. Falls an der Sprungkante zwei planare Flächen aufeinandertreffen, entsprechen die Werte von $< c >$ für die Bildpunkte neben den beiden Kantenpunkten exakt der Steigung der jeweiligen Ebene. Da bei der Verarbeitung von Grauwertbildern von einem Kantenmodell ausgegangen wird, bei dem die beiden beteiligten Ebenen flach sind, ist diese Steigung also null. Somit ist mit $< c >$ die Aufgabe der Kantendetektion bereits gelöst. Bei Tiefenbildern hingegen läßt das Modell der Sprungkanten (siehe Abb. 7.1(a)) beliebige Steigung der Ebenen zu. Aus $< c >$ müssen die beiden Kantenpunkte also noch vom Umfeld getrennt werden. Dies wird durch die sog.

$$< z > = < c > -(< c > \circ b)$$

erreicht.

Zur Detektion von Knickkanten wird in jedem Bildpunkt zuerst der Einheitsnormalenvektor

$$\boldsymbol{n} = (n_x, n_y, n_z)$$
$$= \left(\frac{-\frac{\partial z}{\partial x}}{\sqrt{(\frac{\partial z}{\partial x})^2 + (\frac{\partial z}{\partial y})^2 + 1}}, \frac{-\frac{\partial z}{\partial y}}{\sqrt{(\frac{\partial z}{\partial x})^2 + (\frac{\partial z}{\partial y})^2 + 1}}, \frac{1}{\sqrt{(\frac{\partial z}{\partial x})^2 + (\frac{\partial z}{\partial y})^2 + 1}} \right)$$

berechnet, wobei die partiellen Ableitungen z.B. mit dem Sobel-Operator abgeschätzt werden. Anschließend wird das Verfahren zur Detektion von Sprungkanten separat auf die drei Komponenten n_x, n_y und n_z angewendet und aus den Ergebnissen die Kantenstärke

$$\max\{<n_x>,<n_y>,<n_z>\}$$

gebildet.

Während sich die Kantendetektoren aus dem Bereich der Grauwertbilder auch bei der Sprungkantendetektion gut bewährt haben, ist deren Anwendung für die Detektion von Schnittkanten jedoch in mehrfacher Hinsicht problematisch. Zum einen ist eine zuverlässige Ermittlung der Normalenvektoren nur mit robusten Verfahren zu erreichen, was einen hohen Rechenaufwand verursacht. Zudem nimmt mit jeder Ableitung auch die Anzahl der involvierten Bildpunkte zu. Aus einer mehrfachen Verkettung der Berechnung von Ableitungen – insgesamt drei im Fall des Gauß-Laplace-Operators – resultiert daher eine Verschlechterung der Positionsbestimmung. Schließlich können Störungen im Tiefenbild bei mehrmaliger Bildung der Ableitungen dermaßen verstärkt werden, daß daraus falsche Kantenpunkte entstehen. In den nächsten Abschnitten wenden wir uns Kantendetektoren zu, die sich vom Prinzip her wesentlich vom obigen Schema unterscheiden.

7.1.2 Kantendetektion mittels morphologischer Residuenanalyse

Man betrachte die Tiefenwerte einer Bildzeile f in Abb. 7.3(a) sowie die beiden morphologischen Residuen $f \oplus_r S_1$ und $f \ominus_r S_1$ in Abb. 7.3(b) und (c), wobei S_1 ein flaches eindimensionales Strukturelement der Größe 3 ist. Daraus ist ersichtlich, daß beim positiven Dachkantenpunkt a das Dilationsresiduum null wird, während das Erosionsresiduum einen kleinen Wert annimmt. Umgekehrt verhalten sich die beiden Residuen beim negativen Dachkantenpunkt b. Aufgrund dieser und weiterer Beobachtungen für andere Kantentypen werden in [KG92] einfache Kriterien aufgestellt, mit deren Hilfe ein Bildpunkt in eine von acht Kategorien eingeteilt wird, nämlich positiver (negativer) Dachkantenpunkt, positiver (negativer) Knickkantenpunkt, oberer (unterer) Sprungkantenpunkt, Rampenpunkt und Punkt konstanter Fläche. Dabei wird jeder Bildpunkt je einmal in X- und Y-Richtung klassifiziert und die beiden Klassifikationsergebnisse werden dann zu einer Endklassifikation kombiniert.

Zunächst wird für jede Bildzeile oder -spalte f eine Reihe von Residuen $f \oplus_r S_n$ und $f \ominus_r S_n$, $n = 1, 2, \ldots, m$, gebildet, wobei S_n ein flaches eindimensionales Strukturelement der Größe $2n+1$ ist. In [KG92] werden sechs Residuen ($m = 6$) betrachtet. Ausgehend von diesen Residuen erfolgt die Klassifikation der einzelnen Bildpunkte mithilfe einfacher Regeln, die in Abb. 7.3 verifiziert werden können.

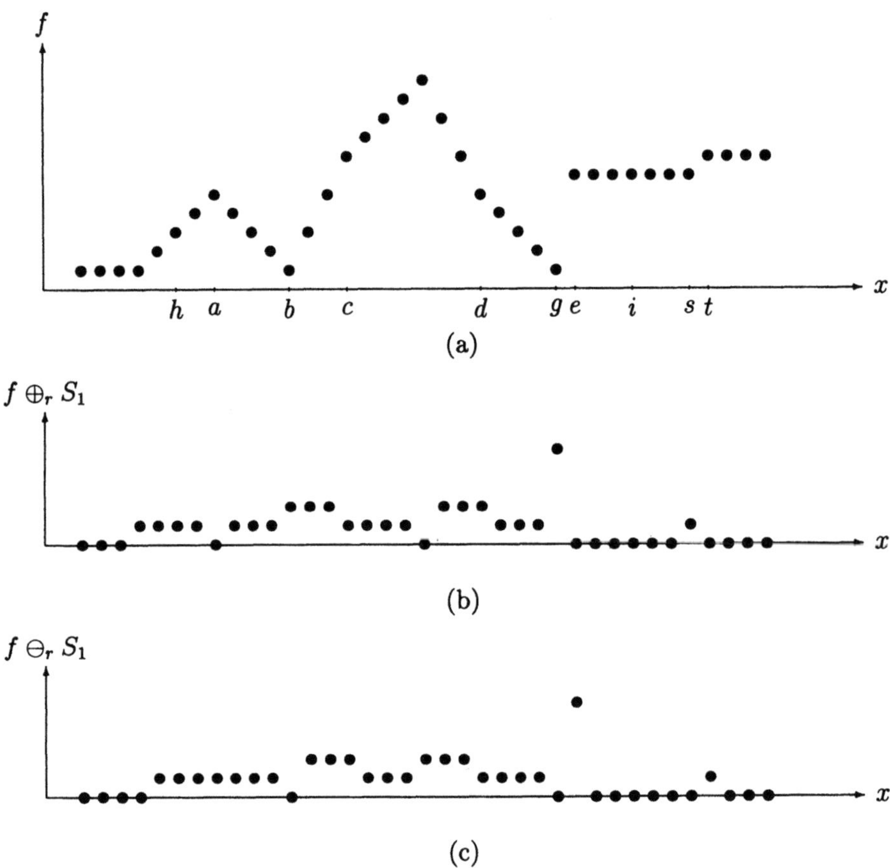

Abbildung 7.3: (a) Eine Bildzeile f mit positiver Dachkante a, negativer Dachkante b, positiver Knickkante c, negativer Knickkante d. Ebenso vorhanden ist eine Sprungkante mit einem oberen Punkt e und einem unteren Punkt g. Der Punkt h ist mitten auf einer Rampe, während sich der Punkt i auf einer konstanten Fläche befindet. (b) Das Dilationsresiduum. (c) Das Erosionsresiduum.

Ein Bildpunkt P gehört zu einer positiven Dachkante, wenn

$$(f \oplus_r S_n)(P) = 0 \text{ und } (f \ominus_r S_n)(P) = LOW$$

für $n = 1, 2, \ldots, m$, wobei $x = LOW$ zum Ausdruck bringt, daß x einen kleinen Wert ungleich null annimmt. Um einen echten positiven Dachkantenpunkt von Punkten wie t in Abb. 7.3(a) zu unterscheiden, die dasselbe Verhalten bei den Residuen aufweisen, werden zusätzlich noch Bedingungen

$$(f \ominus_r S_{n_i})(P) < (f \ominus_r S_{n_j})(P), \quad 1 \leq n_i < n_j \leq m \tag{7.1}$$

verlangt. Ein Bildpunkt P gehört einer negativen Dachkante an, wenn

$$(f \ominus_r S_n)(P) = 0 \text{ und } (f \oplus_r S_n)(P) = LOW$$

für $n = 1, 2, \ldots, m$. Ähnlich wie bei positiven Dachkanten muß auch diese Klassifikationsregel mit zusätzlichen Bedingungen

$$(f \oplus_r S_{n_i})(P) < (f \oplus_r S_{n_j})(P), \quad 1 \leq n_i < n_j \leq m \tag{7.2}$$

verknüpft werden, um eine Verwechslung mit Punkten wie s in Abb. 7.3(a) zu vermeiden.

Ein Bildpunkt P wird als ein positiver Knickkantenpunkt bezeichnet, wenn

$$(f \oplus_r S_n)(P) < (f \ominus_r S_n)(P)$$

für $n = 1, 2, \ldots, m$. Außerdem werden die Bedingungen (7.1) auch hier verlangt. Im Gegensatz dazu gelten für einen negativen Knickkantenpunkt P die Bedingungen

$$(f \oplus_r S_n)(P) > (f \ominus_r S_n)(P)$$

für $n = 1, 2, \ldots, m$, sowie diejenigen in (7.2).

Ein Bildpunkt P ist oberer Punkt einer Sprungkante, wenn

$$(f \oplus_r S_n)(P) = 0 \text{ und } (f \ominus_r S_n) = HIGH.$$

Umgekehrt verhält sich ein unterer Sprungkantenpunkt P, bei dem

$$(f \oplus_r S_n) = HIGH \text{ und } (f \ominus_r S_n) = 0$$

gelten.

Neben den bisherigen Regeln, die Bildpunkte in bestimmte Klassen von Kantenpunkten klassifizieren, werden in [KG92] auch zwei Regeln für Bildpunkte mitten in einer Fläche angegeben. Ein Bildpunkt P steht auf einer Rampe, wenn die Bedingungen

$$(f \oplus_r S_n)(P) \approx (f \ominus_r S_n)(P) = LOW$$

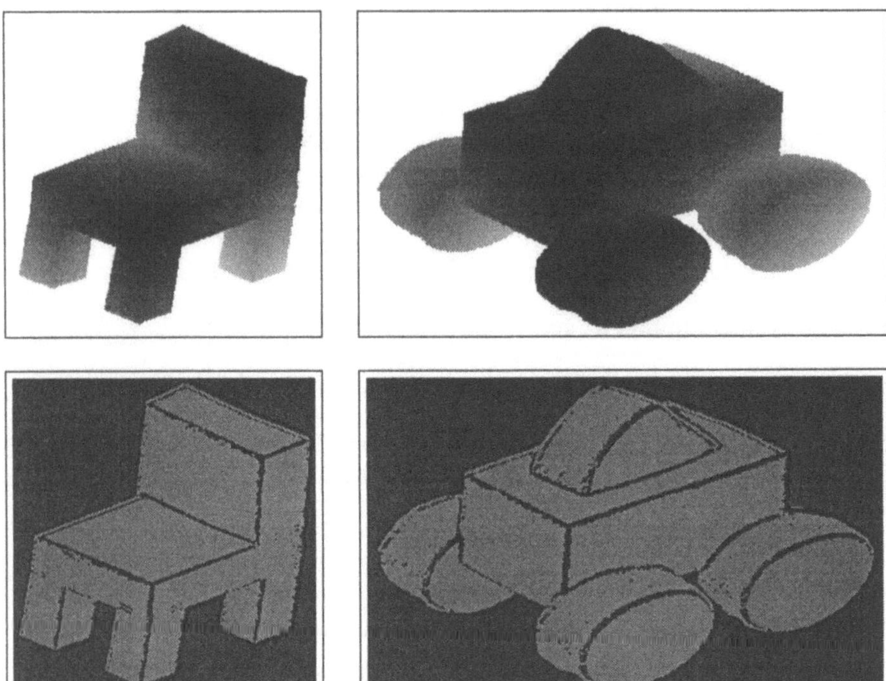

Abbildung 7.4: Oben: Reale Tiefenbilder. Unten: Klassifikation mittels morphologischer Residuenanalyse. Aus [KG92] mit Genehmigung von Kluwer Academic Publishers.

erfüllt sind. Einen Spezialfall davon stellen Bildpunkte auf einer Fläche $z =$ Konstante dar, für die sich die obigen Bedingungen zu

$$(f \oplus_r S_n)(P) \approx (f \ominus_r S_n)(P) \approx 0$$

vereinfachen lassen.

Sobald ein Bildpunkt P in der X- und Y-Richtung klassifiziert ist, erfolgt die Endklassifikation von P aufgrund einfacher Regeln. Wenn P in der einen Richtung als Rampenpunkt und in der anderen Richtung als Punkt auf einer konstanten Fläche klassifiziert ist, lautet beispielsweise eine dieser Regeln, daß dann P ein Rampenpunkt ist.

In Abb. 7.4 werden die Ergebnisse dieser Kantendetektionstechnik ($m = 6$) für zwei reale Tiefenbilder gezeigt, wobei zur Rauschunterdrückung eine Binomialfilterung vorgeschaltet ist. Hierbei werden alle Kantenpunkte unabhängig von ihren Typen mit der Graustufe 0 dargestellt, während konstante Flächen und Rampen durch eine mittlere (80) bzw. hohe (160) Graustufe repräsentiert werden.

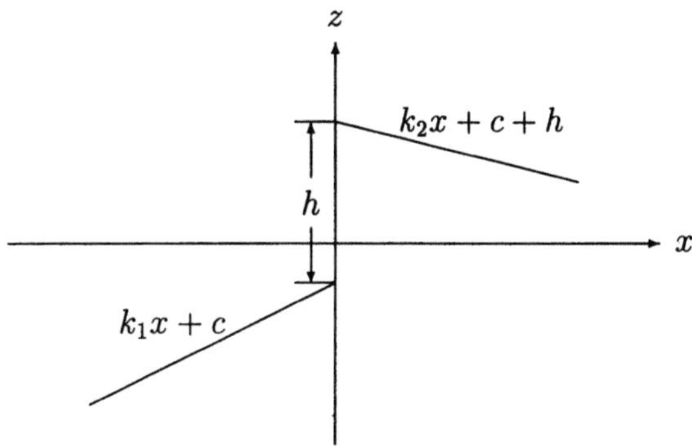

Abbildung 7.5: Ein allgemeines Kantenmodell.

7.1.3   Kantendetektion mittels Residuenanalyse

Bei einer weiteren auf Residuenanalyse beruhenden Technik [AHS90] wird die Differenz zwischen dem Eingangsbild und dessen geglätteter Version betrachtet. Im eindimensionalen Fall wird hierbei vom in Abb. 7.5 dargestellten Kantenmodell ausgegangen, das sowohl Sprungkanten ($h \gg 0$) als auch Schnittkanten ($h = 0$) einschließt. Zur Glättung des eindimensionalen Signals $z(x)$ wird die Gaußsche Filterung

$$g(x) \;=\; \frac{1}{\sqrt{2\pi}\sigma} e^{-\frac{x^2}{2\sigma^2}}$$

angewendet. Die geglättete Version des Eingangssignals hat die Form

$$
\begin{aligned}
z_g(x) \;&=\; \int_{-\infty}^{\infty} z(x + t)g(t)dt \\
&=\; \int_{-\infty}^{-x}(k_1(x + t) + c)g(t)dt + \int_{-x}^{\infty}(k_2(x + t) + c + h)g(t)dt \\
&=\; c + h\int_{-x}^{\infty} g(t)dt + k_1 x\int_{-\infty}^{-x} g(t)dt + k_2 x\int_{-x}^{\infty} g(t)dt + \frac{k_2 - k_1}{\sqrt{2\pi}}\sigma e^{-\frac{x^2}{2\sigma^2}}
\end{aligned}
$$

Daraus wird das Residuum

$$AR(x) \;=\; |z(x) - z_g(x)|$$

definiert. In [AHS90] wurde bewiesen

Theorem 7.1 *Das Residuum $AR(x)$ ist nach oben beschränkt:*

$$AR(x) \leq \frac{h}{2} + \frac{|k_2 - k_1|\sigma}{\sqrt{2\pi}},$$

wobei die obere Schranke genau an der Stelle $x = 0$ erreicht wird.

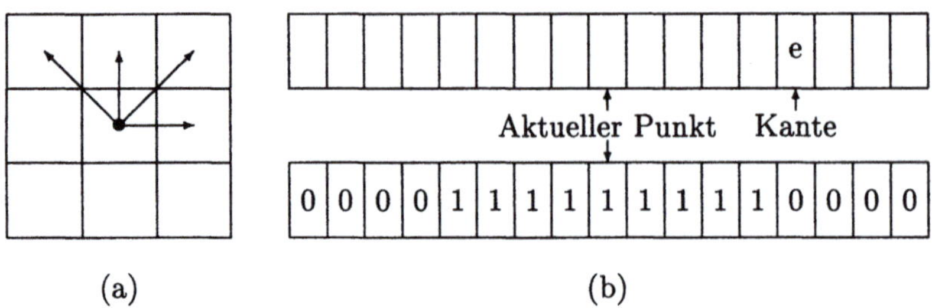

Abbildung 7.6: Kantendetektion mittels Residuenanalyse. (a) Vier Such-
richtungen. (b) Adaptive Filterung.

Daraus leitet sich die Technik der Kantendetektion basierend auf der Residuenanalyse ab. Es wird nämlich nach dem lokalen Maximum des Residuums gesucht. Zur konkreten Realisierung dieser Technik können die unterschiedlichen
Charakteristiken der Kantentypen ausgenutzt werden. Betrachten wir hierfür
die beiden Spezialfälle Sprungkanten und Schnittkanten des allgemeinen Kantenmodells. Bei Sprungkanten nimmt der Parameter h einen großen Wert ein,
so daß das Residuenmaximum

$$AR(0) \approx \frac{h}{2}$$

weitgehend vom Parameter σ der Gaußschen Filterung unabhängig wird. Bei
Schnittkanten ($h = 0$) hingegen nimmt das Residuenmaximum

$$AR(0) = \frac{|k_2 - k_1|\sigma}{\sqrt{2\pi}}$$

bei einer gegebenen Differenz der Steigungen mit σ zu. Somit werden bei der Re-
siduenbildung je nach Kantentyp unterschiedliche Anforderungen an die Gaußsche Filterung gestellt. Während für Sprungkanten eine derartige Filterung mit
einem kleinen Wert von σ ausreicht, kann mit größerem Wert von σ die Detektion von Schnittkanten verbessert werden.

Basierend auf den obigen Überlegungen erfolgt die Kantendetektion in [AHS90]
in drei Phasen. Zuerst wird in jedem Bildpunkt entlang vier Richtungen (siehe Abb. 7.6(a)) das Residuum mit $\sigma = 1$ gebildet. Ein Bildpunkt wird als
Sprungkantenpunkt bezeichnet, wenn das entsprechende Residuum in mindestens einer der vier Richtungen ein lokales Maximum darstellt und zugleich auch
einen vorgegebenen Schwellwert überschreitet. Mit derselben Strategie wird in
der zweiten Phase nach Schnittkanten gesucht. Dabei wird mit einem größerem
Filterungsfenster ($\sigma = 4$) gearbeitet. Außerdem wird der Filterbereich noch
zusätzlich durch eventuell vorhandene Sprungkantenpunkte eingeschränkt, was
einer adaptiven Filterung gleichkommt. Wie in Abb. 7.6(b) schematisch dargestellt, verkleinert sich das Filterungsfenster wegen des Sprungkantenpunktes e

von der anfänglichen Größe 17 auf nunmehr 9. Schließlich wird ein zweites Mal nach Schnittkanten gesucht, diesmal jedoch mit einem niedrigeren Schwellwert bei der Akzeptanz eines lokalen Maximums als Kantenpunkt. Hierbei werden neben den Sprungkantenpunkten auch die vorher gefundenen Schnittkantenpunkte zur Bestimmung des effektiven Filterungsfensters herangezogen. Diese letzte Phase dient vor allem dazu, eng beisammen liegende sowie in der Nähe von Ecken befindliche Kantenpunkte zu detektieren.

7.1.4 Moment-basierte Kantendetektion

Alle bisherigen Ansätze zur Kantendetektion sind u.a. dadurch charakterisiert, daß ein eindimensionales Kantenmodell zugrundeliegt. Daher sind sie alle eigentlich eindimensionale Verfahren. Bei Tiefenbildern gelangen sie zur Anwendung, indem sie in verschiedenen Richtungen ausgeführt und die Ergebnisse dann kombiniert werden. In diesem Abschnitt stellen wir ein Verfahren aus [GM94] vor, das direkt auf einem zweidimensionalen Kantenmodell basiert.

In Abb. 7.7 ist das Kantenmodell gezeigt. Für einen Bildpunkt P wird eine kreisförmige Umgebung betrachtet, die in ein lokales Koordinatensystem eingebettet ist, so daß der Radius des Kreises eins wird. In dieser Umgebung befinden sich zwei planare Flächen mit Steigungen k_1 und k_2. Eine daraus entstandene Kante hat eine Distanz l zum Punkt P und bildet einen Winkel von ϕ mit der X-Achse. Falls die beiden Flächen um einen Winkel von ϕ im Uhrzeigersinn um die Z-Achse gedreht werden, sind sie nachher von der Form $z = k_1 x + c_1$ bzw. $z = k_2 x + kl + c_1 + h$ ($k = k_1 - k_2$). Je nach Wert des Parameters h handelt es sich hierbei um eine Schnittkante ($h = 0$) oder eine Sprungkante ($h \neq 0$).

Die Idee der Kantendetektion besteht nun darin, dieses allgemeine Kantenmodell der lokalen Umgebung eines jeden Bildpunktes P anzupassen. Hierbei wird jedoch nicht nach einer optimalen Anpassung etwa im Sinne des kleinsten Quadrates gesucht. Statt dessen wird die Anpassung so vorgenommen, daß die Zernike-Momente des Kantenmodells mit denjenigen der lokalen Umgebung um P identisch werden. Der Punkt P wird dann als ein Kantenpunkt angesehen, wenn die ideale Kante in unmittelbarer Nähe von P liegt.

Sei $f(x, y)$ eine Funktion mit dem Definitionsbereich $x^2 + y^2 \leq 1$. Das Zernike-Moment der Ordnung n (≥ 0) und der Repetition m (wobei $n - |m|$ eine positive gerade ganze Zahl ist) der Funktion $f(x, y)$ ist durch

$$A_{nm} = \iint_{x^2 + y^2 \leq 1} f(x, y) V_{nm}(\rho, \theta) \, dx dy$$

gegeben, wobei

$$V_{nm}(\rho, \theta) = R_{nm}(\rho) e^{-jm\theta}$$

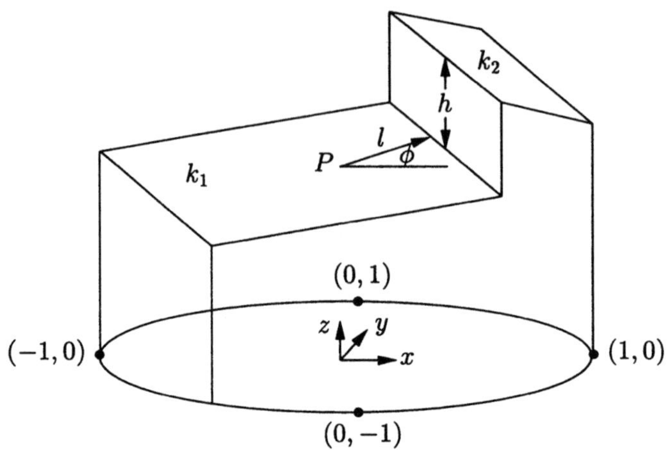

Abbildung 7.7: Ein zweidimensionales allgemeines Kantenmodell.

in Polarkoordinaten ausgedrückte komplexe Polynome mit

$$R_{nm}(\rho) = \sum_{s=0}^{(n-|m|)/2} \frac{(-1)^s(n-s)!\rho^{n-2s}}{s!(\frac{n+|m|}{2}-s)!(\frac{n-|m|}{2}-s)!}$$

sind. Einige Beispiele dieser Polynome niedriger Ordnung sind

$$
\begin{aligned}
V_{00} &= 1, \\
V_{11} &= \rho e^{-j\theta} = x - jy, \\
V_{20} &= 2\rho^2 - 1 = 2x^2 + 2y^2 - 1, \\
V_{31} &= (3\rho^3 - 2\rho)e^{-j\theta} = (3x^3 + 3xy^2 - 2x) - j(3y^3 + 3x^2y - 2y), \\
V_{40} &= 6\rho^4 - 6\rho^2 + 1 = 6x^4 + 12x^2y^2 + 6y^4 - 6x^2 - 6y^2 + 1.
\end{aligned}
$$

Wird die Funktion $f(x,y)$ um einen Winkel ϕ im Uhrzeigersinn rotiert, so lauten die Zernike-Momente der neuen Funktion $f'(x,y)$:

$$A'_{uv} = A_{uv}e^{-jv\phi}.$$

Eine Rotation führt also lediglich zu einer Phasenverschiebung, während der Betrag immer konstant bleibt.

Wir wenden uns nun der eigentlichen Kantendetektion zu. Wird das Kantenmodell in Abb. 7.7 um den Winkel ϕ im Uhrzeigersinn gedreht, so entsteht die ideale Bildfunktion

$$f'(x,y) = \begin{cases} k_1 x + c_1, & x \le l, x^2 + y^2 \le 1 \\ k_2 x + kl + c_1 + h, & x > l, x^2 + y^2 \le 1 \end{cases}$$

mit den folgenden Zernike-Momenten:

$$A'_{20} = -\frac{2k(1-l^2)^{2.5}}{15} + \frac{2h(1-l^2)^{1.5}l}{3}$$

$$A'_{31} = -\frac{2kl(1-l^2)^{2.5}}{15} - \frac{2h(1-6l^2)(1-l^2)^{1.5}}{15} + j \cdot 0 \qquad (7.3)$$

$$A'_{40} = -\frac{2hl(1-l^2)^{1.5}(3-8l^2)}{15} + \frac{2(1-l^2)^{2.5}(1-8l^2)k}{105}$$

Da das originale Kantenmodell $f(x,y)$ eine Drehung von $f'(x,y)$ um $-\phi$ ist, lassen sich dessen entsprechende Zernike-Momente wie folgt berechnen:

$$A_{20} = A'_{20}, \quad A_{31} = A'_{31}e^{j\phi}, \quad A_{40} = A'_{40}.$$

Auf der anderen Seite können auch für die kreisförmige Umgebung um den Bildpunkt P die Zernike-Momente A^*_{20}, A^*_{31} und A^*_{40} berechnet werden. Werden diese Momente mit denjenigen des idealen Kantenmodells gleichgesetzt, so erhalten wir

$$A^*_{20} = A'_{20} \qquad (7.4)$$

$$A^*_{31} = A'_{31}e^{j\phi} \qquad (7.5)$$

$$A^*_{40} = A'_{40} \qquad (7.6)$$

Aus (7.5) ergibt sich

$$\mathrm{Re}[A^*_{31}] = A'_{31}\cos\phi, \quad \mathrm{Im}[A^*_{31}] = A'_{31}\sin\phi.$$

Somit läßt sich der Winkel ϕ durch

$$\phi = \tan^{-1}\left(\frac{\mathrm{Im}[A^*_{31}]}{\mathrm{Re}[A^*_{31}]}\right) \qquad (7.7)$$

ermitteln. Schreiben wir die Beziehung (7.5) noch in

$$\begin{aligned}
A'_{31} &= A^*_{31}e^{-j\phi} \\
&= \mathrm{Re}[A^*_{31}]\cos\phi + \mathrm{Im}[A^*_{31}]\sin\phi \\
&\quad +j(\mathrm{Im}[A^*_{31}]\cos\phi - \mathrm{Re}[A^*_{31}]\sin\phi) \qquad (7.8)
\end{aligned}$$

um, so können wir aus (7.4), (7.6), (7.8) und den Formeln in (7.3) die Gleichung

$$al^4 + bl^3 + cl^2 + dl + e = 0 \qquad (7.9)$$

mit

$$\begin{aligned}
a &= 8A^*_{20}, \quad b = -d = -16\mathrm{Re}[A^*_{31}e^{-j\phi}], \\
c &= 7(A^*_{40} - A^*_{20}), \quad e = -7A^*_{40} - A^*_{20}
\end{aligned}$$

ableiten. Ist die Kantendistanz l gefunden, so erhalten wir schließlich

$$h = \frac{15(lA^*_{20} - \mathrm{Re}[A^*_{31}e^{-j\phi}])}{2(1-l^2)^{2.5}} \qquad (7.10)$$

$$k = \frac{-15(5l\mathrm{Re}[A^*_{31}e^{-j\phi}] + (1-6l^2)A^*_{20})}{2(1-l^2)^{3.5}} \qquad (7.11)$$

Zur Bestimmung der Parameter l, h und k werden die Zernike-Momente A_{20}^*, A_{31}^* und A_{40}^* für die kreisförmige Umgebung des Bildpunktes P benötigt. Diese ergeben sich aus Faltungen mit diskreten Approximationen der Polynome V_{nm}. Die Faltungsmasken für eine 5×5 Umgebung beispielsweise sind:

$$A_{20}^* : \begin{bmatrix} 0.0177 & 0.0595 & 0.0507 & 0.0595 & 0.0177 \\ 0.0595 & -0.0492 & -0.1004 & -0.0492 & 0.0595 \\ 0.0507 & -0.1004 & -0.1516 & -0.1004 & 0.0507 \\ 0.0595 & -0.0492 & -0.1004 & -0.0492 & 0.0595 \\ 0.0177 & 0.0595 & 0.0507 & 0.0595 & 0.0177 \end{bmatrix}$$

$$A_{31}^* : \begin{bmatrix} -0.0104 & -0.0125 & 0.0000 & 0.0125 & 0.0104 \\ -0.0254 & 0.0563 & 0.0000 & -0.0563 & 0.0254 \\ -0.0075 & 0.0870 & 0.0000 & -0.0870 & 0.0075 \\ -0.0254 & 0.0563 & 0.0000 & -0.0563 & 0.0254 \\ -0.0104 & -0.0125 & 0.0000 & 0.0125 & 0.0104 \end{bmatrix} +$$

$$j \cdot \begin{bmatrix} 0.0104 & 0.0254 & 0.0075 & 0.0254 & 0.0104 \\ 0.0125 & -0.0563 & -0.0870 & -0.0563 & 0.0125 \\ 0.0000 & 0.0000 & 0.0000 & 0.0000 & 0.0000 \\ -0.0125 & 0.0563 & 0.0870 & 0.0563 & -0.0125 \\ -0.0104 & -0.0254 & -0.0075 & -0.0254 & -0.0104 \end{bmatrix}$$

$$A_{40}^* : \begin{bmatrix} 0.0108 & -0.0017 & -0.0231 & -0.0017 & 0.0108 \\ -0.0017 & -0.0406 & 0.0227 & -0.0406 & -0.0017 \\ -0.0231 & 0.0227 & 0.1349 & 0.0227 & -0.0231 \\ -0.0017 & -0.0406 & 0.0227 & -0.0406 & -0.0017 \\ 0.0108 & -0.0017 & -0.0231 & -0.0017 & 0.0108 \end{bmatrix}$$

Nun folgt die Kantendetektion wie folgt:

1. Falte die Umgebung eines jeden Bildpunktes P mit den Masken.

2. Berechne den Winkel ϕ gemäß (7.7).

3. Löse die Gleichung (7.9).

4. Falls die potentielle Kante in unmittelbarer Nähe von P ist, d.h. $l \cos \phi \leq \frac{1}{w}$ und $l \sin \phi \leq \frac{1}{w}$ für Faltungsmasken der Größe $w \times w$, berechne h und k gemäß (7.10) bzw. (7.11).

5. Falls $|h|$ einen Schwellwert überschreitet, dann wird P als ein Sprungkantenpunkt betrachtet. Sonst ist P ein Schnittkantenpunkt, sofern $|k|$ genügend groß ist.

In Abb. 7.8 werden die Ergebnisse mit dieser momentbasierten Technik für zwei störungsfreie synthetische Tiefenbilder dargestellt. Zum Vergleich werden auch

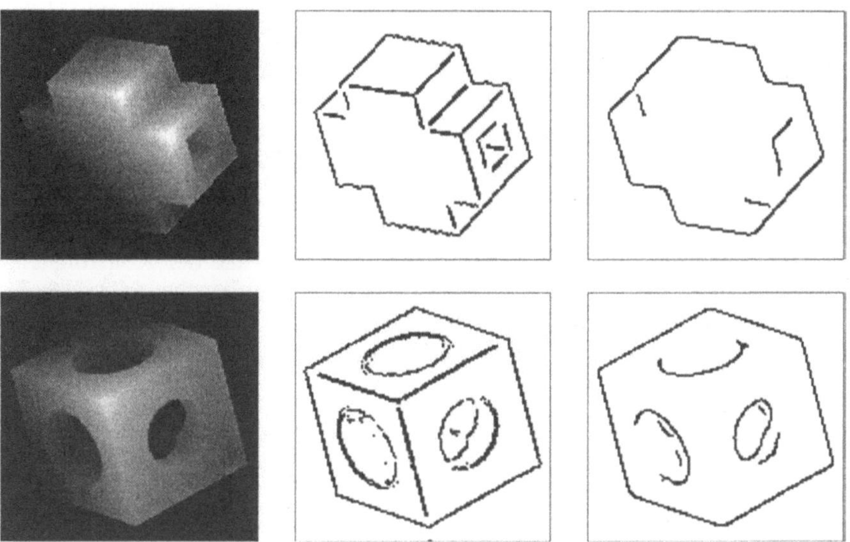

Abbildung 7.8: Links: Tiefenbilder. Mitte: Momentbasierte Kantendetektion. Rechts: Kantendetektion mit dem Canny-Operator. Aus [GM94] mit Genehmigung von IEEE.

die Ergebnisse mit dem Canny-Operator auf den Originalbildern gezeigt. Hier wird deutlich, daß der Canny-Operator, stellvertretend für alle Kantendetektoren aus dem Bereich der Grauwertbilder, nur in der Lage ist, Sprungkanten zu detektieren.

7.2 Regionenbasierte Segmentierung: Algorithmische Paradigmen

Die bis anhin diskutierten Verfahren der Kantendetektion beruhen darauf, Unterschiede in den Tiefenwerten (Sprungkanten) oder Normalenvektoren (Schnittkanten) zwischen benachbarten Bereichen eines Bildes festzustellen. Im Gegensatz dazu geht es bei der regionenbasierten Segmentierung darum, Gruppen von benachbarten Bildpunkten zu finden, die homogen bezüglich eines bestimmten Kriteriums sind. Hierbei soll das Homogenitätskriterium so formuliert werden, daß die daraus entstehenden Regionen typischerweise jeweils einer Fläche eines Objektes entsprechen. Aus formaler Sicht ist die Repräsentation einer Fläche durch die Region, die sie im Bild einnimmt, äquivalent zur Angabe ihrer geschlossenen Kontur. Somit ist auf den ersten Blick die Suche nach Konturlinien äquivalent zur Bestimmung homogener Regionen und man könnte annehmen,

daß beide Klassen von Verfahren gleichwertig sind, falls es darum geht, Flächen
zu detektieren. Bei praktischen Anwendungen haben kanten- und regionenbasierte Segmentierung jedoch recht unterschiedliche Charakteristiken. So weisen die Kantenpunkte auf einer geschlossenen Kontur meistens Lücken auf.
Dieses Problem kennt die regionenbasierte Segmentierung nicht. Dies ist wohl
der Hauptgrund dafür, daß in der Praxis Segmentierungsverfahren dieser Klasse bevorzugt eingesetzt werden. Im Vergleich mit punktweisen Maskenopera-
tionen bei der Kantendetektion ist die Suche nach homogenen Regionen sowohl bezüglich der Grundoperationen als auch bezüglich der Kontrollstruktur
wesentlich komplexer und damit auch rechenaufwendiger. Die beiden Segmentierungsverfahren schließen sich nicht gegenseitig aus; vielmehr können sie, wie
wir in diesem Kapitel noch sehen werden, sinnvoll zu hybriden Ansätzen kombiniert werden.

Nach [HP74] besteht die Aufgabe bei der regionenbasierten Segmentierung darin, eine Partition der Menge R der Punkte eines Tiefenbildes in disjunkte Regionen, d.h. Teilmengen $R_1, R_2, \ldots, R_n$, so zu finden, daß gilt:

1. $\bigcup_{i=1}^{n} R_i = R$.

2. $R_i, i = 1, 2, \ldots, n$, ist zusammenhängend.

3. $R_i \cap R_j = \emptyset, i \neq j$.

4. $P(R_i) = \text{TRUE}, i = 1, 2, \ldots, n$.

5. $P(R_i \cup R_j) = \text{FALSE}, i \neq j$, falls R_i und R_j benachbart sind.

Das Prädikat P in den Bedingungen 4 und 5 hängt von der jeweiligen Anwendung ab und stellt das oben erwähnte Homogenitätskriterium dar. Bei
der Suche nach planaren Flächen im Tiefenbild heißt das Prädikat $P(R_i)$ beispielsweise, daß die in der Teilmenge R_i enthaltenen Punkte eine Ebene bilden, was auf unterschiedliche Art und Weise getestet werden kann. Die letzte
Bedingung drückt die Maximalität der Segmentierung aus; d.h. daß benachbarte Regionen R_i und R_j immer verschmolzen werden zu $R_k = R_i \cup R_j$,
falls $P(R_i \cup R_j) = \text{TRUE}$. In einem Regionenbild bekommt nach der Segmentierung jeder Punkt die entsprechende Regionennummer als Markierung. Hierbei
muß die obige Definition noch um einen Sonderfall erweitert werden. Es kann
nämlich vorkommen, daß für gewisse Punkte der Tiefensensor keinen Meßwert
liefern kann. In diesem Fall ist üblich, alle derartigen Punkte mit einer besonderen Regionenmarkierung *non-surface* zu versehen. Für diese Region gelten
die Bedingungen 2, 4 und 5 nicht.

Auf dem Gebiet der Tiefenbildsegmentierung konzentriert sich die Forschung
vor allem auf den regionenbasierten Ansatz. Daraus resultiert eine große Anzahl
von in der Literatur publizierten Verfahren. Grundsätzlich kann diese Vielfalt
von Methoden aus zwei Blickwinkeln betrachtet werden. Einerseits kann man

von den zugrundeliegenden Algorithmen ausgehen. In der Tat wurden recht unterschiedliche algorithmische Paradigmen zur regionenbasierten Segmentierung eingesetzt, wie Split-and-Merge, Clusteranalyse, oder Regionenexpansion, um nur einige zu nennen. Nicht zuletzt von dem verwendeten Paradigma hängen einige wichtige Leistungsmerkmale eines Segmentierungsverfahrens, wie z.B. Qualität der Ergebnisse, Rechen- oder Speicheraufwand, ab. Auf der anderen Seite kann man die zahlreichen Segmentierungsmethoden auch bezüglich der Typen der jeweils von einem Verfahren detektierbaren Flächen betrachten. Einige Algorithmen sind beispielsweise auf die Detektion von bestimmten Typen von Flächen wie Ebenen, Zylindern, oder Rotationskörpern ausgelegt. Andere sind hingegen in der Lage, ganze Klassen von Flächen zu detektieren. Im folgenden wird auf beide Betrachtungsweisen eingegangen. Dabei werden zuerst die algorithmischen Paradigmen unabhängig von ihrem Einsatz bei der Lösung verschiedener Segmentierungsaufgaben vorgestellt. Anschließend betrachten wir einzelne, nach Flächentypen geordnete Segmentierungsverfahren.

7.2.1 Split-and-Merge

Segmentierungsverfahren dieser Klasse beinhalten eine Phase des Spaltens und eine Phase des Verschmelzens. In der ersten Phase geht es darum, eine Übersegmentation des Tiefenbildes zu erzielen. Seien $R_1, R_2, \ldots, R_n$ Regionen einer idealen Segmentierung des Tiefenbildes. Dann soll das Tiefenbild in Regionen $R'_1, R'_2, \ldots, R'_m$ aufgeteilt werden, so daß für jede Region $R'_i, i = 1, 2, \ldots, m$, gilt

$$\exists j \in \{1, 2, \ldots, n\}, \ R'_i \in R_j.$$

Bis auf die Maximalitätseigenschaft erfüllt eine derartige Aufteilung alle in Abschnitt 7.2 aufgestellten Bedingungen einer Segmentierung. Mit dieser initialen Aufteilung verbunden ist eine Datenstruktur, oft Regionenadjazenzgraph (RAG) genannt, welche die nötigen Informationen für die anschließende Phase des Verschmelzens enthält. Dazu zählen u.a. die charakteristischen Eigenschaften der einzelnen Regionen sowie die Nachbarschaftsrelationen. Im RAG werden die Regionen als Knoten und die Nachbarschaftsrelationen als Kanten bezeichnet. Die Eigenschaften der Regionen entsprechen den Attributen der Knoten. Ziel des Verschmelzungsprozesses ist nun, benachbarte Regionen zusammenzufassen, sofern deren Vereinigung das Homogenitätskriterium ebenfalls erfüllt. Dies bedingt jeweils eine Anpassung des RAG. Werden R'_i und R'_j zusammengefaßt, so werden die entsprechenden Knoten aus dem RAG entfernt und ein Knoten $R'_i \cup R'_j$ hinzugefügt. Die Attribute des neuen Knotens lassen sich aus denjenigen von R'_i und R'_j bestimmen. Schließlich müssen auch die Nachbarschaftsrelationen der mit R'_i oder R'_j benachbarten Regionen aktualisiert werden. Der Vorgang des Verschmelzens wird solange fortgesetzt, bis kein weiteres Zusammenfassen mehr möglich ist (siehe Abb. 7.9).

Für die initiale Aufteilung von Tiefenbildern ist eine Reihe von Techniken

1 Teile das Tiefenbild in Regionen auf, so daß eine Übersegmentation entsteht.

2 Bilde den RAG der initialen Segmentierung.

Wiederhole Schritte 3–4

3 Suche im RAG zwei benachbarte Regionen aus, deren Vereinigung das Homogenitätskriterium erfüllt. Falls solche Regionen nicht existieren, ist die Segmentierung zu Ende.

4 Verschmelze die beiden Regionen. Passe den RAG entsprechend an.

Abbildung 7.9: Segmentierungsalgorithmus mit Split-and-Merge.

bekannt. Eine wichtige Klasse davon bilden die Verfahren mit einem systematischen Aufspaltungsschema. Ausgehend vom vollständigen Tiefenbild wird hierbei das Bild sukzessiv in Regionen unterteilt, bis jede der Regionen das Homogenitätskriterium erfüllt. Das populärste Spaltungsschema ist wohl das auf dem Quadtree beruhende. Dieses Verfahren läßt sich besonders effizient an quadratischen Bildformaten einsetzen, bei denen die Bildpunktzahl in der Zeilen- und Spaltenrichtung eine Potenz von 2 ist. Dies stellt jedoch keine notwendige Voraussetzung dar, da ein Tiefenbild immer zu einem solchen Format ergänzt werden kann. Die Aufteilung erfolgt nach der Regel, ein Quadrat der Größe $2^k \times 2^k$ bei Nichterfüllung des Homogenitätskriteriums in vier Teilquadrate der Größe $2^{k-1} \times 2^{k-1}$ zu zerlegen. Theoretisch kann dieser Vorgang soweit fortgesetzt werden, bis eine quadratische Region nur noch einen einzigen Bildpunkt ausmacht. Im Zusammenhang mit der Tiefenbildsegmentierung wird normalerweise aber eine Mindestgröße angegeben und der Aufteilungsprozeß nur bis zu dieser Größe durchgeführt. Als Beispiel soll die einfache Aufgabe der Suche nach Flächen $z = $ Konstante dienen, siehe Abb. 7.10. Für das Tiefenbild in (a) präsentiert sich die Aufteilung nach dem Quadtree-Schema in (b). Hier wird auch die Notwendigkeit des Verschmelzungsprozesses deutlich. Beim Spalten werden die Grenzen nämlich nach einem festen Schema gezogen. Einige davon müssen deshalb wieder rückgängig gemacht werden. Das Endergebnis wird in (c) dargestellt. Das Quadtree-Schema ist aus der Grauwertbildverarbeitung her bekannt. In der Tat wird dieses Aufteilungsschema oft mit der Bezeichnung Split-and-Merge assoziiert. Im vorliegenden Buch werden wir den Begriff des Spaltens und Verschmelzens jedoch breiter auffassen, indem wir jeden Ansatz in diese Kategorie aufnehmen, der auf dem Prinzip einer initialen Übersegmen-

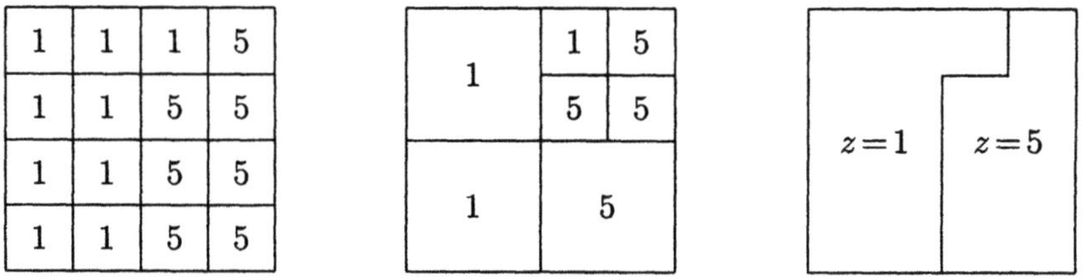

Abbildung 7.10: (a) Tiefenbild mit Flächen $z = 1$ und $z = 5$. (b) Aufteilung nach dem Quadtree-Schema. (c) Endergebnis nach dem Verschmelzen.

tierung und eines anschließenden Verschmelzungsprozesses basiert.

Bei der obigen Aufteilungsmethode wird die Tiefe der Aufteilung von den Daten gesteuert. Demgegenüber steht die fensterbasierte Technik, die ein Tiefenbild unabhängig von den Daten in Blöcke gleicher, vorgegebener Größe zerlegt. Vertreter dieser Technik sind [OS87, RC88]. Typischerweise werden die Blöcke einer Klassifikation in Flächentypen unterzogen und weiter für das Verschmelzen zu größeren Regionen verwendet. Die Datenunabhängigkeit bringt es mit sich, daß vor allem größere Flächen unnötigerweise in viele Blöcke aufgeteilt werden. Dies führt zu einem höheren Aufwand beim Verschmelzen, was den Vorteil der Einfachheit des Spaltens im Vergleich zur adaptiven Aufteilung zumindest teilweise wieder zunichte macht. Außerdem können Blöcke entstehen, die zwei Flächen beinhalten. Häufig ist eine Nachverarbeitung solcher Blöcke nötig. Insgesamt scheinen hier die Nachteile gegenüber dem systematischen Spalten zu überwiegen.

Es gibt noch weitere Methoden für die initiale Aufteilung von Tiefenbildern. Anhand des Klassifikationsschemas mittels Krümmungsvorzeichen aus dem letzten Kapitel können beispielsweise die Bildpunkte in verschiedene Flächentypen eingeteilt werden. Zusammenhängende Regionen mit demselben Flächentyp bilden dann den Ausgangspunkt für das Verschmelzen.

Beim Verschmelzungsprozeß unterscheiden sich die zahlreichen Split-and-Merge Segmentierungsmethoden vor allem in der Reihenfolge der Verschmelzungen. Da diese zweite Phase grundsätzlich sequentieller Natur ist, spielt im Hinblick auf das Endergebnis nicht zuletzt auch diese Reihenfolge eine Rolle. Diesbezüglich sind in der Literatur generell drei Vorgehensweisen anzutreffen. Bei der einen werden die Knoten des RAG nach irgendeiner Strategie durchsucht und Paare, bestehend aus einem gefundenen Knoten und seinen Nachbarn, auf die Erfüllung des Homogenitätskriteriums hin überprüft. Im Fall eines Er-

Wiederhole Schritte 1–2

1 Bestimme eine Kernregion R^0 so daß $P(R^0)$ gilt. Falls keine solche Kernregion existiert, ist die Segmentierung zu Ende.

2 Erweitere R^0 um benachbarte Bildpunkte, wenn nach der Erweiterung die Homogenität von R^0 immer noch gewährleistet ist.

Abbildung 7.11: Segmentierungsalgorithmus mit Regionenexpansion.

folgs wird eine Verschmelzung umgehend ausgeführt und der RAG angepaßt. Hierbei stützt sich die Reihenfolge der Verschmelzungen weitgehend auf die Reihenfolge, in der die Knoten im RAG gefunden werden. Demgegenüber steht die Strategie der optimalen Verschmelzung. Für diesen Zweck bekommt jede Kante im RAG ein Attribut, das die Güte des Zusammenschlusses der beiden durch diese Kante verbundenen Regionen repräsentiert. Unter allen Kanten wird diejenige mit der größten Güte zum Verschmelzen ausgesucht. Statt nach jeder Verschmelzung erneut nach einer optimalen Kante zu suchen, ist es aus Effizienzgründen häufig angebracht, die durch den Zusammenschluß entstandene Region weiter mit ihren Nachbarn zu verschmelzen, bis keine Erweiterung mehr möglich ist.

7.2.2 Regionenexpansion

Die Grundidee bei dieser Klasse von Segmentierungsverfahren (siehe Abb. 7.11) ist immer dieselbe, nämlich von einer kleinen initialen Region, Kernregion genannt, auszugehen und diese sukzessiv auszudehnen. Hierbei muß stets auf die Erfüllung des Homogenitätskriteriums geachtet werden. Dies beginnt bereits bei der Bildung der Kernregion und spielt im gesamten Ausdehnungsprozeß eine entscheidende Rolle. Die Nachbarpunkte der Kernregion werden nur dann in die aktuelle Region aufgenommen, wenn die Homogenität weiterhin gewährleistet ist. Dies wird solange fortgesetzt, bis keine weitere Ausdehnung mehr möglich ist. Der gleiche Prozeß, beginnend mit der Bildung der Kernregion bis hin zur anschließenden Ausdehnung, wird wiederholt, bis sich keine weitere Kernregion mehr finden läßt.

In einem derartigen Segmentierungsverfahren wird der Homogenitätstest oft mithilfe einer Flächenfunktion realisiert. Als Beispiel soll die Aufgabe der Segmentierung in planare Regionen dienen. Hierbei wird nach einer Kernregion gesucht, die durch die lineare Funktion $f(x, y) = ax + by + c$ approximierbar

7	6	5	4	3	2	1
7	6	5	4	3	2	1
7	6	5	4	3	2	1
1	2	3	4	5	6	7
1	2	3	4	5	6	7
1	2	3	4	5	6	7

(a)

2	2	2	2	2	2	2
2	2	2	2	2	2	2
2	2	2	2	2	2	2
1	1	1	1	1	1	1
1	1	1	1	1	1	1
1	1	1	1	1	1	1

(b)

2	2	2	1	3	3	3
2	2	2	1	3	3	3
2	2	2	1	3	3	3
1	1	1	1	1	1	1
1	1	1	1	1	1	1
1	1	1	1	1	1	1

(c)

Abbildung 7.12: (a) Ein Tiefenbild mit zwei Flächen. (b) Korrekte Segmentierung. (c) Falsche Segmentierung. Die Regionenexpansion beginnt mit der unteren Region.

ist. Im Ausdehnungsprozeß wird ein Bildpunkt $P_{uv}(x_{uv}, y_{uv}, z_{uv})$ dann in die Region aufgenommen, wenn dessen Approximationsfehler durch die Flächenfunktion genügend klein ist:

$$|ax_{uv} + by_{uv} + c - z_{uv}| \approx 0.$$

Es ist auch möglich, neben dem Test auf Approximationsfehler einen weiteren Test auf die Übereinstimmung der Normalenvektoren durchzuführen. Sei n_{uv} der Normalenvektor im Punkt P_{uv}. Die Ausdehnung findet nur dann statt, wenn n_{uv} gut mit dem Normalenvektor der Flächenfunktion übereinstimmt, was mit

$$\left| \frac{(-a, -b, 1)}{||(-1, -b, 1)||} \cdot n_{uv} \right| \approx 1 \tag{7.12}$$

getestet werden kann. Solch ein Test ist überaus sinnvoll. Dazu betrachten wir das Beispiel in Abb. 7.12. Mit dem Test in (7.12) ergibt sich die korrekte Segmentierung in (b), wobei die Zahlen den Regionennummern entsprechen. Ohne den Test würden wir hingegen eine falsche Segmentierung erhalten, unabhängig davon, ob die Regionenexpansion mit der unteren oder der oberen Region anfängt.

Einen kritischen Faktor bei der Regionenexpansion stellt die Wahl der Kernregion dar. Diese soll nicht nur das Homogenitätskriterium erfüllen, sondern auch möglichst günstig plaziert sein, so daß sie mitten in einer Fläche liegt und keine Kantenpunkte überlappt. Wichtig ist außerdem noch ein Kriterium, das alle potentiellen Kandidaten für die Kernregion bewertet. Dadurch kann die Expansion von einer optimalen Kernregion aus gestartet werden.

7.2.3 Clusteranalyse

Bei dieser Klasse von Segmentierungsverfahren besteht die allgemeine Vorgehensweise darin, jeden Bildpunkt mit einem Merkmalsvektor zu beschreiben. Hierbei werden die Merkmale so gewählt, daß die zu einer Fläche gehörigen Merkmalsvektoren im d-dimensionalen Merkmalsraum eine Anhäufung bilden, wobei d die Anzahl der verwendeten Merkmale ist. Für die Detektion von planaren Flächen kann beispielsweise der Normalenvektor als Merkmalsvektor verwendet werden. Werden alle Bildpunkte eines Tiefenbildes mittels ihres jeweiligen Merkmalsvektors in den Merkmalsraum abgebildet, so stellt sich die Segmentierungsaufgabe als das Problem dar, die zu den verschiedenen Flächen gehörigen Anhäufungen mithilfe von Methoden aus der Clusteranalyse [Dub93, JD88, Eve93] zu finden.

Gegeben seien N Merkmalsvektoren $\boldsymbol{x}_1, \boldsymbol{x}_2, \ldots, \boldsymbol{x}_N$ im d-dimensionalen Merkmalsraum. Ein Clustering-Verfahren teilt die Punkte in K Cluster $C_1, C_2, \ldots, C_K$ auf. Sei z_{ik} eine Indikatorfunktion, so daß $z_{ik} = 1$, falls $\boldsymbol{x}_i$ zum Cluster C_k gehört, und sonst 0. Mit dieser Funktion läßt sich der Schwerpunkt des Clusters C_k als

$$\boldsymbol{m}_k \;=\; \frac{1}{|C_k|} \sum_{i=1}^{N} z_{ik}\boldsymbol{x}_i$$

ausdrücken. Die Güte von C_k wird mit der Summe der quadratischen Euklidischen Distanzen zwischen den Vektoren in C_k und dem Schwerpunkt von C_k:

$$e_k^2 \;=\; \sum_{i=1}^{N} z_{ik}(\boldsymbol{x}_i - \boldsymbol{m}_k) \cdot (\boldsymbol{x}_i - \boldsymbol{m}_k) \tag{7.13}$$

und die Güte eines Clusterings der N Vektoren in K Cluster $C_1, C_2, \ldots, C_K$ mit

$$E_K^2 \;=\; \sum_{k=1}^{K} e_k^2$$

definiert. Nun besteht die Aufgabe des Clusterings darin, für einen gegebenen Wert von K, K Untermengen $C_1, C_2, \ldots, C_K$ der gegebenen Punktmenge im Merkmalsraum unter den Bedingungen

1. $C_i \neq \emptyset$

2. $C_i \cap C_j \;=\; \emptyset,\; i \neq j$

3. $\displaystyle\sum_{k=1}^{K} C_k \;=\; \{\boldsymbol{x}_1, \boldsymbol{x}_2, \ldots, \boldsymbol{x}_N\}$

so zu wählen, daß der Gesamtfehler E_K^2 minimiert wird. Hierbei stellt die erste Bedingung sicher, daß jedes Cluster mindestens einen Vektor enthält.

Das obige Clustering-Problem kann auch zu einer unscharfen (fuzzy) Version [BP92a] erweitert werden, indem z_{ik} als Zugehörigkeitsgrad von $\boldsymbol{x}_i$ zum Cluster C_k Werte aus dem Bereich [0,1] annimmt. In diesem Fall wird der Term z_{ik} in (7.13) durch z_{ik}^q ersetzt, wobei q heuristisch festgelegt wird und oft den Wert 2 annimmt.

1 Bestimme einen initialen Schwerpunkt der K Cluster.

repeat

2 Für jeden Merkmalsvektor $\boldsymbol{x}_i$: nimm $\boldsymbol{x}_i$ in dasjenige Cluster auf, dessen Schwerpunkt unter allen Clustern die kleinste Distanz zu $\boldsymbol{x}_i$ aufweist.

3 Berechne den Schwerpunkt der Cluster.

until die Cluster stabil sind

Abbildung 7.13: K-Means Clustering Algorithmus.

Bevor das eigentliche Clustering stattfindet, sollten die Merkmale noch normalisiert werden. Es kann nämlich möglich sein, daß die einzelnen Merkmale unterschiedlicher Natur sind und andere Wertebereiche belegen. Die Normalisierung zielt darauf hin, den Einfluß der Merkmale auf das Clustering auszugleichen und kein Merkmal bevorzugt zu behandeln. Sei $m_j, j = 1, 2, \ldots, d$, der Mittelwert des j-ten Merkmals aller Merkmalsvektoren und s_j^2 dessen Varianz:

$$m_j = \frac{1}{n}\sum_{i=1}^{n} x_{ij}, \quad s_j^2 = \frac{1}{n-1}\sum_{i=1}^{n}(x_{ij} - m_j)^2.$$

Im Zusammenhang mit der Tiefenbildsegmentierung wird vor allem die sogenannte Z-Score Normalisierung

$$x_{ij}^* = \frac{x_{ij} - m_j}{s_j}$$

verwendet. Die normalisierten Merkmale weisen anschließend den Mittelwert 0 und die Varianz 1 auf. Eine weitere Normalisierungsmethode bildet jedes Merkmal in den Wertebereich $[0, 1]$ ab:

$$x_{ij}^* = \frac{x_{ij} - \min\{x_{ij}\}}{\max\{x_{ij}\} - \min\{x_{ij}\}}$$

für $j = 1, 2, \ldots, d$. Untersuchungen [Dub93] haben gezeigt, daß diese Methode der Z-Score Normalisierung oft überlegen ist.

Das Clustering als Optimierungsaufgabe kann auf verschiedene Art und Weise gelöst werden. Dazu zählen u.a. Simulated Annealing [KD89, SA91], Genetische Algorithmen [BRE91], neuronale Netzwerke [GM93] sowie eine ganze Reihe von heuristischen Verfahren. Eine Vergleichsstudie dieser Verfahren findet sich in [MR94]. Methoden der letzten Klasse zeichnen sich vor allem durch ihre Einfachheit aus, was am Beispiel des populären K-Means Clusterings deutlich wird, siehe Abb. 7.13. Hierbei können die initialen Schwerpunkte beispielsweise bestimmt werden, indem auf Zufallsbasis K Merkmalsvektoren ausgewählt werden. Auch möglich ist, die K Merkmalsvektoren so zu wählen, daß sie möglichst weit entfernt voneinander liegen. Obwohl die Konvergenz des K-Means Algorithmus sichergestellt ist, besteht – wie es bei allen heuristischen Verfahren für das Clustering der Fall ist – keine Garantie, daß das Ergebnis nach der Konvergenz das globale Optimum darstellt. Eine mögliche Abhilfe besteht darin, den Algorithmus mehrmals mit verschiedenen Initialisierungen auszuführen, in der Hoffnung, daß zumindest eine der Ausführungen zu einem vernünftigen Ergebnis führt.

Bei der Tiefenbildsegmentierung teilt das Clustering die N Bildpunkte in K Cluster auf. Damit ist der Segmentierungsprozeß aber noch nicht zu Ende. Zum einen bilden die Punkte eines Clusters nicht notwendigerweise eine zusammenhängende Region im Bild. Wird für die Detektion von planaren Flächen beispielsweise der Normalenvektor als Merkmalsvektor verwendet, so gehören Punkte zweier paralleler Ebenen zum selben Cluster. Gewiß könnte man auch räumliche Information wie etwa die X- und Y-Koordinate der Bildpunkte in die Merkmalsvektoren aufnehmen. Dies führt aber tendentiell zu einer Übersegmentierung, d.h. einer Zerstückelung einer Fläche in mehrere Cluster. Umgekehrt ist keineswegs sicher, daß zwei eng beisammen liegende parallele Ebenen beim Clustering immer getrennt werden. Die übliche Vorgehensweise besteht deshalb darin, die Cluster zurück ins Bild abzubilden und anschließend nach zusammenhängenden Regionen zu suchen.

Ein weiteres Problem hängt unmittelbar mit der Anzahl der Cluster K zusammen. Da wir die exakte Zahl der Flächen im voraus nicht kennen, muß K großzügig gewählt werden, was unweigerlich zur Folge hat, daß oft die effektive Zahl der Flächen unter K liegt. Die Konsequenz ist eine Übersegmentation. Deshalb wird praktisch bei jedem auf Clustering basierenden Segmentierungsverfahren ein Verschmelzungsprozeß durchgeführt. Dies kann sowohl auf der Ebene der Cluster als auch im Bild geschehen, wo Cluster bzw. benachbarte Regionen zusammengefaßt werden, sofern sie gewisse Kompatibilitätskriterien (z.B. die Homogenitätsbedingung) erfüllen.

Auf dem Weg zu einem Segmentierungsverfahren basierend auf Clustering gilt es schließlich noch, das Problem des Rechenaufwandes in den Griff zu bekommen. Generell sind Clustering und fuzzy Clustering im besonderen Maß rechenintensiv. Selbst für relativ kleine Tiefenbilder, beispielsweise der Größe 128×128, bekommen wir es mit dem Clustering von 16384 Merkmalsvektoren zu tun. Pragmatisch wird deshalb so vorgegangen, daß das Clustering lediglich für eine Untermenge aller Merkmalsvektoren durchgeführt wird. Hierbei kann stichprobenmäßig jede r-te Zeile und c-te Spalte des Bildes verwendet werden. Nach dem Clustering erfolgt dann die Zuteilung der restlichen Merkmalsvek-

---

1 Bilde jeden Bildpunkt mittels seines Merkmalsvektors in den Merkmalsraum ab.

2 Bestimme eine Untermenge aller Merkmalsvektoren.

3 Führe ein Clustering für diese Untermenge durch.

4 Weise die restlichen Merkmalsvektoren jeweils einem Cluster zu.

5 Verschmelze Cluster unter Erfüllung der Kompatibilitätsbedingungen.

6 Bilde die Cluster zurück ins Bild ab und suche nach zusammenhängenden Regionen.

7 Verschmelze benachbarte Regionen unter Erfüllung der Homogenitätsbedingung.

Abbildung 7.14: Segmentierungsalgorithmus basierend auf Clustering.

toren aufgrund ihrer jeweiligen Distanzen zu den Schwerpunkten der Cluster.

Nun sind wir in der Lage, das allgemeine Schema eines auf Clustering basierenden Segmentierungsverfahrens (siehe Abb. 7.14) anzugeben. Auf mögliche Variationen der darin enthaltenen Schritte wird in den folgenden Abschnitten eingegangen.

7.2.4 Sonstige Ansätze

Beim Vorgehen der Regionenexpansion stellt die Wahl der Kernregion einen kritischen Faktor dar. Deshalb wird im von Leonardis [LGB95] vorgeschlagenen Ansatz zur Tiefenbildsegmentierung gänzlich auf die Wahl einer konkreten Kernregion verzichtet. Statt dessen wird versuchsweise ein reguläres Gitter von Kernregionen über das gesamte Bild plaziert. Von jeder der Kernregionen aus wird expandiert und alle auf diese Weise gefundenen – zum Teil überlappenden – Flächen gelten als Flächenhypothesen. In einem zweiten Schritt wird dann eine Auswahl der Hypothesen getroffen, um die Szene optimal zu interpretieren.

Hough-Transformation, die sich vor allem bei der Merkmalsextraktion in Grauwertbildern einer großen Beliebtheit erfreut, wurde auch zur Tiefenbildsegmentierung eingesetzt. Die Arbeit [MM84] beschreibt eine derartige Methode zur Segmentierung von Tiefenbildern in planare und quadratische Flächen. In [YL94] hingegen wird die Detektion von Rotationskörpern betrachtet, siehe Abschnitt 7.5.

Auch Relaxation, eine in der Bildanalyse populäre Technik, fand Anwendung in der Tiefenbildsegmentierung. In [MHTA90] wird ein Relaxationsverfahren zur Segmentierung eines Tiefenbildes in planare Flächen vorgeschlagen. Die Stärke derartiger Methoden liegt eindeutig in der einfachen Kontrollstruktur. Ihre parallele Natur läßt eine direkte Implementation auf einer parallelen Architektur zu.

7.3 Segmentierung in planare Flächen

7.3.1 Split-and-Merge basierend auf Quadtree

Der erste Segmentierungsalgorithmus basierend auf dem Split-and-Merge Prinzip wurde in [PM86] vorgestellt. Dabei erfolgt das systematische Spalten mithilfe eines Quadtrees. In der Phase des Spaltens wird das Homogenitätskriterium mit der Gleichheit der Normalenvektoren in einem quadratischen Bildausschnitt ausgedrückt. Seien $n_i = (p_i, q_i, 1), i = 1, 2, \ldots, 2^k$ diese Normalenvektoren. Die Standardabweichungen der beiden Komponenten p_i und q_i lassen sich aus

$$\sigma_p = \sqrt{\frac{1}{2^k - 1} \sum_{i=1}^{2^k} (p_i - \overline{p})}, \quad \overline{p} = \frac{1}{2^k} \sum_{i=1}^{2^k} p_i$$

$$\sigma_q = \sqrt{\frac{1}{2^k - 1} \sum_{i=1}^{2^k} (q_i - \overline{q})}, \quad \overline{q} = \frac{1}{2^k} \sum_{i=1}^{2^k} q_i$$

ermitteln. Nun wird die Homogenität des betrachteten Bildausschnitts mittels

$$\sigma_p + \sigma_q \approx 0$$

geprüft. In der Phase des Verschmelzens wird dasselbe Homogenitätskriterium auf eine einfachere Weise getestet. Für jede Region R mit dem Durchschnittswert $\overline{p}_R$ und $\overline{q}_R$ werden die beiden Neigungswinkel

$$\alpha_R = tan^{-1}(\overline{p}_R / \overline{q}_R), \qquad -\pi \leq \alpha_R \leq \pi$$

$$\theta_R = tan^{-1}\sqrt{(\overline{p}_R)^2 + (\overline{q}_R)^2}, \quad 0 \leq \theta_R \leq \frac{\pi}{2}$$

definiert. Zwei benachbarte Regionen R und Q werden dann verschmolzen, wenn

$$|\alpha_R - \alpha_Q| \approx 0 \text{ oder } 2\pi \quad \text{und} \quad |\theta_R - \theta_Q| \approx 0$$

erfüllt sind.

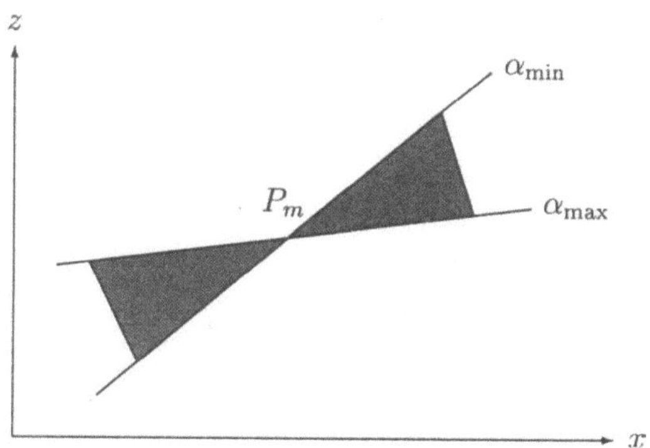

Abbildung 7.15: Aufteilung des Raums in homogene (schraffiert) und inhomogene Bereiche.

Die größte Schwäche dieses Ansatzes liegt darin, daß sich der Homogenitätstest in den beiden Phasen des Segmentierungsvorgangs ausschließlich auf die Gleichheit der Normalenvektoren stützt. Dadurch werden zwei parallele Ebenen unterschiedlicher Höhen als eine einzige Fläche behandelt. Diese Schwäche wird in [TSR89] durch einen zusätzlichen Kontinuitätstest behoben. Dabei wird die Gleichheit der Normalenvektoren im Gegensatz zu [PM86] anhand der beiden Neigungswinkel α und θ geprüft. Seien $\alpha_{\min}$, $\alpha_{\max}$, $\theta_{\min}$ und $\theta_{\max}$ die Extremwerte der Neigungswinkel einer Region R. Die Region R is homogen bezüglich der Neigung, wenn

$$|\alpha_{\min} - \alpha_{\max}| \approx 0$$
$$|\theta_{\min} - \theta_{\max}| \approx 0 \text{ oder } 2\pi$$

gelten. Da der Winkel α einen zyklischen Wertebereich $(0 \equiv 2\pi)$ annimmt, sind die Extremwerte dafür nicht im üblichen Sinne zu verstehen. Statt dessen wird für α ein zyklisches Histogramm über alle Punkte von R gebildet und $\alpha_{\min}$ und $\alpha_{\max}$ als die Extremwerte des längsten unbelegten Bereiches im Histogramm definiert. Dieser Winkeltest wird sowohl in der Aufteilungs- als auch in der Verschmelzungsphase eingesetzt.

Verläuft der Winkeltest erfolgreich, wird anschließend der aufwendigere Kontinuitätstest durchgeführt. In der Aufspaltungsphase gestaltet sich dieser folgendermaßen: Entspricht eine Region R wirklich einer einzigen Ebene, so kann davon ausgegangen werden, daß die räumliche Position sämtlicher Punkte in R durch vier Ebenen beschränkt ist. Diese Ebenen besitzen jeweils die Neigungswinkel $(\alpha_{\min}, \theta_{\min})$, $(\alpha_{\min}, \theta_{\max})$, $(\alpha_{\max}, \theta_{\min})$, und $(\alpha_{\max}, \theta_{\max})$ und gehen durch den mittleren Punkt P_m von R. Seien $z = f_i(x, y)$, $i = 1, 2, 3, 4$ die Gleichungen dieser Ebenen. Sie teilen den Raum in zwei Bereiche auf. Der eine läßt sich mit

$$\min\{f_i(x, y) \mid i = 1, 2, 3, 4\} \leq z \leq \max\{f_i(x, y) \mid i = 1, 2, 3, 4\} \qquad (7.14)$$

beschreiben und wird als homogener Bereich bezeichnet. Er legt den Bereich
fest, wo die Punkte der angenommenen Ebene von R liegen müssen. Zur Verdeutlichung dieses Konzepts zeigt Abb. 7.15 ein zweidimensionales Beispiel. Die
Region R ist auch bezüglich der Kontinuität homogen, wenn sämtliche Punkte
von R die Bedingung (7.14) erfüllen.

In der Verschmelzungsphase wird ein wenig anders vorgegangen. Bei der Verschmelzung zweier Regionen R_i und R_j ist derselbe Kontinuitätstest für $R_i \cup R_j$
zwar denkbar, wird aber aus Effizienzgründen vermieden. Statt dessen wird lediglich verlangt, daß der mittlere Punkt von R_i im von R_j festgelegten homogenen Bereich liegt und ebenso der mittlere Punkt von R_j im von R_i festgelegten
homogenen Bereich. Im Gegensatz zur Aufteilungsphase, wo die betrachteten
Regionen immer Quadrate sind, kann hier eigentlich nicht von einem mittleren
Punkt gesprochen werden, da eine nach einer Reihe von Verschmelzungen entstandene Region eine beliebige Form annehmen kann. Als praktische Lösung
wird einfach der jeweilige Schwerpunkt von R_i und R_j zum Kontinuitätstest
verwendet.

Den beiden hier vorgestellten Segmentierungsverfahren liegt das Quadtree-
Schema zugrunde. Dabei wird eine quadratische Region bei Nichterfüllung des
Homogenitätskriteriums unabhängig von der Gegebenheit der Daten in vier
gleiche Teilquadrate unterteilt. Als Konsequenz dieser Datenunabhängigkeit
ergeben sich stufenartige Grenzen zwischen den Regionen. Oft entstehen auch
kleine Regionen, die nicht mit den eigentlichen Flächen verschmolzen werden
können. Abhilfe kann hier ein Schema schaffen, das neben der Eigenschaft einer
systematischen Aufteilung in der Lage ist, sich den Daten des aufzuteilenden
Gebietes anzupassen. Im nächsten Abschnitt werden wir ein solches Auftei-
lunsgschema kennenlernen.

7.3.2 Split-and-Merge basierend auf Delaunay-Triangulation

Die Delaunay-Triangulation zählt zu den wichtigsten Konzepten der algorithmischen Geometrie. Für eine gegebene zweidimensionale Punktmenge V stellt
die Delaunay-Triangulation eine Zerlegung der konvexen Hülle von V in Dreiecke dar, bei welcher der umschließende Kreis eines jeden Dreiecks außer den
drei Eckpunkten keinen weiteren Punkt aus V enthält. Solch eine Triangulation kann auch inkrementell aufgebaut werden, indem eine initiale Triangulation mit wenigen Punkten laufend um einen neuen Punkt aus V ergänzt
und entsprechend angepaßt wird. Im Zusammenhang mit der Tiefenbildsegmentierung [SC91] heißt es nun, eine Menge von Bildpunkten zur Aufteilung
des Bildbereiches nach der Delaunay-Triangulation so zu wählen, daß dabei
den Gegebenheiten der Tiefendaten des aufzuteilenden Gebietes besser Rechnung getragen wird als beim Quadtree-Schema. Die Punktmenge soll soviele
Punkte enthalten, daß die daraus resultierende Aufteilung ausschließlich pla-

1 Initialisiere H und I mittels der initialen Dreiecke.

while $I \neq \emptyset$ **begin**

2 Wähle ein Dreieck $T \in I$ aus.

3 Bestimme den Punkt P in T mit dem größten Approximationsfehler.

4 Füge P der Punktmenge V hinzu und führe den inkrementellen Algorithmus für die Delaunay-Triangulation aus.

5 Nimm die neuen Dreiecke nach H bzw. I auf.

end

Abbildung 7.16: Aufteilungsschema nach der Delaunay-Tringulation.

nare dreieckige Regionen beinhaltet. Diese bildet dann den Ausgangspunkt für die Verschmelzungsphase.

Die Aufteilung ist ein iterativer Prozeß, siehe Abb. 7.16. Ausgegangen wird von einer Zerlegung des vollständigen Bildbereiches in zwei Dreiecke durch eine Diagonale. Hierbei werden die dreieckigen Regionen gemäß des Homogenitätskriteriums in eine Menge H der homogenen und eine Menge I der inhomogenen Regionen unterteilt. In jedem Iterationsschritt wird ein Dreieck T aus I ausgewählt. Derjenige Punkt in T mit dem größten Approximationsfehler wird dann als neuer Punkt dem Triangulationsprozeß zugeführt. Die neu entstandenen Dreiecke werden der Menge H bzw. I zugeteilt. Auf diese Weise entsteht eine feinere Aufteilung des Bildbereiches. Dieser Vorgang wird solange fortgesetzt, bis alle dreieckigen Regionen homogen sind. Der anschließende Verschmelzungsprozeß erfolgt ähnlich wie bei den beiden Segmentierungsverfahren nach dem Quadtree-Schema.

Im Vergleich zur Aufteilung basierend auf Quadtrees hat das hier vorgestellte Aufteilungsschema die Eigenschaft, daß nicht nur der Entscheid über eine Weiterzerlegung, sondern auch die Art, wie diese vorgenommen werden soll, von den aktuellen Tiefendaten gesteuert wird. Dieses adaptive Verhalten erweist sich vor allem dann als vorteilhaft, wenn es darum geht, Grenzen zwischen den Regionen besser zu plazieren. Zur Illustration dieser Segmentierungsmethode sind in Abb. 7.17 zwei Tiefenbilder und die Segmentierungsergebnisse gezeigt.

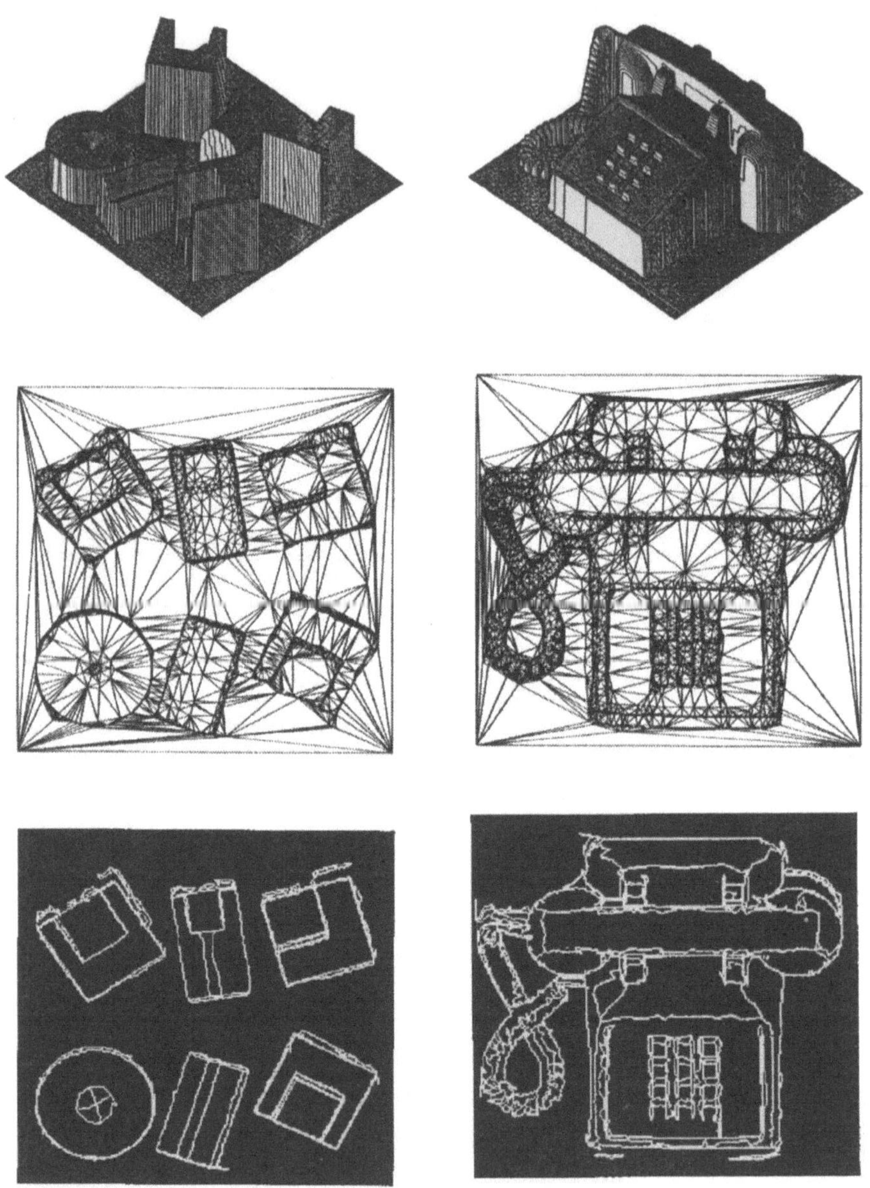

Abbildung 7.17: Split-and-Merge basierend auf Delaunay-Triangulation. Oben:
Tiefenbild. Mitte: Nach der Aufteilung. Unten: Endergebnis. Reproduziert aus
[SC91] mit Genehmigung von IEEE.

7.3.3 Clustering in planare Strukturen

Eine direkte Anwendung des in Abschnitt 7.2.3 dargestellten Schemas für die Segmentierung von Tiefenbildern in planare Flächen wurde in [BS92] vorgestellt. Dabei wird in jedem Bildpunkt zuerst die lokale Approximationsebene $z = ax + by + c$ ermittelt. Der Merkmalsvektor setzt sich aus dem Koeffizienten c sowie den beiden Winkeln

$$\alpha = \tan^{-1}(\frac{b}{a}), \quad \theta = \tan^{-1}\sqrt{a^2 + b^2}$$

zusammen, die den Normalenvektor $(-a, -b, 1)$ auf eine andere Art repräsentieren. Für das Clustering wird der K-Means Algorithmus verwendet. In [BS92] werden die Merkmale nicht normalisiert. Statt dessen wird im Clustering-Verfahren die Distanz von einem Merkmalsvektor $\boldsymbol{x}_i = (\alpha, \theta, c)$ zum Schwerpunkt $\boldsymbol{m}_k = (\alpha_0, \theta_0, c_0)$ eines Clusters C_k anstelle der Euklidischen Distanz mit

$$d(\boldsymbol{x}_i, \boldsymbol{m}_k) = (c - c_0)^2 + W_1(c_{\max} - c_{\min})(\alpha - \alpha_0)^2 + W_2(c_{\max} - c_{\min})(\theta - \theta_0)^2$$

definiert, wobei $c_{\min}$ und $c_{\max}$ das Minimum bzw. Maximum von c über alle Merkmalsvektoren sind. Auf diese Weise können die beiden Parameter W_1 und W_2 so gewählt werden, daß der Einfluß der einzelnen Merkmale auf das Clustering ausgeglichen wird. Somit hat dieses gewichtete Distanzmaß den gleichen Effekt wie die Normalisierung der Merkmalsvektoren vor dem Clustering. Eine mögliche Übersegmentation aufgrund der vorgegebenen Zahl K von Clustern wird durch das Verschmelzen der Cluster gelöst. Hierbei werden zwei Cluster C_i und C_j mit Schwerpunkt $(\alpha_i, \theta_i, c_i)$ und $(\alpha_j, \theta_j, c_j)$ dann zusammengefaßt, wenn die Bedingungen

$$c_i \approx c_j, \quad \theta_i \approx \theta_j$$
$$\alpha_i \approx \alpha_j, \quad \text{oder } |\alpha_i - \alpha_j| \approx 2\pi$$

erfüllt sind, wobei alle Vergleiche jeweils mittels eines Schwellwertes erfolgen.

In einem Clustering-Verfahren wird die Form der Cluster im wesentlich vom verwendeten Distanzmaß bestimmt. Aus der Euklidischen Distanz resultieren deshalb Cluster, deren zugehörige Punkte jeweils eine Anhäufung im Merkmalsraum bilden. Im sogenannten ADDC-Algorithmus (adaptive distance dynamic clusters algorithm) [KF92] wird das Distanzmaß hingegen so definiert, daß die resultierenden Cluster im $(d-1)$-dimensionalen Unterraum des d-dimensionalen Merkmalsraums zu liegen kommen. Nehmen wir direkt die Koordinaten der Punkte eines Tiefenbildes als Merkmalsvektor, so bildet jedes Cluster eine Ebene. Diese Eigenschaft des ADDC-Algorithmus wird in [KF92] ausgenutzt, um Tiefenbilder in planare Regionen zu zerlegen.

Gegeben seien N Punkte $\boldsymbol{x}_1, \boldsymbol{x}_2, \ldots, \boldsymbol{x}_N$ eines Tiefenbildes. Das Ziel ist nun, diese in K planare Cluster $C_1, C_2, \ldots, C_K$ aufzuteilen. Im ADDC-Algorithmus

1 Bestimme einen initialen Schwerpunkt der K Cluster.

2 Initialisiere alle Kovarianzmatrizen mit der Einheitsmatrix I_3.

repeat

3 Für jeden Vektor x_i: nimm x_i in dasjenige Cluster auf, dessen Schwerpunkt unter allen Clustern die kleinste Distanz gemäß (7.15) zu x_i aufweist.

4 Berechne den Schwerpunkt m_k der K Cluster.

5 Berechne die Kovarianzmatrix F_k der K Cluster.

until $(\max \|m_k^{\mathrm{neu}} - m_k^{\mathrm{alt}}\| \leq \epsilon)$

Abbildung 7.18: ADDC-Algorithmus.

wird die Distanz zwischen einem Vektor x_i und dem Schwerpunkt m_k eines Clusters C_k mit

$$d(x_i, m_k) = |F_k|^{1/3}(x_i - m_k)F_k^{-1}(x_i - m_k)^T \qquad (7.15)$$

definiert, wobei

$$F_k = \frac{1}{|C_k|} \sum_{x_i \in C_k} (x_i - m_k)^T (x_i - m_k)$$

die Kovarianzmatrix von C_k ist. Beim ADDC-Algorithmus wird so lange iteriert, bis sich die Schwerpunkte der Cluster nur noch unwesentlich (ausgedrückt durch einen Schwellwert ϵ) verändern, siehe Abb. 7.18.

In diesem Segmentierungsverfahren findet der Verschmelzungsprozeß ebenfalls auf der Ebene der Cluster statt. Hierbei werden Cluster zusammengefaßt, wenn sie paarweise drei Kompatibilitätsbedingungen erfüllen. Seien m_i und m_j die Schwerpunkte zweier Cluster C_i und C_j. Ferner sei angenommen, daß die Kovarianzmatrizen F_i und F_j der beiden Cluster die Eigenwerte $\lambda_{i1}, \lambda_{i2}, \lambda_{i3}$ bzw. $\lambda_{j1}, \lambda_{j2}, \lambda_{j3}$, jeweils in absteigender Reihenfolge, und entsprechende Eigenvektoren $\phi_{i1}, \phi_{i2}, \phi_{i3}$ bzw. $\phi_{j1}, \phi_{j2}, \phi_{j3}$ haben. Die drei Kompatibilitätsbedingungen

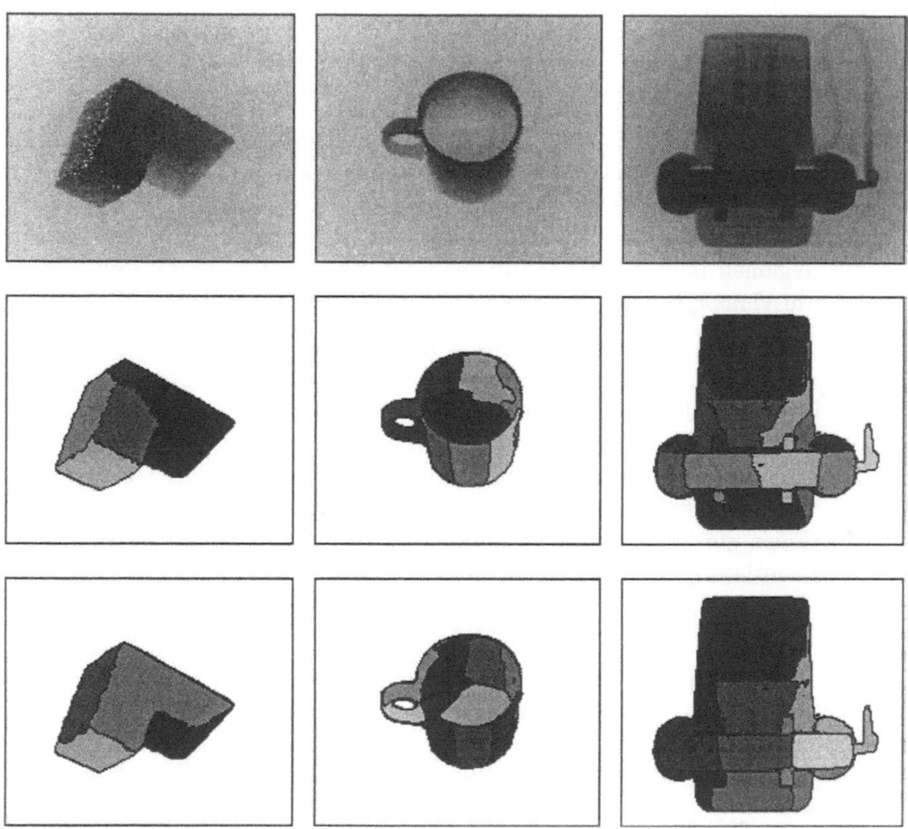

Abbildung 7.19: Segmentierung mit dem ADDC-Algorithmus (Mitte) sowie seiner unscharfen Version (unten). Aus [KF92] mit Genehmigung von Elsevier Science Ltd.

lassen sich wie folgt formulieren:

$$|\phi_{i3} \cdot \phi_{j3}| \approx 1,$$

$$\left| \frac{\phi_{i3}+\phi_{j3}}{2} \cdot \frac{\boldsymbol{m}_i-\boldsymbol{m}_j}{\|\boldsymbol{m}_i-\boldsymbol{m}_j\|} \right| \approx 0,$$

$$\|\boldsymbol{m}_i - \boldsymbol{m}_j\| \leq t \cdot (\sqrt{\lambda_{i1}} + \sqrt{\lambda_{j1}}).$$

Alle drei Bedingungen haben naheliegende geometrische Interpretationen. Mit dem ADDC-Algorithmus können wir davon ausgehen, daß die Cluster jeweils eine Ebene repräsentieren. Somit entspricht ϕ_{i3} (ϕ_{j3}) dem Normalenvektor der Ebene von C_i (C_j). Mit der ersten Bedingung wird die Parallelität der beiden Ebenen ausgedrückt. Die zweite Bedingnung verlangt, daß die die beiden

Schwerpunkte verbindende Gerade senkrecht zu den Normalenvektoren der beiden Ebenen steht. Schließlich müssen die beiden Schwerpunkte auch nahe genug beieinander sein, wobei die obere Schranke hierfür mittels des Schwellwertes t sowie der beiden größten Eigenwerte λ_{i1} und λ_{j1} festgelegt wird.

Analog der Ausführung in Abschnitt 7.2.3 läßt sich auch der ADDC-Algorithmus zu einer unscharfen Version erweitern. Anhand von drei Tiefenbildern illustriert Abb. 7.19 den ADDC-Algorithmus und seine unscharfe Version, wobei die detektierten Regionen so mit Graustufen gefärbt sind, daß zwei benachbarte Regionen immer unterschiedliche Farben aufweisen. Es scheint, daß die unscharfe Version generell bessere Ergebnisse liefert.

Später in diesem Kapitel werden wir noch weitere auf Clustering basierende Segmentierungsverfahren kennenlernen. Im Gegensatz zur hier vorgestellten Methode enthält der Merkmalsvektor dort zum Teil auch Merkmale, die aus den Bildpunkten abgeleitet werden. In dieser Hinsicht ist der ADDC-Algorithmus sehr vorteilhaft. Es entfällt nämlich der Vorverarbeitungsschritt zur Bestimmung dieser Merkmale. Nachteilig ist jedoch die Tatsache, daß der ADDC-Algorithmus die Punktmenge in planare Cluster aufteilt und somit nicht für die Segmentierung in allgemeinere Flächen eingesetzt werden kann.

7.3.4   Gruppierung der Abtastzeilen

In den meisten Segmentierungsverfahren werden die Bildpunkte als Grundelemente angesehen. In gewissen Situationen können Bildpunkte jedoch zu Strukturen auf einer höheren Abstraktionsebene gruppiert werden. Anschließend wird dann nur noch von diesen neuen Strukturen Gebrauch gemacht. Genau dieser Gedanke steckt hinter dem in [JB94] beschriebenen schnellen Verfahren, das Tiefenbilder in planare Regionen segmentiert.

Das Verfahren geht von einem Tiefenbild mit äquidistanter Abtastung aus. Wegen der Einfachheit der Darstellung und ohne Einschränkung der Allgemeinheit wird im folgenden angenommen, daß das Abtastungsintervall sowohl in X- als auch in Y-Richtung den Wert 1 besitzt. Eine planare Fläche F kann mit einem Polynom $z = Ax + By + C$ beschrieben werden. In einer Bildzeile $z(x, y_0), y_0 \in I_N = \{1, 2, \ldots, N\}$, bilden die Punkte von F ein Geradenstück in der XZ-Ebene $z = Ax + By_0 + C = Ax + B_0$. Die Geradenstücke von F in verschiedenen Bildzeilen haben immer die gleiche Steigung, aber je nach y_0 unterschiedliche Schnittpunkte B_0 mit der Z-Achse. Bis auf wenige seltene Ausnahmefälle läßt sich umgekehrt folgern, daß die Punkte auf einem Geradenstück in der XZ-Ebene zu derselben planaren Fläche gehören. Somit kann ein Geradenstück als eine Einheit und ein Tiefenbild als eine Menge von Geradenstücken aufgefaßt werden. Nun besteht die Aufgabe der Segmentierung darin, planare Flächen aus den Geradenstücken zu extrahieren.

Als Vorbereitung für die Segmentierung werden die Bildzeilen in Geradenstücke zerlegt. Zu diesem Zweck wird vom klassischen Algorithmus von Duda und Hart [DH72] Gebrauch gemacht. Dabei wird eine Kurve in zwei Teile zerlegt, und zwar am Punkt mit dem größten Approximationsfehler. Dieser Vorgang wird fortgesetzt, bis der Approximationsfehler kleiner als ein Schwellwert ist.

Die eigentliche Segmentierung bedient sich der Methode der Regionenexpansion. Da die Regionenexpansion immer in der Nachbarschaft der bereits ausgedehnten Region stattfindet, ist ein effizienter Zugriff auf die Nachbarschaft von immenser Bedeutung. In der Gitterstruktur eines Rasterbildes wird dies auf eine natürliche Art gewährleistet. Durch die Verwendung der Geradenstücke als elementare Objekte geht die natürliche Nachbarschaftsbeziehung leider verloren. Mit einer einfachen zeigerbasierten Datenstruktur kann ein effizienter Zugriff auf die Nachbarschaft dennoch erzielt werden. Zwei Geradenstücke s und s' sind benachbart, wenn Punkte $p \in s$ und $p' \in s'$ existieren, so daß p und p' Nachbarn in einer 4-Nachbarschaft sind. Alle Geradenstücke einer Abtastlinie $z(x, y_0)$ werden in einer verketteten Liste abgespeichert. Für jedes Geradenstück sind u.a. folgende Informationen enthalten: (1) Zeiger auf den linken und rechten Nachbarn derselben Abtastlinie, (2) Zeiger auf den ersten (links) und letzten Nachbarn (rechts) der Abtastlinie $z(x, y_0 \pm 1)$. In einem Array werden dann Zeiger auf das jeweilige erste Geradenstück einer jeden Abtastlinie abgelegt. Mit dieser Datenstruktur ist ein schneller Zugriff auf alle Geradenstücke einer Bildzeile und alle Nachbarn eines Geradenstücks durch einfache Zeigeroperationen möglich.

Als Start für den Ausdehnungsprozeß wird eine Kernregion gewählt, bestehend aus drei benachbarten Geradenstücken auf drei benachbarten Abtastlinien, die länger als eine vorgegebene Mindestlänge sind. Alle potentiellen Kandidaten für die Kernregion werden aufgrund eines Optimalitätskriteriums bewertet. Als optimale Kernregion wird diejenige mit der besten Bewertung ausgewählt. Für eine planare Fläche

$$z = Ax + By + C$$

sind die drei Geradenstücke in den Abtastlinien $z(x, y_0)$, $z(x, y_0+1)$ und $z(x, y_0+2)$ wie folgt gegeben

$$
\begin{aligned}
z(x, y_0): \quad & z = Ax + By_0 + C = Ax + B_0, \\
z(x, y_0 + 1): \quad & z = Ax + B(y_0 + 1) + C = Ax + B_0 + B = Ax + B_1, \\
z(x, y_0 + 2): \quad & z = Ax + B(y_0 + 2) + C = Ax + B_1 + B = Ax + B_2.
\end{aligned}
$$

Sie haben alle die gleiche Steigung, aber unterschiedliche Schnittpunkte mit der Z-Achse. Der Abstand der Schnittpunkte mit der Z-Achse beträgt immer B für zwei benachbarte Geradenstücke. Bei einem Kandidaten bestehend aus drei Geradenstücken

$$s_i: \quad z = a_i x + b_i, \quad i = 0, 1, 2$$

gilt also im Idealfall

$$a_0 = a_1 = a_2 = A, \quad b_2 - b_1 = b_1 - b_0 = \frac{b_2 - b_0}{2} = B,$$

wenn s_0, s_1 und s_2 effektiv zu derselben planaren Fläche gehören. Diese Bedingungen werden wie folgt getestet: In der XZ-Ebene haben die Geraden s_i und s_j die Normalenvektoren $\boldsymbol{m}_i = (a_i, -1)$ bzw. $\boldsymbol{m}_j = (a_j, -1)$. Zum Testen der Gleichheit der Steigungen von s_i und s_j wird $\frac{\boldsymbol{m}_i \cdot \boldsymbol{m}_j}{|\boldsymbol{m}_i| \cdot |\boldsymbol{m}_j|}$ berechnet. Für die Bestimmung der Gleichheit von $b_0^* = b_2 - b_1$, $b_1^* = b_1 - b_0$ und $b_2^* = \frac{b_2 - b_0}{2}$ führen ähnliche Überlegungen zum Test: $\frac{\boldsymbol{n}_i \cdot \boldsymbol{n}_j}{|\boldsymbol{n}_i| \cdot |\boldsymbol{n}_j|}$, wobei $\boldsymbol{n}_i = (b_i^*, -1)$. Aus beidem zusammen ergibt sich die Gütefunktion

$$\frac{1}{12}\left[\sum_{i \neq j} \frac{\boldsymbol{m}_i \cdot \boldsymbol{m}_j}{|\boldsymbol{m}_i||\boldsymbol{m}_j|} + \sum_{i \neq j} \frac{\boldsymbol{n}_i \cdot \boldsymbol{n}_j}{|\boldsymbol{n}_i||\boldsymbol{n}_j|}\right] + 0.5, \tag{7.16}$$

deren Werte im Bereich $[0, 1]$ liegen. Alle Kandidaten werden mit (7.16) bewertet und derjenige mit der besten Bewertung wird als optimale Kernregion ausgewählt.

Nachdem die optimale Kernregion R^0 gefunden ist, beginnt der Ausdehnungsprozeß. Die Region nach der k-ten Iteration wird als R^k bezeichnet. Jede Region R^k wird durch eine Ebene $P^k : z = A^k x + B^k y + C^k$ im Sinne der kleinsten quadratischen Fehler approximiert. In der $(k+1)$-ten Iteration werden für jedes Geradenstück $s \in R^k$ alle benachbarten Geradenstücke von s untersucht. Gehört ein solches Geradenstück s' noch nicht zu einer der bereits gefundenen Regionen, dann wird mit

$$|(A^k x + B^k y + C^k) - z(x, y)| \approx 0, \quad \text{für alle } (x, y) \in s' \tag{7.17}$$

getestet, ob s' zu R^k paßt. Man beachte, daß der größte Approximationsfehler nur an den beiden Endpunkten von s', d.h. an (x_l, y_0) und (x_r, y_0), möglich ist. Somit ist der einfache Test

$$|(A^k x_l + B^k y_0 + C^k) - z(x_l, y_0)| \approx 0 \wedge |(A^k x_r + B^k y_0 + C^k) - z(x_r, y_0)| \approx 0 \tag{7.18}$$

ausreichend. Gegenüber (7.17) stellt (7.18) einen großen Gewinn dar, weil der Approximationsfehler anstatt an allen Punkten von s' nur an den beiden Endpunkten überprüft werden muß. Besteht s' diesen Test, so wird s' in die aktuelle Region, d.h. in die Liste L, aufgenommen. Die Ausdehnung wird solange fortgesetzt, bis $R^k = R^{k+1}$ gilt.

Zur Illustration dieser Segmentierungsmethode zeigt Abb. 7.20 die Ergebnisse für zwei Tiefenbilder mit äquidistanter Abtastung, aufgenommen von einem Technical Arts 100X Scanner an der Michigan State University. Hierbei enthält die zweite Szene neben der planaren Hintergrundebene einen Zylinder. Dieser wird in einige parallele Flächen segmentiert, was genau den Erwartungen entspricht.

In [HJBJ$^+$96] wird eine Erweiterung dieses Segmentierungsverfahrens für Tiefenbilder beschrieben, die nicht äquidistant sind. In solchen Fällen bilden die Punkte einer planaren Fläche in einer Bildzeile weiterhin ein Geradenstück.

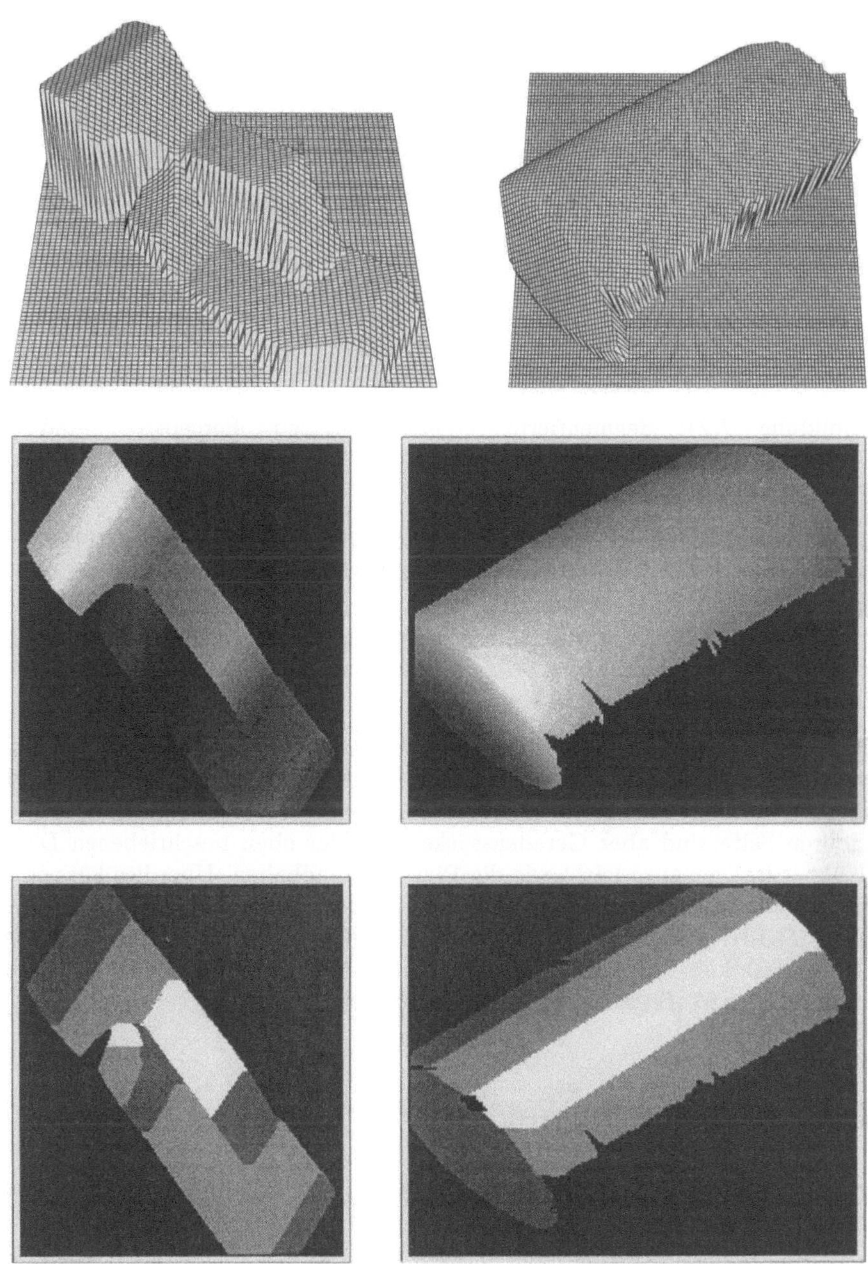

Abbildung 7.20: Segmentierungsergebnisse für zwei äquidistante Tiefenbilder.
Oben: 3-D Darstellung. Mitte: Tiefenbild. Unten: Ergebnis.

Abbildung 7.21: Segmentierungsergebnis für ein Perceptron- und ein ABW-Tiefenbild mit planaren Flächen.

Im Gegensatz zu einem äquidistanten Bild liegen nun die Geradenstücke nicht mehr in der XZ-Ebene sondern im dreidimensionalen Raum. Bei der Erweiterung werden deshalb sowohl die Zeilenzerlegung als auch die Tests bei der iterativen Regionenexpansion so angepaßt, daß dieser Tatsache Rechnung getragen wird. Für die planare Szene in Abb. 4.5 und 4.17 präsentieren sich die Segmentierungsergebnisse in Abb. 7.21.

Dank der Verwendung von Geradenstücken anstelle von einzelnen Pixeln erlaubt dieses Verfahren eine sehr schnelle Segmentierung. Auf diese Weise wird nämlich die Datenmenge für den Ausdehnungsprozeß stark reduziert. Auf der anderen Seite sind aber Geradenstücke dank der oben beschriebenen Datenstruktur fast genauso leicht wie die Pixel zu handhaben. Überdies können für die Geradensegmente einfache Kriterien für die Optimalität von Kernregionen (siehe (7.16)) sowie das Regionenwachstum (siehe (7.18)) formuliert werden. Für Tiefenbilder der Auflösung bis zu 512×512 liegt die Segmentierungszeit auf einer Sun Workstation im Sekundenbereich.

7.4   Segmentierung in gekrümmte Flächen

7.4.1   Split-and-Merge Verfahren

In diesem Abschnitt werden zwei Verfahren für die Segmentierung in gekrümmte Flächen vorgestellt. Bei den bisher behandelten Split-and-Merge Methoden zur Detektion von planaren Flächen (siehe Abschnitt 7.3.1 und 7.3.2) wird immer ein systematisches Aufteilungsschema, sei es Quadtree oder die Delaunay-Triangulation, zur Bestimmung einer initialen Segmentierung verwendet. Somit handelt es sich dort um eine top-down Vorgehensweise. Umgekehrt verhalten sich die beiden in diesem Abschnitt betrachteten Verfahren. Hierbei wird die initiale Segmentierung mittels einer bottom-up Methode erzielt, indem die einzelnen Bildpunkte aufgrund ihrer lokalen Eigenschaft zu größeren Regionen zusammengefaßt werden. Eine systematische Aufteilung ist bei dieser Aufgabenstellung weniger attraktiv, da im Gegensatz zur Ebenendetektion der Homogenitätstest nun wesentlich komplexer geworden ist. Deswegen würde es recht aufwendig, wenn beide Phasen eines Split-and-Merge Verfahrens auf solch einem Test basieren. Eine bottom-up Vorgehensweise kann hier die Aufteilungsphase bedeutend effizienter gestalten.

Das Segmentierungsverfahren in [LCP90] zerlegt ein Tiefenbild in Flächen gleichen Typs. Dabei werden in jedem Bildpunkt die Hauptkrümmungen $k_{\min}$ und $k_{\max}$ mittels lokaler Flächenapproximation berechnet. Die Klassifikation in insgesamt sechs Flächentypen erfolgt nach dem Schema von Abschnitt 6.1.2. Zusätzlich werden Kantenpunkte detektiert und von der Klassifikation ausgeschlossen. Die initiale Segmentierung bilden dann die zusammenhängenden Regionen desselben Flächentyps. Aufgrund der Rauschempfindlichkeit der Krümmungsberechnung wird hierbei erwartet, daß in der Regel eine Übersegmentierung stattfindet.

Anschließend wird ein Regionenadjazenzgraph aufgrund der initialen Segmentierung aufgebaut. Hierbei wird für jede Region R_i eine biquadratische Flächenfunktion

$$z = \sum_{k=0}^{2}\sum_{l=0}^{2} a_{kl}^i x^k y^l$$

mittels der Methode der kleinsten Quadrate berechnet. Für jede Kante, welche die Nachbarschaft zweier Regionen R_i und R_j repräsentiert, wird die Güte des Zusammenschlusses von R_i und R_j aus

$$AF = \min(AF_{ij}, AF_{ji})$$

ermittelt, wobei

$$AF_{ij} = \sum_{(x,y,z)\in R_i} (\sum_{k=0}^{2}\sum_{l=0}^{2} a_{kl}^j x^k y^l - z)^2$$

$$AF_{ji} = \sum_{(x,y,z)\in R_j} (\sum_{k=0}^{2}\sum_{l=0}^{2} a_{kl}^i x^k y^l - z)^2$$

für den Gesamtfehler einer Approximation von R_i bzw. R_j durch die Flächenfunktion von R_j bzw. R_i stehen. Es wird die Strategie der optimalen Verschmelzung verfolgt. In jedem Iterationsschritt wird die Kante mit dem kleinsten Wert von AF ausgewählt und die beiden durch diese Kante verbundenen Regionen werden verschmolzen. Sei AF_k der Wert aus der k-ten Iteration. Der Verschmelzungsprozeß wird beendet, wenn $AF_k - AF_{k-1}$ einen Schwellwert überschreitet.

Ein weiteres Segmentierungsverfahren basierend auf dem Split-and-Merge Prinzip, das auf ein systematisches Aufteilungsschema verzichtet, wird in [SAA93] beschrieben. Hierbei werden zur Bestimmung einer initialen Übersegmentierung insgesamt sieben Merkmalsbilder gebildet, nämlich ein Bild mit dem Einheitsnormalenvektor in jedem Bildpunkt und sechs Grauwertbilder, synthetisiert durch ein einfaches Schattierungsmodell mit jeweils einer punktförmigen Beleuchtungsquelle aus der $\pm X-$, $\pm Y-$ und $\pm Z-$Richtung. Diese sieben Bilder werden separat in homogene Regionen zerlegt und die Ergebnisse werden dann zu einer initialen Aufteilung des Tiefenbildes zusammengefügt. Da ausschließlich Komponenten der Normalenvektoren verwendet werden, entsprechen die initialen Regionen planaren Flächenstücken. Diese werden anschließend mittels eines hierarchischen Verschmelzungsprozesses zu Flächen höheren Grades zusammengefaßt.

Die Aufteilung eines der sieben Merkmalsbilder erfolgt mithilfe eines Pyramidenverknüpfungsalgorithmus (pyramid linking), der auf die Arbeit von Burt [Bur84] zurückgeht. Ausgehend vom Eingangsbild wird hierbei stufenweise eine Pyramide aufgebaut, demonstriert in Abb. 7.22 anhand einer eindimensionalen Sprungkante. Auf jeder Stufe k (≥ 1) führt der Algorithmus folgende Schritte durch:

1. Berechnung der Pyramidenstufe k. Es wird eine Pyramidenstruktur verwendet, in der mit Ausnahme von Punkten am Rande des Bildes immer vier Punkte aus der Stufe $k - 1$ mittels einer Mittelwertbildung in die Berechnung eines Punktes auf Stufe k einfließen. Jeder Punkt auf Stufe $k - 1$ fließt somit in zwei Punkte auf Stufe k ein.

2. Jeder Punkt, auch Knoten genannt, auf Stufe $k - 1$ wird mit einem dieser beiden Knoten auf Stufe k verbunden, und zwar mit dem, dessen Wert am nächsten zu ihm liegt. Dieser Punkt wird dann als Vaterknoten und der auf Stufe $k - 1$ als Sohnknoten bezeichnet.

3. Die im Schritt 2 hergestellte Verbindungsstruktur wird dann dazu benutzt, die Werte der Punkte auf Stufe k neu zu berechnen. Diese ergeben sich aus dem Mittelwert ihrer jeweiligen Sohnknoten.

Die Schritte 2 und 3 werden iterativ wiederholt, bis sich das Ergebnis auf Stufe k stabilisiert. Ausgehend von diesem Ergebnis werden anschließend die drei Schritte für die nächste Stufe $k + 1$ durchgeführt. In Abb. 7.22(e), wo das Ergebnis mit den gültigen Verbindungen und Knotenwerten nach der Durchführung dieses Pyramidenverknüpfungsalgorithmus bis zur Stufe 3 dargestellt ist, sind zwei Teilbäume deutlich zu erkennen, die einer idealen Segmentierung der gezeigten eindimensionalen Sprungkante entsprechen. Der Wert dieser beiden Knoten wird von oben nach unten in den jeweiligen Teilbaum verpflanzt (siehe die Werte in Klammern). Auf diese Weise bedeuten die Werte auf der untersten

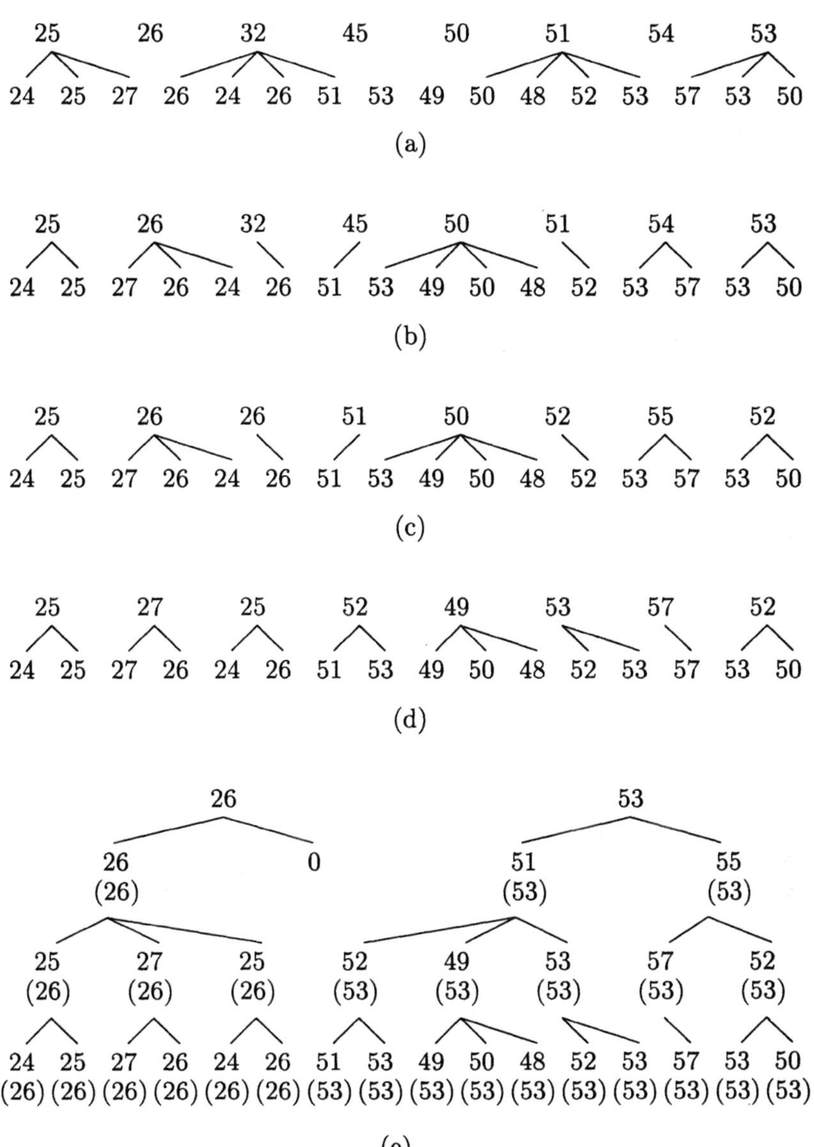

Abbildung 7.22: Pyramidenverknüpfungsalgorithmus zur Segmentierung, demonstriert an einem eindimensionalen Beispiel. (a) Initiale Berechnung der Stufe 1. Die Verbindungskanten stellen einige Beispiele der Mittelwertbildung dar. (b) Schritt 2: Verbindung jedes Knotens mit den Sohnknoten. (c) Schritt 3: Neuberechnung der Werte der Knoten. (d) Konvergenz nach einer weiteren Durchführung der Schritte 2 und 3. (e) Ergebnis nach Durchführung des Algorithmus für die Stufen 2 und 3.

---

1 Wähle die erste Flächenrepräsentation, d.h. $m = 1$.

repeat

2 Berechne für jede Region R_i die Flächenfunktion $S_m(R_i)$.

3 Führe Verschmelzungen durch.

4 $m \leftarrow m + 1$.

until $m > m_{\max}$

Abbildung 7.23: Algorithmus für hierarchische Verschmelzung.

Stufe eine Rekonstruktion der gegebenen Sprungkante. Auf Stufe 2 ist eine Segmentierung in maximal vier Regionen möglich. (In diesem Beispiel ergeben sich jedoch lediglich drei Regionen.) Je nachdem, in wie viele Regionen segmentiert werden soll, geht man somit in eine mehr oder weniger hohe Stufe. Da bei der Tiefenbildsegmentierung die effektive Anzahl der Flächen unbekannt ist, wird die Pyramide bis zu einer Stufe aufgebaut, so daß die maximal mögliche Anzahl von Regionen über der Anzahl der zu erwartenden Flächen liegt. Dadurch kann eine erwünschte Übersegmentation für den nachfolgenden Verschmelzungsprozeß erreicht werden.

In der Terminologie der Fuzzy-Theorie kann die obige Formulierung des Pyramidenverknüpfungsalgorithmus als hart bezeichnet werden, und zwar in dem Sinn, daß ein Knoten auf Stufe k nur mit einem Vaterknoten auf Stufe $k + 1$ verbunden wird. Eine naheliegende Erweiterung besteht nun darin, eine Verbindung zwischen einem Knoten und seinen beiden potentiellen Vaterknoten zu erlauben. Eine derartige Verbindung soll der Ähnlichkeit zwischen dem Vater- und dem Sohnknoten entsprechend gewichtet in die Neuberechnung des Vaterknotens einfließen. Auf diese Weise ergibt sich der neue Wert des Vaterknotens immer aus dem gewichteten Mittelwert seiner vier Sohnknoten. Nachdem sich der Iterationsprozeß von der untersten bis zur gewählten höchsten Stufe stabilisiert hat, wird eine eindeutige Vater-Sohn-Beziehung wieder hergestellt, indem aus den beiden möglichen Verbindungen eines Knotens diejenige mit dem kleineren Ähnlichkeitswert rückgängig gemacht wird. Genau diese Fuzzy-Version des Pyramidenverknüpfungsalgorithmus wird auch in [SAA93] eingesetzt. Ein Beweis der Konvergenz dieses Algorithmus ist in [SAA94] gegeben.

Für jedes der sieben Merkmalsbilder wird der obige Pyramidenverknüpfungsalgorithmus durchgeführt. Die Ergebnisse werden folgendermaßen zu einer initialen Segmentierung zusammengefügt: Falls zwei überlappende Regionen R_1 und

R_2 aus zwei verschiedenen Aufteilungen existieren, werden sie weiter unterteilt in $R_1 \cap R_2$, $R_1 - (R_1 \cap R_2)$ und $R_2 - (R_1 \cap R_2)$.

Angefangen von planaren Flächen werden anschließend die initialen Regionen hierarchisch bis zu Regionen des Grades $m_{\max}$ zusammengefaßt, siehe Abb. 7.23. Für jeden Wert von m ($1 \leq m \leq m_{\max}$) wird zunächst ein Regionen-adjazenzgraph für das Ergebnis aus der vorherigen Stufe $m - 1$ (der initialen Segmentierung falls $m = 1$) gebildet. Hierbei wird für jede Region R_i eine biquadratische Flächenfunktion $S_m(R_i)$

$$z = \sum_{k+l \leq m} a_{kl}^i x^k y^l$$

mittels der Methode der kleinsten Quadrate berechnet. Für jede Kante, welche die Nachbarschaft zweier Regionen R_i und R_j repräsentiert, wird die Güte eines Zusammenschlusses von R_i und R_j aus

$$AF = \sum_{(x,y,z) \in R_i \cup R_j} \left(\sum_{k+l \leq m} a_{kl}^i x^k y^l - z \right)^2$$

d.h. der Gesamtfehler einer Approximation von R_i und R_j durch die Flächen-funktion von R_i, ermittelt. Eine Verschmelzung von R_i und R_j findet dann statt, wenn R_j unter allen benachbarten Regionen von R_i den kleinsten Wert von AF hat, und dieser Wert einen vorgegebenen Schwellwert unterschreitet. Der Verschmelzungsprozeß wird solange fortgesetzt, bis keine weitere derartige Verschmelzung mehr möglich ist. Die Wahl von $m_{\max}$ ist von der vorliegenden Aufgabe abhängig. Werden nur planare Flächen benötigt, so kann der hier-archische Verschmelzungsprozeß bereits nach einer Iteration beendet werden. Zur Detektion von sphärischen oder zylindrischen Flächen kann $m_{\max}$ hingegen auf 4 gesetzt werden, da diese Flächen durch biquadratische Flächenfunktion vierten Grades recht gut approximiert werden können.

Die Stärke dieses Segmentierungsverfahrens ist vor allem in seinem modularen Aufbau zu sehen. Die Aufteilungsphase wird unabhängig davon gestaltet, ob es darum geht, planare Flächen oder Flächen höheren Grades zu detektieren. Dieses Wissen über die Flächentypen fließt erst in der Verschmelzungsphase auf eine einfache Weise in das Verfahren ein. Der hierarchische Aufbau der Verschmelzungsphase bringt den Vorteil, daß dieses Segmentierungsverfahren je nach den vorliegenden Flächentypen gewissermaßen frei konfiguriert werden kann.

7.4.2 Clusteranalyse

Neben den in Abschnitt 7.3.3 behandelten, auf Clustering basierenden Segmen-tierungsmethoden gibt es in der Literatur noch weitere derartige Verfahren, die jedoch eine Segmentierung der Tiefenbilder in allgemeinere Flächen zum Ziel

haben. Bei all diesen Verfahren wird nicht von bestimmten Flächentypen ausgegangen. Statt dessen wird lediglich angenommen, daß die Flächen jeweils
ähnliche Merkmale besitzen und durch Sprung- oder Schnittkanten voneinander getrennt sind. Abgesehen von dieser Gemeinsamkeit unterscheiden sich
diese Verfahren jedoch stark in der Wahl der Merkmale und der angewendeten
Methode für das Clustering. In diesem Abschnitt wird kurz auf drei derartige
Verfahren eingegangen.

Die Arbeit von Hoffman und Jain [HJ87] war eine der ersten überhaupt, die als
Kernkomponente einer Tiefenbildsegmentierung von einem Clustering-Verfahren Gebrauch machen. Dabei wird für ein Tiefenbild (x_{uv}, y_{uv}, z_{uv}) ein 6-di-
mensionaler Merkmalsraum gebildet. Die einzelnen Merkmale sind die Bildkoordinaten (u, v), der Tiefenwert z_{uv} sowie der Einheitsnormalenvektor. Bei
der Aufteilung der Bildpunkte in Cluster spielen diese Merkmale sehr unterschiedliche Rollen. So kann man mit den Bildkoordinaten tendentiell Cluster
erhalten, die zurück ins Bild projiziert auch zusammenhängende Regionen erzeugen. Der Tiefenwert hilft, zwei durch eine Sprungkante getrennte Flächen
verschiedenen Clustern zuzuordnen. Schließlich wird mit dem Normalenvektor versucht, die Trennung zweier an einer Schnittkante angrenzender Flächen
zu erreichen. Vor dem Clustering werden die Merkmalsvektoren mithilfe der
Z-score Methode normalisiert. Hoffman und Jain verwenden den CLUSTER-
Algorithmus [JD88] für das Clustering, der in der Lage ist, für eine gegebene
maximale Zahl K von Clustern eine Reihe von Zerlegungen in 2 bis K Cluster
zu liefern. Hierbei ist die Reihe nicht hierarchisch strukturiert, d.h. die Aufteilung in k Cluster erfolgt nicht bloß durch Zusammenschluß zweier Cluster
aus jener Aufteilung in $k + 1$ Cluster. Nun sind vom CLUSTER-Algorithmus
her insgesamt $K - 1$ Zerlegungsmöglichkeiten gegeben. Der Entscheid darüber,
welche davon zur Weiterverwendung ausgewählt wird, erfolgt mittels eines heuristischen Kriteriums. Hierfür wird für jedes Cluster C_k die durchschnittliche
Distanz der zugehörigen Punkte zu dessen Schwerpunkt $\boldsymbol{m}_k$:

$$AVGD(k) \; = \; \frac{1}{|C_k|} \sum_{\boldsymbol{x}_i \in C_k} d(\boldsymbol{x}_i, \boldsymbol{m}_k)$$

berechnet, wobei $d()$ die Euklidische Distanz repräsentiert. Die Güte des Clusters C_k, d.h. die Isolation und die Kompaktheit, wird dann durch

$$M(k) \; = \; \frac{\min_{j \neq k} d^2(\boldsymbol{m}_j, \boldsymbol{m}_k)}{AVGD(k)}$$

ausgedrückt. Nun kann die Gesamtgüte jeder der $K - 1$ Zerlegungsmöglichkeiten mit der gewichteten Summe M_{avg} von $M(k)$ über alle darin enthaltenen
Cluster C_k bewertet werden, wobei die Gewichtung aufgrund der Punktzahl
in C_k erfolgt. In [HJ87] wird schließlich dasjenige Clustering weiter verwendet, das unter allen Zerlegungsmöglichkeiten mit einem lokal maximalen Wert
von M_{avg} die meisten Cluster abgibt. Nach der Abbildung der Cluster zurück

ins Bild werden die resultierenden Regionen zuerst einem Klassifikationsprozeß (siehe Abschnitt 7.6) unterworfen, der jede Region einer der Klassen *planar, konvex* oder *konkav* zuweist. Den letzten Schritt der Segmentierung bildet ein Verschmelzungsprozeß im Bild. Zwei benachbarte Regionen vom gleichen Flächentyp werden dann zusammengefaßt, wenn die beiden nicht durch eine Kante voneinander getrennt sind.

In einem weiteren Segmentierungsverfahren basierend auf Clustering [GM93] wird ein 4-dimensionaler Merkmalsraum gebildet. Zu den Merkmalen zählen der Tiefenwert z_{uv} sowie der Normalenvektor. Für das Clustering wird das selbstorganisierende neuronale Netzwerk von Kohonen [Koh88] eingesetzt. Der Verschmelzungsprozeß findet ebenfalls im Bild statt. Im Gegensatz zum Verfahren von Hoffman und Jain wird dabei aber keine Information über die Flächentypen verwendet. Den Ausschlag für eine Verschmelzung zweier benachbarter Regionen gibt ausschließlich die Kanteninformation. Entlang der gemeinsamen Grenze der beiden Regionen wird nach Kantenpunkten gesucht. Eine Verschmelzung wird dann durchgeführt, wenn die Zahl der Kantenpunkte gemäß der Länge der Grenze anteilsmäßig sehr klein ist. Interessant bei diesem Segmentierungsverfahren ist neben dem neuronalen Ansatz zum Clustering vor allem der einheitliche Rahmen basierend auf Zernike-Momenten, in dem sowohl der Normalenvektor zur Bildung der Merkmalsvektoren als auch die Kanteninformation für den letzten Verschmelzungsprozeß bestimmt wird. (Moment-basierte Kantendetektion wurde in Abschnitt 7.1.4 behandelt.)

Im Zuge der Anstrengungen, Verfahren aus der Bildanalyse gegenüber Ausreißern und sonstigen Störungen robust zu machen, wurde auch ein robustes Clustering-Verfahren [JMB91] entwickelt. Dabei ist besonders interessant, daß dieses Verfahren ohne eine vorgegebene Zahl K von Clustern auskommt. Statt dessen ist es in der Lage, für die Punkte im Merkmalsraum das beste Cluster zu extrahieren. Anschließend wird dieses Cluster aus dem Merkmalsraum entfernt und erneut nach dem besten Cluster gesucht. Es wird solange iteriert, bis die Anzahl der verbleibenden Punkte im Merkmalsraum die vorgegebene Mindestgröße eines zu erwartenden Clusters unterschreitet. Dieses robuste Clustering-Verfahren wurde u.a. auch für die Tiefenbildsegmentierung verwendet. Dabei setzt sich der Merkmalsvektor eines Bildpunktes P_{uv} aus den sechs Koeffizienten des Polynoms

$$z_{uv} = au^2 + buv + cv^2 + du + ev + f$$

zusammen, das die lokale Umgebung um P_{uv} im Sinne der kleinsten Quadrate am besten approximiert. Diese Approximation wird durch ein robustes Verfahren (siehe Abschnitt 6.4) vorgenommen. Während dieses Verfahren recht gute Segmentierungsergebnisse liefert, besteht sein Hauptnachteil im hohen Rechenaufwand. Sowohl die robuste Merkmalsbestimmung als auch das robuste Clustering sind sehr zeitaufwendig. Ob dieser zusätzliche Aufwand gegenüber den anderen auf Clustering basierenden Ansätzen wirklich lohnend ist, kann wohl nur anhand der jeweils vorliegenden Anwendung entschieden werden.

Berechnung der Oberflächentypen

repeat

    Extraktion der Kernregion $R^{k=0}$
    $m \leftarrow 1$

    repeat
        Oberflächenapproximation von R^k mit $f_m(x,y)$
        if Oberflächentest erfüllt
            then Ausdehnen von R^k zu R^{k+1} ($k \leftarrow k + 1$)
            else Inkrementiere m ($m \leftarrow m + 1$)
    until Terminierungskriterium erfüllt

    Bestimmung der Akzeptanz von R^k

until keine weitere Kernregion

Abbildung 7.24: Algorithmus für iterative Oberflächenapproximation mit variablem Grad.

7.4.3   Iterative Oberflächenapproximation von variablem Grad

Bezüglich der Form der in einem Tiefenbild enthaltenen Flächen sind in den aus der Literatur bekannten Segmentierungsverfahren grundsätzlich drei Ansätze erkennbar. Im ersten Ansatz werden überhaupt keine Annahmen über die Form der Flächen gemacht. Vorausgesetzt wird lediglich, daß Flächen in bezug auf gewisse Merkmale, wie etwa Normalenvektoren, homogen und voneinander durch Kanten getrennt sind. Zu dieser Klasse von Verfahren gehören beispielsweise die auf Clusteranalyse basierenden Methoden von Abschnitt 7.3.3 und 7.4.2. Eine Alternative dazu bilden Verfahren mit Verwendung einer einzigen Flächenfunktion, die in der Lage sind, alle in Frage kommenden Flächen zu repräsentieren. Ein Beispiel dafür ist die Methode von Abschnitt 7.4.4, die zu diesem Zweck ein Polynom vierten Grades verwendet.

Eine weitere Möglichkeit besteht in der Verwendung einer Reihe von Polynomen. Ein typischer Vertreter dieser Vorgehensweise ist die Arbeit [Bes88b, BJ88], wo auf diese Weise das Ziel verfolgt wird, jede Fläche mit dem geeignetesten Polynom zu beschreiben. Dabei werden bivariable Polynome bis zum

Grad vier

$$f_m(x, y) = \sum_{k+l \leq m} a_{kl} x^k y^l, \quad 1 \leq m \leq 4$$

verwendet. Diese sind mächtig genug, um auch zylindrische oder sphärische Flächen ausreichend genau zu repräsentieren. Die Vielfalt von Repräsentationsformen bringt aber das Problem der Wahl des Polynomgrades mit sich. In [Bes88b, BJ88] wird dieses Problem dadurch bewältigt, daß bei einer Kernregion R^0 immer mit dem einfachsten Polynom aus der Hierarchie, d.h. der Ebene, angefangen wird. Es werden Kriterien aufgestellt, um zu entscheiden, ob diese Polynomform für die Approximation geeignet ist. Bei Bedarf wird der Grad dann erhöht. Auch während der Regionenexpansion findet diese Anpassung statt. Nach jedem Expansionsschritt von R^k zu R^{k+1} wird erneut eine Flächenfunktion für R^{k+1} berechnet und mit deren Hilfe die Eignung der gewählten Polynomform geprüft. Gegebenenfalls wird auch hier der Grad erhöht. Somit wird bereits bei der Kernregion eine Vorentscheidung über die Polynomform getroffen und diese während der Expansion laufend angepaßt. Mit dem Wissen über diesen grundlegenden Unterschied zu einem Regionenexpansionsverfahren mit einer einzigen Flächenfunktion wird im folgenden kurz auf die einzelnen Schritte dieses Segmentierungsverfahrens eingegangen.

Extraktion der Kernregion

Wie bei jedem Segmentierungsverfahren basierend auf Regionenexpansion muß der Startpunkt für die Ausdehnung günstig plaziert werden. Dazu wird zunächst eine grobe Segmentierung in acht Oberflächentypen aufgrund der Vorzeichen mittlerer und Gaußscher Krümmung vorgenommen (siehe Abschnitt 6.1). Hierbei ist die grundlegende Überlegung die folgende: Der auf diese Weise bestimmte Flächentyp mag in einzelnen Bildpunkten falsch sein. Ein großer zusammenhängender Bereich mit demselben Flächentyp dürfte jedoch mit hoher Wahrscheinlichkeit innerhalb einer tatsächlichen Fläche liegen. Eine kleine Region mitten in solch einem Bereich stellt somit einen guten Ausgangspunkt für die Regionenexpansion dar.

Zu diesem Zweck wird die größte Region R_s^0 eines beliebigen Flächentyps aus dem noch unsegmentierten Bildbereich extrahiert und einer Folge von 3×3 Erosionen unterzogen. Nach einer Erosion können nicht zusammenhängende Subregionen entstehen. In diesem Fall wird mit der größten davon weitergefahren. Dieser Prozeß wiederholt sich, bis

$$|R_s^k| > T_{\text{seed}} \geq |R_s^{k+1}|$$

gilt, wobei T_{seed} der Mindestgröße einer Kernregion entspricht. R_s^k wird dann als die Kernregion R^0 ausgewählt.

Oberflächentest

Für jede Region R^k nach einem Expansionsschritt (am Anfang ist R^k gleich der Kernregion R^0) werden zwei Tests durchgeführt, um herauszufinden, ob die Flächenfunktion $f_m(x,y)$ mit dem aktuellen Grad m auch nach der Expansion (bzw. für die Kernregion) ihre Gültigkeit hat. Im Fall eines Mißerfolgs wird m erhöht und man wiederholt die gleichen Tests.

Sei $f_m(x,y)$ die optimale Flächenfunktion des Grades m für R^k im Sinne der kleinsten Quadrate. Der durchschnittliche quadratische Approximationsfehler beträgt

$$\epsilon_k \;=\; \frac{1}{|R^k|} \sum_{(x,y,z) \in R^k} (f_m(x,y) - z)^2.$$

Der erste Test verlangt

$$\epsilon_k \;\leq\; \epsilon_{\max},$$

wobei $\epsilon_{\max}$ ein Schwellwert ist. Damit überprüft man lediglich, ob die Region R_k genügend gut durch die Flächenfunktion $f_m(x,y)$ approximiert wird. Es ist nun für eine Funktion niedrigeren Grades jedoch möglich, eine Funktion höheren Grades innerhalb einer kleineren Region hinreichend gut zu approximieren. Der Approximationsfehler wird oft erst im Laufe der Expansion zu groß, so daß der Grad erhöht werden muß. Wünschenswert ist eine Methode, die den geeigneten Polynomgrad aus den Bilddaten ablesen kann, damit eine nötige Erhöhung des Grades aus Effizienzgründen schon frühzeitig erfolgt. Die Methode aus [Bes88b, BJ88] untersucht hierfür die Vorzeichen der Approximationsfehler. Im wesentlichen zielt sie auf eine Überprüfung ab, ob diese über die ganze Region R^k zufällig verteilt sind. Ist dieses Kriterium nicht erfüllt, wird der Grad erhöht. Abb. 7.25 zeigt ein eindimensionales Beispiel, wo eine Kurve durch eine Gerade approximiert wird. Die Vorzeichen der Approximationsfehler weisen hier eindeutig eine reguläre Verteilung auf. Für die zweidimensionale Region R^k wird dieser Test wie folgt vorgenommen:

1. Erstelle zwei Binärbilder B^+ und B^-. Für jeden Bildpunkt in R^k wird der entsprechende Punkt in B^+ bzw. B^- auf eins gesetzt, wenn der Approximationsfehler in dem Bildpunkt positiv bzw. negativ ist. Alle anderen Punkte bekommen den Wert 0.

2. Führe in B^+ und B^- je eine 3×3 Erosion aus und bestimme die größte Subregion.

3. Übersteigt die Größe einer dieser Subregionen r_t Prozent der Größe von R^k, so wird der Grad m inkrementiert. Bei r_t handelt es sich um einen Schwellwert.

Die Zufälligkeit der Vorzeichen der Approximationsfehler wird somit dadurch geprüft, daß keine größere Region mit demselben Vorzeichen in R^k enthalten ist.

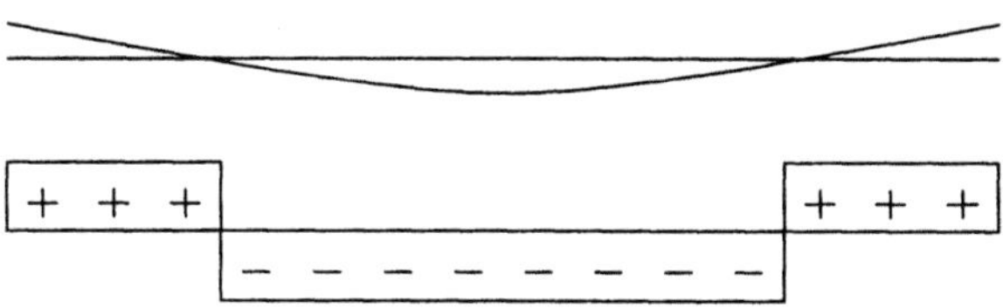

Abbildung 7.25: Der Test auf den Polynomgrad.

Abbildung 7.26: Segmentierungsergebnisse für zwei ABW-Tiefenbilder. Aus [Uel94].

Regionenausdehnung

Nachdem die Region R^k durch eine Flächenfunktion $f_m(x, y)$ approximiert werden konnte, wird $f_m(x, y)$ verwendet, um R^k in eine größere Region R^{k+1} auszudehnen. Dazu werden aus allen Bildpunkten des Tiefenbildes diejenigen bestimmt, die genügend gut durch $f_m(x, y)$ approximiert werden können. Auch der Normalenvektor soll mit dem an der entsprechenden Stelle der Flächenfunktion übereinstimmen. Diese Punkte bilden gewöhnlich mehrere Subregionen. Die größte Subregion, die R^k überlappt, wird als nächste Region R^{k+1} ausgewählt. Man beachte, daß bei der Ausdehnung bereits in R^k befindliche Punkte wieder aus der Region ausgeschlossen werden können. Dies ist ein wesentlicher Unterschied zu vielen anderen auf Regionenexpansion basierenden Segmentierungsverfahren.

Terminierungskriterium

Das Terminierungskriterium läßt sich mit folgenden Bedingungen ausdrücken:

1. $|R^k| \approx |R^{k+1}|$, d.h. die Ausdehnung konvergiert.

2. $\epsilon^k > \epsilon_{\max}$ und $m = 4$, d.h. der Vorrat der Flächenfunktionen ist ausgeschöpft und selbst $f_4(x, y)$ approximiert die aktuelle Region nur ungenügend.

Der zweite Fall kann aufgrund zweier Situationen auftreten. Entweder wurde die Kernregion schlecht plaziert, so daß eine Ausdehnung gar nicht zustande kam. Oder es liegt hier eine Fläche vor, die nicht durch ein Polynom mit maximalem Grad 4 approximiert werden kann.

Akzeptanz einer Region

Nach der Terminierung wird getestet, ob die erhaltene Region als segmentierte Region angenommen werden kann. Hierbei werden auch diejenigen Regionen, welche die Fehlertoleranz $\epsilon_{\max}$ nur leicht überschreiten, als gültig befunden. Dazu wird der Schwellwert auf nunmehr $c \cdot \epsilon_{\max}(c > 1)$ erhöht. Scheitert eine Region bei diesem Test, so wird ihre entsprechende Kernregion in einem Hilfsbild speziell als untauglich markiert. So soll verhindert werden, daß dieselbe Kernregion in einer späteren Phase erneut ausgewählt wird.

Für die beiden Tiefenbilder in Abb. 4.17 sind die Segmentierungsergebnisse von einer Implementierung des beschriebenen Verfahrens an der Universität Bern in Abb. 7.26 dargestellt.

7.4.4　Hypothese-Verifikations-Verfahren

Bei der kantenbasierten Tiefenbildsegmentierung wird im allgemeinen folgendermaßen vorgegangen: Ein Kantendetektor weist jedem Bildpunkt eine Kantenstärke zu, und diejenigen Bildpunkte, deren Kantenstärke einen Schwellwert überschreitet, werden dann als Kantenpunkte angenommen. Schließlich leitet sich die Segmentierung aus den von den Kantenpunkten eingeschlossenen Gebieten ab. Generell besteht hier jedoch keine Garantie dafür, daß die Konturen der Flächen immer geschlossen sind. Durch lückenhafte Konturen entstehen sog. Untersegmentationen, bei denen zwei unterschiedliche Flächen zu einer einzigen Region verschmolzen werden. In der Tat stellt dieses Problem die größte Schwäche der kantenbasierten Segmentierung dar. Die eigentliche Ursache des Problems liegt darin, daß ein einheitlicher Schwellwert meist nicht über das ganze Bild funktioniert. Die Kantenstärke hängt nämlich von einer Reihe von Faktoren ab. Bei einer Schnittkante beispielsweise ist die Winkeldifferenz der Normalenvektoren der beiden angrenzenden Flächen maßgebend. In einem Tiefenbild können somit gleichzeitig Kanten unterschiedlicher Stärken vorliegen. Selbst entlang der Kontur derselben Fläche kann es je nach benachbarten Flächen unterschiedliche Kantenstärken geben. Ein Schwellwert, der höher als die niedrigste Kantenstärke im Bild ist, würde so Lücken in den schwächsten Konturen verursachen. Um auch diese Konturen zu berücksichtigen, muß der Schwellwert niedrig gesetzt werden, was möglicherweise falsche Kantenpunkte in anderen Bildbereichen erzeugt. Eine günstige Wahl des Schwellwertes ist auch deshalb schwierig, weil die Anzahl der Konturen im Bild unbekannt ist. Daraus folgt, daß ein Schwellwert nur in einem lokalen Bereich Gültigkeit hat und eine Segmentierung deswegen eine Reihe von Schwellwerten benötigt.

Genau auf dieser Erkenntnis basiert das Segmentierungsverfahren aus [LCJ91]. Den Ausgangspunkt bildet hierbei ein Bild $K(u, v)$ mit der Kantenstärke in jedem Bildpunkt. Unabhängig voneinander wird dieses Bild jeweils mithilfe eines Schwellwertes α_k aus einer Menge $A = \{\alpha_1, \alpha_2, \ldots, \alpha_m\}$, $\alpha_1 > \alpha_2 > \ldots > \alpha_m$ in ein binäres Bild $S_k(u, v)$ überführt:

$$S_k(u, v) = \begin{cases} 0, & K(u, v) \geq \alpha_k \\ 1, & K(u, v) < \alpha_k \end{cases}$$

Dieser Schritt, auch α-Aufteilung genannt, erzeugt eine Segmentierung des Tiefenbildes aufgrund des Schwellwertes α_k. Die in S_k durch Punkte mit dem Wert 0 eingeschlossenen Gebiete werden als Hypothesen von Flächen angesehen. Diese werden verifiziert, indem das Homogenitätskriterium überprüft wird. Diejenigen Regionen, die diese Überprüfung nicht bestehen, werden in S_k wieder gelöscht, d.h. ihre Punkte werden auf den Wert null gesetzt. Auf diese Weise entsteht gewissermaßen eine Teilsegmentierung S_k^* des Tiefenbildes. Die Regionen in S_k^* sind zwar garantiert korrekt, im Sinne, daß sie alle homogen sind. Nicht erfüllt sind hierbei jedoch zwei der in Abschnitt 7.2 aufgestellten Bedingungen einer vollständigen Segmentierung. Einerseits bleiben die verworfenen Hypothesenregionen weiterhin unsegmentiert und S_k^* ist somit unvollständig. Dies ist nur dann möglich, wenn der Schwellwert α_k für diese Bereiche zu hoch ist. Folglich ist eine korrekte Segmentierung dafür in einem S_l^*, $\alpha_k > \alpha_l$, zu suchen. Andererseits kann es auch vorkommen, daß in S_k^* eine Fläche in mehrere Regionen aufgeteilt ist. Im Gegensatz zum vorigen Fall befindet sich die korrekte Lösung hierfür in einem S_l^*, $\alpha_l > \alpha_k$. Aus dieser Diskussion wird deutlich, daß jede Fläche R_k des Tiefenbildes irgendwann in der Reihe $S_1^*, S_2^*, \ldots, S_m^*$ auftaucht und in der Fortsetzung der Reihe entweder weiter existiert oder in mehrere Regionen aufgeteilt wird. Die Segmentierungsaufgabe besteht nun darin, alle Flächen aus dieser Reihe zu extrahieren.

Auf den ersten Blick scheint dies nicht gerade eine einfache Aufgabe zu sein, da die Anzahl der Flächen im voraus unbekannt ist, ebenso wie der für jede Fläche geeignete Schwellwert. Aus folgender Überlegung heraus ergibt sich dennoch eine fast triviale Lösung. Es wird angenommen, daß insgesamt n Flächen $R_1, R_2, \ldots, R_n$ im Tiefenbild enthalten sind. Taucht eine Region R_i erstmals in S_k^* der Reihe $S_1^*, S_2^*, \ldots, S_m^*$ auf, so wird die Kontur von R_i erst mit dem Schwellwert α_k geschlossen. Folglich existiert R_i nicht in $S_l^*, \alpha_l > \alpha_k$, d.h.

$$R_i \cap S_l^* \; = \; \emptyset, \; \alpha_l > \alpha_k, \tag{7.19}$$

wobei S_l^* hier als Menge von Punkten mit dem Wert 1 aufgefaßt wird. In der Fortsetzung der Reihe $S_{k+1}^*, \ldots, S_m^*$ werden mit abnehmenden Schwellwerten immer mehr Punkte in R_i als Kantenpunkte angenommen und aus R_i entfernt, was

$$R_i \cap S_l^* \; \subseteq \; R_i, \; \alpha_k > \alpha_l \tag{7.20}$$

bedeutet. Unter Verwendung von (7.19) und (7.20) läßt sich nun zeigen, daß eine logische ODER-Operation der Teilsegmentierungen $S = S_1^* \cup \ldots \cup S_m^*$ eine vollständige Segmentierung des Tiefenbildes liefert. Dafür betrachten wir

$$\begin{aligned}
R_i \cap S \; &= \; (R_i \cap S_1^*) \cup \ldots \cup (R_i \cap S_k^*) \cup (R_i \cap S_{k+1}^*) \cup \ldots \cup (R_i \cap S_m^*) \\
&= \; R_i \cup (R_i \cap S_{k+1}^*) \cup \ldots \cup (R_i \cap S_m^*) \\
&= \; R_i
\end{aligned}$$

Somit ist jede Region R_i auch in S enthalten. Diese Tatsache führt die anfängliche Aufgabenstellung der Regionenextraktion aus der Reihe $S_1^*, S_2^*, \ldots, S_m^*$ in die triviale Regionenextraktion aus S über.

Nun sind wir in der Lage, den Gesamtablauf des auf Hypothese-Verifikation basierenden Segmentierungsverfahrens anzugeben, siehe Abb. 7.27. Bei der konkreten Realisierung dieses Algorithmus wird in [LCJ91] der Kantendetektor von Sobel dazu verwendet, die Kantenstärke $K(u,v)$ in den Bildpunkten zu berechnen. Diese wird mittels

$$\overline{K}(u,v) \; = \; \cos^{-1} \frac{1}{\sqrt{1 + K^2(u,v)}}$$

so transformiert, daß $\overline{K}(u,v)$ in den Wertebereich $[0, 90]$ fällt. Anschließend erfolgt die α-Aufteilung mit den Schwellwerten aus $A = \{90, 89, \ldots, 61\}$. In der Phase der Hypothesenverifikation wird eine hypothetisierte Region R_i dann als homogen angenommen, wenn diese durch eine Flächenfunktion vierten Grades

$$z \; = \; f_4(x,y) \; = \; \sum_{k+l \leq 4} a_{kl} x^k y^l$$

approximiert werden kann. Hierfür wird die beste Flächenfunktion $f_4(x,y)$ im Sinne der kleinsten Quadrate ermittelt und die Homogenität mithilfe von

$$s \; = \; \sqrt{\frac{\displaystyle\sum_{(x,y,z) \in R_i} (f_4(x,y) - z)^2}{n - p}} \; \leq \; \omega \sigma_{\text{img}}$$

getestet. Hierbei stehen n und p für die Anzahl der Bildpunkte in R_i bzw. die Anzahl der Koeffizienten in $f_4(x,y)$. Bei σ_{img} handelt es sich um eine

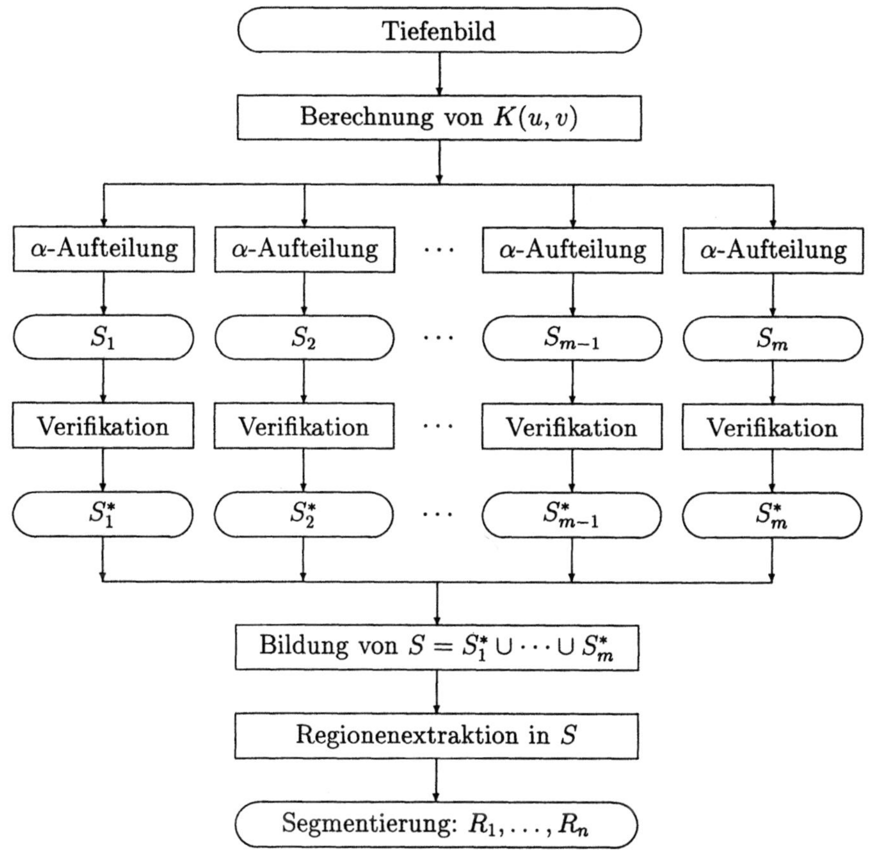

Abbildung 7.27: Segmentierungsalgorithmus basierend auf Hypothese-Verifikation.

Schätzung der Standardabweichung des Bildrauschens. Schließlich ist ω eine Konstante. Ein Segmentierungsbeispiel mit diesem Verfahren zeigt sich in Abb. 7.28. Hierbei werden zusammenhängende Regionen aus der α-Aufteilung mit unterschiedlichen Graustufen dargestellt. In Teilsegmentierungen S_k^* werden inhomogene Regionen schwarz markiert. Schließlich ergibt sich das Endergebnis aus der ODER-Operation von S_k^*.

Diese Segmentierungsmethode zeichnet sich vor allem durch ihre einfache Kontrollstruktur und parallele Natur aus. Sowohl die α-Aufteilungen als auch die anschließende Hypothesenverifikation bezüglich unterschiedlicher Schwellwerte aus A sind einfache Operationen. Außerdem sind sie völlig voneinander unabhängig und können deshalb auf verschiedenen Prozessoren ausgeführt wer-

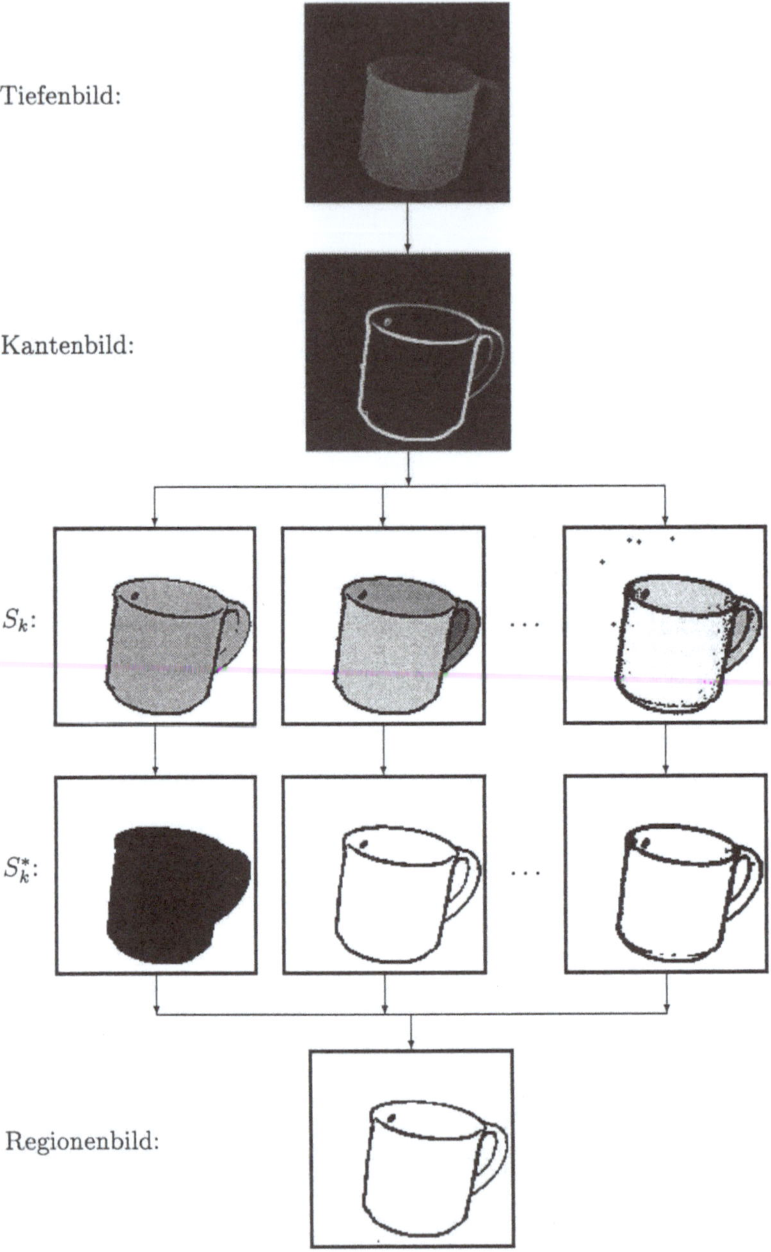

Abbildung 7.28: Hypothese-Verifikations-Verfahren: von links nach rechts werden bei der α-Aufteilung Werte $\alpha = 86, 84$, bzw. 75 verwendet. Reproduziert aus [LCJ91] mit Genehmigung von IEEE.

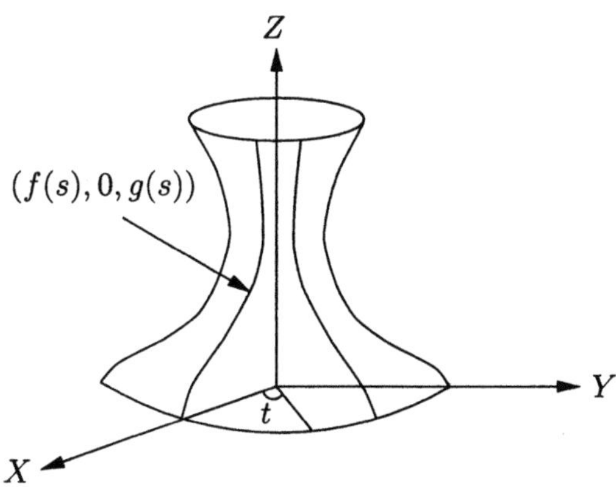

Abbildung 7.29: Parametrisierung einer Rotationsfläche.

den.

7.5 Detektion von Rotationsflächen

Bei allen bisher vorgestellten Segmentierungsverfahren, die gekrümmte Flächen
behandeln können, wurde keine Annahme über einen bestimmten Flächentyp
getroffen. Statt dessen wurden Polynome höheren Grades verwendet, um u.a.
alle gängigen Flächen wie Kugel, Zylinder und Kegel ausreichend angenähert
darzustellen. Diesen allgemeinen Segmentierungsmethoden steht eine Klasse
von Verfahren gegenüber, welche die Detektion von Flächen eines bestimmten
Typs zum Ziel haben. Als Beispiel sind die Verfahren aus [BF81, LPGW87,
LV91] zu nennen. Diese detektieren Zylinder bzw. Kegel im Tiefenbild und
bestimmen deren Parameter. Einen Schritt weiter geht die Arbeit [YL94], die
eine Methode zur Detektion von Rotationsflächen beschreibt. Als Spezialfälle
schließen Rotationsflächen sowohl Zylinder, Kegel als auch Kugel ein. Daher
ist diese Methode in breiteren Bereichen einsetzbar. Exemplarisch für die Klasse von Verfahren zur Detektion von Flächen eines bestimmten Typs soll im
folgenden dasjenige aus [YL94] erläutert werden.

Eine Rotationsfläche entsteht, wenn man eine ebene Kurve C, auch erzeugen-
de Kurve genannt, um eine Achse in dieser Ebene dreht. Der Detektion von
Rotationsflächen aus [YL94] liegt das folgende Theorem zugrunde:

Theorem 7.2 *Sei* $\mathbf{x}(u,v)$ *eine Rotationsfläche mit Hauptkrümmungen* $k_1(u,v)$
und $k_2(u,v)$ *sowie Einheitsnormalenvektor* $\mathbf{N}(u,v)$*. Dann bildet zumindest eine*

der beiden Punktmengen bestehend aus Krümmungszentren

$$\mathbf{f}_i \; = \; \mathbf{x}(u,v) + \frac{\mathbf{N}(u,v)}{k_i(u,v)}, \quad i = 1, 2$$

eine Gerade und diese stimmt mit der Drehachse der Rotationsfläche überein.

Beweis Ohne Einschränkung der Allgemeinheit nehmen wir die XZ-Ebene als Ebene der erzeugenden Kurve C und die Z-Achse als Rotationsachse, siehe Abb. 7.29, an. Sei

$$x \; = \; f(s), \quad y \; = \; 0, \quad z \; = \; g(s)$$

eine Parametrisierung von C und t der Drehwinkel um die Z-Achse. Somit erhalten wir eine Parametrisierung der Rotationsfläche

$$\boldsymbol{x}(s,t) \; = \; (f(s)\cos t, \; f(s)\sin t, \; g(s)).$$

Aufgrund der Invarianz von Normalenvektoren und Krümmungen bezüglich Parameterwechsel kann einfachheitshalber die Bogenlänge als Parameter s gewählt werden. Nach (6.1) gilt nun

$$f_s^2 + g_s^2 \; = \; 1.$$

Unter Verwendung dieser Eigenschaft erhalten wir

$$\boldsymbol{N} \; = \; (-g_s\cos t, \; -g_s\sin t, \; f_s),$$
$$k_1 \; = \; \frac{g_s}{f}, \quad k_2 \; = \; f_s g_{ss} - f_{ss} g_s$$

und schließlich

$$\boldsymbol{f}_1 \; = \; (0, \; 0, \; \frac{f f_s + g g_s}{g_s}),$$
$$\boldsymbol{f}_2 \; = \; (f\cos t, \; f\sin t, \; g) + \frac{1}{f_s g_{ss} - f_{ss} g_s}(-g_s\cos t, \; -g_s\sin t, \; f_s).$$

Die Krümmungszentren $\boldsymbol{f}_1$ liegen in der Z-Achse, also der Rotationsachse. $\square$

Im Fall einer Kugel degeneriert sowohl $\boldsymbol{f}_1$ als auch $\boldsymbol{f}_2$ zu einem einzigen Punkt, nämlich dem Zentrum der Kugel. Aus diesem Theorem leitet sich der folgende zweistufige Algorithmus zur Detektion von Rotationsflächen ab. In der ersten Phase wird die Rotationsachse der in einem Tiefenbild vorhandenen Rotationsflächen bestimmt, indem für alle Bildpunkte der Einheitsnormalenvektor sowie die Hauptkrümmungen berechnet und die Krümmungszentren gebildet werden. Im Raum der Krümmungszentren wird dann mithilfe einer Hough-Transformation nach Geraden gesucht. Jede dieser Geraden entspricht der Drehachse einer Rotationsfläche. Hierbei müssen einige Spezialfälle berücksichtigt werden, etwa die Detektion von punktförmigen Anhäufungen der Krümmungszentren anstelle von Geraden im Fall von Kugeln.

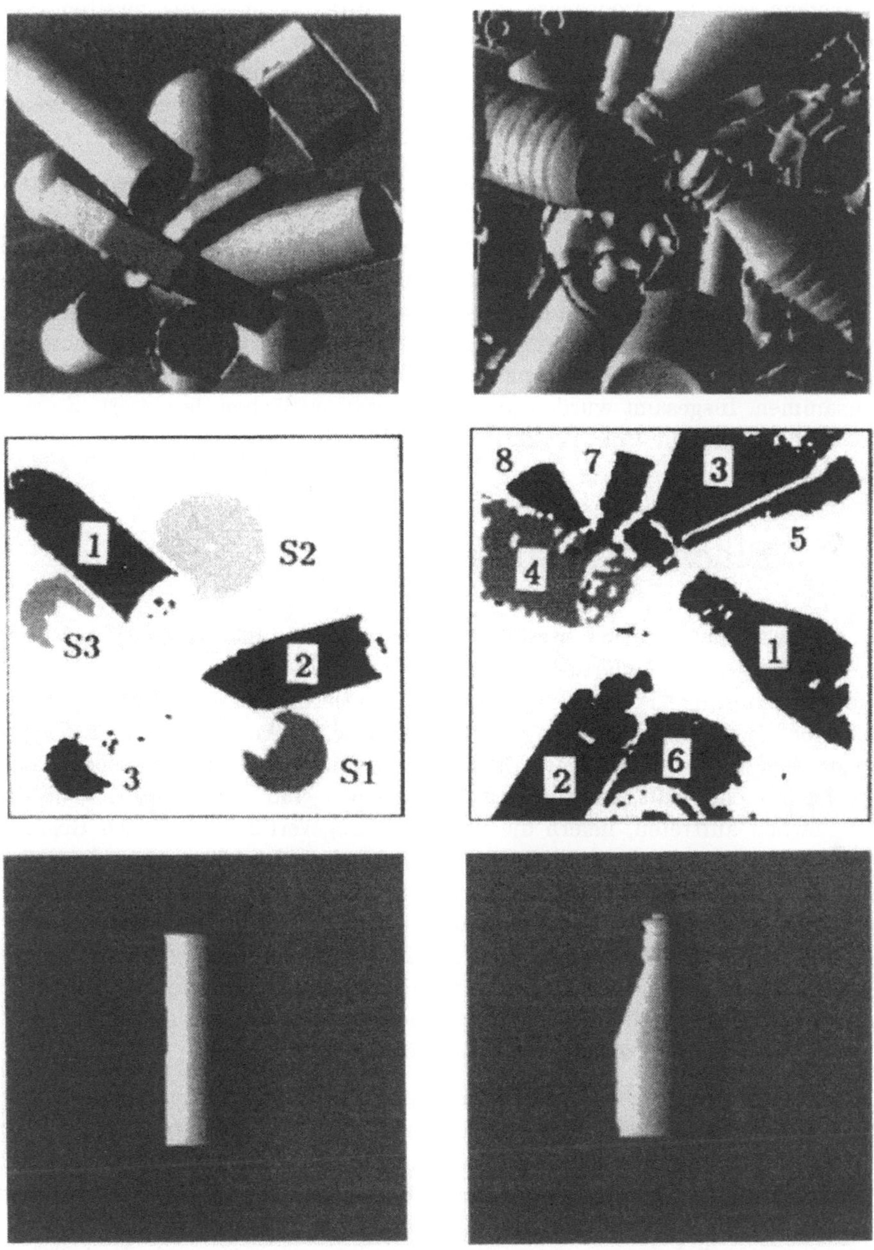

Abbildung 7.30: Detektion von Rotationsflächen. Oben: Darstellung des Tiefenbildes unter Verwendung eines Schattierungsmodells. Mitte: detektierte Rotationsflächen. Unten: Rekonstruktion einer Rotationsfläche. Reproduziert aus [YL94] mit Genehmigung von Academic Press.

Nachdem eine Rotationsachse gefunden wurde, findet in der zweiten Phase
die Extraktion der zu dieser Rotationsfläche gehörigen Bildpunkte statt. Diese
zeichnen sich dadurch aus, daß ihr jeweiliges Krümmungszentrum auf der Rotationsachse liegt. Ferner kann durch Bestimmung der erzeugenden Kurve eine
Rekonstruktion der Rotationsfläche vorgenommen werden.

In Abb. 7.30 sind die Ergebnisse dieser Methode an zwei Testszenen gezeigt.
Szene 1 (links) beinhaltet drei Polyeder, drei Kugeln sowie vier Zylinder. Von
den sieben Rotationsflächen wurden deren sechs detektiert, drei Kugeln (S1,
S2 und S3) und drei Zylinder (Flächen 1, 2 und 3). Der Zylinder am unteren
Bildrand konnte nicht gefunden werden, weil zu wenige Bildpunkte seiner Mantelfläche sichtbar sind. Auch dargestellt ist die Rekonstruktion der zylindrischen
Fläche 1. Eine weitere Testszene (rechts) setzt sich aus Flaschen, Gläsern usw.
zusammen. Insgesamt wurden hier acht Rotationsflächen detektiert. Zu sehen
ist in Abb. 7.30 die Rekonstruktion einer der Flaschen.

7.6   Flächenklassifikation

Als Flächenklassifikation bezeichnen wir die Einteilung segmentierter Regionen in einige vordefinierte Flächentypen, z.B. Ebene, zylindrische, sphärische
oder kegelförmige Flächen. Nach der Segmentierung ist eine derartige Klassifikation im allgemeinen nicht direkt gegeben. Eine Ausnahme bilden Segmentierungsverfahren für planare Flächen, wobei sich das Klassifikationsproblem
hier gar nicht stellt, da alle Regionen Ebenen sind. Sobald aber gekrümmte Flächen auftreten, liefern die Segmentierungsverfahren lediglich Regionen,
eventuell mit einer approximierenden Flächenfunktion. Besonders deutlich ist
dies bei den Segmentierungsverfahren zu beobachten, die auf Clusteranalyse
basieren. Diese machen nicht einmal Annahmen über die genaue Flächenform
und verwenden deshalb auch keine Flächenfunktion. Selbst wenn die approximierenden Polynome der Regionen vom Segmentierungsverfahren mitgeliefert
werden, wie es etwa bei Regionenexpansionsverfahren immer der Fall ist, bleibt
das Klassifikationsproblem trotzdem noch zu lösen.

Eine Flächenklassifikation ist überaus sinnvoll. Zusammen mit weiteren Parametern wie etwa Radius im Fall einer zylindrischen oder sphärischen Fläche
bildet der Typ eine qualitative und quantitative Beschreibung einer Fläche.
Diese ist von der räumlichen Position und Orientierung der Fläche unabhängig,
was im Zusammenhang mit der Objekterkennung von großem Vorteil ist. Man
beachte, daß Polynomrepräsentationen diese Invarianzeigenschaft nicht besitzen. Bei einer Flächenklassifikation werden gewöhnlich folgende Flächentypen
berücksichtigt: Ebene, zylindrische, sphärische und kegelförmige Fläche. Dies
stellt keine echte Einschränkung dar. Untersuchungen haben nämlich gezeigt,
daß sich etwa 85% aller industriell gefertigten Werkstücke recht gut durch diese Flächen repräsentieren lassen. Deshalb betrachten wir die Flächenklassifi-

kation als einen weiteren Schritt auf dem Weg von der Segmentierung bis zur vollständigen Interpretation eines Tiefenbildes.

7.6.1 Ebenentest

Bei der Flächenklassifikation wird oft als erstes eine Vorentscheidung getroffen, ob eine Region planar oder gekrümmt ist. Hierfür eignet sich der Oberflächentest in Abschnitt 7.4.3. Dazu wird zuerst für eine Fläche die Ausgleichsebene im Sinne der kleinsten Quadrate berechnet. Der Oberflächentest besteht aus zwei Teiltests. Beim ersten wird verlangt, daß der durchschnittliche Fehler bei der Approximation der Fläche durch die Ausgleichsebene genügend klein ist. Zudem sollen die Vorzeichen der Approximationsfehler zufällig über die Region verteilt sein. Dies kann dadurch überprüft werden, daß sich keine größere Subregion desselben Vorzeichens innerhalb der Fläche bildet.

Eine weitere Testmöglichkeit für planare Flächen stützt sich auf die Tatsache, daß bei der Ebenenapproximationsmethode durch Hauptachsentransformation (vgl. Abschnitt 6.3.3) der kleinste Eigenwert λ_3 unter den drei Eigenwerten $\lambda_1, \lambda_2, \lambda_3, \lambda_1 \geq \lambda_2 \geq \lambda_3$, im Fall einer perfekten Ebene null ist. Bei einer mit Störungen kontaminierten Ebene kann davon ausgegangen werden, daß λ_3 relativ zum größten Eigenwert λ_1 sehr klein ist. Deswegen wird in [HJ87] ein Ebenentest mit

$$E = 1 - 2 \cdot \frac{\lambda_3}{\lambda_1}$$

definiert. Ein Beispiel aus [HJ87] zeigt für eine planare Fläche und eine sphärische Fläche aus gestörten synthetischen Tiefenbildern den Wert $E = 0.9985$ bzw. $E = 0.5596$. Bei einer echten planaren Fläche tendiert der Wert von E somit zu eins hin. Mit zunehmender Abweichung von einer Ebene nimmt dieser Wert dann ab. Ein weiteres Beispiel mit der realen Szene in Abb. 7.31 bestätigt diese Tendenz, auch wenn hier die Trennung zwischen planaren und gekrümmten Flächen nicht immer derart eindeutig ausfällt.

Weitere Tests finden sich in [HJ87, FJ88]. Diese basieren meistens auf der statistischen Entscheidungstheorie. In der Praxis könnte für eine Fläche jeder einzelne Test fehlschlagen. Es kann jedoch davon ausgegangen werden, daß bei einer Ausführung von mehreren Ebenentests die Mehrheit das korrekte Ergebnis liefert. Daher besteht eine robustere Lösung gegenüber einem einzigen Test darin, aus dieser Mehrheit Schlußfolgerungen zu ziehen. In [HJ87] wurde genau dieser Ansatz praktiziert.

7.6.2 Unterscheidung zwischen quadratischen Flächen

Falls eine Fläche vom Ebenentest als nicht planar eingestuft wird, wird sie weiter in zylindrische, sphärische oder kegelförmige Fläche klassifiziert. In [FJ88]

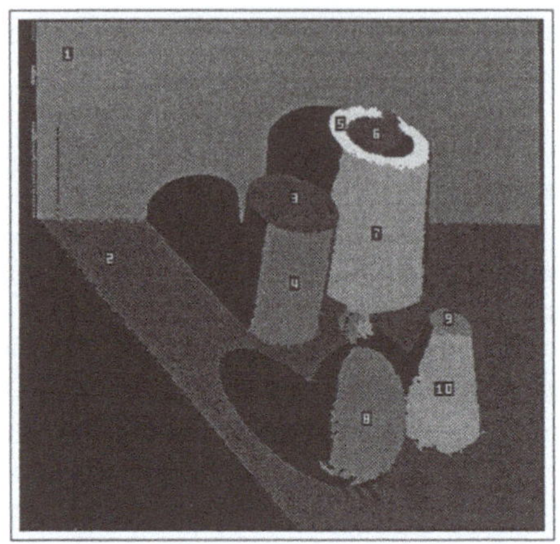

#Region	Flächentyp	λ_1	λ_2	λ_3	E
1	planar	9.2203×10^8	4.4492×10^7	7.7185×10^5	0.9983
2	planar	4.8512×10^8	3.0677×10^8	1.0454×10^5	0.9996
3	planar	6.7879×10^5	6.0397×10^5	3.0073×10^3	0.9911
4	gekrümmt	1.5923×10^6	1.0111×10^6	2.3044×10^5	0.7106
5	planar	8.4242×10^5	7.6151×10^5	1.5168×10^4	0.9640
6	gekrümmt	1.4831×10^5	9.0599×10^4	3.0746×10^4	0.5854
7	gekrümmt	4.8043×10^6	3.4921×10^6	3.8691×10^5	0.8389
8	gekrümmt	1.2303×10^6	8.5419×10^5	1.5231×10^5	0.7524
9	planar	2.8478×10^4	1.9716×10^4	1.2749×10^2	0.9910
10	gekrümmt	1.0022×10^6	7.7303×10^5	1.4426×10^5	0.7121

Abbildung 7.31: Ebenentest an einer realen Szene.

wird dazu von den Krümmungseigenschaften dieser Flächen Gebrauch gemacht.
Dabei wird die Gesamtheit der Hauptkrümmungen $k_{\min}$ und $k_{\max}$ in den Bildpunkten einer Fläche untersucht. Die Hauptkrümmungen ihrerseits können
aus zwei Quellen stammen. Einerseits können alle Methoden mit lokaler Abschätzung der Ableitungen nach Kapitel 6 verwendet werden. Als Alternative lassen sich die Hauptkrümmungen auch analytisch aus der Funktion einer
Fläche ableiten, sofern diese von der Segmentierung mitgeliefert wird. Gerade aufgrund der Störungsanfälligkeit der Krümmungsberechnung ist die zweite
Methode vorteilhaft. Eine Darstellung solcher durch die globale Flächenapproximation geglätteten Krümmungen findet sich in Abb. 7.32. Hierbei handelt es
sich um je eine zylindrische und eine sphärische Fläche, die Ausschnitte realer Szenen sind. Für jede Fläche werden die Krümmungsradien entsprechend
der Krümmungen $k_{\min}$ (links) und $k_{\max}$ (rechts) dargestellt, wobei diese durch
Grauwerte codiert sind. Je kleiner der Krümmungsradius, desto dunkler ist der

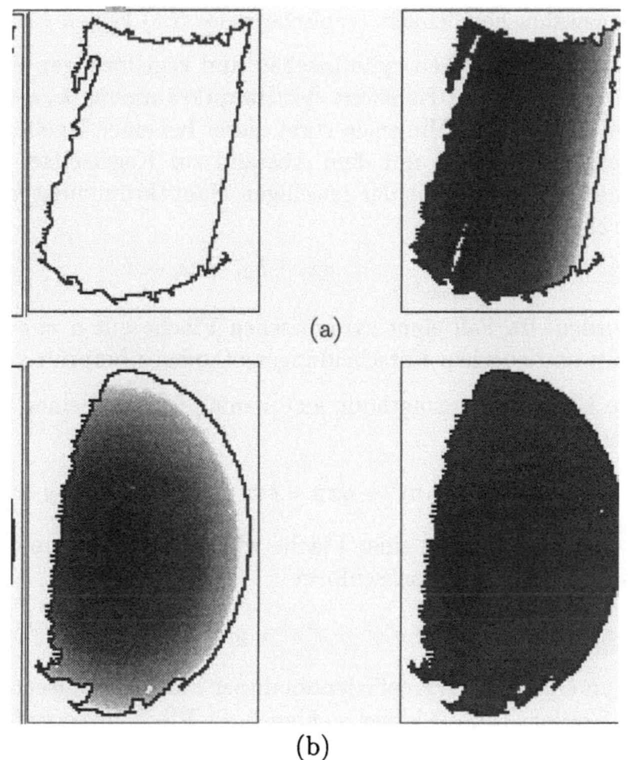

(a)

(b)

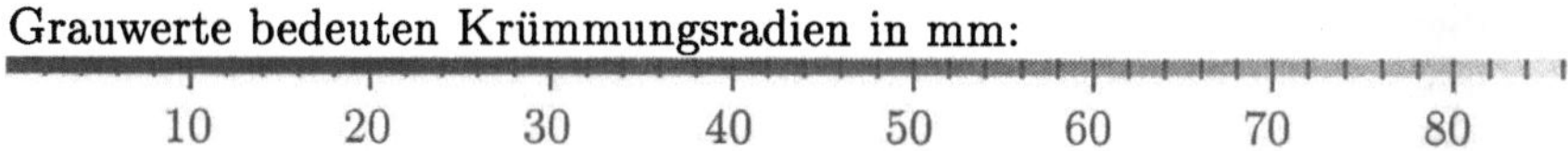

Grauwerte bedeuten Krümmungsradien in mm:

10   20   30   40   50   60   70   80

Abbildung 7.32: Krümmungsradienbilder für eine zylindrische (a) und eine sphärische (b) Fläche. Aus [Uel94].

zugehörige Grauwert. Für die genaue Korrespondenz zwischen den Grauwerten und den Krümmungsradien vergleiche man die Skala unten in der Abbildung.

Für zylindrische oder kegelförmige Flächen gilt $k_{min} = 0 \neq k_{max}$. Hingegen hat eine sphärische Fläche gleiche Hauptkrümmungen $k_{min} = k_{max} \neq 0$. In [FJ88] wird deshalb ein Student's t-Test vorgeschlagen, angewendet auf die Stichprobe mit den Krümmungen k_{min} aller n Bildpunkte der Fläche. Hierbei lautet die Prüfgröße

$$ t = |\frac{\overline{k_{min}} \sqrt{n-1}}{s}|, $$

wobei $\overline{k_{min}}$ und s den Mittelwert bzw. die Standardabweichung der Krümmungen k_{min} repräsentieren. Die Hypothese $k_{min} = 0$ (zylindrische oder kegelförmige Fläche) wird dann verworfen, wenn der Signifikanztest mit t bei einer vorgegebenen Irrtumswahrscheinlichkeit (typischerweise 5%) keinen Erfolg hat.

Die Unterscheidung zwischen zylindrischen und kegelförmigen Flächen gestaltet sich komplizierter. Der Kehrwert der Hauptkrümmung k_{max} einer zylindrischen Fläche ist konstant. Hingegen steht dieser bei einer kegelförmigen Fläche in einer linearen Beziehung mit dem Abstand zur Kegelspitze. Nun kann für alle Bildpunkte (x_i, y_i, z_i) mit der jeweiligen Hauptkrümmung $k_{max}(i)$ die Regressionsgleichung

$$\frac{1}{k_{max}(i)} = ax_i + by_i + cz_i + d$$

ermittelt werden. Im Fall einer zylindrischen Fläche gilt $a = b = c = 0$, was wiederum mit statistischen Entscheidungsmethoden überprüft werden kann.

Eine weitere Klassifikationsmethode aus [Fan90] geht von einer Flächenapproximation der Form

$$F(x, y, z) = ax^2 + by^2 + cz^2 + dxy + exz + fyz + gx + hy + iz + j = 0$$

aus. Diese Quadrikgleichung einer Fläche wird dann durch eine Hauptachsentransformation in die Hauptachsenform

$$F(x, y, z) = a^*x^2 + b^*y^2 + c^*z^2 + g^*x + h^*y + i^*z + j^* = 0$$

gebracht. Nun erlauben die Koeffizienten dieser Flächenrepräsentation eine einfache Klassifikation. Daraus lassen sich auch die Flächenparameter bestimmen. In der Praxis ist dieses Verfahren jedoch nicht unproblematisch. Die Quadrikgleichung schließt die hier behandelten Flächentypen als Spezialfälle ein, geht aber in ihrer allgemeinen Form weit darüber hinaus. So lassen sich auch Hyperboloid und Paraboloid mit dieser Gleichung ausdrücken. Wegen der unvermeidlichen Störungen in Tiefendaten kann es durchaus vorkommen, daß bei einer gegebenen Zylinderfläche beispielsweise eine Quadrikgleichung aus der Optimierung resultiert, die ein Hyperboloid repräsentiert. Wie wir gleich sehen werden, kann dieses Problem nach der Klassifikation durch Verwendung typenspezifischer Flächenfunktionen vermieden werden.

7.6.3 Bestimmung der Flächenparameter

Abgesehen vom Verfahren mit der Quadrikapproximation, liefert die obige Flächenklassifikation lediglich eine qualitative Beschreibung einer Fläche. Für Aufgaben wie Objekterkennung sind quantitative Angaben nicht minder wichtig. Dazu gehört beispielsweise der Radius einer zylindrischen oder sphärischen Fläche. Auf die Klassifikation sollte somit eine Bestimmung der Flächenparameter folgen.

In Anbetracht der mit der allgemeinen Quadrikrepräsentation verbundenen Probleme werden in [FJ88] typenspezifische Flächenfunktionen verwendet. Daraus ergeben sich auch die Parameter einer Fläche. Eine sphärische Fläche wird durch ihren Mittelpunkt (x_0, y_0, z_0) sowie den Radius r charakterisiert. Die Flächenfunktion dafür lautet

$$F(x, y, z; x_0, y_0, z_0, r) \; = \; (x - x_0)^2 + (y - y_0)^2 + (z - z_0)^2 - r^2 \; = \; 0.$$

Zur Beschreibung einer zylindrischen Fläche werden fünf Parameter benötigt: die beiden Neigungswinkel α und θ der Achse, der Radius r sowie zwei der drei Koordinaten eines beliebigen Punktes (x_0, y_0, z_0) auf der Achse. Wird von den Koordinaten x_0 und y_0 Gebrauch gemacht, so präsentiert sich die zylindrische Flächenfunktion als

$$\begin{aligned}
F(x, y, z; x_0, y_0, \alpha, \theta, r) \; &= \; \{x \cos\theta + \sin\theta(y \sin\alpha + z \cos\alpha) - x_0\}^2 + \\
&\quad (y \cos\alpha - z \sin\alpha - y_0)^2 - r^2 \\
&= \; 0
\end{aligned}$$

Eine allgemeine kegelförmige Fläche beinhaltet insgesamt sechs Parameter: die Kegelspitze (x_0, y_0, z_0), die beiden Neigungswinkel α und θ der Achse und schließlich den Öffnungswinkel. Äquivalent läßt sich der Öffnungswinkel auch durch die Distanz d zwischen der Kegelspitze und der Projektion eines Punktes auf die Achse, an dessen Stelle der Radius eins ist, ausdrücken. Dann lautet die Flächenfunktion für eine kegelförmige Fläche:

$$\begin{aligned}
F(x, y, z; x_0, y_0, z_0, \alpha, \theta, d) \; &= \; \{x \cos\theta + \sin\theta(y \sin\alpha + z \cos\alpha) - x_0\}^2 + \\
&\quad \{y \cos\alpha - z \sin\alpha - y_0\}^2 - \\
&\quad \frac{1}{d^2}\{-x \sin\theta + \cos\theta(y \sin\alpha + z \cos\alpha) - z_0\}^2 \\
&= \; 0
\end{aligned}$$

Für die Punktmenge einer Fläche bekannten Typs gilt es nun, eine optimale Flächenfunktion für den Flächentyp zu bestimmen. Dazu wird der Levenberg-Marquardt Algorithmus für nichtlineare Optimierung [PFTV86] herangezogen, der die Größe F^2 minimiert. Da dieser Algorithmus iterativ abläuft, wird für die Parameter jeweils ein initialer Wert benötigt. Bei einem gegebenen Flächentyp können die Parameter auf relativ einfache Weise grob abgeschätzt werden. Für eine sphärische Fläche F_s geschieht dies zum Beispiel folgendermaßen: Da hier die mittlere Krümmung $H = -1/r$ ist, läßt sich der Radius aus

$$r \; \approx \; -\frac{1}{|F_s|} \sum_{P \in F_s} \frac{1}{H(P)}$$

bestimmen. Nun kann der Mittelpunkt der Fläche ermittelt werden, indem von jedem Bildpunkt von F_s aus in Richtung des entsprechenden Normalenvektors der Punkt mit der Distanz r bestimmt wird. Der Durchschnitt aller derartigen Punkte stellt eine gute Abschätzung des Mittelpunktes dar. Auf ähnliche Weise können auch initiale Werte für die Parameter der zylindrischen oder kegelförmigen Flächenfunktion bestimmt werden. Nach Konvergenz des Levenberg-Marquardt Algorithmus stehen uns neben dem Flächentyp als qualitatives Flächenmerkmal auch typenspezifische quantitative Merkmale zur Verfügung.

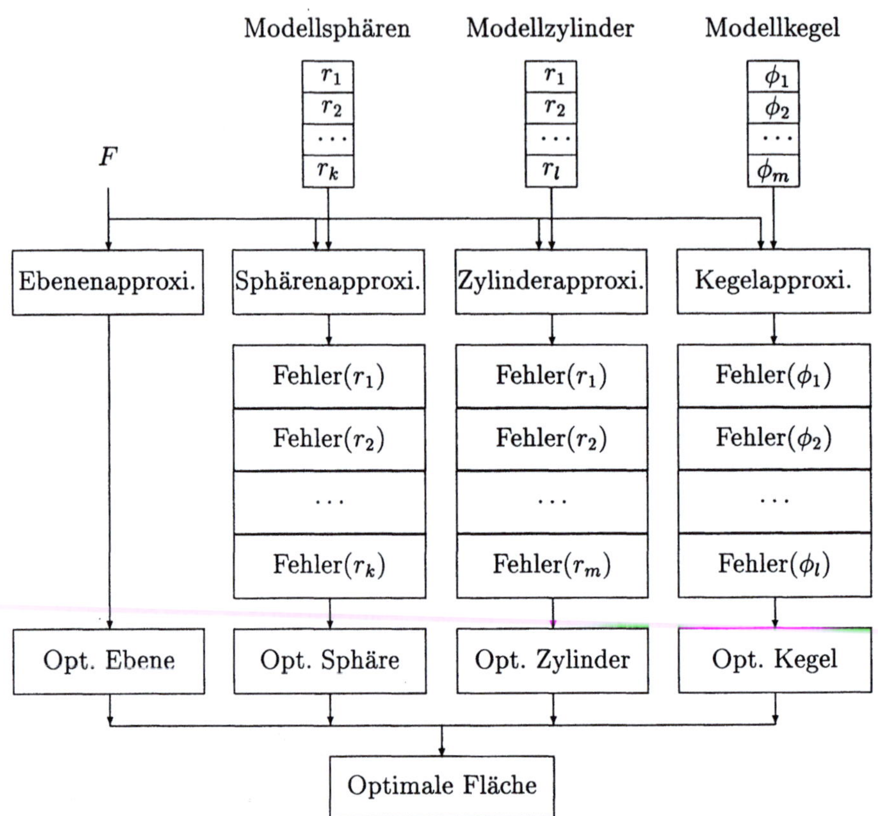

Abbildung 7.33: Modellbasierte Flächenklassifikation.

7.6.4 Modellbasierte Flächenklassifikation

Bis anhin erfolgt die Flächenklassifikation ohne jegliches Wissen über die erwarteten Flächen in der Szene. In Situationen, wo solches Wissen existiert, ist im Gegensatz dazu ein modellgesteuerter Ansatz zur Flächenklassifikation von Vorteil. Ein Beispiel dafür ist die modellbasierte Objekterkennung, wo von bekannten Objekten aus einer Modelldatenbank ausgegangen wird. Dadurch erfolgt eine erhebliche Einschränkung der möglichen Werte der Parameter. Auf diese Weise ist eine robustere Klassifikation zu erwarten. In diesem Abschnitt wird ein derartiges Verfahren aus [NFJ93], siehe Abb. 7.33, kurz vorgestellt.

Gegeben ist eine zu klassifizierende Fläche F, die n Bildpunkte

$$\{(P_1, \boldsymbol{n}_1), (P_2, \boldsymbol{n}_2), \ldots, (P_n, \boldsymbol{n}_n)\}$$

enthält. Hier ist $\boldsymbol{n}_i$ der Einheitsnormalenvektor im Punkt $P_i = (x_i, y_i, z_i)$. Gegeben sind auch alle möglichen Flächen der Typen Kugel, Zylinder und Kegel aus einer Modelldatenbank, beschrieben jeweils durch typenspezifische transformationsunabhängige Parameter. Dies sind der Radius r für Kugel und Zylinder sowie der Öffnungswinkel ϕ für Kegel. Sind insgesamt k Kugeln, l Zylinder und m Kegel vorhanden, so gilt es, für die Fläche F $k + l + m + 1$ Flächenhypothesen zu überprüfen. Davon repräsentieren $k + l + m$ jeweils den Fall, daß F einer der Modellflächen entspricht. Daß F auch eine planare Fläche sein kann, wird als eine weitere Hypothese in Betracht gezogen. Zur Verifikation dieser Hypothesen wird F mit der jeweiligen Modellfläche approximiert und der Approximationsfehler ermittelt. Unter allen Hypothesen wird diejenige mit dem kleinsten Approximationsfehler als Klassifikationsergebnis ausgewählt.

Am einfachsten gestaltet sich die Überprüfung der Hypothese einer Ebene. Hierfür wird die optimale Ebene $\hat{\boldsymbol{n}} \cdot \boldsymbol{x} + d = 0$ für F mittels der in Abschnitt 6.3.3 beschriebenen Methode bestimmt. Der Approximationsfehler berechnet sich dann aus

$$E = \sqrt{\frac{1}{n} \sum_{i=1}^{n} (\hat{\boldsymbol{n}} \cdot P_i + d)^2}.$$

Im Gegensatz zu den anderen Flächentypen erfolgt die Approximation hier datengesteuert.

Für jede Kugel mit dem Radius r erfolgt die Flächenapproximation folgendermaßen: Jeder Punkt $(P_i, \boldsymbol{n}_i)$ von F liefert zwei Abschätzungen des Sphärenmittelpunktes $P_i \pm r\boldsymbol{n}_i$. In einem dreidimensionalen Akkumulator werden die beiden entsprechenden Zähler um eins erhöht. Nachdem alle Punkte von F auf diese Weise in den Akkumulator eingetragen sind, ergibt sich der Mittelpunkt (x_0, y_0, z_0) der optimalen Kugel für F aus dem größten Zähler. Der Approximationsfehler beträgt nun

$$E = \sqrt{\frac{1}{n} \sum_{i=1}^{n} [(x_i - x_0)^2 + (y_i - y_0)^2 + (z_i - z_0)^2 - r^2]}.$$

Ähnlich erfolgt die Bestimmung des optimalen Zylinders und Kegels für F mit dem zugehörigen Approximationsfehler.

Die Entscheidung über die optimale Modellfläche geschieht einfach aufgrund des kleinsten Approximationsfehlers. In [NFJ93] wurde dieser modellbasierte Klassifikationsansatz sowohl an synthetischen als auch an realen Tiefenbildern getestet. Hierbei ergaben sich bessere Ergebnisse als bei der rein datengesteuerten Methode.

7.7 Vergleich von Segmentierungsmethoden

Bisher haben wir in diesem Kapitel eine Reihe von Verfahren zur Segmentierung von Tiefenbildern kennengelernt. Trotz dokumentierter Ergebnisse der individuellen Verfahren ist ein objektiver Vergleich derselben kaum möglich. Dies zeigt sich bereits an den verwendeten Testbildern. Oft wurden die Algorithmen lediglich an synthetischen Bildern und – wenn überhaupt — an einer kleinen Anzahl realer Tiefenbilder getestet. Nicht selten stammen diese realen Testbilder noch aus der eigenen "Küche" der Entwickler eines Algorithmus. In der Literatur herrscht deshalb ein buntes Gemisch an Testbildern, was einen Quervergleich erheblich erschwert. Dazu kommt noch die Tatsache, daß bei einer kleinen Anzahl von Testbildern die benötigten Schwellwerte relativ problemlos optimal eingestellt werden können. Aufgrund weniger Testbilder auf das Verhalten eines Segmentierungsverfahrens bei einer großen Bildsammlung zu schließen, ist deswegen heikel. Diese Problematik ist typisch für die Bildanalyse im allgemeinen. Es mangelt dieser Disziplin nicht an Lösungsansätzen. Was aber effektiv fehlt, ist eine Grundlage für Vergleiche unterschiedlicher Algorithmen. Diesbezügliche Anstrengungen in der Forschung stehen noch weitgehend an ihrem Anfang. In Abschnitt 5.1.6 wurde bereits eine Methode zum Vergleich von Glättungsverfahren vorgestellt. Im Bereich der Segmentierung von Tiefenbildern sind zwei derartige Arbeiten [JHJB+95, HJBGB94] zum Vergleich von kanten- bzw. regionenbasierten Segmentierungsverfahren bekannt. Im folgenden soll die Vergleichsmethode aus [HJBGB94] geschildert werden.

Ein Vergleich von Segmentierungsverfahren beinhaltet zwei technische Aspekte. Erstens soll als experimentelle Basis eine ausreichend große und repäsentative Bildsammlung vorhanden sein. Für diese Bilder muß außerdem eine perfekte Segmentierung als Vergleichsgrundlage bereitgestellt werden. Zweitens muß für die perfekte Referenzsegmentierung auf der einen Seite und das von einem Segmentierungsverfahren gelieferte Ergebnis auf der anderen Seite ein Verfahren verfügbar sein, um die beiden miteinander zu vergleichen und eine Aussage über die Güte der Segmentierung zu machen.

Die Arbeit [HJBGB94] beschränkt sich auf Polyederszenen. Selbst unter dieser Einschränkung existieren bei der Zusammenstellung der Bildsammlung eine Reihe wählbarer Parameter. Einige Beispiele sind:

- Wahl des Tiefensensors. Damit verbunden sind die Anzahl Bits pro Pixel (Tiefenauflösung) sowie Typ und Ausmaß der Bildstörung.

- Wahl der Testobjekte: Größe der Flächen, Winkel zwischen den Flächen, Komplexität der Objekte.

- Wahl der Testszenen: Anzahl und Lage der Objekte, Überlappungsgrad.

Da es vom Aufwand her gar nicht möglich ist, diesen hochdimensionalen Parameterraum vollständig abzudecken, wird in [HJBGB94] pragmatisch vorge-

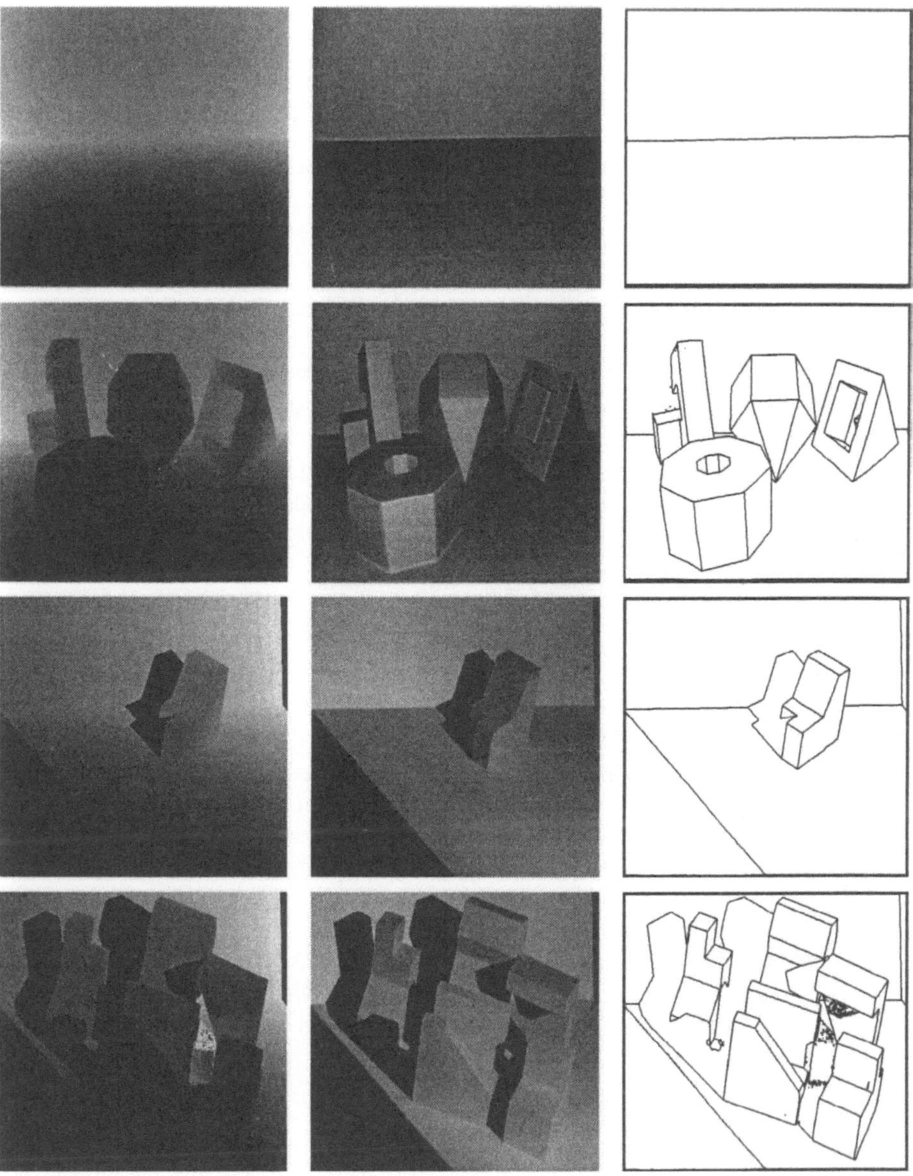

Abbildung 7.34: Zwei Perceptron- und zwei ABW-Tiefenbilder aus der Sammlung zum Vergleich regionenbasierter Segmentierungsverfahren. Neben den Tiefenbildern (links) und den Referenzsegmentierungen (rechts) sind in der Mitte auch die zugehörigen Reflektanzbilder für den Perceptron-Sensor sowie Grauwertbilder für den ABW-Sensor gezeigt. Die einzelnen Punkte in der Referenzsegmentierung resultieren aus Störungspunkten im Tiefenbild.

gangen. Als Tiefensensor werden ein Perceptron- sowie ein ABW-Sensor (vgl.
Abschnitt 4.1.3 und 4.2.3) gewählt. Diese repräsentieren die beiden gängigsten
Sensortypen basierend auf Laufzeitverfahren und Triangulation. Es wurde eine
Sammlung von je 40 Perceptron- und 40 ABW-Bildern aufgebaut. Ein Test-
bild besteht aus bis zu fünf Objekten mit unterschiedlichem Überlappungsgrad. In Abb. 7.34 sind die Perceptron/ABW-Bilder mit jeweils der kleinsten
(2/8) bzw. größten (32/36) Anzahl von Flächen gezeigt. Insgesamt enthalten die Referenzsegmentierungen dieser Sammlung 438/457 Regionen bei den
Perceptron/ABW-Bildern.

Zur Beurteilung der von einem Algorithmus gelieferten Segmentierung MS (machine segmentation) wird diese in [HJBGB94] auf fünf Kriterien hin untersucht:
korrekte Detektion, Übersegmentierung, Untersegmentierung, nicht gefundene
Regionen sowie falsche Regionen. Bei der Übersegmentierung wird eine Region
der Referenzsegmentierung GT (ground truth) in mehrere Regionen zerlegt,
während eine Untersegmentierung mehrere Referenzregionen zu einer einzigen
Region in MS zusammenfaßt. Eine Referenzregion gilt als nicht gefunden, wenn
sie keine entsprechende Region in MS besitzt. Umgekehrt wird bei einer Region in MS, die keiner Referenzregion entspricht, von einer falschen Region
gesprochen.

Die Klassifikation der Regionen erfolgt folgendermaßen: Mit M und G bezeichnen wir die Zahl der Regionen in MS bzw. GT. Eine segmentierte Region
$R_m, 1 \leq m \leq M$, enthält P_m Bildpunkte und eine Referenzregion $R_g, 1 \leq
g \leq G$, P_g Bildpunkte. Des weiteren steht O_{mg} für die Zahl gemeinsamer Bild-
punkte von R_m und R_g. Somit gilt $O_{mg} = P_m = P_g$ bei perfekter Übereinstimmung von R_m und R_g, während $O_{mg} = 0$ gilt, wenn die beiden Regionen keine
Überlappung aufweisen. In Abhängigkeit eines Schwellwertes $T \leq 1$ erfolgt die
Klassifikation unter Verwendung der folgenden Regeln:

- Eine segmentierte Region R_m aus MS wird als korrekte Detektion von R_g
  aus GT bezeichnet, wenn $O_{mg} \geq TP_m$ und $O_{mg} \geq TP_g$ gelten. D.h. der
  gemeinsame Teil von R_m und R_g macht anteilsmäßig mindestens $100T\%$
  der jeweiligen Region aus. Der Deckungsgrad der beiden Regionen wird
  durch die Kennzahlen $m_1 = O_{mg}/P_g$ und $m_2 = O_{mg}/P_m$ beschrieben.

- Segmentierte Regionen $R_{m_1}, \cdots, R_{m_x}$ ($2 \leq x \leq M$) werden als eine
  Übersegmentierung einer Referenzregion R_g betrachtet, wenn die Bedin-
  gungen $\forall i, O_{m_i g} \geq TP_{m_i}$ (mindestens $100T\%$ jeder der beteiligten Re-
  gionen R_{m_i} liegt in R_g) und $\sum_{i=1}^{x} O_{m_i g} \geq TP_g$ (größenmäßig machen alle
  Regionen R_{m_i} zusammen mindestens $100T\%$ von R_g aus) erfüllt sind.
  Hierbei beträgt der gegenseitige Deckungsgrad $m_1 = \sum_{i=1}^{x} O_{m_i g}/P_g$ bzw.
  $m_2 = \sum_{i=1}^{x} O_{m_i g}/\sum_{i=1}^{x} P_{m_i}$. Bei der Definition einer Untersegmentierung tau-

schen die segmentierten Regionen und die Referenzregionen ihre Rollen. Eine Region R_m aus MS wird als Untersegmentierung der Referenzregionen $R_{g_1}, \cdots, R_{g_x}$, $2 \leq x \leq G$, bezeichnet, wenn $\forall i, O_{mg_i} \geq TP_{g_i}$ und $\sum_{i=1}^{x} O_{mg_i} \geq TP_m$ gelten. Nun beträgt der gegenseitige Deckungsgrad

$$m_1 = \sum_{i=1}^{x} O_{mg_i} / \sum_{i=1}^{x} P_{g_i} \text{ bzw. } m_2 = \sum_{i=1}^{x} O_{mg_i} / P_m.$$

- Eine Referenzregion R_g wird als nicht gefunden betrachtet, wenn diese in keiner Instanz der korrekten Detektion, Über- und Untersegmentierung involviert ist. Auf der anderen Seite gilt eine segmentierte Region R_m mit genau derselben Eigenschaft als eine falsche Region.

Aus diesen Klassfikationsregeln wird die Bedeutung des Schwellwertes T deutlich. Zwei Regionen aus MS und GT müssen nämlich mindestens einen Deckungsgrad von T aufweisen, um als gegenseitige Entsprechung anerkannt zu werden.

Neben der Regionenklassifikation wird in [HJBGB94] auch die Segmentierungsgenauigkeit mithilfe eines Winkelvergleichs getestet. Dafür wird in der Referenzsegmentierung zusätzlich noch der Winkel zweier benachbarter Regionen, die zwei Flächen desselben Objektes verkörpern, gespeichert. Sei A_g dieser Winkel zwischen R_{g_1} und R_{g_2} aus GT. Angenommen, beide Regionen werden korrekt in R_{m_1} bzw. R_{m_2} segmentiert, und R_{m_1} und R_{m_2} haben einen Winkel von A_m. Dann wird die Differenz $|A_g - A_m|$ berechnet. Diese Differenzbildung erfolgt für alle möglichen Regionenpaare und der Durchschnitt und die Standardabweichung werden als Maß für die Segmentierungsgenauigkeit ausgegeben.

Zur Veranschaulichung dieser Methode zum Vergleich von Segmentierungsverfahren wird in Abb. 7.35 die Ausgabe für eine Beispielszene gezeigt. Hierbei fängt die Regionennumerierung in MS und GT bei 10 an. Die beiden Spalten "Measure 1" und "Measure 2" entsprechen dem Deckungsgrad m_1 bzw. m_2.

Mit der in diesem Abschnitt vorgestellten Methode wird es nun möglich, Segmentierungsverfahren objektiv zu beurteilen und miteinander zu vergleichen. Im Anschluß an die Arbeit [HJBGB94] wurde diese Methode dazu verwendet, vier konkrete Segmentierungsverfahren zu vergleichen [HJBJ$^+$95, HJBJ$^+$96]. Dabei hat sich u.a. gezeigt, daß die Segmentierung polyedrischer Szenen, eine scheinbar einfache Aufgabe, keineswegs als gelöst betrachtet werden kann. Es bleibt weiterhin ein beachtlicher Spielraum für Verbesserungen.

Im Gegensatz zu vielen anderen Arbeiten zeichnet sich das in [HJBGB94, HJBJ$^+$96] beschriebene Projekt durch die Offenlegung aller Daten und Programme aus. Sowohl die Bildsammlung mit den Referenzsegmentierungen und das Programm zum Vergleich als auch der Programmcode der vier untersuchten Segmentierungsverfahren sind öffentlich zugänglich. Dadurch sollen noch mehr Forscher zum Vergleich ihrer Algorithmen ermutigt und ein Beitrag zur objektiven Beurteilung von Segmentierungsverfahren geleistet werden.

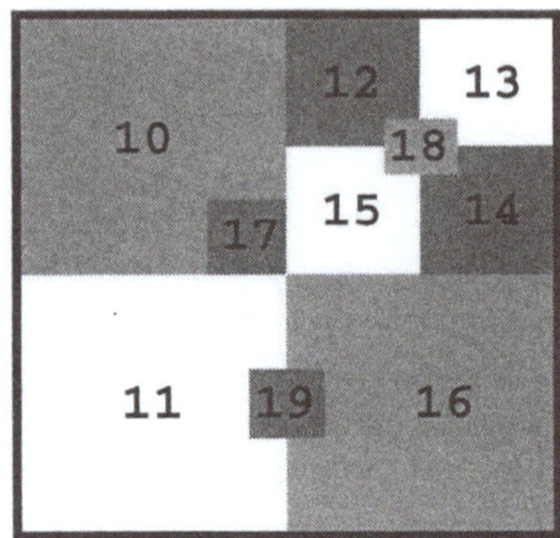

(a) GT   (b) MS

```
GT Region(s)          Category      MS Region(s)      Measure1    Measure2
==========================================================================
14                    correct       16                0.963       0.994
15                    over-seg      12,13,14,15,18    1.000       1.000
16                    over-seg      10,17             1.000       0.949
10,11,12,13           under-seg     11                0.954       1.000
17                    missed
                      noise         19


Total regions in Ground Truth:  8
Total regions in Machine Segmentation:  10


Total CORRECT DETECTION classifications:  1
        Average measure1:  0.963398
        Average measure2:  0.994097

        Total angles recorded in ground truth:  0
        Total angles compared:  0
        Average error in compared angles (degrees) :  Not applicable
        Standard deviation:  Not applicable


Total OVER-SEGMENTATION classifications:  2
        Average measure1:  1.000000
        Average measure2:  0.974365


Total UNDER-SEGMENTATION classifications:  1
        Average measure1:  0.954094
        Average measure2:  1.000000


Total MISSED classifications:  1


Total NOISE classifications:  1
```

(c) Vergleichsergebnis

Abbildung 7.35: Ergebnis der Vergleichsmethode für eine Beispielszene. Freundlicherweise überlassen von A. Hoover, University of South Florida, Tampa, USA.

7.8 Symbolische Szenenbeschreibung

In diesem Kapitel haben wir eine Reihe von Verfahren zur Kantendetektion und regionenbasierten Segmentierung kennengelernt. Im Anschluß an eine derartige Segmentierung sind noch weitere Schritte nötig, um eine merkmalsbasierte symbolische Szenenbeschreibung zu gewinnen. Diese umfaßt normalerweise eine Liste

$$S = \{f_1, f_2, \cdots, f_n\}$$

der Szenenmerkmale sowie eine Reihe von Attributen. Bei den Attributen handelt es sich um Eigenschaften der einzelnen Merkmale (z.B. Typ, Inhalt usw. für ein Flächenstück) sowie Relationen zwischen den Merkmalen (z.B. Nachbarschaftsbeziehung oder Winkel zwischen zwei Flächen). Informationen dieser Art müssen in einem Nachverarbeitungsschritt aus dem Rohergebnis der Segmentierung gewonnen werden. Geht man von einer kantenbasierten Segmentierung aus, so müssen beispielsweise die detektierten Kantenpunkte zu Kantenzügen verbunden und diese ihrerseits segmentiert werden. Eine reichhaltige symbolische Szenenbeschreibung bildet die Grundlage für die nachfolgende Interpretation eines Tiefenbildes.

7.9 Literaturhinweise

In der Literatur sind noch weitere Methoden zur Kantendetektion in Tiefenbildern bekannt. Dazu gehören die Arbeiten [BC94, JN90, WB94]. Während all diese Methoden ein breites Spektrum von Kantentypen behandeln können, existieren auch auf einen bestimmten Kantentyp spezialisierte Verfahren. Ein solches aus [CD92] ist beispielsweise nur in der Lage, positive Dachkanten zu detektieren. Sofern zusätzlich zum Tiefenbild noch ein Grauwertbild der Szene in voller Registrierung zur Verfügung steht, so können auch Kanteninformationen aus dem Grauwertbild herangezogen werden. Von einem derartigen hybriden Vorgehen kann im allgemeinen eine vollständigere und zuverlässigere Kantendetektion erwartet werden, was in den Studien [RB95, ZW93] bestätigt wird. Für eine ausführliche Diskussion darüber sei an dieser Stelle auf [MA85] verwiesen.

Die regionenbasierte Segmentierung erfordert häufig, eine Entscheidung zu treffen, ob die Vereinigung zweier homogener Regionen weiterhin die Homogenitätskriterien erfüllt. Im vorliegenden Kapitel wurde diese Fragestellung ausschließlich aus geometrischer Sicht angegangen. Eine Alternative dazu beschreibt die Arbeit [LH95], wo diese Entscheidung aufgrund von Homogenitätswahrscheinlichkeiten in einem statistischen Kontext getroffen wird.

Kanten- und regionenbasierte Segmentierung sind als komplementär zueinander anzusehen. Vorteilhaft ist deshalb ein hybrides Vorgehen, wo sich die beiden Techniken gegenseitig unterstützen, um die jeweilige Information optimal zur besseren Segmentierung auszunutzen. Untersuchungen solcher Verfahren finden sich z.B. in [BS92, JN90, YL89].

Im vorliegenden Kapitel wurde unter regionenbasierter Segmentierung stets die Zerlegung eines Tiefenbildes in verschiedene Flächenstücke verstanden. In der Literatur existiert aber eine Klasse von Methoden, die eine Zerlegung in bestimmte Volumenstrukuren zum Ziel haben. Das Verfahren aus [LC91] verwendet dafür die vor allem in CAD/CAM-Systemen populäre CSG-Repräsentation (Constructive Solid Geometry). Als Erweiterung für die – auch im vorliegenden Kapitel – häufig benutzte polynomiale Flächenfunktion wurde die sog. Superquadrik vorgeschlagen. Während in [SB90, GB93] Superquadriken erst nach einer Segmentierung in Flächenstücke berechnet werden, lassen sich diese auch ohne Vorsegmentierung direkt aus einem Tiefenbild rekonstruieren [LSM94]. In neueren Arbeiten wird die Superquadrik weiter zur Hyperquadrik [KHGB95] entwickelt, die eine größere Repräsentationsmächtigkeit besitzt.

Im vorliegenden Kapitel wurde ausschließlich von Tiefenbildern ausgegangen. Es existieren jedoch andere Formen von dreidimensionalen Daten. So haben z.B. Nadeldiagramme, die u.a. recht zuverlässig mithilfe des photometrischen Stereoverfahrens gewonnen werden können, viele Anwendungen gefunden. In [JB89] wird ein regionenbasiertes Segmentierungsverfahren für Nadeldiagramme beschrieben.

Kapitel 8

Objekterkennung

Bei der Objekterkennung gehen wir einerseits von einer attributierten Szenenbeschreibung

$$S = \{f_1, f_2, \cdots, f_n\}$$

bestehend aus n Szenenmerkmalen und deren Attributen aus. Diese Szenenbeschreibung wird von einem geeigneten Segmentierungsverfahren geliefert. Andererseits steht eine Liste von Objektmodellen zur Verfügung. Jedes dieser Modelle

$$M = \{F_1, F_2, \cdots, F_m\}$$

beschreibt ein Objekt mittels Merkmalen sowie deren Attributen. Hierbei sollen die Merkmale logischerweise von gleichen Typen wie die Szenenmerkmale sein, so daß eine Verbindung der beiden Beschreibungen hergestellt werden kann[1]. Im Gegensatz zur Szenenbeschreibung wird die Modellbeschreibung in einer off-line Phase gewonnen (siehe dazu Abschnitt 8.7) und für den Erkennungsprozeß bereitgestellt.

Die Aufgabe der Objekterkennung besteht darin, eine Zuordnung

$$\{((f_1, F_{m1}), (f_2, F_{m2}), \cdots, (f_n, F_{mn})), \ T_{ms}\}$$

der Szenen- zu Modellmerkmalen eines bestimmten Objektmodells samt der Transformation T_{ms}, die das Modell in das Weltkoordinatensystem der Szene transformiert und es auf diese Weise zur Deckung mit dem Szenenobjekt bringt, zu finden. In der Praxis ist jedoch so, daß nicht immer eine Zuordnung für alle Szenenmerkmale gefunden werden kann, da beispielsweise mehrere Objekte in der Szene enthalten sein können. In diesem Fall sind eine Reihe von Teilzuordnungen möglich. Es kommt auch vor, daß aus der Segmentierung Merkmale resultieren, die gar keine Entsprechung im Modell besitzen, sei es wegen Fehlern in der Segmentierung oder in den Tiefendaten. Zur Darstellung dieser Situation wird von einem Platzhalter Λ Gebrauch gemacht. Eine Zuordnung ohne

---

[1]Eine Ausnahme bilden die Arbeiten [GLP84, Gri90b, Mur87], wo Punkte in der Szene auf Modellflächen abgebildet werden.

das Merkmal f_1 wird dann beispielsweise durch

$$\{((f_1, \Lambda), (f_2, F_{m2}), \cdots, (f_n, F_{mn})),\ T_{ms}\}$$

repräsentiert.

Bei der Zuordnung stellt sich die folgende grundsätzliche Frage: Dürfen einem Modellmerkmal mehrere Szenenmerkmale zugeordnet werden, sofern diese bezüglich der Merkmalseigenschaften mit dem Modellmerkmal verträglich sind? Lassen wir eine solche Mehrfach-Zuordnung zu, so können fragmentierte Szenenmerkmale wieder zu einem Ganzen verschmolzen werden. Da dies auf der anderen Seite aber einen größeren Suchraum mit sich bringt, ist dieses Vorgehen nur dann zu empfehlen, wenn mit einer Zerstückelung der Merkmale häufig zu rechnen ist. Sonst kann darauf verzichtet werden, ohne daß dadurch die erfolgreiche Szeneninterpretation gefährdet würde. In diesem Fall wird nämlich eines der fragmentierten Szenenmerkmale dem Modellmerkmal zugeordnet, während der Rest mit Λ belegt wird.

Typischerweise wird der Erkennungsprozeß in vier Teilaufgaben aufgeteilt:

- Zuordnungsanalyse: Aufgrund der Attribute der Szenen- und Modellmerkmale werden Hypothesen über mögliche Zuordnungen aufgestellt. Es können auch Teilzuordnungen (unvollständige Hypothesen) gebildet werden.

- Verifikation: Die Hypothesen werden auf ihre Gültigkeit hin überprüft. Oft schließt dieser Schritt auch eine Komplettierung unvollständiger Hypothesen ein. Des weiteren wird hier angestrebt, eine Rangliste der gültigen Hypothesen zu erstellen, so daß letztlich die beste Hypothese als Ergebnis der Erkennung ausgewählt wird.

- Transformationsbestimmung: Die Transformation T_{ms} stellt einen festen Bestandteil der Erkennung dar. Bei einer gegebenen Zuordnung kann diese mit verschiedenen Methoden berechnet werden. Da diese Berechnung bereits bei einer recht kleinen Zahl korrespondierender Merkmale möglich ist, kann die Transformationsbestimmung auch mittels einer Teilzuordnung erfolgen.

- Indexierung: Dieser Schritt findet vor der Zuordnungsanalyse statt und zielt darauf ab, nicht in Frage kommende Objektmodelle frühzeitig zu erkennen und diese von dem eigentlichen Erkennungsprozeß auszuschließen. Vor allem bei einer größeren Modelldatenbank ist diese Reduktion von Bedeutung.

Nachfolgend werden die vier Teilaspekte der Objekterkennung ausführlicher behandelt.

8.1 Aufteilung der Szene

Objekterkennung ist eine rechnerisch aufwendige Aufgabe. Bei n Szenen- und
m Modellmerkmalen gibt es grundsätzlich $O(m^n)$ potentielle verschiedene Zuordnungen. Selbst mit der Leistung heutiger Rechner ist dieser Aufwand ohne
effiziente Algorithmen nicht zu bewerkstelligen. Neben ausgeklügelten Strategi-
en in der Phase der Zuordnungsanalyse können gerade bei Szenen mit mehreren
Objekten einfache Regeln zur Szenenaufteilung angewendet werden, bevor die
eigentliche Objekterkennung stattfindet. Hierdurch soll erreicht werden, die Ge-
samtszene so aufzuteilen, daß ein Objekt jeweils nur in einer Teilszene enthalten
ist. Umgekehrt kann eine Teilszene jedoch mehrere Objekte oder sonstige nicht
interpretierbare Merkmale beinhalten. Falls mit Flächen gearbeitet wird, geht
eine häufig angewendete Strategie von einer Graphendarstellung der Szene aus,
bei der die Knoten die Flächen repräsentieren. Verbunden werden zwei im Bild
benachbarte Flächen nur dann, wenn sie sich auch im Raum berühren, d.h. sie
sind nicht durch eine Sprungkante voneinander getrennt. Dieser Szenengraph
kann nun in zusammenhängende Teilgraphen zerlegt und jeder der Teilgraphen
als eine Teilszene interpretiert werden. Diese Strategie findet beispielsweise in
[KK91] Anwendung. Etwas vorsichtiger wird hingegen in [Fan90] vorgegangen.
Hierbei wird eine Sprungkante nicht immer als Hinweis auf Trennung angesehen. Statt dessen wird sie mit einer Zahl bewertet, die umgekehrt proportional
zum durchschnittlichen Tiefenunterschied entlang der Sprungkante einen Wert
zwischen 0 und 0.5 annimmt. Zur Szenenaufteilung wird eine Sprungkante nur
dann als solche anerkannt, wenn diese Bewertung einen Schwellwert (0.4) unterschreitet. In der Erkennungsphase können alle auf diese Weise entstandenen
Teilszenen völlig unabhängig voneinander behandelt werden. Daher ist in den
nachfolgenden Abschnitten immer nur eine der Teilszenen gemeint, wenn von
einer Szene die Rede ist.

Selbst innerhalb einer Teilszene kann eine weitere Aufteilung vorgenommen
werden. Ein solches Vorgehen wird in [UB95] unter der Bezeichnung Clusterbildung vorgeschlagen. Bei einem Cluster handelt es sich um eine Zusammenfassung von Flächen, die mit Sicherheit zum selben Objekt gehören. Auf der
anderen Seite bedeutet dies nicht, daß alle Flächen eines Objektes in jedem Fall
dem gleichen Cluster zugeteilt werden. Aufgrund der Tatsache, daß ausschließlich konkave Kanten entstehen können, wenn zwei Objekte aufeinander stehen,
gestaltet sich die Clusterbildung wie folgt: Ein Cluster C soll Flächen enthalten, so daß von jeder dieser Flächen aus jede andere über eine Kette konvexer
Nachbarschaften erreicht werden kann. Formal ausgedrückt heißt das, daß für
zwei beliebige Flächen $f_i, f_j \in C$, eine Folge von Flächen $f_{k1}, f_{k2}, \cdots, f_{kh} \in C$
existiert, so daß f_{kl} und $f_{k,l+1}, l = 1, 2, \cdots, h - 1$, über eine konvexe Kante benachbart sind und diese Eigenschaft auch für f_1 und f_{k1} sowie f_{kh} und
f_j gilt. Abgesehen von wenigen pathologischen Fällen garantiert diese Aufteilungsstrategie die Zugehörigkeit eines Clusters zum selben Objekt. Einige
Beispiele der Clusterbildung zeigt Abb. 8.1. Für die Objekte in Abb. 8.1(a)

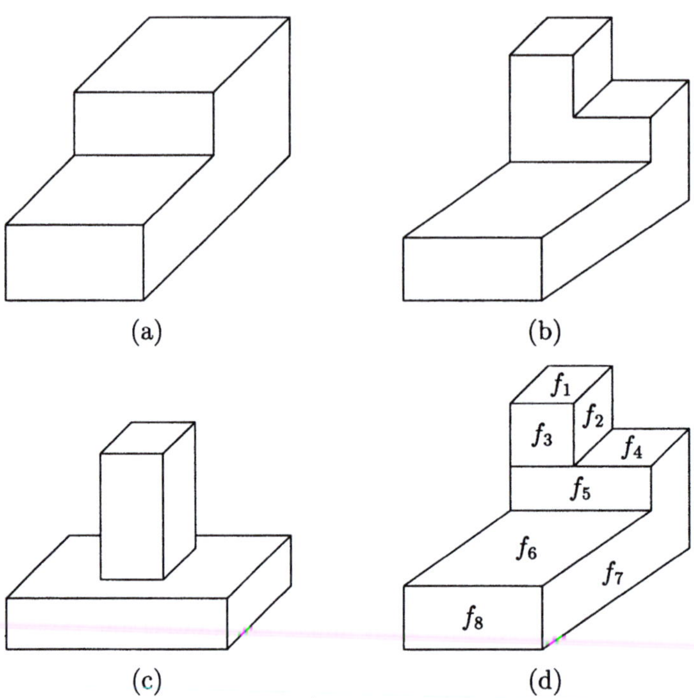

Abbildung 8.1: Zwei Objekte in (a) und (b) mit je einem Cluster. Das Objekt in (c) wird in zwei Cluster aufgeteilt. Wegen einer Übersegmentierung wird auch das Objekt in (d) zwei Clustern zugeteilt.

und (b) werden alle Flächen jeweils einem einzigen Cluster zugeteilt. Das Objekt in Abb. 8.1(c) besteht aus zwei gestapelten Teilen. Dementsprechend entstehen auch zwei Cluster. In der Praxis können selbst aus einem Objekt wie dasjenige in Abb. 8.1(b), das eigentlich einen einzigen Cluster enthält, mehrere Cluster resultieren. Eine konkrete Situation dieser Art zeigt Abb. 8.1(d), wo wegen Übersegmentierung eine der Flächen zweigeteilt wurde (vgl. Abb. 7.26). Falls hier aufgrund der Datenungenauigkeit die Nachbarschaft zwischen f_3 und f_5 als konkav eingestuft wird, erhalten wir zwei Cluster $\{f_1, f_2, f_3\}$ und $\{f_4, f_5, f_6, f_7, f_8\}$. Im Gegensatz zu den Teilszenen sind Cluster nicht als völlig unabhängig voneinander zu betrachten. Zwar kann getrennt nach ihren jeweiligen Zuordnungen gesucht werden. Diese müssen jedoch anschließend zu einer Gesamtinterpretation verschmolzen werden. Eine ähnliche Aufteilungsstrategie wird auch in [Fis89] angewendet. Mit einer groben Abschätzung des Rechenaufwandes soll nun der Effizienzgewinn mithilfe der Clusterbildung aufgezeigt werden. Angenommen, die Szene sei in zwei Cluster der Größe $n/2$ aufgeteilt. Jeder der Cluster beansprucht $O(m^{n/2})$ Operationen bei der Zuordnungsanalyse. Da davon auszugehen ist, daß dabei relativ wenige konsistente Zuordnungen für beide Cluster gefunden werden können, ist der Kostenanteil der Verschmelzung von Interpretationen der beiden Cluster minimal. Insgesamt beträgt der Rechenaufwand hier also $O(2m^{n/2})$, was einen bedeutenden Effizienzgewinn gegenüber der Zuordnungsanalyse ohne Clusterbildung bedeutet.

8.2 Lokale Zuordnung: Konsistenzbedingungen

Eine Zuordnung

$$\{((f_1, F_{m1}), (f_2, F_{m2}), \cdots, (f_n, F_{mn})),\ T_{ms}\}$$

ist nur dann sinnvoll, wenn jede ihrer Teilmengen konsistent ist. Besonders einfach zu behandeln sind hierbei Teilmengen, die aus nur einem oder zwei Merkmalspaaren bestehen. Dementsprechend lassen sich auch leicht Konsistenzbedingungen formulieren, die garantieren sollen, daß die involvierten Szenenmerkmale topologisch und vor allem geometrisch mit den zugehörigen Modellmerkmalen konform sind. Es ist dann die Aufgabe der Zuordnungsanalyse, diese lokalen Zuordnungen als Bausteine zu einer globalen Zuordnung zusammenzufügen.

Die Konsistenzbedingungen haben zwei Anforderungen zu genügen:

- Sie sollen unabhängig vom Koordinatensystem der Szene und des Modells sein.

- Sie sollen einfach zu berechnen und dennoch effektiv in der Eliminierung inkonsistenter lokaler Zuordnungen sein.

Je nachdem, ob eine lokale Zuordnung der Form (f_i, F_p) oder $\{(f_i, F_p), (f_j, F_q)\}$ untersucht wird, kommen sog. unäre bzw. binäre Konsistenzbedingungen zum Einsatz. Im folgenden wird auf die wichtigsten der beiden Klassen eingegangen.

8.2.1 Gerichtete Geraden

Sei eine gerichtete Gerade in der Szene

$$f_i\ =\ (b_i, e_i, t_i)$$

durch die beiden Endpunkte b_i und e_i beschrieben. Zur Vereinfachung der Notation wird auch der Einheitsrichtungsvektor t_i von b_i nach e_i aufgeführt. Analog wird eine Gerade im Modell durch

$$F_p\ =\ (B_p, E_p, T_p)$$

repräsentiert.

Längentest

Eine Zuordnung (f_i, F_p) wird dann akzeptiert, wenn die Länge $l_i = |b_i - e_i|$ von f_i und $L_p = |B_p - E_p|$ von F_p konsistent sind. Unter Berücksichtigung möglicher Verdeckung von f_i wird diese Bedingung durch den Test $l_i \leq L_p$ überprüft. Aufgrund von Bildstörungen muß dieser Test jedoch mittels eines Schwellwertes ϵ_L zu

$$l_i \leq L_p + \epsilon_L$$

erweitert werden. Falls Angaben über die Sensorgenauigkeit vorliegen, kann ϵ_L in Abhängigkeit davon definiert werden [Gri90b]. Weil bei allen derartigen Tests mit einem Schwellwert gearbeitet werden muß, wird in den folgenden Ausführungen zugunsten einer klareren Darstellung auf eine explizite Erwähnung des jeweiligen Schwellwertes verzichtet.

Winkeltest

Zur Überprüfung der Konsistenz einer Teilzuordnung $\{(f_i, F_p), (f_j, F_q)\}$ werden insgesamt fünf binäre Bedingungen aufgestellt. Beim Winkeltest wird die Gleichheit

$$\boldsymbol{t}_i \cdot \boldsymbol{t}_j = \boldsymbol{T}_p \cdot \boldsymbol{T}_q$$

verlangt. D.h. der Winkel zwischen den beiden Geraden in der Szene ist identisch mit demjenigen zwischen den beiden Modellgeraden.

Distanztest

Wir betrachten die Distanz zwischen zwei beliebigen Punkten auf f_i bzw. f_j. Diese Distanzwerte können sich nur in einem bestimmten Bereich $[d_{l,ij}, d_{h,ij}]$ bewegen. Hierbei wird die obere Grenze $d_{h,ij}$ bei einem der vier Punktepaare erreicht, wo nur Endpunkte der beiden Geraden involviert sind, d.h.

$$d_{h,ij} = \max\{d(b_i, b_j),\ d(b_i, e_j),\ d(e_i, b_j),\ d(e_i, e_j)\},$$

wobei die Funktion $d(x, y)$ die Distanz zwischen x und y liefert. Die Berechnung der unteren Limite gestaltet sich etwas komplizierter. Betrachten wir die durch f_i (f_j) verlaufende unendliche Gerade $\overline{f_i}$ $(\overline{f_j})$, so wird die kleinste Distanz durch Verbinden der Punkte

$$P_i = b_i + \alpha \boldsymbol{t}_i, \quad \alpha = \frac{(b_i - b_j) \cdot ((\boldsymbol{t}_i \cdot \boldsymbol{t}_j)\boldsymbol{t}_j - \boldsymbol{t}_i)}{1 - (\boldsymbol{t}_i \cdot \boldsymbol{t}_j)^2}$$

auf $\overline{f_i}$ und

$$P_j = b_j + \beta \boldsymbol{t}_j, \quad \beta = \frac{(b_i - b_j) \cdot (\boldsymbol{t}_j - (\boldsymbol{t}_i \cdot \boldsymbol{t}_j)\boldsymbol{t}_i)}{1 - (\boldsymbol{t}_i \cdot \boldsymbol{t}_j)^2}$$

auf $\overline{f_j}$ erreicht. Hierbei sind drei Spezialfälle zu berücksichtigen:

- Gelten $\alpha \in [0, l_i]$ und $\beta \in [0, l_j]$, so sind P_i und P_j auf f_i bzw. f_j. In diesem Fall erhalten wir $d_{l,ij} = d(P_i, P_j)$.

- Sind die Bedingungen nicht erüllt, so betrachten wir die orthogonale Projektion von b_i auf f_j:

$$b_j + ((b_i - b_j) \cdot t_j)t_j.$$

  Liegt dieser Punkt auf f_j, d.h. $(b_i - b_j) \cdot t_j \in [0, l_j]$, so könnte sich die kleinste Distanz aus der Verbindung von ihm zu b_i ergeben. Analog müssen die anderen drei Endpunkte auf diese Eigenschaft hin überprüft werden.

- Falls auch diese vier Tests zu keinem Ergebnis führen, ist die kleinste Distanz nur durch Verbinden zweier Endpunkte von f_i und f_j möglich.

Zusammengefaßt erhalten wir

$$d_{l,ij} = \min \left\{ \begin{array}{ll} d(P_i, P_j); & \text{falls } \alpha \in [0, l_i], \beta \in [0, l_j] \\ d(b_i, b_j + ((b_i - b_j) \cdot t_j)t_j); & \text{falls } (b_i - b_j) \cdot t_j \in [0, l_j] \\ d(e_i, b_j + ((e_i - b_j) \cdot t_j)t_j); & \text{falls } (e_i - b_j) \cdot t_j \in [0, l_j] \\ d(b_j, b_i + ((b_j - b_i) \cdot t_i)t_i); & \text{falls } (b_j - b_i) \cdot t_i \in [0, l_i] \\ d(e_j, b_i + ((e_j - b_i) \cdot t_i)t_i); & \text{falls } (e_j - b_i) \cdot t_i \in [0, l_i] \\ d(b_i, b_j),\ d(b_i, e_j),\ d(e_i, b_j),\ d(e_i, e_j); & \text{sonst} \end{array} \right\}$$

wobei die ersten fünf Ausdrücke nur dann zur Anwendung gelangen, wenn die jeweiligen Bedingungen erfüllt sind. Analog kann auch für das Paar (F_p, F_q) der Bereich der Distanzwerte $[D_{l,pq}, D_{h,pq}]$ ermittelt werden. Der Distanztest lautet nun

$$[d_{l,ij}, d_{h,ij}] \subseteq [D_{l,pq}, D_{h,pq}].$$

In dieser Formulierung werden potentielle Verdeckungen in der Szene bereits berücksichtigt.

Projektionstests

Verbinden wir einen beliebigen Punkt $b_i + \alpha t_i$, $\alpha \in [0, l_i]$, auf f_i mit einem Punkt $b_j + \beta t_j$, $\beta \in [0, l_j]$, auf f_j und projizieren den Differenzvektor der beiden Punkte auf t_i, so ergibt sich die Größe

$$p_{\alpha\beta} = (b_i + \alpha t_i - b_j - \beta t_j) \cdot t_i.$$

Wiederum können wir den Wertebereich $[p_{l,ij}, p_{h,ij}]$ von $p_{\alpha\beta}$ berechnen. Hierbei sind beide extremen Werte nur durch Verbinden zweier Endpunkte auf f_i und f_j zu realisieren. Es gilt also

$$\begin{aligned} p_{l,ij} &= \min\{p_{00},\ p_{0l_j},\ p_{l_i0},\ p_{l_i l_j}\}, \\ p_{h,ij} &= \max\{p_{00},\ p_{0l_j},\ p_{l_i0},\ p_{l_i l_j}\}. \end{aligned}$$

Ein analoger Wertebereich $[P_{l,pq}, P_{h,pq}]$ kann für die Modellgeraden F_p und F_q ermittelt werden. Der erste Projektionstest lautet nun

$$[p_{l,ij}, p_{h,ij}] \subseteq [P_{l,pq}, P_{h,pq}].$$

Statt einer Projektion auf $\boldsymbol{t}_i$ können auf ähnliche Weise auch $\boldsymbol{t}_j$ und $\boldsymbol{t}_i \times \boldsymbol{t}_j$ verwendet werden. Daraus resultieren insgesamt drei Projektionstests.

8.2.2 Flächen

Einfache Konsistenzbedingungen ergeben sich hier aus dem Typ, dem Flächeninhalt sowie Flächenparametern. Eine Paarung (f_i, F_p) wird nur dann akzeptiert, wenn f_i und F_p vom gleichen Typ (planar, sphärisch, zylindrisch usw.) sind. Ebenso müssen der Flächeninhalt a_i von f_i und A_p von F_p konform sein. Hierfür wird der Test

$$a_i \leq A_p$$

durchgeführt. Bei konkaven Objekten kann es durchaus vorkommen, daß die Gesamtheit einer Fläche nie zu sehen ist. Hier bietet sich eine strengere Konsistenzbedingung an, indem der maximale sichtbare Flächeninhalt $\overline{A}_p$ von F_p aus allen möglichen Betrachtungsrichtungen ermittelt wird. Der Konsistenztest lautet nun

$$a_i \leq \overline{A}_p.$$

Bei bestimmten Flächentypen können weitere Tests mithilfe typenspezifischer Flächenparameter formuliert werden. Korrespondierende sphärische oder zylindrische Flächen müssen beispielsweise denselben Radius haben.

Eine Teilzuordnung $\{(f_i, F_p), (f_j, F_q)\}$ soll nur dann berücksichtigt werden, wenn die beiden Modellflächen gleichzeitig sichtbar sind. Mithilfe eines Sichtbarkeitstests kann diese Bedingung geprüft werden.

Des weiteren läßt sich ein Winkeltest realisieren, sofern bei den gegebenen Flächentypen der Teilzuordnung ein Richtungsparameter definiert werden kann. Für eine Ebene liefert der Normalenvektor den erwünschten Richtungsparameter. Bei Zylindern oder Kegeln kann die zugehörige Drehachse herangezogen werden. Seien $\boldsymbol{r}_i$, $\boldsymbol{r}_j$, $\boldsymbol{R}_p$ und $\boldsymbol{R}_q$ Richtungsvektoren der vier involvierten Flächen. Die Winkelgleichheit kann nun mithilfe des Tests

$$\boldsymbol{r}_i \cdot \boldsymbol{r}_j \;=\; \boldsymbol{R}_p \cdot \boldsymbol{R}_q$$

überprüft werden. Falls wir es tatsächlich mit Zylindern zu tun haben, besteht eine inhärente Zweideutigkeit bezüglich der Richtung der Drehachse. Ein eindeutige Festlegung der Richtung ist unmöglich, aber in diesem Zusammenhang auch irrelevant. Das Problem kann nämlich durch den erweiterten Test

$$|\boldsymbol{r}_i \cdot \boldsymbol{r}_j| \;=\; |\boldsymbol{R}_p \cdot \boldsymbol{R}_q|$$

umgangen werden.

Falls f_i räumlich mit f_j benachbart ist, d.h. die Flächen sind nicht durch eine Sprungkante voneinander getrennt, kann auch eine Nachbarschaft von F_p und F_q im Modell gefordert werden. Ferner soll eine Übereinstimmung des Nachbarschaftstyps vorliegen. Hierbei wird häufig zwischen konvex und konkav unterschieden.

Für den Fall planarer Flächen können weitere binäre Konsistenzbedingungen aufgestellt werden. Insbesondere lassen sich Projektionstests analog zu gerichteten Geraden definieren. Hierfür wird eine planare Fläche durch ihren Einheitsnormalenvektor und eine Polygondarstellung ihrer Kontur repräsentiert:

$$f_i = \{\boldsymbol{n}_i, (c_{i1}, c_{i2}, \cdots, c_{ik_i})\}.$$

Als Projektionsachse stehen nun $\boldsymbol{n}_i$, $\boldsymbol{n}_j$ und $\boldsymbol{n}_i \times \boldsymbol{n}_j$ zur Verfügung. Die Projektion des Differenzvektors zweier beliebiger Punkte auf f_i und f_j auf die Achse $\boldsymbol{u} \in \{\boldsymbol{n}_i, \boldsymbol{n}_j, \boldsymbol{n}_i \times \boldsymbol{n}_j\}$ nimmt den Wertebereich $[d_{l,ij}(\boldsymbol{u}), d_{h,ij}(\boldsymbol{u})]$ mit

$$d_{l,ij}(\boldsymbol{u}) = \min_{1 \le a \le k_i, 1 \le b \le k_j} (c_{ia} - c_{jb}) \cdot \boldsymbol{u}$$

$$d_{h,ij}(\boldsymbol{u}) = \max_{1 \le a \le k_i, 1 \le b \le k_j} (c_{ia} - c_{jb}) \cdot \boldsymbol{u}$$

an. Auf ähnliche Weise kann auch der Wertebereich $[D_{l,pq}(\boldsymbol{u}), D_{h,pq}(\boldsymbol{u})]$ für das zugehörige Flächenpaar vom Modell ermittelt werden. Die Projektionstests erfolgen nun durch

$$[d_{l,ij}(\boldsymbol{u}), d_{h,ij}(\boldsymbol{u})] \subseteq [D_{l,pq}(\boldsymbol{u}), D_{h,pq}(\boldsymbol{u})].$$

Theoretisch ist auch ein Distanztest analog zu Abschnitt 8.2.1 möglich. In diesem Fall gestaltet sich die Berechnung der Grenzen der Distanzwerte aufgrund zahlreicher Spezialfälle jedoch kompliziert. Daher lohnt sich ein derartiger Test nicht mehr (vgl. Anforderungen an Konsistenzbedingungen).

Besitzen die beteiligten planaren Flächen noch die Eigenschaft, daß f_i und f_j sowie F_p und F_q parallel sind, so kann ein weiterer Konsistenztest eingeführt werden. Hierbei wird verlangt, daß die Distanz zwischen f_i und f_j mit der zwischen F_p und F_q identisch ist.

8.3 Globale Zuordnung: Korrespondenzanalyse

Mithilfe der Konsistenzbedingungen können konsistente lokale Zuordnungen gebildet werden. Die in diesem Abschnitt behandelten Verfahren zielen darauf ab, daraus globale Zuordnungen

$$\{(f_1, F_{m1}), (f_2, F_{m2}), \cdots, (f_l, F_{ml})\}, \quad l > 2$$

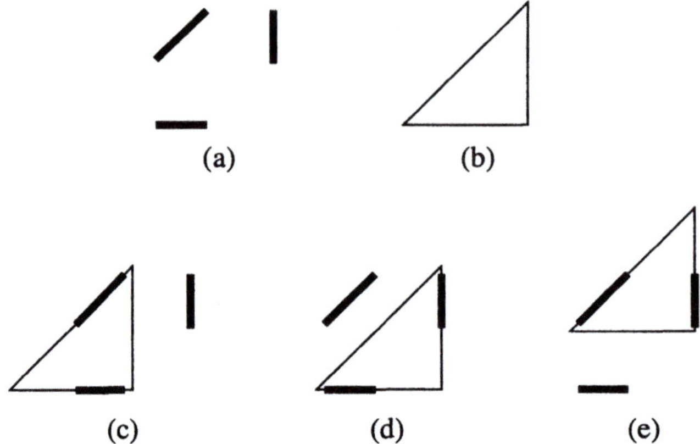

Abbildung 8.2: (a) Szenenmerkmale f_1, f_2 und f_3. (b) Modellmerkmale F_1, F_2 und F_3. Obwohl paarweise Transformationen ((c), (d) und (e)) möglich sind, existiert keine globale Transformation.

abzuleiten, bei denen jede Korrespondenz (f_k, F_{mk}) allein und alle Korrespondenzen paarweise konsistent sind. Derartige globale Zuordnungen werden als Hypothesen für Instanzen der Modellobjekte in der Szene interpretiert und einem nachfolgenden Verifikationsschritt zugeführt.

Die Notwendigkeit der Verifikation liegt vor allem darin begründet, daß einer globalen Zuordnung im obigen Sinne nicht immer eine räumliche Transformation zugrundeliegt, die alle beteiligten Modellmerkmale zur Deckung mit den entsprechenden Szenenmerkmalen bringt. Das zweidimensionale Beispiel in Abb. 8.2, aus [Gri90b] übernommen, soll dieses Phänomen veranschaulichen. Hierbei läßt sich für jedes Paar $\{(f_i, F_i), (f_j, F_j)\}$ eine Transformation finden, so daß die transformierten Modellmerkmale F_i und F_j mit den Szenenmerkmalen f_i bzw. f_j übereinstimmen. Somit stellt

$$\{(f_1, F_1), (f_2, F_2), (f_3, F_3)\}$$

eine konsistente Zuordnung dar. Dennoch existiert keine globale Transformation, die alle Modellmerkmale gleichzeitig zur Deckung mit den entsprechenden Szenenmerkmalen bringt. Der eigentliche Grund für diese globale Unverträglichkeit liegt darin, daß jede konsistente lokale Zuordnung bestimmte Transformationsparameter bedingt und diese bei den verschiedenen lokalen Zuordnungen nicht identisch sind.

Eine weitere Situation globaler Unverträglichkeit kann bei Objekten mit Spiegelungssymmetrie auftreten. Stellt

$$\{\cdots, (f_i, F_k), \cdots\}$$

eine konsistente Zuordnung dar, und ist F_k unter der Spiegelungssymmetrie äquivalent zu F_l, so ist die Zuordnung

$$\{\cdots, (f_i, F_l), \cdots\}$$

ebenfalls konsistent, denn keine der in Abschnitt 8.2.2 diskutierten Konsistenzbedingungen vermag die beiden Zuordnungen auseinanderzuhalten. Es kann jedoch nur eine davon einer echten Lösung entsprechen. Derartige Situationen globaler Unverträglichkeit machen einen zusätzlichen Test der Hypothesen erforderlich, was die Hauptaufgabe der Verifikation darstellt.

Eine Hypothese muß nicht unbedingt alle möglichen Korrespondenzen enthalten. Als minimale Anforderung soll eine Hypothese erlauben, die Transformation vom Modell in die Szene eindeutig zu bestimmen und auf diese Weise die Verifikation zu ermöglichen. Dazu reicht bereits eine kleine Anzahl korrespondierender Merkmale. Bei dieser Vorgehensweise wird die Vervollständigung der Hypothesen von der Korrespondenzanalyse in die Verifikationsphase umgelagert. Der damit verbundene Vorteil ist, daß dort diese Aufgabe aufgrund der bekannten Transformation wesentlich effizienter gelöst werden kann.

Die einfachste Lösung zur Korrespondenzanalyse besteht wohl darin, alle möglichen globalen Zuordnungen aufzuzählen und auf Konsistenz hin zu überprüfen. Aufgrund der kombinatorischen Natur dieser Vorgehensweise ist der exponentielle Rechenaufwand selbst bei einer kleinen Anzahl von Merkmalen nicht zu bewerkstelligen. Daher wurde in der Literatur eine Reihe von Verfahren zur effizienten Bildung konsistenter globaler Zuordnungen vorgeschlagen. Nachfolgend sollen die fünf wichtigsten algorithmischen Paradigmen dazu vorgestellt werden.

8.3.1 Diskrete Relaxation

Bei der Korrespondenzanalyse wird versucht, jedes Szenenmerkmal $f_i \in S$ einem Modellmerkmal $F_k \in M$ zuzuordnen. Im Zusammenhang mit diskreter Relaxation werden Elemente von M auch als Markierungen bezeichnet. Bezieht man nur unäre Konsistenzbedingungen in den Markierungsprozeß ein, ist die Aufgabenstellung i.a. nicht lösbar, da derartige Bedingungen üblicherweise den Schluß auf mehrere Markierungen zulassen. Greift man jedoch auf Kontextinformationen zurück, so gelingt es häufig, Mehrdeutigkeiten zu eliminieren oder zumindest zu reduzieren. Die grundlegende Idee bei diskreter Relaxation ist die sukzessive Reduktion von Mehrdeutigkeiten in der Markierung der Szenenmerkmale, wobei dieser Prozeß von Wissen darüber gesteuert wird, ob Markierungen eines Szenenmerkmals f_i auch unter Berücksichtigung der lokalen Nachbarschaft noch mit f_i verträglich sind.

Der gesamte Ablauf der diskreten Relaxation wird in Abb. 8.3 gezeigt. Als Initialisierung wird jedem Szenenmerkmal aufgrund der unären Konsistenzbedingungen eine Teilmenge von M zugeordnet. Während der Relaxation wird

1 Initialisierung der Markierungsmatrix: die Position (f_i, F_k)
  wird genau dann auf eins gesetzt, wenn diese Zuordnung
  allen unären Konsistenzbedingungen genügt.

Wiederhole Schritt 2 bis sich die Markierungen stabilisieren

2 Überprüfe für jeden Eintrag $(f_i, F_k) = 1$ die kontextbezoge-
  ne Verträglichkeit von f_i und F_k. Entferne den Eintrag bei
  negativem Befund.

3 Wende heuristische Regeln an, falls die Markierungsmatrix
  nicht eindeutig ist.

4 Bilde eine (Teil-)Hypothese aus der Markierungsmatrix.

Abbildung 8.3: Diskrete Relaxation.

jede Korrespondenz (f_i, F_k) in den aktuellen Markierungslisten auf die kontext-
bezogene Verträglichkeit hin überprüft. Bezeichnen wir mit $\Gamma(f_i)$ und $\Gamma(F_k)$ die
Menge der mit f_i bzw. F_k benachbarten Merkmale, so wird bei der kontextbezogenen Verträglichkeit die Bedingung

$$\forall f_j \in \Gamma(f_i) \; \exists F_l \in \Gamma(F_k) \; ($$
$$\text{konsistent}(f_j, F_l) \wedge \text{konsistent}(\{(f_i, F_k), (f_j, F_l)\}))$$

gefordert. D.h. alle Nachbarn von f_i besitzen jeweils potentielle Zuordnungsmöglichkeiten und diese Zuordnungen sind lokal mit (f_i, F_k) verträglich. Bei der
zweiten Konsistenzforderung gelangen binäre Konsistenztests zur Anwendung.
Man beachte, daß zur Bestimmung der Konsistenz von f_j und F_l auf die aktuellen Markierungslisten zurückgegriffen wird. Dadurch sind nicht nur alle
unären Konsistenzbedingungen erfüllt. Im Laufe der Relaxation kann auch von
der Fortpflanzung der Kontextinformation profitiert werden. Ist die kontextbe-
zogene Verträglichkeit bei (f_i, F_k) nicht gegeben, so wird F_k aus der Markie-
rungsliste von f_i entfernt. Dieser Prozeß wird für alle möglichen Markierungen
solange wiederholt, bis eine Stabilisierung der Markierungslisten eintritt.

Der Verträglichkeitstest kann mit verschiedenen Methoden realisiert werden.
Eine Variante aus [KK91] beruht auf einem Matching-Algorithmus bipartiter
Graphen. Ein Graph heißt bipartit, wenn dessen Knotenmenge in zwei disjunkte
Teilmengen unterteilt werden kann, so daß eine Kante immer je einen Knoten
aus den beiden Teilmengen verbindet. Zur Überprüfung der kontextbezogenen
Verträglichkeit von (f_i, F_k) kann ein bipartiter Graph mit Knoten $\Gamma(f_i) \cup \Gamma(F_k)$

aufgebaut werden, indem ein Knoten $f_j \in \Gamma(f_i)$ nur dann mit einem Knoten $F_l \in \Gamma(F_k)$ verbunden wird, wenn

$$\text{konsistent}(f_j, F_l) \ \wedge \ \text{konsistent}(\{(f_i, F_k), (f_j, F_l)\})$$

gilt. Unter dem Begriff Matching eines Graphen G versteht man eine Teilmenge der Kantenmenge von G, so daß keine zwei Kanten darin einen gemeinsamen Knoten haben. In der Sprache der Graphentheorie ausgedrückt bedeutet der Verträglichkeitstest nun, ein Matching des oben beschriebenen bipartiten Graphen zu finden, das alle Knoten von $\Gamma(f_i)$ enthält. Existiert ein derartiges Matching nicht, so kann eine Zuordnung (f_i, F_k) ausgeschlossen werden.

Beispiel 8.1 Korrespondenzanalyse mithilfe diskreter Relaxation soll anhand eines Beispiels aus [KK91] veranschaulicht werden. In Abb. 8.4 sind ein Szenenobjekt sowie das entsprechende Modell abgebildet. Nach Anwendung unärer Konsistenztests, hier nur Test auf Typengleichheit (planar, gekrümmt), erhalten wir die initialen Markierungslisten in Matrixform in Abb. 8.4(c). Wie Markierungen während der Relaxation aus der Matrix entfernt werden, zeigt das Beispiel mit der Paarung (f_1, F_3). Hierfür betrachten wir die Nachbarschaft von f_1 und F_3, siehe Abb. 8.4(d). Vom Typ her kann der Nachbar f_2 von f_1 nur dem Nachbarn F_4 von F_3 zugeordnet werden. In diesem Fall erfüllt sich die zweite Bedingung des Verträglichkeitstests, nämlich

$$\text{konsistent}(\{(f_1, F_3), (f_2, F_4)\}),$$

jedoch nicht, weil f_1 und f_2 an einer konvexen, F_3 und F_4 hingegen an einer konkaven Kante zusammentreffen. Daher kann der Eintrag (f_1, F_3) in der Matrix gelöscht werden. Als ein weiteres Beispiel betrachten wir die ungültige Paarung (f_1, F_1). Hierbei liegt der Grund für den Ausschluß darin, daß f_1 zwei Nachbarn (f_2 und f_4) besitzt, während F_1 nur an eine einzige Fläche (F_2) angrenzt. Daher ist eine Zuordnung der Nachbarschaft von f_1 zu derjenigen von F_1 nicht möglich. Für diese Beispielszene decken die beiden Fälle alle möglichen Situationen bei ungültigen Paarungen ab. Bereits ein einziger Durchlauf führt zum stabilen Zustand in Abb. 8.4(e). $\square$

Nicht selten ist das Endergebnis nach der Relaxation mehrdeutig. Genau einen solchen Fall liefert das obige Beispiel, siehe Abb. 8.4(e). Hierbei sind für f_1 und f_3 weiterhin mehrere Interpretationen möglich. Zur Auflösung der verbleibenden Mehrdeutigkeiten können heuristische Regeln eingeführt werden. In [KK91] wird beispielsweise gefordert, daß ein Modellmerkmal nicht mehr als einem Szenenmerkmal zugeordnet wird. Da im obigen Beispiel f_2 eine eindeutige Interpretation als F_4 hat, können Paarungen wie (f_1, F_4) und (f_3, F_4) ausgeschlossen werden. Daraus resultiert die eindeutige globale Zuordnung

$$\{(f_1, F_5), (f_2, F_4), (f_3, F_3), (f_4, F_2)\}$$

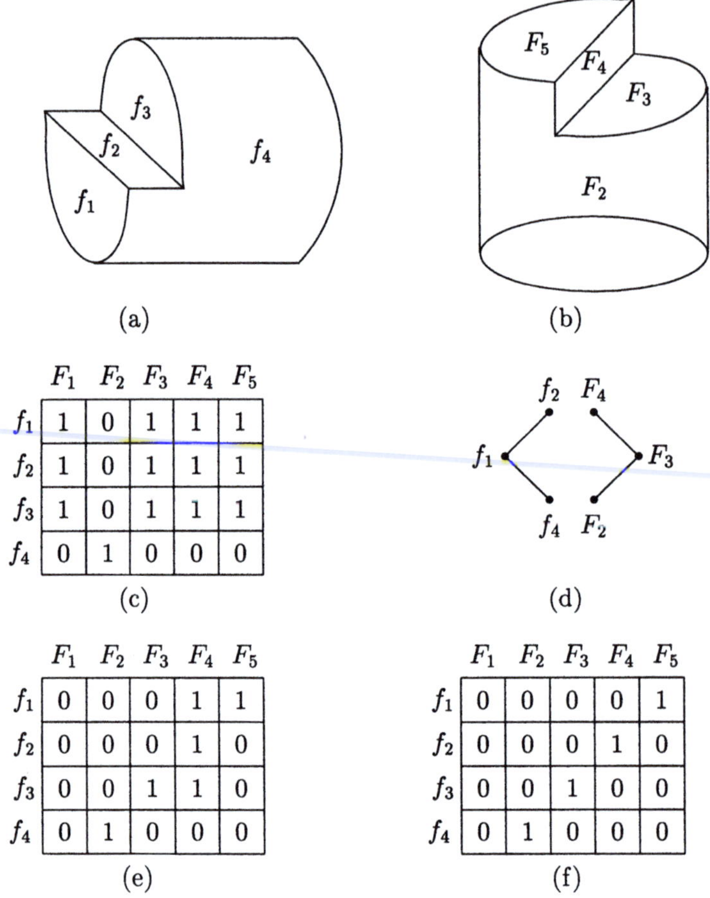

Abbildung 8.4: (a) Szenenobjekt. (b) Modell: die verdeckte Grundfläche wird mit F_1 bezeichnet. (c) Initiale Markierungslisten. (d) Nachbarschaft von f_1 und F_3. (e) Markierungslisten nach der Relaxation. (f) Nach Auflösung der Mehrdeutigkeit.

in Abb. 8.4(f). Diese bildet nun eine Hypothese für die nachfolgende Verifikation.

Selbst mithilfe derartiger heuristischer Regeln lassen sich nicht immer alle Mehrdeutigkeiten beseitigen. Ein klassisches Beispiel dafür liefert die zu Beginn des Abschnitts 8.3 erwähnte Spiegelungssymmetrie. Hierbei kann häufig jedoch eine eindeutige Teilhypothese aus der Markierungsmatrix gebildet werden, die auch eine genügende Anzahl von Merkmalen zur Bestimmung der Transformation T_{ms} enthält. Auch in diesem Fall ist eine Verifikation möglich.

8.3.2 Maximale Cliquen

Die Suche nach konsistenten globalen Zuordnungen läßt sich als Problem maximaler Cliquen aus der Graphentheorie formulieren. Bei Cliquen eines Graphen G handelt es sich um vollständige Teilgraphen von G, d.h. Teilgraphen, bei denen jeder Knoten mit jedem anderen über eine Kante verbunden ist. Eine Clique C heißt maximal, wenn es keine andere Clique gibt, die C als echte Teilmenge enthält. Bei gegebenen Mengen S und M von Szenen- und Modellmerkmalen kann ein sog. Assoziationsgraph $G = (V, E)$ wie folgt aufgebaut werden: Die Knotenmenge V setzt sich aus Paaren $(f_i, F_k) \in S \times M$ zusammen, die allen unären Konsistenzbedingungen genügen. Eine Kante besteht zwischen zwei Knoten (f_i, F_k) und (f_j, F_l) genau dann, wenn alle binären Konsistenzbedingungen erfüllt sind. Mit einer konsistenten globalen Zuordnung

$$\{(f_1, F_{m1}), (f_2, F_{m2}), \cdots, (f_l, F_{ml})\}, \quad l > 2$$

ist die Bedingung verbunden, daß alle Zuordnungen (f_k, F_{mk}) allein und alle Paare von Zuordnungen konsistent sind. Das heißt zum einen, daß alle Zuordnungen (f_j, F_{mk}) Knoten von G sind, und zum andern, daß zwischen allen Paaren von Knoten immer eine Kante existiert. Somit entspricht eine konsistente globale Zuordnung einer Clique in G. Da wir grundsätzlich nur an der größtmöglichen Zuordnung interessiert sind, muß diese außerdem die Eigenschaft der Maximalität aufweisen. In der Sprache der Graphentheorie lautet die Aufgabe der Korrespondenzanalyse nun, alle maximalen Cliquen in G zu finden. Unter ihnen soll schließlich diejenige mit der größten Anzahl von Paarungen als die beste globale Zuordnung ausgewählt werden.

Beispiel 8.2 Wir betrachten wiederum die Szene in Abb. 8.4. Wie in Abschnitt 8.3.1 wird auch hier als einzige unäre Konsistenzbedingung die Typengleichheit gefordert. Daher können die Knoten des Assoziationsgraphen aus der Markierungsmatrix in Abb. 8.4(c) entnommen werden. Zum Verbinden der Knoten führen wir folgende Tests durch (vgl. Abschnitt 8.2.2):

- Winkelgleichheit anhand von Richtungsparametern,

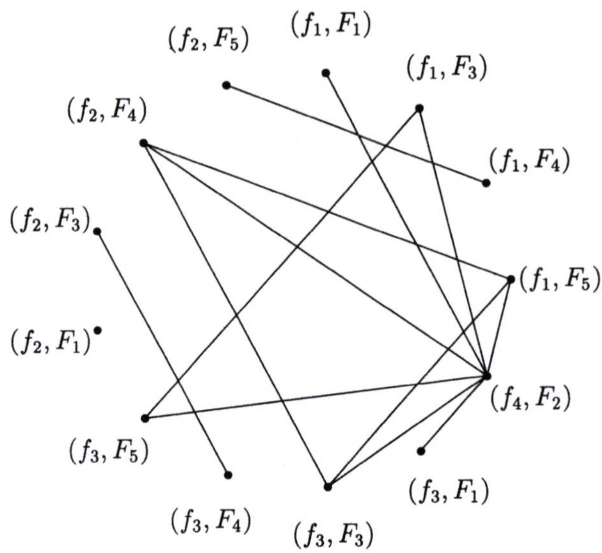

Abbildung 8.5: Assoziationsgraph für die Beispielszene in Abb. 8.4.

- Erhaltung der Nachbarschaft zweier Modellflächen in der Szene,

- Gleichheit des Nachbarschaftstyps (konvex, konkav).

Der entstandene Assoziationsgraph G ist in Abb. 8.5 gezeigt. Es ist unschwer festzustellen, daß

$$\{(f_1, F_5), (f_2, F_4), (f_3, F_3), (f_4, F_2)\}$$

die größte maximale Clique in G und damit die beste Zuordnung ist. Der Graph G besitzt aber noch weitere Cliquen, z.B.

$$\{(f_1, F_3), (f_3, F_5), (f_4, F_2)\}.$$

Hierbei handelt es sich um eine bezüglich der Konsistenzbedingungen korrekte Zuordnung, die aber keine räumliche Transformation impliziert. Dies zeigt einmal mehr die Notwendigkeit der Verifikation.   □

Konzeptionell bietet die Technik der maximalen Cliquen sicher ein recht einfaches Verfahren zur Korrespondenzanalyse. In der Praxis jedoch ist dieses Vorgehen aus Effizienzüberlegungen nicht ohne weiteres direkt praktikabel. In der Graphentheorie ist das Problem der maximalen Cliquen bekanntlich NP-vollständig. Mit n Szenen- und m Modellmerkmalen weist der Assoziationsgraph im ungünstigen Fall $O(mn)$ Knoten und $O(m^2 n^2)$ Kanten auf. Der damit verbundene Rechenaufwand ist bei einem Algorithmus exponentieller Komplexität kaum noch zu bewerkstelligen. Abhilfe kann geschaffen werden, indem der Suchraum eingeengt wird. Eine mögliche Technik hierfür ist beispielsweise

Abbildung 8.6: Oben: Grauwert- und Tiefenbild einer Szene. Unten: Detektierte Merkmale und Objekthypothesen. Freundlicherweise überlassen von R. Horaud, LIFIA-IMAG, Grenoble, Frankreich.

die Methode der lokalen Merkmalsfokussierung, die in Abschnitt 8.3.7 genauer behandelt wird. Eine Kombination von Suche nach maximalen Cliquen und Merkmalsfokussierung wurde in [BH86, BH87b] praktiziert. In dieser Arbeit wird mit realen industriellen Werkstücken gearbeitet, siehe Abb. 8.6 für eine Szene sowie das entsprechende Tiefenbild. Es werden Kantenpunkte im Tiefenbild detektiert und mit Geraden und Kreisen approximiert. Dank der Methode der lokalen Fokussierung kann der nötige Suchaufwand für das eigentliche Zuordnungsverfahren mittels maximaler Cliquen massiv reduziert werden. Für diese Szene resultieren insgesamt sieben Objekthypothesen, die alle erfolgreich verifiziert werden können.

8.3.3 Baumsuche

Dank der Arbeiten von Grimson und seinen Kollegen [Gri90b] ist Baumsuche
als Lösungsmethode des Zuordnungsproblems populär geworden. Zur Einführung in dieses Paradigma wird vorläufig angenommen, daß jedes Szenenmerkmal eine Entsprechung im Modell besitzt. Anhand unärer Konsistenzbedingungen kann die Menge der Modellmerkmale im voraus so gefiltert werden,
daß jedem Szenenmerkmal f_k eine individuelle Menge $\Omega(f_k)$ möglicher Zuordnungen assoziiert wird. Bei n Szenenmerkmalen existieren insgesamt $\Pi_{k=1}^{n}\Omega(f_k)$
potentielle Zuordnungen. Diese entsprechen Pfaden eines Suchbaums, der wie
folgt aufgebaut wird: Auf Stufe 1 stehen Paarungen von f_1 mit allen Modellmerkmalen aus seiner Zuordnungsmenge. Rekursiv wird der Baum mit k Stufen
um eine weitere Stufe $k + 1$ erweitert, indem an einem Knoten (f_k, F_{mk}) alle
möglichen Paarungen $(f_{k+1}, F_{m,k+1})$ angehängt werden. Der Suchbaum wird
dann vollständig, wenn alle n Szenenmerkmale berücksichtigt wurden. Wird
von einem Knoten (f_k, F_{mk}) in diesem Baum ein Pfad rückwärts bis zur Stufe
1 verfolgt, so entsteht eine Teilzuordnung

$$T_k \;=\; \{(f_1, F_{m1}), \; (f_2, F_{m2}), \; \cdots, \; (f_k, F_{mk})\}.$$

Eine potentielle globale Zuordnung aller n Szenenmerkmale entspricht dann
einem Pfad von einem Blattknoten aus.

Das Ziel bei der Baumsuche besteht darin, alle konsistenten globalen Zuordnungen mit möglichst kleinem Aufwand zu finden. Hierfür liefert eine depth-first
Suche gekoppelt mit Backtracking eine recht effiziente Lösung. Dabei wird bei
einem Knoten (f_k, F_{mk}) die Suche nur dann fortgesetzt, wenn die Teilzuordnung
T_k konsistent ist. Aufgrund der Tatsache, daß wir bereits am Knoten (f_k, F_{mk})
angelangt sind, muß die Teilzuordnung T_{k-1} konsistent sein. Daher reicht zur
Überprüfung der Konsistenz von T_k aus, lediglich die Paare von Zuordnungen
zwischen dem aktuellen Knoten und den Knoten auf dem bisherigen Pfad, d.h.

$$((f_k, F_{mk}), (f_l, F_{ml})), \quad 1 \leq l < k$$

auf die Erfüllung der binären Konsistenzbedingungen hin zu testen. Es sei
daran erinnert, daß unäre Konsistenztests bereits bei der Bildung der Zuordnungsmengen erfolgt sind. Somit erfüllen alle Knoten im Suchbaum die unären
Konsistenzbedingungen und entsprechende Tests sind während der Baumsuche
nicht mehr nötig. Ist T_k nicht konsistent, so hat eine Fortsetzung der Suche keinen Sinn, weil sie mit Sicherheit nicht zu einer konsistenten globalen Zuordnung
führt. In diesem Fall wird der gesamte Unterbaum unter (f_k, F_{mk}) ignoriert und
es findet ein Backtracking statt. Andernfalls wird die depth-first Suche mit der
Stufe $k + 1$ fortgesetzt. Befinden wir uns schließlich auf der Stufe n, so haben
wir eine konsistente globale Zuordnung T_n gefunden. In diesem Fall wird sie
als eine Objekthypothese registriert. Durch ein Backtracking kann die Suche
nach weiteren Hypothesen gestartet werden, und dieser Prozeß wird solange

```
procedure Hypothesenbildung
begin
  for k := 1 to n do
    nimm F_mk ∈ M nach Ω(f_k) auf, falls (f_k, F_mk)
    allen unären Konsistenzbedingungen genügt;
  BaumSuche(1, {});
end


procedure BaumSuche(k, T_{k-1})
/* k: aktuelle Stufe. T_{k-1}: bisheriger Pfad */
begin
  for jedes F_mk ∈ Ω(f_k) do begin
    for jedes (f_l, F_ml) ∈ T_{k-1} do begin
      Teste die Konsistenz von ((f_k, F_mk), (f_l, F_ml));
      if nicht konsistent then return;
    end
    T_k ← T_{k-1} ∪ {(f_k, F_mk)};
    if k = n then
      Registriere Objekthypothese T_k
    else
      BaumSuche(k + 1, T_k);
  end
end
```

Abbildung 8.7: Baumsuche zur Bestimmung konsistenter globaler Zuordnungen.

fortgesetzt, bis der gesamte Suchbaum abgearbeitet ist. Am Schluß erhalten wir alle konsistenten globalen Zuordnungen. In Abb. 8.7 wird das Verfahren der Hypothesenbildung mithilfe der Baumsuche in Pseudo-Code beschrieben.

Beispiel 8.3 Wir betrachten wiederum die Szene in Abb. 8.4. Auch hier wird als einzige unäre Konsistenzbedingung die Typengleichheit gefordert. Daraus resultieren folgende Zuordnungsmengen für die Szenenmerkmale:

$$\Omega(f_1) = \Omega(f_2) = \Omega(f_3) = \{F_1, F_3, F_4, F_5\}, \quad \Omega(f_4) = \{F_2\}.$$

Zur Reduktion des Suchaufwandes werden gleiche binäre Konsistenztests wie im Beispiel 8.2 verwendet. Unter diesen Voraussetzungen ergibt sich der in Abb. 8.8 gezeigte Suchraum. Hierbei kann ein Knoten aus zwei Gründen keine Söhne haben. Entweder haben wie beim Knoten (f_4, F_2) bereits alle Szenenmerkmale

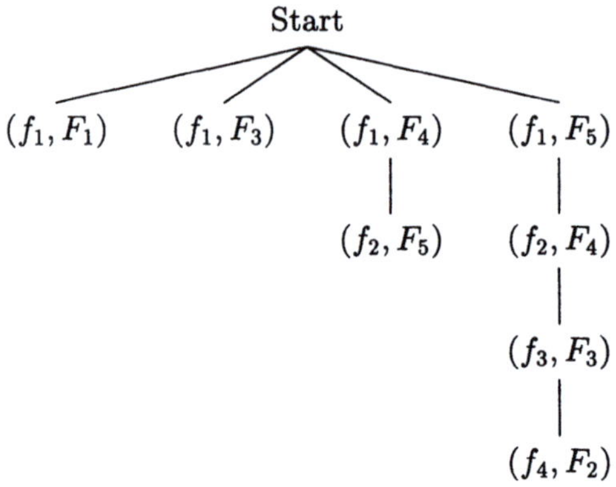

Abbildung 8.8: Der effektive Suchraum für die Beispielszene in Abb. 8.4.

eine Zuordnung erhalten. Somit ist eine konsistente globale Zuordnung

$$\{(f_1, F_5),\ (f_2, F_4),\ (f_3, F_3),\ (f_4, F_2)\}$$

erreicht worden. Oder wird die Suche bei einem Knoten nicht fortgesetzt, weil alle möglichen Knoten auf der darauffolgenden Stufe die Konsistenzbedingungen mit dem bisherigen Pfad verletzen. Unter (f_1, F_3) beispielsweise ist aufgrund des Winkeltests F_4 aus $\Omega(f_2)$ der einzige Zuordnungskandidat. Eine Zuordnung (f_2, F_4) ist aber nicht zulässig, weil die Nachbarschaft zwischen f_1 und f_2 von einem anderen Typ ist als die zwischen F_3 und F_4. Aus Platzgründen werden in Abb. 8.8 solche erfolglos getesteten Knoten nicht aufgeführt. Zusammen mit diesen Knoten repräsentiert der Suchbaum in Abb. 8.8 den Teil des gesamten Suchraums, der vom Verfahren der Baumsuche tatsächlich untersucht wird.   □

Die Effizienz eines Baumsuchverfahrens zur Hypothesenbildung hängt maßgeblich davon ab, wie effektiv die Konsistenztests den Suchraum einschränken können. Bisher haben wir ausschließlich unäre und binäre Konsistenzbedingungen behandelt. Im Rahmen der Baumsuche können jedoch weitere Konsistenztests höherer Ordnung eingeführt werden:

- Spatprodukt-Test. Der Winkeltest mifhilfe eines Skalarproduktes garantiert lediglich, daß die relative Konfiguration zweier Szenenmerkmale mit der zweier Modellmerkmale übereinstimmt. Wie anfangs des Abschnitts 8.3 erwähnt, vermag dieser Test eine falsche Zuordnung aufgrund einer Spiegelungssymmetrie des Modellobjektes nicht zu verhindern. Dieses Problem kann aber gelöst werden, indem verlangt wird, daß das Spatprodukt dreier Szenenflächen und das Spatprodukt der ihnen zugewiesenen

Modellflächen dasselbe Vorzeichen haben. Während des Konsistenztests eines Knotens (f_k, F_{mk}) kommt nun neben den unären und binären Bedingungen noch dazu, daß für alle Kombinationen zweier Szenenflächen f_j und f_l auf dem bisherigen Pfad T_{k-1} die Bedingung

$$(\boldsymbol{r}_k \cdot (\boldsymbol{r}_j \times \boldsymbol{r}_l)) \cdot (\boldsymbol{R}_{mk} \cdot (\boldsymbol{R}_{mj} \times \boldsymbol{R}_{ml})) \geq 0$$

gelten muß, wobei $\boldsymbol{r}_x$ und $\boldsymbol{R}_y$ den Richtungsparameter der Szenenfläche f_x resp. der Modellfläche F_y repräsentieren.

- Sichtbarkeitstest. Der in Abschnitt 8.2.2 vorgeschlagene Sichtbarkeitstest kann auf eine beliebige Anzahl von Flächen erweitert werden. Hierbei wird beim Knoten (f_k, F_{mk}) gefordert, daß alle im Pfad T_k enthaltenen Modellflächen gleichzeitig sichtbar sind.

Während die Konsistenztests darauf abzielen, den Suchraum möglichst klein zu halten, um die Hypothesenbildung mithilfe der Baumsuche effizient zu gestalten, bringen sie aber auch einen gewissen Aufwand mit sich. Vor allem Konsistenztests höherer Ordnung wie der Spatprodukt-Test benötigen eine recht große Anzahl von Rechenoperationen, was ggf. dazu führen kann, daß der Gewinn in keinem vernünftigen Verhältnis zum Aufwand steht. Daher gilt es bei der Wahl der Konsistenztests, ihre Vor- und Nachteile in bezug auf die Effizienz genau abzuwägen.

Wildcard-Version der Baumsuche

In der bisherigen Behandlung der Baumsuche wurde davon ausgegangen, daß alle Szenenmerkmale ihre Entsprechung im Modell haben. Schon bei einer Szene mit mehreren Objekten jedoch kann keine Zuordnung mehr für alle Szenenmerkmale bezüglich eines bestimmten Objektmodells gefunden werden. Erschwerend kommt noch hinzu, daß häufig mit nicht interpretierbaren Szenenmerkmalen wegen Fehlern in der Segmentierung oder in den Tiefendaten gerechnet werden muß. Für solche Fälle wurde zu Beginn dieses Kapitels das Platzhaltersymbol Λ eingeführt. Damit können auch unvollständige Objekthypothesen gebildet werden, wobei die nicht involvierten Szenenmerkmale jeweils dem Symbol Λ zugewiesen werden. Dementsprechend läßt sich das Verfahren der Baumsuche zur sog. Wildcard-Version erweitern, welche die oben genannten Probleme löst. Hierbei wird als zusätzliche Zuordnungsmöglichkeit das Symbol Λ in die Zuordnungsmenge aufgenommen. Eine Paarung (f_k, Λ) in der Baumsuche bedeutet, daß das Szenenmerkmal f_k nicht als Instanz eines der Modellmerkmale betrachtet wird. Diese Interpretation führt zu einem weiteren Unterschied zur bisherigen Version der Baumsuche. Unabhängig von den verwendeten Konsistenztests gilt ein Paar $((f_k, \Lambda), (f_l, F_{ml}))$ nämlich immer als konsistent, was u.a. zur Folge hat, daß bei einem Knoten (f_k, Λ) die Suche immer ohne jegliche Tests fortgesetzt wird. Auf diese Weise können nicht interpretierbare Szenenmerkmale aus der aktuellen Zuordnung ausgeschlossen und somit Teilhypothesen gebildet werden.

Auch wenn diese Wildcard-Version der Baumsuche dem gesteckten Ziel einer partiellen Szeneninterpretation gerecht wird, verursacht sie aber eine Unmenge redundanter Zuordnungen. Angenommen, unter den n Szenenmerkmalen stammen deren n' vom Modell. Nun findet die obige Version nicht nur die erwünschte Zuordnung mit diesen n' Szenenmerkmalen, sondern auch n' Zuordnungen mit $n' - 1$ Szenenmerkmalen, $C_{n'}^2$ Zuordnungen mit $n' - 2$ Szenenmerkmalen usw. Obwohl alle $2^{n'}$ Zuordnungen dieser Art nach Definition konsistent sind, interessieren wir uns nur für die längste davon. Alle anderen tragen nichts zur Objekterkennung bei und sollten deshalb die Hypothesenbildung nicht unnötig belasten. Eine mögliche Strategie zur Behebung dieses Problems geht von der maximalen effektiven Länge $MaxL$ der bisher gefundenen Zuordnungen aus. Bei der effektiven Länge einer Zuordnung handelt es sich um die Anzahl der darin enthaltenen Szenenmerkmale, die nicht dem Symbol Λ zugewiesen werden. Sobald eine neue Zuordnung auf der Stufe n gefunden worden ist, wird die Variable $MaxL$ aktualisiert. Bei einem Knoten (f_k, F_{mk}) soll die Suche nur dann fortgesetzt werden, wenn Aussicht besteht, daß eine Zuordnung der Länge $\geq MaxL$ gefunden werden kann. Sei L die effektive Länge des bisherigen Pfades T_k^l, dann kann diese Forderung mittels des Tests

$$L + n - k \geq MaxL \tag{8.1}$$

realisiert werden.

Beispiel 8.4 Im Gegensatz zu Beispiel 8.3 soll das Zuordnungsproblem in Abb. 8.4 mithilfe der Wildcard-Version der Baumsuche gelöst werden. Hierbei erweitern wir die Szene in Abb. 8.4 um eine weitere Fläche f_0, die einen Tisch unter dem abgebildeten Objekt repräsentieren soll. Zur Vereinfachung der Darstellung wird ferner angenommen, daß f_0 flächenmäßig größer als alle planaren Modellflächen ist. Wird neben dem Flächentypentest auch der Flächeninhaltstest verwendet, so erhalten wir die Zuordnungsmengen:

$$\Omega(f_0) = \{\Lambda\}, \quad \Omega(f_4) = \{F_2, \Lambda\},$$
$$\Omega(f_1) = \Omega(f_2) = \Omega(f_3) = \{F_1, F_3, F_4, F_5, \Lambda\}.$$

Der effektive Suchbaum ist in Abb. 8.9 gezeigt. Als Beispiel für den Längentest (8.1) betrachten wir den Knoten (f_2, Λ) unter (f_1, F_4). Nachdem vorher die Teilzuordnung

$$\{(f_0, \Lambda), (f_1, F_3), (f_2, \Lambda), (f_3, F_5), (f_4, F_2)\}$$

gefunden worden ist, wird die Variable $MaxL$ auf den Wert 3 gesetzt. Während des Backtrackings bei (f_2, Λ) ist die Paarung (f_3, Λ) nicht mehr zulässig, weil auf diesem Pfad im besten Fall eine Zuordnung der Länge 2 zu erreichen ist. Aus der Baumsuche resultiert die längste Zuordnung

$$\{(f_0, \Lambda), (f_1, F_5), (f_2, F_4), (f_3, F_3), (f_4, F_2)\}.$$

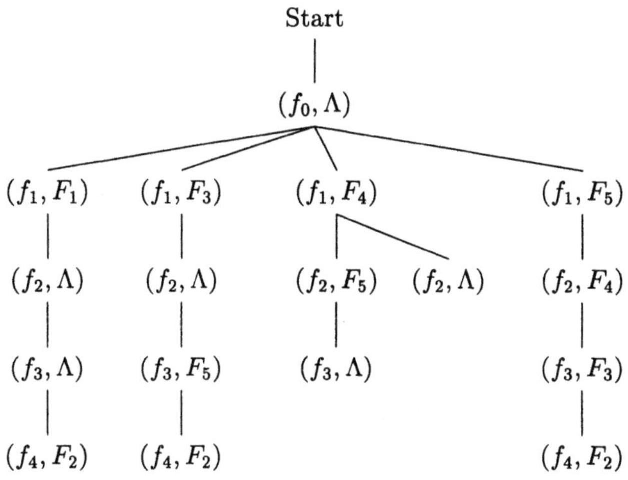

Abbildung 8.9: Der effektive Suchraum mit der Wildcard-Version.

Das ist genau dieselbe Lösung wie in Beispiel 8.3, allerdings mit dem Unterschied, daß hier dank der Wildcard-Version auch mit der Fläche f_0 gearbeitet werden kann. $\Box$

Die Variable $MaxL$ erlaubt uns, auf redundante Schritte bei der Suche zu verzichten. Hierbei kann $MaxL$ durchaus mit einem Wert größer als null initialisiert werden. Uns interessieren beispielsweise grundsätzlich nur Objekthypothesen, die auch verifiziert werden können. Daher kann $MaxL$ auf die minimal nötige Anzahl korrespondierender Merkmalspaare zur Ermittlung der Transformation T_{ms} gesetzt werden. Es kann auch ein anwendungsspezifischer Wert über diese Mindestzahl hinaus verwendet werden. Auf diese Weise läßt sich der Suchraum weiter einengen.

Trotz aller Bemühungen zur Effizienzsteigerung bleibt das Verfahren der Baumsuche eine kombinatorischer Ansatz (für eine genaue Analyse der Rechenkomplexität sei auf [Gri90a, Gri90b] verwiesen). Weitere z.T. heuristische Maßnahmen sind deshalb nötig, um aus dem einfachen Prinzip der Baumsuche ein wirklich praktikables Verfahren zu machen. Im folgenden werden wir auf zwei effizientere Varianten der Baumsuche eingehen. In Abschnitt 8.3.7 werden noch weitere Verfahren zur Effizienzsteigerung vorgestellt, die neben der Baumsuche auch im Zusammenhang mit anderen Zuordnungsmethoden von Interesse sind.

Forward-Checking

Das Zuordnungsproblem kann als ein Spezialfall des Erfüllungsproblems von Konsistenzbedingungen (Constraint Satisfaction Problem) aufgefaßt werden. Über diese allgemeine Problemstellung existiert in der Literatur eine Reihe von Arbeiten. Als Lösungsansätze wurden in [HE80, Nad88] beispielsweise die Basisversion der Baumsuche mit Backtracking, wie wir bisher betrachtet haben, sowie ihre verbesserten Versionen experimentell untersucht. Dabei hat sich gezeigt, daß vor allem die Variante mit dem sog. Forward-Checking eine bessere Leistung aufweist. Bei der Basisversion rührt eine Quelle der Ineffizienz von der Tatsache her, daß Konsistenztests zwischen dem aktuellen Knoten und allen Vorgängerknoten auf dem bisherigen Pfad erfolgen. Taucht im Unterbaum eines Knotens (f_k, F_{mk}) ein anderer Knoten (f_l, F_{ml}) mehrmals auf, so wird der Konsistenztest zwischen (f_k, F_{mk}) und (f_l, F_{ml}) immer neu ausgeführt. Die grundlegende Idee beim Forward-Checking besteht deshalb darin, diese Art von Redundanz zu eliminieren. Hierbei werden vorausschauend die Zuordnungsmengen der zukünftigen Szenenmerkmale aufgrund der aktuellen Paarung (f_k, F_{mk}) gefiltert, so daß ein Merkmal M_{il} nur dann in der Zuordnungsmenge eines Szenenmerkmals f_l erhalten bleibt, wenn das Paar $((f_k, F_{mk}), (f_l, F_{mkl}))$ konsistent ist. Sind wir auf der Stufe k angelangt, so können alle Paarungen $(f_k, M_{ik}), F_{mk} \in \Omega(f_k)$, ohne jegliche Tests als mögliche Fortsetzung des bisherigen Pfades angenommen werden. Bei jeder dieser Paarungen wird das Forward-Checking für alle zukünftigen Szenenmerkmale durchgeführt und die Suche mit den neuen Zuordnungsmengen fortgesetzt. In Abb. 8.10 wird die Baumsuche mit Forward-Checking in Pseudo-Code dargestellt, wobei übersichtlichkeitshalber auf den Längentest (8.1) verzichtet wird.

Das Forward-Checking bewirkt zweierlei: Die Konsistenztests zwischen zwei Paarungen (f_k, F_{mk}) und (f_l, F_{ml}), $k < l$, finden immer auf der Stufe k statt. Die auf diese Weise bereinigte Zuordnungsmenge von f_l gilt für den gesamten Unterbaum unter (f_k, F_{mk}). Damit werden die oben angesprochenen mehrfachen Konsistenztests gänzlich eliminiert. Ein weiterer Vorteil von Forward-Checking liegt in der Möglichkeit, Sackgassen frühzeitig zu erkennen. Falls nach der Filterung die Zuordnungsmenge eines zukünftigen Szenenmerkmals leer wird, kann die Suche gleich an dieser Stelle abgebrochen und das Backtracking eingeleitet werden. Als Beispiel betrachten wir den Suchbaum in Abb. 8.8. In der Basisversion der Baumsuche wird vom Knoten (f_1, F_4) aus bis zur Stufe 3 vorgedrungen und erst dort festgestellt, daß eine Fortsetzung nicht mehr möglich ist. Dank des Forward-Checkings erfolgt nun der Abbruch bereits auf der Stufe 1, weil die anfängliche Zuordnunsgmenge $\{F_1, F_3, F_4, F_5\}$ von f_3 durch die Filterung beim Knoten (f_1, F_4) leer wird. Freilich kommt eine Erkennung von Sackgassen in dieser Form nur in einem Suchverfahren zum Tragen, wo das Symbol Λ nicht verwendet wird. Im Zusammenhang mit dem Längentest (8.1) aber kann selbst bei einer Verwendung des Symbols Λ analog verfahren werden. Eine Anwendung des Forward-Checkings findet sich beispielsweise in [CK92, JB90a].

```
procedure Hypothesenbildung
begin
   for k := 1 to n do
      nimm F_mk ∈ M nach Ω(f_k) auf, falls (f_k, F_mk)
      allen unären Konsistenzbedingungen genügt;
   BaumSuche(1, {}, Ω(f_1), ···, Ω(f_n));
end

procedure BaumSuche(k, T_{k-1}, Ω(f_k), ···, Ω(f_n))
begin
Schleife:
   for jedes F_mk ∈ Ω(f_k) do begin
      T_k ← T_{k-1} ∪ {(f_k, F_mk)};
      if k = n then begin
         Registriere Objekthypothese T_k;
         goto Schleife;
      end
      for l := k + 1 to n do begin
         Ω_neu(f_l) ← Ω(f_l);
         for jedes F_ml ∈ Ω(f_l) do begin
            Teste die Konsistenz von ((f_k, F_mk), (f_l, F_ml));
            if nicht konsistent then Ω_neu(f_l) ← Ω_neu(f_l) − {F_ml};
         end
         if Ω_neu(f_l) = {} then goto Schleife;
      end
      BaumSuche(k + 1, T_k, Ω_neu(f_{k+1}), ···, Ω_neu(f_n));
   end
end
```

Abbildung 8.10: Baumsuche mit Forward-Checking.

```
procedure Hypothesenbildung
begin
    P ← {};
    for k := 1 to n do
        for l := 1 to m do
            if konsistent(f_k, F_l) then P ← P ∪ {(f_k, F_l)};
    BaumSuche({}, P);
end


procedure BaumSuche(T, P)
/* T: bisheriger Pfad. P: verbleibende mögliche Paarungen */
begin
    Entferne alle Paarungen (f_k, *) aus P, wobei f_k dasjenige
    Szenenmerkmal im letzten Element von T repräsentiert;
    Expansion := false ;
    while P ≠ {} do begin
        P_1 ← head(P);
        P ← tail(P);
        if konsistent(P_1, T) then begin
            Expansion ← true ;
            BaumSuche(T ∪ {P_1}, P);
        end
    end
    if Expansion=false then Registriere Objekthypothese T;
end
```

Abbildung 8.11: Baumsuche ohne das Symbol Λ. Die Funktionen head() und tail() liefern das erste Element bzw. den Rest einer Liste zurück.

Eine weitere Variante der Baumsuche

In den meisten Fällen kommen wir bei der Baumsuche wohl nicht um eine Verwendung des Symbols Λ herum. Theoretisch wie auch experimentell [Gri90a, Gri90b] hat sich jedoch gezeigt, daß der hohe Rechenaufwand der Baumsuche vor allem auf die dadurch entstehenden Zusatzverzweigungen im Suchbaum zurückzuführen ist. Es drängt sich somit ein Verfahren auf, das ohne das Symbol Λ auskommt und dennoch die Vorzüge der Wildcard-Version nicht verliert. Ein derartiges Verfahren wurde in [Fis92] vorgeschlagen. Die grundlegende Idee dabei ist, Paarungen der Form (f_k, Λ) im Suchbaum zu überspringen. Hierfür werden alle konsistenten Paarungen (f_k, F_{mk}) im voraus gebildet und in einer einzigen Liste nach dem Index k sortiert abgelegt. Während der

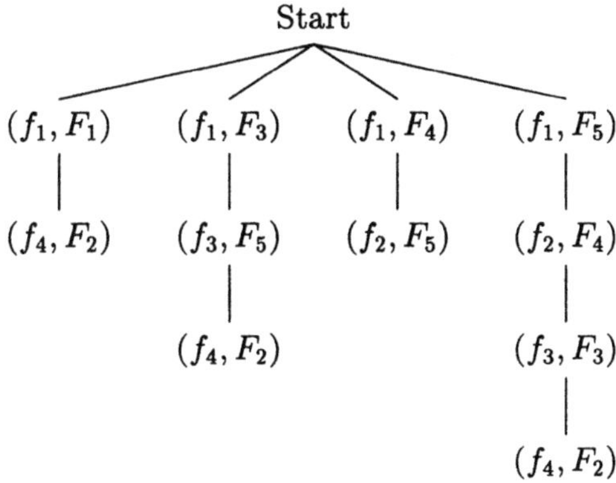

Abbildung 8.12: Der effektive Suchraum mit der Variante ohne Λ.

depth-first Suche wird ein Knoten (f_k, F_{mk}) mit den Paarungen $(f_l, F_{ml}), l > k$, fortgesetzt, die in der Liste hinter (f_k, F_{mk}) stehen. Sind noch weitere Paarungen (f_k, F'_{mk}) zwischen (f_k, F_{mk}) und der ersten Paarung $(f_l, F_{ml}), l > k$, vorhanden, so werden diese nicht berücksichtigt. Selbstverständlich wird eine derartige Expansion nur dann ausgeführt, wenn die Paarung (f_l, F_{ml}) mit dem bisherigen Pfad konsistent ist. Ist unter einem Knoten keine weitere Expansion mehr möglich, so bilden die Paarungen auf dem Pfad von diesem Knoten zurück zum Startknoten eine Objekthypothese. Eine Beschreibung dieser Variante der Baumsuche in Pseudo-Code ist in Abb. 8.11 angegeben. Auch hier kann der Längentest (8.1) problemlos integriert werden.

Beispiel 8.5 Die Aufgabenstellung in Beispiel 8.4 soll nun mithilfe dieser Variante der Baumsuche gelöst werden. Zu Beginn der Suche enthält die Liste konsistenter Paarungen folgende Einträge:

$$(f_k, F_1),\ (f_k, F_3),\ (f_k, F_4),\ (f_k, F_5),\quad k = 1, 2, 3$$
$$(f_4, F_2).$$

Der effektive Suchbaum ist in Abb. 8.12 gezeigt. Zu dem Zeitpunkt, wo unter (f_1, F_5) eine Objekthypothese der Länge 4 gefunden worden ist, bekommt die Variable $MaxL$ den entsprechenden Wert zugewiesen. Daher werden auf der Stufe 1 alle anderen Paarungen hinter (f_1, F_5) in der Liste nicht mehr berücksichtigt, weil unter diesen Knoten selbst im besten Fall die bisher maximale Zuordnungslänge nicht erreicht werden kann. $\square$

Bei der Basisversion der Baumsuche liegt der Verzweigungsfaktor auf allen Stufen bei etwa $O(m)$. In der neuen Variante hingegen sind auf der Stufe 1 $O(mn)$ Paarungen zu berücksichtigen. Mit zunehmender Stufenzahl wird der Verzweigungsfaktor ständig kleiner. Ein weiterer Unterschied besteht darin, daß die

maximal erreichbare Stufe jetzt nicht mehr konstant, d.h. n, sondern mit der
größten Zuordnungslänge identisch ist. Gegenüber der Basisversion wird der
Suchbaum also breiter aber weniger tief. Obwohl die Suche jeweils anders organisiert ist, wird bei beiden Suchverfahren derselbe Suchraum untersucht. Daher
resultieren auch genau dieselben Objekthypothesen. Eine experimentelle Studie
aus [Fis92] hat aber gezeigt, daß mit der neuen Variante der Rechenaufwand
um etwa das Vierfache reduziert werden kann.

8.3.4 Partielle Baumsuche

Die Baumsuche in der bisher behandelten Form versucht, möglichst vollständige Objekthypothesen zu bilden. In diesem Fall beschränkt sich die Aufgabe
der anschließenden Verifikation lediglich darauf, deren Korrektheit mithilfe
der Transformation vom Modell in die Szene festzustellen. Hierbei liegt der
Aufwand des gesamten Erkennungsprozesses hauptsächlich in der Phase der
Hypothesenbildung. Aus Effizienzüberlegungen ist diese Arbeitsaufteilung jedoch nicht optimal. Während der Hypothesenbildung kann nur mit transfor-
mationsunabhängigen Merkmalen gearbeitet werden. In der Verifikation hingegen stehen wegen der nun bekannten Transformation viel strengere Tests zur
Verfügung. Daher stellt eine Umlagerung des Aufwandes von der Hypothesenbildung in die Verifikation einen möglichen Ansatz dar, den Erkennungsprozeß
insgesamt zu beschleunigen.

Wie schon früher erwähnt, läßt sich die Transformation T_{ms} bereits aus einer
kleinen Anzahl korrespondierender Merkmalspaare bestimmen. Je nach Typ der
beteiligten Merkmale variiert diese Mindestzahl N_{min}. Einige Beispiele sind:

- drei nicht kolineare Punkte,

- eine Gerade und ein nicht kolinearer Punkt,

- zwei nicht parallele Geraden,

- eine planare Fläche und eine Gerade,

- drei planare Flächen.

In die Kategorie Punkte fallen hierbei auch implizite punktartige Merkmale
wie das Zentrum einer Kugel. Analog wird die Drehachse eines Zylinders oder
Kegels einer Geraden gleichgestellt. Um den Aufwand der Hypothesenbildung
möglichst klein zu halten, begnügen wir uns mit konsistenten Zuordnungen, die
genau N_{min} korrespondierende Merkmalspaare enthalten. Diese können durch
eine gestutzte Baumsuche gewonnen werden, indem die Suche nur solange fortgesetzt wird, bis diese Mindestzahl erreicht ist. Auf diese Weise übergeben wir
der Verifikation ziemlich unvollständige Objekthypothesen. Zu den Aufgaben
der Verifikation gehört deshalb nicht nur, zu testen, ob die korrespondierenden

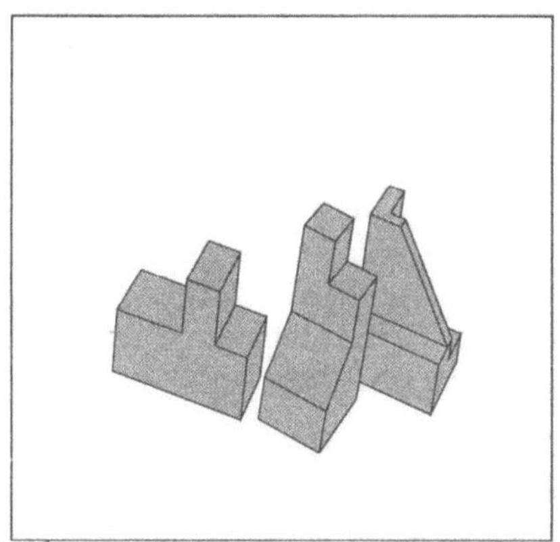 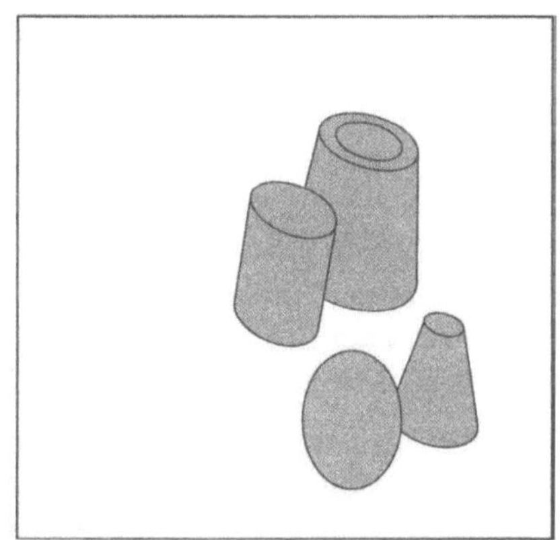

Abbildung 8.13: Erkennungsergebnisse für zwei ABW-Tiefenbilder. Aus [Uel94].

Merkmalspaare tatsächlich eine räumliche Transformation implizieren. Sobald diese Transformation berechnet wurde, soll auch nach weiteren Szenenmerkmalen gesucht werden, die unter dieser Transformation ebenfalls ihre Entsprechung im Modell haben. Dank der bekannten Transformation gestaltet sich die Erweiterung einer unvollständigen Objekthypothese zur kompletten Erkennung wesentlich effizienter als es in der Phase der Hypothesenbildung möglich ist, siehe Abschnitt 8.4.3. Objekterkennungssysteme, die auf dieser Strategie der partiellen Baumsuche aufbauen, finden sich in [CK89, FJ91a].

Eine andere Variante der partiellen Baumsuche geht über die Mindestzahl benötigter korrespondierender Merkmalspaare hinaus. In [UB95] wurde ein solches Vorgehen im Zusammenhang mit der in Abschnitt 8.1 besprochenen Clusterbildung vorgeschlagen. Ein Cluster enthält Flächen, so daß von jeder dieser Flächen aus jede andere über eine Kette konvexer Nachbarschaften erreicht werden kann. Eine Hypothese soll alle Flächen eines Clusters umfassen. Mit den Clusterinformationen ist die Tiefe des Suchbaums bei der Hypothesenbildung beschränkt, nämlich auf die Zahl der Flächen eines Clusters. Dadurch, daß Hypothesen auf der Basis von Clustern gebildet werden, ergeben sich im allgemeinen weniger, dafür aber zuverlässigere Objekthypothesen als beim obigen Verfahren, wo eine Hypothese nur aus der Mindestzahl N_{min} von Flächen besteht. Außerdem ist aus mehr korrespondierenden Merkmalspaaren eine genauere Transformation zu erwarten. Da die Größe eines Clusters im allgemeinen über der Mindestzahl N_{min} liegt, ist der Suchaufwand in diesem Verfahren entsprechend größer. In Anbetracht der damit verbundenen Vorteile stellt jedoch das Verfahren mit der Clusterbildung einen guten Kompromiß zur Balancierung der Hypothesenbildung und Verifikation dar. Als Beispiel dieses Verfahrens zeigt Abb. 8.13 die Erkennungsergebnisse für die beiden Szenen in Abb. 4.17. Den Ausgangspunkt bilden hierbei die Segmentierungen in Abb. 7.26.

8.3.5   Suche in indexierten Tabellen

Gegenüber der vollständigen Suche im Suchbaum wird bei der partiellen Baumsuche der mit der Hypothesenbildung verbundene Suchaufwand auf das nötigste reduziert und auf diese Weise ein großer Teil des Erkennungsaufwandes in die effizientere Verifikationsphase umgelagert. Auch wenn hierbei die Suche auf die ersten Stufen beschränkt ist, bleibt ein gewisser Aufwand bestehen. Einen weiteren Schritt zur Beschleunigung der Suche stellt das Vorgehen dar, Recheneffizienz mit größerem Speicherbedarf zu erkaufen.

Nehmen wir an, $N_{\min}$ korrespondierende Merkmalspaare seien nötig, um die Transformation T_{ms} eindeutig zu bestimmen. Dann lassen sich in einer off-line Phase der Modellgenerierung alle möglichen $N_{\min}$-Tupel der Modellmerkmale bilden und in Tabellen ablegen. Hierbei können weitere Bedingungen an die Tupel gestellt werden, um sicherzustellen, daß diese tatsächlich zur Berechnung der Transformation herangezogen werden können. Im Fall dreier planarer Flächen etwa wird die Nicht-Parallelität gefordert. Nur diejenigen Tupel, die auch diese Bedingungen erfüllen, werden in die Tabellen aufgenommen. Statt der Suche geschieht die Hypothesenbildung nun in zwei Schritten. Analog zur Modellgenerierung werden alle $N_{\min}$-Tupel der Szenenmerkmale unter Berücksichtigung derselben Randbedingungen gebildet. Im zweiten Schritt wird anschließend in den Tabellen nach Tupeln gesucht, die bezüglich der unären und binären Konsistenzbedingungen mit dem Szenentupel konsistent sind. Mit jedem der gefundenen Modelltupel bildet das Szenentupel eine verifizierbare Objekthypothese. Offensichtlich wird hier die Baumsuche durch eine Tabellensuche ersetzt. Daher ist dieses Vorgehen nur dann sinnvoll, wenn eine effiziente Tabellensuche zur Verfügung steht. Eine mögliche Variante dazu geht von einer Aufteilung der Konsistenztests aus. Seien $x_1, \cdots, x_l$ Größen eines Modelltupels, deren Übereinstimmung mit den Szenentupeln bei den Konsistenztests gefordert wird. Im Fall dreier planarer Flächen sind das beispielsweise die Winkel zwischen den Normalenvektoren. Die Tabellen können nach den Kerngrößen $x_1, \cdots, x_l$ indexiert organisiert werden, so daß ein Eintrag in Form einer Liste die Modelltupel mit denselben Kerngrößen beinhaltet. Auf diese Weise wird der Aufwand der Tabellensuche auf ein Minimum reduziert. Als mögliche Zuordnungspartner eines Szenentupels kommen nur die Modelltupel in der durch die Kerngrößen des Szenentupels indexierten Tabellenposition in Frage. Da bei der Indexierung lediglich ein Teil der Konsistenzbedingungen berücksichtigt worden ist, müssen an diesen Modelltupeln noch die restlichen Konsistenztests nachgeholt werden. Mit dem Szenentupel liefern die erfolgreich getesteten Modelltupel die Objekthypothesen für den Verifikationsschritt.

Eine konkrete Realisierung dieses Vorgehens wird in [FJ92, MJF95] beschrieben. Anhand dieses Systems soll im folgenden vor allem der Tabellenaufbau veranschaulicht werden. In [FJ92, MJF95] werden drei Flächentypen, nämlich Ebene, Zylinder und Kugel, berücksichtigt. Es werden einheitlich Tripel zur Hypothesenbildung verwendet, auch wenn manche Kombinationen zweier Merk-

Tabelle	Flächentypen	Dimension
1	Ebene-Ebene-Ebene	180×180
2	Ebene-Ebene-Zylinder	180×91
3	Ebene-Ebene-Kugel	180×100
4	Ebene-Zylinder-Zylinder	91×91
5	Ebene-Zylinder-Kugel	91×100
6	Ebene-Kugel-Kugel	100×100
7	Zylinder-Zylinder-Zylinder	91×91
8	Zylinder-Zylinder-Kugel	91×100
9	Zylinder-Kugel-Kugel	100×100
10	Kugel-Kugel-Kugel	100×100

Tabelle 8.1: Indexierte Tabellen zur Hypothesenbildung.

male, beispielsweise zwei Zylinder, zur Berechnung der Transformation bereits ausreichen. Gemäß den Flächentypen eines Tripels werden zehn Tabellen konstruiert, siehe Tabelle 8.1. Zur Indexierung werden immer zwei Kerngrößen x_{12} und x_{23} herangezogen, wobei x_{ij} sich auf das i-te und j-te Merkmal eines Tripels bezieht. Je nach Flächentyp sind folgende sechs Kerngrößen möglich:

- Ebene-Ebene: der Winkel zwischen den Normalenvektoren der beiden Ebenen. Dieser wird gerundet und liegt im Bereich [0,179].

- Ebene-Zylinder: der Winkel zwischen dem Normalenvektor der Ebene und der Drehachse des Zylinders. Da eine inhärente Zweideutigkeit bezüglich der Richtung der Drehachse besteht, nimmt dieser Winkel einen Wert aus dem Bereich [0,90] an.

- Ebene-Kugel: die Distanz des Kugelzentrums zur Ebene. Diese wird zu einer ganzen Zahl gerundet und liegt im Bereich [0,99]. In [FJ92, MJF95] bedeutet eine Stufe dieses Bereichs ein Zehntel eins Zolls.

- Zylinder-Zylinder: der Winkel zwischen den beiden Drehachsen. Hierbei ist der Wertebereich [0,90].

- Zylinder-Kugel: die kürzeste Distanz des Kugelzentrums zur Drehachse des Zylinders. Wie bei der Kombination Ebene-Kugel wird auch hier eine ganze Zahl zwischen 0 und 99 zur Indexierung verwendet.

- Kugel-Kugel: die Distanz zwischen den Zentren der beiden Kugeln.

Beim Tabellenaufbau muß die Reihenfolge der Merkmale eines Tripels beachtet werden. Bilden drei Ebenen in der Szene ein Tripel, so werden diese willkürlich

geordnet. Daher müssen in der Tabelle alle sechs Ordnungsmöglichkeiten eingetragen sein. Dasselbe Prinzip gilt auch für andere Tabellen, wo ein Merkmalstyp mehrfach auftritt. Bei einem gegebenen Szenentripel (f_i, f_j, f_k) mit den
Indexwerten x_{ij} und x_{jk} sind korrespondierende Modelltripel aus dem Eintrag
(x_{ij}, x_{jk}) der entsprechenden Tabelle zu entnehmen. Wegen der unvermeidlichen
Störungen in den Tiefendaten muß die Tabellensuche immer in einer kleinen
Nachbarschaft des indexierten Eintrags geschehen.

Beispiel 8.6 Wir betrachten wiederum die Beispielszene in Abb. 8.4. Bei der
Modellgenerierung finden wir drei gültige Tripel:

$$(F_1, F_2, F_4), \quad (F_2, F_3, F_4), \quad (F_2, F_4, F_5).$$

Ausschlaggebend für den Ausschluß anderer Tripel sind die Bedingungen, daß
alle drei Flächen gleichzeitig sichtbar sein müssen und diese auch die Bestimmung der Transformation erlauben. Somit enthält die Tabelle Nr. 2 folgende
Einträge:

$$\text{Position}(90, 0): \quad (F_4, F_1, F_2), \ (F_4, F_3, F_2), \ (F_4, F_5, F_2)$$
$$\text{Position}(90, 90): \quad (F_1, F_4, F_2), \ (F_3, F_4, F_2), \ (F_5, F_4, F_2)$$

und alle anderen Tabellen sind leer. Aus den vier Szenenflächen können vier
Tripel

$$(f_1, f_2, f_3), \quad (f_1, f_2, f_4), \quad (f_1, f_3, f_4), \quad (f_2, f_3, f_4)$$

mit den jeweiligen Indexwerten

$$(90, 90), \quad (90, 90), \quad (0, 0), \quad (90, 0)$$

gebildet werden. Aus der Tabellensuche ergeben sich nun Objekthypothesen:

$$
\begin{aligned}
H_1 &: \ \{(f_1, F_1), \ (f_2, F_4), \ (f_4, F_2)\}, \\
H_2 &: \ \{(f_1, F_3), \ (f_2, F_4), \ (f_4, F_2)\}, \\
H_3 &: \ \{(f_1, F_5), \ (f_2, F_4), \ (f_4, F_2)\}, \\
H_4 &: \ \{(f_2, F_4), \ (f_3, F_1), \ (f_4, F_2)\}, \\
H_5 &: \ \{(f_2, F_4), \ (f_3, F_3), \ (f_4, F_2)\}, \\
H_6 &: \ \{(f_2, F_4), \ (f_3, F_5), \ (f_4, F_2)\}.
\end{aligned}
$$

Diese werden schließlich weiteren Konsistenztests unterzogen. Hierbei reichen
die Tests auf Nachbarschaft sowie deren Typ aus, um die Anzahl der Objekthypothesen auf zwei, nämlich H_3 und H_5, zu reduzieren. Beide können erfolgreich
verifiziert werden.   □

Im Grunde genommen stellt die Suche in indexierten Tabellen eine spezielle
Realisierung der partiellen Baumsuche dar. Dieses Vorgehen der Hypothesenbildung kommt zwar ohne jegliche Suche aus, bedingt auf der anderen Seite
aber einen bedeutend höheren Speicherbedarf als bei den Suchverfahren.

8.3.6 Akkumulation im Transformationsraum

In den bisher behandelten Methoden der Objekterkennung wird die vollständige
Zuordnung, d.h. eine Zuordnung aller Szenenmerkmale eines Objektes zu ihren
jeweiligen Modellmerkmalen, auf zweierlei Art erzielt: Es können vollständige
Objekthypothesen generiert werden, was beispielsweise bei der Baumsuche der
Fall ist. Hierbei dient die anschließende Verifikation lediglich dazu, die globale
geometrische Konsistenz der Hypothesen zu überprüfen. Einige Zuordnungsverfahren, etwa partielle Suche oder Suche in indexierten Tabellen, liefern jedoch
nur unvollständige Objekthypothesen. Zu den Aufgaben der Verifikation gehört
es in diesem Fall, diese zu vollständigen Zuordnungen auszudehnen. In diesem
Abschnitt soll eine weitere Variante vorgestellt werden, wo eine vollständige
Erkennung aus der Kombination von Teilzuordnungen ermittelt wird.

Diesem Paradigma der Zuordnungsanalyse [Sto87] liegt die folgende Überlegung
zugrunde: Nehmen wir an, eine Teilzuordnung

$$\{(f_i, F_{mi}),\ (f_j, F_{mj}),\ (f_k, F_{mk})\ :\ T_{ms}^1\}$$

mit der zugehörigen Transformation T_{ms}^1, welche die drei Modellmerkmale zur
Deckung mit ihren jeweiligen Szenenmerkmalen bringt, ist bekannt. Kommt
eine weitere Teilzuordnung

$$\{(f_i, F_{mi}),\ (f_j, F_{mj}),\ (f_l, F_{ml})\ :\ T_{ms}^2\}$$

hinzu, so können wir unter der Voraussetzung $T_{ms}^1 = T_{ms}^2$ die beiden zu einer
größeren Zuordnung

$$\{(f_i, F_{mi}),\ (f_j, F_{mj}),\ (f_k, F_{mk}),\ (f_l, F_{ml})\ :\ T_{ms}^1\}$$

zusammenfassen. Im allgemeinen Fall reichen $N_{\min}$ korrespondierende Merkmalspaare zur Berechnung der Transformation aus. Wir betrachten nun alle
möglichen Kombinationen von $N_{\min}$-Tupeln der Szenen- und Modellmerkmale.
Ein konsistentes Paar mit seiner zugehörigen Transformation T bildet einen
Punkt im Transformationsraum. Es ist zu erwarten, daß in diesem Raum ein
Punkt T, der einem existierenden Objekt in der Szene entspricht, durch verschiedene Paare mehrfach registriert wird. Zur Registrierung kann ein Zähler
eingesetzt werden. Je höher der Zählerwert ist, umso wahrscheinlicher repräsentiert er ein Objekt. Bei genügend vielen Hinweisen auf die Existenz eines Objektes können dann alle registrierten Teilzuordnungen zu einer vollständigen
Interpretation zusammengefaßt werden.

In Abb. 8.14 wird das Akkumulationsverfahren im Transformationsraum in
Pseudo-Code grob skizziert. Hierbei werden sämtliche unären und binären Konsistenztests ausgeführt, um ungültige Paare (ST, MT) frühzeitig auszuschl-
ließen. Nach der Berechnung der Transformation T wird diese noch einer Verifikation unterzogen. Dabei gilt es zu überprüfen, ob T tatsächlich die Merkmale

```
procedure Akkumulation(MTupel)
/* MTupel: {Tupel der Modellmerkmale} */
begin
    STupel := {Tupel der Szenenmerkmale};
    for ST ∈ STupel do
        for MT ∈ MTupel do
            if konsistent(ST, MT) then begin
                Bestimme Transformation T von MT nach ST;
                if korrekt(T) then registriere T im Transformationsraum;
            end
        Suche Anhäufungen im Transformationsraum;
end
```

Abbildung 8.14: Objekterkennung mittels Akkumulation im Transformationsraum.

in MT mit denjenigen in ST zur Deckung bringt. Es wird jedoch nicht versucht, diese Teilzuordnung auszudehnen. In Abb. 8.14 wird diese reduzierte Version der Verifikation mit dem Prädikat korrekt(T) ausgedrückt.

Ein interessanter Unterschied dieses Zuordnungsverfahrens zu den anderen Methoden besteht darin, daß eine zusammengefaßte vollständige Zuordnung keiner weiteren Verifikation mehr bedarf. Hierbei erfolgt die Verifikation auf der Stufe der einzelnen konsistenten Paare (ST, MT). Da die Zusammenfassung der Paare aufgrund identischer Transformation geschieht, ist die globale geometrische Konsistenz einer vollständigen Zuordnung stets garantiert.

Das Kernproblem bei der Realisierung des Akkumulationsverfahrens stellt die Organisation des Transformationsraums dar. Die dreidimensionale Transformation beinhaltet insgesamt sechs Parameter, je drei für Rotation und Translation. Aufgrund seines immensen Speicherbedarfs kommt ein sechsdimensionales Akkumulationsarray von Anfang an nicht in Frage. In der Literatur ist eine Reihe von Methoden zum Umgehen dieses Problems bekannt. In [BA86] beispielsweise wird eine Liste von Transformationsmatrizen unterhalten. Zur Registrierung einer neuen Transformation T wird die Matrix T nur dann in die Liste aufgenommen, wenn sie nicht schon darin enthalten ist. Dies wird überprüft, indem T mit allen vorhandenen Transformationen in der Liste verglichen wird. Hierbei bedeutet die Gleichheit zweier Matrizen, daß ihre einzelnen Elemente genügend ähnlich sind.

In [DK87] wird ein hierarchisches Vorgehen verfolgt. Hintereinander werden die sechs Transformationsparameter in drei Schritten ermittelt, wobei man mit der Rotationsachse anfängt. Hierfür wird statt des kompletten Transformations-

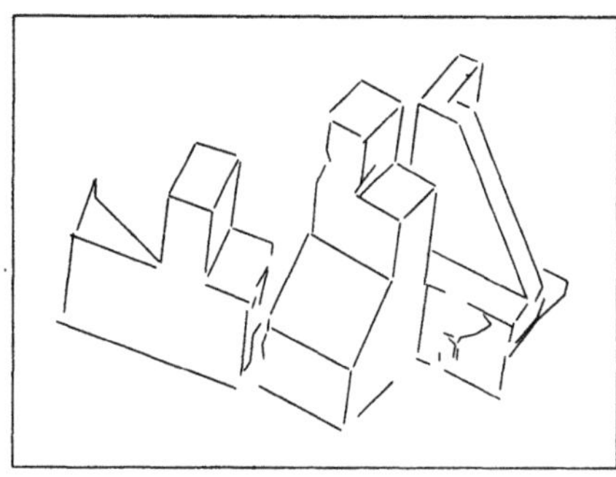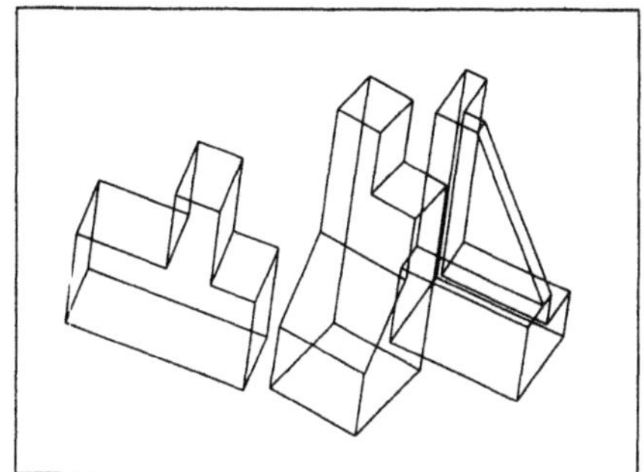

Abbildung 8.15: Erkennung mittels Akkumulation im Transformationsraum. Links: aus der Segmentierung extrahierte Geraden. Rechts: Erkennungsergebnis.

raums lediglich ein zweidimensionaler Achsenraum gebildet. Ein konsistentes Paar von einem Szenen- und einem Modelltupel führt zur Einfügung eines Punktes in diesen Raum. Die wahrscheinlichsten Rotationsachsen werden dann mithilfe eines Clustering-Verfahrens ermittelt. Für jede dieser Achsen werden die zugehörigen Paare in einen eindimensionalen Raum der Rotationswinkel abgebildet. Es folgt wiederum ein Clustering zur Detektion der besten Rotationswinkel. Schließlich komplettiert ein weiteres Clustering in einem dreidimensionalen Translationsraum den gesamten Akkumulationsprozeß.

Eine weitere Technik zur Reduktion des Speicherbedarfs für den Akkumulationsprozeß wird in [JMB94] vorgeschlagen. Hierbei geht man von einer alternativen Repräsentation der dreidimensionalen Transformation aus. Es werden drei Punkte P_{m1}, P_{m2} und P_{m3} im Modellkoordinatensystem fixiert. Da ihre entsprechenden Punkte P_{s1}, P_{s2} und P_{s3} die Transformation eindeutig bestimmen, können die neun Koordinaten der drei Szenenpunkte als eine andere Repräsentation der Transformation betrachtet werden. Auf den ersten Blick hat diese neue Repräsentationsform gar eine Erhöhung des Speicherbedarfs zur Folge, denn wir bekommen es statt mit sechs nun mit neun Dimensionen zu tun. In der Praxis ist es jedoch so, daß nur selten zwei Transformationen einen der Punkte P_{m1}, P_{m2} und P_{m3} zum selben Punkt in der Szene transformieren, während die anderen beiden Punkte jeweils in zwei unterschiedliche Positionen gebracht werden. Basierend auf dieser Beobachtung wird in [JMB94] ein dreidimensionales Akkumulationsarray angelegt, wobei in jeder Zelle eine verkettete Liste enthalten ist. Eine durch P_{s1}, P_{s2} und P_{s3} repräsentierte Transformation wird in die Liste der durch die Koordinaten von P_{s1} indexierten Zelle aufgenommen. In diesem Fall kommen zwei Transformationen mit demselben P_{s1}, aber verschiedenen P_{s2} und P_{s3} in dieselbe Zelle, belegen aber unterschiedliche Positionen in der zugehörigen Liste. Experimente haben ergeben, daß die verketteten Listen jeweils nur wenige Einträge enthalten. Als Beispiel dieses Erkennungsverfahrens zeigt Abb. 8.15 das Ergebnis für die Polyederszene in

Abb. 4.17. In [JMB94] wird mit dreidimensionalen Geraden gearbeitet. Diese werden aus einer regionenbasierten Segmentierung durch Schneidung zweier benachbarter Ebenen berechnet. Zur Bestimmung der Transformation werden zwei Geradenpaare verwendet. Bei der Erkennung in Abb. 8.15 geht die Gewinnung der Geraden von dem Segmentierungsergebnis in Abb. 7.26 aus.

8.3.7 Maßnahmen zur Effizienzsteigerung

Wenn Szenen mit mehreren Objekten zu bearbeiten sind, stellt Objekterkennung eine komplexe Aufgabe dar. Bisher haben wir eine Reihe von Techniken dazu kennengelernt. Obwohl sie im Prinzip alle die Aufgabe der Objekterkennung bewerkstelligen können, sind sie nur als Gerüst für ein funktionierendes Objekterkennungssystem anzusehen. In der Praxis sind häufig zusätzliche Maßnahmen zur Leistungssteigerung nötig. "Reinrassige" Objekterkennungssysteme sind bei konkreten Anwendungen kaum anzutreffen. Nachfolgend gehen wir kurz auf einige Techniken zur Effizienzsteigerung ein, die in mehrere der vorgestellten Zuordnungsverfahren integriert werden können und somit einen gewissen allgemeinen Charakter besitzen.

Optimale Zuordnungsreihenfolge

Bei der Behandlung der sequentiellen Suchverfahren im Suchbaum haben wir der Zuordnungsreihenfolge bisher keinerlei Aufmerksamkeit geschenkt. Es wurde angenommen, daß die Zuordnung der Szenenmerkmale in einer willkürlich festgelegten Reihenfolge erfolgt. Sinnvoll wäre aber ein Vorgehen, die Szenenmerkmale so zu ordnen, daß dadurch der effektive Suchraum reduziert wird. Dies kann erreicht werden, indem Szenenmerkmale mit größerem Unterscheidungspotential zuerst zugeordnet werden. In [GLP87] werden beispielsweise die Szenenflächen nach dem Flächeninhalt sortiert und die größten Flächen gelangen als erste zur Zuordnung. Analog werden in [MC88] dreidimensionale Geraden nach ihren Längen geordnet. Zum gleichen Zweck können auch Flächentypen berücksichtigt werden. Da im allgemeinen gekrümmte Flächen weniger Zuordnungsmöglichkeiten besitzen, werden diese in [FJ91a] vor planaren Szenenflächen bearbeitet. Innerhalb desselben Flächentyps kommt dann der Flächeninhalt zum Zug. Noch allgemeiner kann eine derartige Strategie wie folgt formuliert werden: Unabhängig von Flächentypen gehen wir von den mittels unärer Konsistenztests gefilterten Zuordnungsmengen der Szenenmerkmale aus und sortieren diese aufsteigend nach der Größe. Auf diese Weise werden Szenenmerkmale mit den wenigsten Zuordnungsmöglichkeiten bevorzugt. Hinter all diesen Strategien steckt immer die gleiche Überlegung, nämlich den Verzweigungsfaktor auf den ersten Stufen des Suchbaums möglichst klein zu halten. Dadurch erhöht sich auch die Chance, korrekte Zuordnungen möglichst früh zu finden.

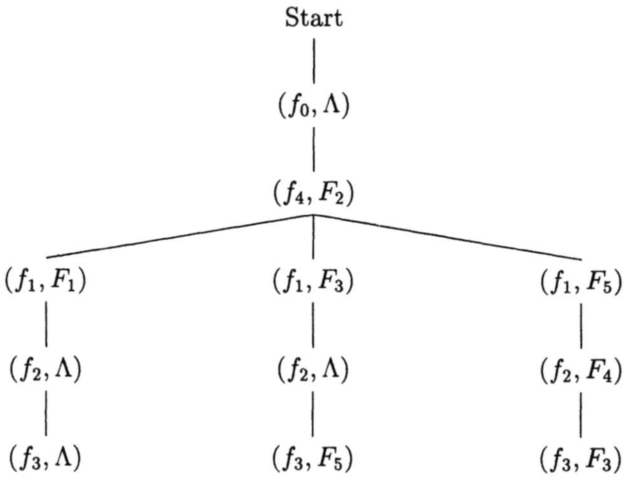

Abbildung 8.16: Der effektive Suchraum mit der Ordnung der Szenenmerkmale.

Beispiel 8.7 Wir betrachten die Aufgabenstellung in Beispiel 8.4, wo die Beispielszene in Abb. 8.4 um eine weitere Fläche f_0 erweitert wurde. Eine Ordnung nach Größe der Zuordnungsmengen liefert die Reihenfolge f_0, f_4, f_1, f_2, f_3. Unter Verwendung des Längentests (8.1) ergibt sich aus dieser Zuordnungsreihenfolge der Suchbaum in Abb. 8.16. Ein Vergleich mit dem Suchbaum für die Zuordnungsreihenfolge f_0, f_1, f_2, f_3, f_4 in Abb. 8.9 zeigt, daß die Bevorzugung von f_4 eine Reduktion des Suchraums bewirkt. $\qquad\square$

Im obigen Vorgehen wird die Zuordnungsreihenfolge für den gesamten Suchprozeß einmal am Anfang festgelegt. Eine mögliche Erweiterung ist eine dynamische Bestimmung der Zuordnungsreihenfolge. Bei der Baumsuche mit Forward-Checking werden beispielsweise die Zuordnungsmengen aufgrund der neuen Paarungen auf dem Suchpfad laufend aktualisiert. Hier kann die Suchreihenfolge unter einem Knoten sogar anhand der aktuellen Zuordnungsmengen dynamisch bestimmt werden.

Lokale Suche

Hinter dieser Technik steckt die einfache Idee, daß eng beisammen liegende Szenenmerkmale wahrscheinlicher zum selben Objekt gehören als weiter entfernte. Während der Suche sollen deshalb lokal gruppierte Szenenmerkmale auch bevorzugt behandelt werden. Dieses Grundprinzip läßt sich auf verschiedenste Art und Weise umsetzen. Es kann beispielsweise als Regel für eine dynamische Suchreihenfolge interpretiert werden. Nach der Zuordnung eines Szenenmerkmals f_k soll die Suche mit denjenigen Szenenmerkmalen fortgesetzt werden, die sich in unmittelbarer Nähe von f_k befinden. Eine weitere Variante der lokalen Suche wird in [CK89] beschrieben. Hierbei wird zur Hypothesenbildung die partielle Baumsuche verwendet. Statt alle Szenenmerkmale gleichzeitig zu berücksichtigen, werden diese in kleine Gruppen aufgeteilt. Eine Gruppe umfaßt alle Flächen um eine bestimmte Ecke herum. Die Baumsuche wird nun an diesen Gruppen durchgeführt. Der Vorteil dieses Vorgehens liegt darin, daß unter allen möglichen Teilzuordnungen von Szenenmerkmalen, die zu einer verifizierbaren Objekthypothese führen können, nur die wahrscheinlicheren untersucht werden. Mit einer derartigen Gruppierung gestaltet sich die Suche noch effizienter, denn die Eigenschaft der Nachbarschaft zu einer Ecke muß natürlich auch auf dem Modell gelten. Das führt zu einer erheblichen Reduktion der potentiellen Zuordnungsmöglichkeiten der Szenenmerkmale. Neben der partiellen Suche können Gruppierungstechniken dieser Art im Prinzip auch für die Suche in indexierten Tabellen oder die Akkumulation im Transformationsraum eingesetzt werden, siehe [JMB94] für ein Beispiel.

Lokale Fokussierung

Bei der lokalen Fokussierung handelt es sich um eine Kombination des Prinzips der optimalen Zuordnungsreihenfolge und der lokalen Suche. Hierbei werden nicht alle Modellmerkmale gleichwertig betrachtet. Statt dessen wird den markantesten Modellmerkmalen, auch Fokussierungsmerkmale genannt, ein besonderes Gewicht beigemessen. Diese sollen nämlich die Suche zielsicherer lenken. Von den Fokussierungsmerkmalen ist zu erwarten, daß sie nur wenige Zuordnungsmöglichkeiten haben. Für jede Zuordnung eines Fokussierungsmerkmals wird eine Nachbarschaft um das entsprechende Szenenmerkmal definiert. Die darin enthaltenen Szenenemerkmale werden nach dem Fokussierungsmerkmal bei der Zuordnung verwendet. Dazu werden im Modell ebenfalls lokale Merkmale um das Fokussierungsmerkmal bereitgestellt. Im allgemeinen resultiert daraus eine deutliche Reduktion der Anzahl der zu untersuchenden Merkmale.

Die Technik der lokalen Fokussierung wurde in [BH86, BH87b] im Zusammenhang mit dem Zuordnungsverfahren maximaler Cliquen (siehe Abschnitt 8.3.2) vorgeschlagen. Dort bilden u.a. Kreise in abnehmender Reihenfolge des Radius die Fokussierungsmerkmale, deren Zuordnung ausschließlich auf dem Vergleich des Radius beruht. Beim verwendeten Werkstück läßt ein korrespondierendes Kreispaar nur noch einen der Transformationsparameter, nämlich den Drehwinkel um die Drehachse, unbestimmt. Deshalb wird versucht, die innerhalb des Modellkreises liegenden Modellgeraden in der Szene zu identifizieren. Als Kandidaten stehen dafür die innerhalb des bereits identifizierten Szenenkreises befindlichen Geraden zur Verfügung. Schließlich wird eine Zuordnung aufgrund dieser reduzierten Menge der Szenen- und Modellmerkmale mithilfe der Methode maximaler Cliquen gesucht, die den Drehwinkel um die bereits bekannte Drehachse endgültig festlegt.

Heuristische Terminierung

Bisher sind wir stillschweigend davon ausgegangen, daß die Verifikation erst nach der Bildung aller Objekthypothesen stattfindet. Mithilfe einer Bewertungsfunktion wird dann die beste Hypothese als Ergebnis einer Erkennung ausgewählt. Bei der heuristischen Terminierung weicht man jedoch von diesem Vorgehen ab, indem jede gefundene konsistente Zuordnung sofort dem Verifikationsprozeß zugeführt wird. Falls eine erfolgreich verifizierte Objekthypothese ein bestimmtes Gütekriterium erfüllt, wird diese als ein gültiges Erkennungsergebnis betrachtet und die Suche abgebrochen. Als Gütekriterium kann beispielsweise gefordert werden, daß eine bestimmte Zahl von Modellmerkmalen ein korrespondierendes Auftreten in der Szene haben. Diese Zahl läßt sich auch abhängig von den individuellen Modellen als Mindestprozentsatz von Modellmerkmalen ausdrücken. Die heuristische Terminierung ist mit dem Risiko verbunden, daß die korrekte Szeneninterpretation nicht gefunden wird. Unter Berücksichtigung der potentiellen Effizienzsteigerung kann sie aber für viele Anwendungen dennoch interessant sein.

8.4 Globale Zuordnung: Verifikation

Die in der Phase der Zuordnungsanalyse gebildeten Objekthypothesen werden einem Verifikationsschritt zugeführt. Zu den Aufgaben der Verifikation zählen:

- Geometrische Verifikation: Es wird überprüft, ob eine dreidimensionale Transformation die involvierten Modellmerkmale mit ihren jeweiligen Szenenmerkmalen zur deckung bringt.

- Ausdehnung der Hypothesen: Falls nur Teilhypothesen, etwa von der partiellen Baumsuche, übergeben werden, sollen diese mit weiteren, zum selben Objekt gehörigen Paarungen ergänzt werden.

- Bewertung der Hypothesen: Diese liefert die Grundlage für die Wahl der besten Hypothese als Ergebnis der Erkennung. Außerdem macht eine Bewertung der Hypothesen die in Abschnitt 8.3.7 beschriebene heuristische Terminierung des Zuordnungsprozesses erst möglich.

Um eine Verifikation überhaupt zu ermöglichen, soll eine Hypothese mindestens soviele Merkmalspaare umfassen, daß die Transformation vom Modell in die Szene T_{ms} berechnet werden kann. Die Transformationsbestimmung wird in Abschnitt 8.5 behandelt. In den folgenden Ausführungen setzen wir diese Transformation als bereits bekannt voraus.

8.4.1   Merkmalsbasierte Verifikation

Bei diesem Vorgehen wird das Modell, d.h. die an der Objekthypothese beteiligte Menge von Modellmerkmalen, mittels der Transformation T_{ms} in die Szene abgebildet und die Übereinstimmung eines jeden Szenenmerkmals f_i mit der transformierten Version F_p^s des zugeordneten Modellmerkmals F_p überprüft. Wie wir in Abschnitt 8.5 erläutern werden, läßt sich die Transformation T_{ms} in eine Rotation R und eine Translation T unterteilen. Ein Punkt x auf dem Modell wird dann zu $Rx+T$ transformiert, während ein Richtungsvektor v neu in die Richtung Rv zeigt. Je nach Merkmalstypen bedingt die geometrische Verifikation unterschiedliche Vergleichsmethoden. Daher gliedert sich nachfolgende Diskussion auch nach Merkmalstypen.

Am einfachsten ist die Situation bei punktartigen Merkmalen. Hierbei wird die Positionsgleichheit

$$f_i \;=\; F_p^s$$

gefordert. Wie schon bei der Diskussion der Konsistenzbedingungen lokaler Zuordnungen in Abschnitt 8.2 erwähnt, wird auch hier einfachheitshalber auf eine explizite Erwähnung des in allen derartigen Tests unabdingbaren Schwellwertes verzichtet.

Die Prüfung der Übereinstimmung von zwei gerichteten Geraden

$$f_i = (b_i, e_i, t_i), \quad F_p^s = (B_p, E_p, T_p),$$

die beide jeweils durch ihre Endpunkte und ihren Einheitsnormalenvektor repräsentiert sind, erfordert mehrere Tests. Die Tatsache, daß sie auf derselben Geraden liegen müssen, bedingt neben dem Richtungstest

$$t_i \;=\; T_p, \quad \text{oder} \quad t_i \cdot T_p \;=\; 1$$

noch einen Positionstest, bei dem sichergestellt wird, daß sowohl b_i als auch e_i auf F_p^s liegt. Formal ist dies gleichbedeutend damit, daß die orthogonale Distanz der beiden Punkte zu F_p^s null ist, d.h.

$$|B_p - b_i + ((b_i - B_p) \cdot T_p) T_p| = 0, \quad |B_p - e_i + ((e_i - B_p) \cdot T_p) T_p| = 0.$$

Schließlich gilt eine weitere Bedingung zu berücksichtigen, daß f_i nämlich auch innerhalb des örtlich beschränkten Geradenstücks F_p^s zu liegen kommt. Das bedeutet, daß die orthogonale Projektion der beiden Endpunkte von f_i auf F_p^s zwischen B_p und E_p liegt, oder formal ausgedrückt

$$B_p + ((b_i - B_p) \cdot T_p) T_p \in [B_p..E_p], \quad B_p + ((e_i - B_p) \cdot T_p) T_p \in [B_p..E_p].$$

Tests dieser Art werden als Bereichstests bezeichnet.

Der Test zwischen zwei Ebenen gestaltet sich ähnlich. Seien die beiden Ebenen durch

$$f_i : \; ax + by + cz = d, \quad F_p^s : \; Ax + By + Cz = D$$

repräsentiert, wobei der Normalenvektor (a, b, c) resp. (A, B, C) von Einheitslänge ist. Der einfache Test

$$a = A, \quad b = B, \quad c = C, \quad d = D$$

garantiert, daß sich f_i und F_p^s in derselben Ebene unendlicher Ausdehnung befinden. Auch hier muß ein Bereichstest erfolgen, um sicherzustellen, daß die Kontur von f_i innerhalb derjenigen von F_p^s liegt.

Der Test zweier Kugeln fällt besonders einfach aus. Da der Radius bereits während der Hypothesenbildung überprüft wurde, bleibt einzig die Positionsgleichheit der Zentren der beiden Kugeln zu testen.

Als letzten Flächentyp betrachten wir Zylinder. Wiederum brauchen wir uns nicht um den Radius zu kümmern. Lediglich die Drehachsen

$$a_i : \ (q_i, \boldsymbol{t}_i), \quad A_p : \ (Q_p, \boldsymbol{T}_p)$$

der beiden Zylinder müssen übereinstimmen, wobei die Festlegung einer Achse durch den Richtungsvektor sowie einen beliebigen Punkt auf der Achse erfolgt. Da sich der Richtungsvektor nicht eindeutig bestimmen läßt, erfolgt der Richtungstest im Gegensatz zu gerichteten Geraden mittels

$$|\boldsymbol{t}_i \cdot \boldsymbol{T}_p| = 1.$$

Der Positionstest lautet

$$|Q_p - q_i + ((q_i - Q_p) \cdot \boldsymbol{T}_p) \boldsymbol{T}_p| = 0.$$

Auch ein Bereichstest kann realisiert werden, indem mithilfe der Projektion der Mantelfläche von F_p^s auf die Drehachse A_p der größtmögliche Bereich ermittelt wird. Eine Projektion der Mantelfläche von f_i auf A_p muß dann innerhalb dieses Bereichs liegen. Sowohl für Ebenen als auch für Zylinder handelt es sich beim Bereichstest um eine rechnerisch recht aufwendige Prozedur. Daher wird meistens auf einen derartigen Test verzichtet oder auf approximative Verfahren [KK91] zurückgegriffen.

8.4.2 Bildbasierte Verifikation

Eine Alternative zur merkmalsbasierten Verifikation bildet der Ansatz der Bildsynthese. Hierbei wird das Modellobjekt mittels der Transformation T_{ms} in das Szenenkoordinatensystem transformiert und mithilfe der bekannten Sensorgeometrie ein synthetisches Tiefenbild erstellt [Fly94b]. Die Verifikation erfolgt anschließend durch Vergleich des vom Sensor gelieferten und des synthetischen Tiefenbildes. Im Fall äquidistanter Tiefenbilder fällt dieser Vergleich besonders einfach aus. Sei

$$T = (z_{ij}, m_{ij}), \quad 1 \leq i \leq m, \ 1 \leq j \leq n$$

Abbildung 8.17: Das synthetische Tiefenbild für die Szene in Abb. 8.6. Freundlicherweise überlassen von R. Horaud, LIFIA-IMAG, Grenoble, Frankreich.

das äquidistante Tiefenbild vom Sensor, wobei neben dem eigentlichen Tiefenwert z_{ij} das Markierungsfeld m_{ij} die Meßbarkeit der Punkte darstellt. Das synthetische Tiefenbild

$$T^s = (z_{ij}^s, m_{ij}^s), \quad 1 \le i \le m, \ 1 \le j \le n$$

soll dieselben Abtastungsintervalle wie der Sensor aufweisen, so daß der Vergleich mit T pixelweise durchgeführt werden kann. Das Markierungsfeld m_{ij}^s belegt nur dann den Wert 1, wenn der Punkt auf dem Objekt liegt. Als Illustration der Bildsynthese zeigt Abb. 8.17 das synthetische Tiefenbild für die Szene in Abb. 8.6, wobei alle sieben Objekthypothesen berücksichtigt wurden. Für die Verifikation sollen jedoch die Objekthypothesen einzeln bearbeitet und daher genau soviele Tiefenbilder wie Objekthypothesen generiert werden.

Beim Vergleich eines synthetischen Tiefenbildes mit dem originalen Tiefenbild gilt es vor allem, die Tiefendifferenz der beiden Bilder zu ermitteln. Sofern ein Pixel einen Meßwert hat und auch im synthetischen Tiefenbild mit 1 markiert ist, können drei Situationen auftreten:

- $z_{ij} = z_{ij}^s$: Das ist der Fall, wo die Objekthypothese positive Unterstützung erhält.

- $z_{ij} < z_{ij}^s$: Der gemessene Punkt liegt hinter dem vorausgesagten Tiefenwert, was eindeutig als negativer Befund zu interpretieren ist.

- $z_{ij} > z_{ij}^s$: Hier ist ohne zusätzliche Information keine schlüssige Beurteilung möglich. Es kann sich sowohl um eine falsche Objekthypothese als auch um eine Verdeckung durch ein Fremdobjekt handeln. Bei der Bewertung der Hypothese soll ein derartiger Punkt als neutral betrachtet und deshalb nicht miteinbezogen werden.

Bezeichnen wir mit $\#\{(i,j) \mid P(i,j)\}$ die Anzahl Pixel mit der Eigenschaft P, so kann die Tiefendifferenz zwischen dem originalen und dem synthetischen Tiefenbild nach [FJ91a] mit

$$
\begin{aligned}
S &= \frac{N^+}{N^+ + N^-} \\
N^+ &= \#\{(i,j) \mid m_{ij} = 1 \wedge m_{ij}^s = 1 \wedge z_{ij} = z_{ij}^s\} \\
N^- &= \#\{(i,j) \mid m_{ij} = 1 \wedge m_{ij}^s = 1 \wedge z_{ij} < z_{ij}^s\}
\end{aligned}
$$

definiert werden. Kriterien dieser Art haben auch Anwendung in [BH86, BH87b, HH89] gefunden. In [FJ91a] werden noch fünf weitere Funktionen zur Bewertung einer Objekthypothese vorgeschlagen. Mittels aller sechs Bewertungen wird schließlich über eine Annahme oder Ablehnung der Hypothese entschieden.

8.4.3 Ausdehnung der Objekthypothesen

Einige Zuordnungsverfahren liefern lediglich unvollständige Objekthypothesen. Beispiele davon sind partielle Suche oder Suche in indexierten Tabellen. In diesem Fall soll eine Objekthypothese so erweitert werden, daß alle noch nicht erfaßten Merkmale desselben Objektes in der Szene sowie die zugehörigen Modellmerkmale in die Zuordnung aufgenommen werden.

Beruht die Verifikation auf Bildsynthese, so gestaltet sich diese Ausdehnung nach [FJ91a] folgendermaßen: Falls eine im synthetischen Tiefenbild sichtbare Modellfläche F_p noch nicht in der Zuordnung enthalten ist, betrachten wir alle noch nicht zugeordneten Szenenflächen, die F_p überlappen. Befindet sich darunter eine Szenenfläche f_i, deren Überlappung mit F_p mehr als die Hälfte von F_p ausmacht, so wird die Korrespondenz (f_i, F_p) angenommen.

Im Fall der merkmalsbasierten Verifikation untersuchen wir jedes noch unbenutzte Modellmerkmal. Nachdem es mittels T_{ms} in das Szenenkoordinatensystem transformiert wurde, stehen als Zuordnungskandidaten alle unbenutzten Szenenmerkmale zur Verfügung. Hier gelangen dieselben Tests aus der geometrischen Verifikation zum Einsatz. Eine Skizze dieses modellgesteuerten Ausdehnungsverfahrens in Pseudo-Code ist in Abb. 8.18 gezeigt. Genauso gut können wir aber umgekehrt vorgehen, indem wir die Übereinstimmung der Szenen- und Modellmerkmale im Modellkoordinatensystem überprüfen. Dafür werden die Szenenmerkmale ins Modellkoordinatensystem abgebildet. Hierbei wird ein Punkt x zu $R^{-1}(x - T)$ transformiert, während ein Richtungsvektor v neu in die Richtung $R^{-1}v$ zeigt. Dieses Vorgehen besitzt einen gewichtigen Unterschied zum Vergleich im Szenenkoordinatensystem, daß mittels geeigneter Organisation der Modellmerkmale in der Phase der Modellgenerierung die Kandidatenmenge für die Zuordnung eines Szenenmerkmals im Vergleich mit

```
procedure ModellGesteuerteAusdehnung
begin
Schleife:
    for jedes unbenutzte Modellmerkmal F_p begin
        Transformiere F_p ins Szenenkoordinatensystem zu F_p^s;
        for jedes unbenutzte Szenenmerkmal f_i do begin
            Führe geometrische Tests zwischen f_i und F_p^s durch;
            if erfolgreich then begin
                Nimm (f_i, F_p) in die Zuordnung auf;
                goto Schleife; /* zum nächsten Modellmerkmal */
            end
        end
    end
end

procedure DatenGesteuerteAusdehnung
begin
Schleife:
    for jedes unbenutzte Szenenmerkmal f_i begin
        Transformiere f_i ins Modellkoordinatensystem zu f_i^m;
        Bilde f_i^m in die Zelle z_i der Merkmalskugel ab;
        for jedes unbenutzte Modellmerkmal F_p ∈ N(z_i) do begin
        /* N(z_i) enthält Merkmale in einer Nachbarschaft von z_i */
            Führe geometrische Tests zwischen f_i^m und F_p durch;
            if erfolgreich then begin
                Nimm (f_i, F_p) in die Zuordnung auf;
                goto Schleife; /* zum nächsten Szenenmerkmal */
            end
        end
    end
end
```

Abbildung 8.18: Modell- und datengesteuerte Ausdehnung.

einer linearen Suche unter allen noch unbenutzten Modellmerkmalen massiv
eingeengt werden kann. Im folgenden gehen wir kurz auf ein derartiges Verfahren aus [CK89] ein. Hierbei werden die Modellmerkmale gemäß ihren jeweiligen
sog. Hauptrichtungen auf eine Einheitskugel, auch Merkmalskugel genannt, abgebildet. Für die verschiedenen Flächentypen wird die Hauptrichtung wie folgt
definiert:

- planare Fläche: der Einheitsnormalenvektor.

- Zylinder oder Kegel: der Einheitsrichtungsvektor der Drehachse. Die inhärente Zweideutigkeit bei einem Zylinder wird dadurch gelöst, daß die
  Hauptrichtung immer einen spitzen Winkel mit einer der Koordinatenachsen bildet.

- Kugel: die Hauptrichtung ergibt sich aus $O/|O|$, wobei O das Zentrum
  der Kugel repräsentiert.

Die Darstellung der Merkmalskugel im Rechner bedingt eine möglichst feine regelmäßige Parzellierung der Kugeloberfläche. Dazu hat sich in der Literatur ein
Aufteilungsschema mittels regulärer Polyeder weitgehend durchgesetzt. Hierbei
wird entweder von einem Dodekaeder oder von einem Ikosaeder ausgegangen.
Aus dem Dodekaeder beispielsweise ergibt sich das sog. Pentakisdodekaeder
mit 60 dreieckigen Flächen, indem der Mittelpunkt einer jeden fünfeckigen
Fläche mit deren fünf Ecken verbunden wird. Zur Gewinnung einer noch feineren Parzellierung können wir uns Methoden der geodätischen Domkonstruk-
tion [Ken76] bedienen, wo jede Kante eines Dreiecks in n Teilstücke gleicher
Länge aufgeteilt wird. Verbindet man die Punkte nach dem Schema von Abb.
8.19, resultieren aus einem Dreieck n^2 kleinere Dreiecke. Die Zahl n wird auch
als Frequenz der geodätischen Teilung bezeichnet. Wenden wir eine Teilung
der Frequenz 2 am Pentakisdodekaeder an, so erhalten wir ein Polyeder, auch
Dodekaeder der Frequenz 2 genannt, mit 240 gleichen Dreiecken. Eine recht
regelmäßige Parzellierung der Merkmalskugel wird erreicht, indem ein derartiges Polyeder auf die Kugeloberfläche projiziert wird. Als Beispiel zeigt Abb.
8.19 zwei auf diese Weise entstandene Parzellierungen mit dem Pentakisdodekaeder bzw. dem Dodekaeder der Frequenz 2. Eine Alternative dazu liefert die
Variante mit dem Ikosaeder unter Verwendung einer geodätischen Teilung der
Frequenz 4. In [CK89] findet diese Parzellierung mit 320 Zellen Anwendung.
Während der Ausdehnung wird ein unbenutztes Szenenmerkmal f_i ins Modellkoordinatensystem f_i^m transformiert. Im Gegensatz zur modellgesteuerten
Ausdehnung lassen sich die Zuordnungskandidaten für f_i^m nun leicht einengen.
Bilden wir f_i^m mittels seiner Hauptrichtung in eine Zelle der Merkmalskugel ab,
so sind die Kandidaten in derselben Zelle zu finden. Wegen der unvermeidlichen
Bildstörungen sollte der Kandidatenkreis auch auf die Nachbarzellen ausgewei-
tet werden. Unter der Annahme, daß die Modellmerkmale einigermaßen uni-
form auf der Merkmalskugel verteilt sind, bleibt nur noch ein kleiner Anteil der

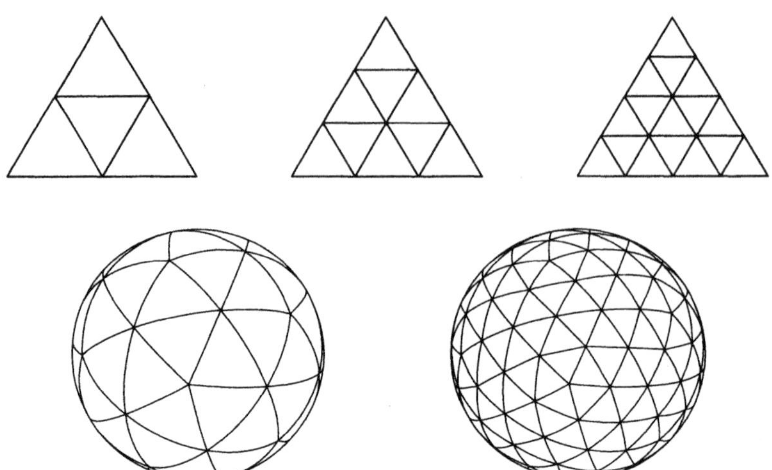

Abbildung 8.19: Oben: Geodätische Teilung der Frequenz 2, 3 und 4. Unten: Parzellierung der Kugeloberfläche mittels des Pentakisdodekaeders (links) und des Dodekaeders der Frequenz 2 (rechts).

Modellmerkmale zu untersuchen. Eine grobe Abschätzung der Rechenkomplexität demonstriert die Effizienz dieses datengesteuerten Vorgehens, siehe Abb. 8.18 für eine Beschreibung in Pseudo-Code. Angenommen, es sind im Durchschnitt k ($k \ll m$) Modellmerkmale in der ausgewählten Nachbarschaft einer jeden Zelle der Merkmalskugel enthalten. Der gesamte Rechenaufwand beträgt $O(kn) = O(n)$. Im Gegensatz dazu benötigt die modellgesteuerte Ausdehnung $O(mn)$ Operationen.

Im obigen modell- oder datengesteuerten Vorgehen geht die Ausdehnung immer von der Transformation T_{ms} aus, die mithilfe der Objekthypothese berechnet wurde. Diese enthält nur eine kleine Zahl – oft nur die Mindestzahl $N_{\min}$ – korrespondierender Merkmalspaare. Generell gilt jedoch, daß mit zunehmender Zahl von Merkmalen auch die Genauigkeit der berechneten Transformation verbessert wird. Diese Tatsache kann ausgenutzt werden, indem nach Aufnahme einer neuen Paarung in die Zuordnung die Transformation neu berechnet wird.

8.4.4   Bewertung und Annahme der Objekthypothesen

Bei der bildbasierten Verifikation liefern Funktionen, welche die Diskrepanz zwischen dem originalen und dem synthetischen Tiefenbild zum Ausdruck bringen, geeignete Bewertungen der Objekthypothesen. Dazu gehört beispielsweise die Tiefendifferenz S. Im Zusammenhang mit der merkmalsbasierten Verifikation geht man oft vom Anteil der involvierten Modellmerkmale relativ zur Gesamtanzahl der Merkmale des aktuellen Objektes aus. Statt den Anteil der Merkmale zu bewerten kann man noch einen Schritt weiter gehen und beispielsweise die Flächeninhalte der zugeordneten Modellflächen verwenden.

Unter allen Objekthypothesen wird diejenige mit der besten Bewertung als Ergebnis akzeptiert, sofern sie gewissen Minimalanforderungen genügt. Typisch sind etwa 50% der Merkmale eines Objektes aus einer beliebigen Betrachtungsrichtung sichtbar. Daher stellt 50% praktisch die obere Grenze der Minimalanforderung an die Erkennung dar. Nicht selten wird hierfür ein Wert um 33% verwendet. Diese Minimalanforderung liefert zugleich auch die Entscheidungsgrundlage für die heuristische Terminierung. Bei diesem Vorgehen wird die Verifikation nicht erst gestartet, wenn alle Objekthypothesen gebildet wurden. Statt dessen wird jede neue Objekthypothese sofort verifiziert. Gilt sie als annehmbar, so wird die Suche nach weiteren Hypothesen abgebrochen. Nachdem ein Erkennungsergebnis gefunden ist, werden alle beteiligten Szenenmerkmale aus der Szenenbeschreibung entfernt. Dann beginnt ein neuer Erkennungszyklus. Dieser Prozeß wird solange wiederholt, bis keine weiteren Objekte mehr erkannt werden.

8.5 Transformationsbestimmung

Die Transformationsbestimmung geht von korrespondierenden Merkmalspaaren aus der Szene und dem Modell aus. Je nach Typ besitzt ein Merkmal hierbei orientierungs- und/oder positionsbestimmenden Charakter. Als orientierungsbestimmende Merkmale sind vor allem folgende zu nennen:

- Einheitsnormalenvektor einer Ebene.

- Gerichtete Geraden. Zu dieser Klasse von Merkmalen gehören sowohl gerade Kantensegmente als auch Drehachsen von Zylindern oder Kegeln.

Zur Festlegung der Lage (Position) eines Objektes dienen:

- Ebenen. Ein Ebenenpaar aus der Szene und dem Modell schränkt eine der drei Translationskomponenten ein.

- Gerichtete Geraden. Ein Merkmalspaar dieser Art läßt nur noch eine Translationskomponente unbestimmt.

- Punkte. Es kann beispielsweise eine Ecke eines polyhedrischen Objektes oder der Schwerpunkt einer Fläche verwendet werden. Den Zweck der Lagebestimmung erfüllen ebenso gut imaginäre Punkte, die physikalisch eigentlich gar nicht existieren. Beispiele sind das Zentrum einer Kugel oder der Schnittpunkt dreier beliebiger Ebenen. Im Gegensatz zu den beiden anderen Merkmalstypen bestimmt ein Punktepaar die Objektlage eindeutig.

Im folgenden wird auf drei verschiedene Klassen von Methoden zur Transformationsbestimmung mithilfe der oben beschriebenen Merkmale eingegangen.

8.5.1 Verkettung elementarer Transformationen

Bei dieser Klasse von Verfahren wird von der minimalen Zahl von Merkmalspaaren ausgegangen, die bei gegebenen Merkmalstypen zur Transformationsbestimmung benötigt werden (siehe Abschnitt 8.3.4 für eine Auflistung dieser Mindestzahl). Ein derartiges Verfahren gestaltet sich folgendermaßen: Auf der einen Seite soll das Objekt in der Szene mittels einer Reihe elementarer Transformationen in eine kanonische Position gebracht werden. Dazu gehören Translation und Rotation um eine der drei Koordinatenachsen. In homogenen Koordinaten lassen sich eine Translation $(\Delta x, \Delta y, \Delta z)$ durch

$$T = \begin{bmatrix} 1 & 0 & 0 & \Delta x \\ 0 & 1 & 0 & \Delta y \\ 0 & 0 & 1 & \Delta z \\ 0 & 0 & 0 & 1 \end{bmatrix}$$

und eine Rotation von α um die Z-Achse durch

$$R_z = \begin{bmatrix} \cos\alpha & -\sin\alpha & 0 & 0 \\ \sin\alpha & \cos\alpha & 0 & 0 \\ 0 & 0 & 1 & 0 \\ 0 & 0 & 0 & 1 \end{bmatrix}$$

beschreiben. Analog sind die Rotationsmatrizen R_x und R_y definiert. Somit läßt sich die Transformation des Szenenobjektes in die kanonische Position mit

$$T_s = T_n \cdots T_2 T_1, \quad T_i \in \{T, R_x, R_y, R_z\}$$

ausdrücken. Auf der anderen Seite kann das Modell seinerseits mittels einer Transformation T_m ebenfalls in die kanonische Position gebracht werden. Die Transformation des Modells in die Szene ergibt sich dann aus

$$T_{ms} = T_s^{-1} T_m.$$

Je nach Merkmalstyp kann die Transformation in die kanonische Position auf recht unterschiedliche Art und Weise erfolgen. Im folgenden soll diese allgemeine Vorgehensweise anhand eines Beispiels von zwei Paaren gerichteter Geraden aus [BA86] illustriert werden.

Es seien zwei nicht parallele und nicht antiparallele gerichtete Geraden $\overline{AB}$ und $\overline{CD}$ aus der Szene sowie ihre korrespondierenden Geraden aus dem Modell gegeben. In der kanonischen Position soll $\overline{AB}$ richtungsgleich auf der X-Achse liegen. Die zweite Gerade $\overline{CD}$ soll dann parallel zur XZ-Ebene und im Bereich $y \geq 0$ sein. Im einzelnen besteht die Transformation in die kanonische Position aus folgenden Schritten:

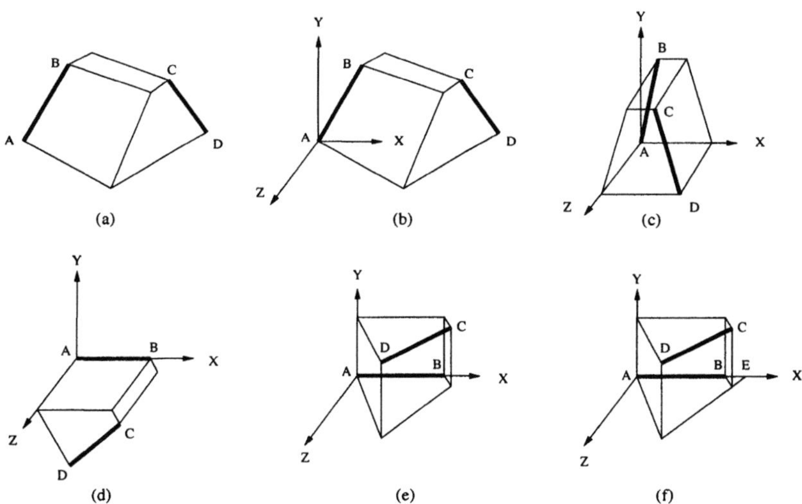

Abbildung 8.20: Transformation in die kanonische Position.

1. Verschiebe die vier Punkte A, B, C und D so, daß A im Ursprung des Koordinatensystems zu liegen kommt (Abb. 8.20(b)). Bezeichne diese Translation als T_1.

2. Rotiere die vier Punkte um die Y-Achse so, daß $\overline{AB}$ im Bereich $x \geq 0$ der XY-Ebene zu liegen kommt (Abb. 8.20(c)). Bezeichne diese Rotation als R_y.

3. Rotiere die vier Punkte um die Z-Achse so, daß nachher $\overline{AB}$ auf der positiven X-Achse liegt (Abb. 8.20(d)). Bezeichne diese Rotation als R_z.

4. Rotiere die vier Punkte um die X-Achse so, daß $\overline{CD}$ parallel zur XZ-Ebene wird. Außerdem soll $\overline{CD}$ im positiven Y-Bereich liegen (Abb. 8.20(e)). Bezeichne diese Rotation als R_x.

5. Sei E der Schnittpunkt von $\overline{AB}$ mit der Projektion von $\overline{CD}$ auf die XZ-Ebene. Verschiebe die vier Punkte so, daß E der neue Ursprung wird (Abb. 8.20(f)). Bezeichne diese Translation mit T_2.

Aus diesen elementaren Transformationen ergibt sich

$$T_s = T_2 R_x R_z R_y T_1,$$

welche die beiden Geraden $\overline{AB}$ und $\overline{CD}$ in die kanonische Position bringt. Für die korrespondierenden Geraden aus dem Modell kann analog eine Transformation T_m gefunden werden. Schließlich ist $T_{ms} = T_s^{-1} T_m$ die gesuchte Transformation vom Modell in die Szene.

Wie zu Beginn des Abschnitts erwähnt, geht eine Methode dieser Klasse von der minimalen Zahl von Merkmalspaaren aus. Falls mehr Merkmalspaare vorhanden sind, kann diese Methode nicht erweitert werden, um aus den zusätzlichen Informationen eine bessere Lösung zu gewinnen. Zwar ist es möglich, alle Kombinationen von zwei Merkmalspaaren zu bilden und den Durchschnitt der daraus resultierenden Transformationsmatrizen zu berechnen. Im allgemeinen entspricht dieser aber nicht einer echten Transformation bestehend aus Translationen und Rotationen. Deswegen kommt diese Klasse von Methoden zur Transformationsbestimmung vor allem bei Erkennungsverfahren basierend auf Hough-Transformation zum Einsatz. In den folgenden Abschnitten gehen wir auf Verfahren ein, die eine Lösung auch für mehr als die minimale Zahl von Merkmalspaaren liefern können.

8.5.2 Getrennte Bestimmung von Rotation und Translation

Die Transformation vom Modell in die Szene läßt sich in eine Rotation und eine anschließende Translation zerlegen. Diese Zerlegung ist jedoch nicht eindeutig. Tatsächlich existiert eine unendliche Anzahl möglicher Zerlegungen. Unter der Einschränkung, daß die Rotationsachse durch den Ursprung des Koordinatensystems geht, ergibt sich aber eine besonders günstige Situation. In diesem Fall ist die Zerlegung nicht nur eindeutig, sondern die Rotation läßt sich dann auch einfach mit einer 3×3 Matrix R ausdrücken. Sei die Translation durch einen 3×1 Vektor T beschrieben, so lautet die Gesamttransformation

$$T_{ms} = \begin{bmatrix} R & T \\ 0 & 1 \end{bmatrix}.$$

Aus dieser Überlegung heraus kann das Problem der Transformationsbestimmung in eine getrennte Bestimmung der Rotation und der Translation unterteilt werden. Für jeden dieser beiden Teilschritte sind mehrere Methoden bekannt. Im Prinzip können diese beliebig kombiniert werden.

Zur Festlegung der Rotation werden $k \geq 2$ orientierungsbestimmende Merkmale

$$n_1^s, n_2^s, \cdots, n_k^s$$

aus der Szene und die korrespondierenden Merkmale

$$n_1^m, n_2^m, \cdots, n_k^m$$

aus dem Modell benötigt, wobei alle Merkmale Einheitslänge besitzen. Bei der Notation wird der Einfachheit halber noch angenommen, daß alle k Paare korrespondierender Merkmale (n_i^s, n_i^m) jeweils denselben Index i haben. Neben Normalenvektoren und gerichteten Geraden können auch korrespondierende

Punktmengen $p_1^s, p_2^s, \cdots, p_l^s$ und $p_1^m, p_2^m, \cdots, p_l^m$ zur Rotationsbestimmung herangezogen werden, indem alle Differenzvektoren

$$p_{ij} = \frac{p_i^s - p_j^s}{|p_i^s - p_j^s|}$$

der einen Punktmenge auf die korrespondierenden Differenzvektoren

$$q_{ij} = \frac{p_i^m - p_j^m}{|p_i^m - p_j^m|}$$

abgebildet werden. Eine weitere Variante besteht darin, die Differenzvektoren der einen Punktmenge relativ zu deren Schwerpunkt

$$p_i = \frac{p_i^s - p^s}{|p_i^s - p^s|}, \quad p^s = \sum_{i=1}^{l} p_i^s$$

auf die korrespondierenden Differenzvektoren

$$q_i = \frac{p_i^m - p^m}{|p_i^m - p^m|}, \quad p^m = \sum_{i=1}^{l} p_i^m$$

abzubilden.

Zur Ermittlung der Translation bei bekannter Rotation beträgt die minimale Anzahl korrespondierender Merkmalspaare eins, falls es sich um Punkte handelt. Im Fall von Geraden bzw. Ebenen sind zwei bzw. drei einander zugeordnete merkmale nötig. Anstelle von Merkmalen des gleichen Typs kann auch eine Menge von Merkmalspaaren unterschiedlicher Typen verwendet werden. Im folgenden werden wir auf zwei Methoden zur Rotationsbestimmung aus [GLP84] und [FH86] eingehen. Ferner wird auch ein Verfahren aus [FJ91a] zur Ermittlung von Translationen vorgestellt.

Rotationsbestimmung mittels Vektoroperationen

Betrachten wir zwei Paare korrespondierender orientierungsbestimmender Merkmale $(\boldsymbol{n}_i^s, \boldsymbol{n}_i^m)$ und $(\boldsymbol{n}_j^s, \boldsymbol{n}_j^m)$. Da der Winkel zwischen der Rotationsachse $\boldsymbol{r}_{ij}$ und einem Vektor nach einer Rotation unverändert bleibt, gilt

$$\boldsymbol{r}_{ij} \cdot \boldsymbol{n}_i^m = \boldsymbol{r}_{ij} \cdot \boldsymbol{n}_i^s$$

oder äquivalent

$$\boldsymbol{r}_{ij} \cdot (\boldsymbol{n}_i^m - \boldsymbol{n}_i^s) = 0.$$

D.h. der Vektor $\boldsymbol{r}_{ij}$ steht senkrecht zu $\boldsymbol{n}_i^m - \boldsymbol{n}_i^s$. Analog gilt

$$\boldsymbol{r}_{ij} \cdot (\boldsymbol{n}_j^m - \boldsymbol{n}_j^s) = 0.$$

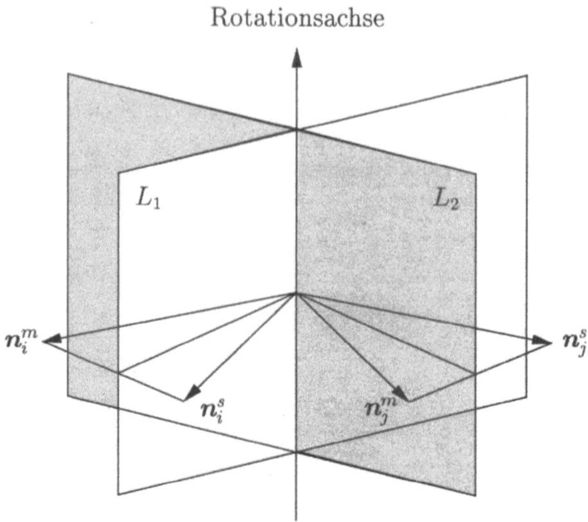

Abbildung 8.21: Bestimmung der Rotationsachse.

Somit steht r_{ij} gleichzeitig auch senkrecht zu $n_j^m - n_j^s$. Daraus folgt

$$r_{ij} = \frac{(n_i^m - n_i^s) \times (n_j^m - n_j^s)}{|(n_i^m - n_i^s) \times (n_j^m - n_j^s)|}.$$

Diese Technik zur Bestimmung der Rotationsachse ist dann nicht anwendbar, wenn einer der beiden Differenzvektoren $n_i^m - n_i^s$ und $n_j^m - n_j^s$ zum Nullvektor wird oder die beiden parallel sind. In der Praxis treten diese Fälle jedoch selten auf. In Abb. 8.21 wird die Berechnung der Rotationsachse geometrisch illustriert. Bei einer Rotation, die n_i^m in Übereinstimmung mit n_i^s bringt, muß die Rotationsachse in einer Ebene L_1 liegen, die durch den Mittelpunkt des Geradenstücks $n_i^m n_i^s$ verläuft und senkrecht zu $n_i^m n_i^s$ steht. Ähnlich legt das Paar (n_j^s, n_j^m) eine zweite Ebene L_2 fest. Aus dem Schnitt der beiden Ebenen ergibt sich dann die Rotationsachse.

Bei nun bekannter Rotationsachse r gehen wir zur Ermittlung des Rotationswinkels θ vom Paar (n_i^s, n_i^m) aus. Sei v die um θ rotierte Version des Vektors u bezüglich der Achse r. Dann gilt die Beziehung

$$v = \cos\theta u + (1 - \cos\theta)(r \cdot u)r + \sin\theta(r \times u), \qquad (8.2)$$

siehe beispielsweise [KK68, S.473]. Setzen wir das Paar (n_i^s, n_i^m) ein, so erhalten wir unter Verwendung der Gleichung $r \cdot n_i^m = r \cdot n_i^s$

$$\sin\theta = \frac{(r \times n_i^m) \cdot n_i^s}{1 - (r \cdot n_i^s)(r \cdot n_i^m)},$$

$$\cos\theta \;=\; \frac{\boldsymbol{n}_i^m \cdot \boldsymbol{n}_i^s - (\boldsymbol{r}\cdot\boldsymbol{n}_i^s)(\boldsymbol{r}\cdot\boldsymbol{n}_i^m)}{1-(\boldsymbol{r}\cdot\boldsymbol{n}_i^s)(\boldsymbol{r}\cdot\boldsymbol{n}_i^m)}.$$

Falls mehr als zwei Paare korrespondierender Merkmale vorhanden sind, kann für alle anwendbaren Kombinationen zweier Merkmalspaare die Rotationsachse bestimmt und anschließend der Mittelwert berechnet werden. Analog erfolgt die Berechnung des Rotationswinkels. Statt einer Mittelung kann auch eine Optimierungsstrategie [Fan90] angewendet werden. Hierbei wird für alle Kombinationen zweier Merkmalspaare die entsprechende Rotationsachse als Kandidat der endgültigen Rotationsachse bestimmt. Für jeden Kandidaten $\boldsymbol{r}_{ij}$ wird die Summe der Winkel zwischen $\boldsymbol{r}_{ij}$ und den restlichen Kandidaten gebildet und derjenige Kandidat mit der kleinsten Summe ausgewählt. Sei $R_\theta(\boldsymbol{n}_i^m)$ die um einen Winkel θ rotierte Version des Merkmals $\boldsymbol{n}_i^m$ bezüglich der vorab berechneten Rotationsachse. Bezeichnen wir mit $\Theta(\boldsymbol{u},\boldsymbol{v})$ den Winkel zwischen zwei Vektoren $\boldsymbol{u}$ und $\boldsymbol{v}$, so kann der optimale Rotationswinkel aus der Minimierung der Winkelsumme

$$E_\theta \;=\; \frac{1}{k}\sum_{i=1}^{k}\Theta(R_\theta(\boldsymbol{n}_i^m),\boldsymbol{n}_i^s)$$

bestimmt werden.

Nachdem sowohl die Rotationsachse $\boldsymbol{r}=(r_x,r_y,r_z)$ als auch der Rotationswinkel θ berechnet wurden, ergibt sich die entsprechende Rotationsmatrix aus

$$R \;=\; \cos\theta\begin{bmatrix}1&0&0\\0&1&0\\0&0&1\end{bmatrix} + (1-\cos\theta)\begin{bmatrix}r_x^2&r_xr_y&r_xr_z\\r_yr_x&r_y^2&r_yr_z\\r_zr_x&r_zr_y&r_z^2\end{bmatrix}$$
$$+\sin\theta\begin{bmatrix}0&-r_z&r_y\\r_z&0&-r_x\\-r_y&r_x&0\end{bmatrix}.$$

Dies stellt die Beziehung (8.2) in Matrixform dar.

Beispiel 8.8 Wir betrachten die Transformation vom Modell in die Szene für das Objekt in der Mitte der in Abb. 8.22 dargestellten segmentierten Szene. Dort sind auch die Repräsentationen der Flächen in der Szene sowie im Modell aufgelistet. Aus der Zuordnung $\{(S_1,M_1),(S_2,M_2)\}$ resultiert eine Rotation mit

$$\boldsymbol{r} \;=\; (0.391,0.430,0.814),\quad \theta \;=\; -2.259 \text{ (Radiant)}$$

oder in Matrixform

$$R \;=\; \begin{bmatrix}-0.386 & 0.903 & 0.188\\-0.354 & -0.333 & 0.874\\0.852 & 0.271 & 0.448\end{bmatrix}.$$

Ziehen wir alle sieben korrespondierenden Ebenenpaare in Betracht, erhalten wir eine Rotation mit

$$\boldsymbol{r} \;=\; (0.387,0.453,0.803),\quad \theta \;=\; -2.303 \text{ (Radiant)}$$

$$
\begin{array}{ll}
S_1: & 0.4196x + 1.9513y + z - 230.0682 = 0 \\
S_2: & -0.4859x - 0.3829y + z - 158.7718 = 0 \\
S_3: & 2.4818x - 0.9862y + z - 244.8089 = 0 \\
S_4: & 0.4506x + 1.9215y + z - 185.8909 = 0 \\
S_5: & -0.0776x + 0.6702y + z - 149.6128 = 0 \\
S_6: & 2.4289x - 0.9549y + z - 301.9318 = 0 \\
S_7: & -0.4805x - 0.3899y + z - 196.4674 = 0
\end{array}
\qquad
\begin{array}{ll}
M_1: & z - 80 = 0 \\
M_2: & x - 30 = 0 \\
M_3: & y - 20 = 0 \\
M_4: & z - 60 = 0 \\
M_5: & 2x + 3z - 180 = 0 \\
M_6: & y - 40 = 0 \\
M_7: & x - 60 = 0
\end{array}
$$

Abbildung 8.22: Illustration der Bestimmung der Transformation vom Modell in die Szene. Oben wird eine segmentierte Szene dargestellt, während unten die Flächenrepräsentationen für die Szene und das entsprechende Modell zu sehen sind.

oder äquivalent

$$
R = \begin{bmatrix}
-0.419 & 0.890 & 0.181 \\
-0.305 & -0.326 & 0.895 \\
0.855 & 0.320 & 0.408
\end{bmatrix}.
$$

Eine grafische Darstellung dieser Rotationen wird in Abschnitt 8.5.2 nach der Bestimmung der Translation gezeigt. $\square$

Addition	$q_1 + q_2 = (v_1 + v_2, s_1 + s_2)$
Multiplikation	$q_1 \star q_2 = (s_1 v_2 + s_2 v_1 + v_1 \times v_2, s_1 s_2 - v_1 v_2)$
Konjugierte	$\bar{q} = (-v, s)$
Betrag	$|q|^2 = |v|^2 + s^2$
Inverse	$q^{-1} = \bar{q}/|q|$

Tabelle 8.2: Operationen auf Quaternionen.

Rotationsbestimmung mittels Quaternionen

Die Rotationsbestimmung kann auch als eine Optimierungsaufgabe formuliert werden. Hierbei gilt es, eine Rotationsmatrix R zu finden, so daß die Fehlernorm

$$E = \sum_{i=1}^{k} |n_i^s - R n_i^m|^2 \tag{8.3}$$

minimiert wird. Aufgrund ihrer mathematisch leichten Handhabbarkeit wird zur Repräsentation von Rotationen häufig von Quaternionen [Ham69, PW83] Gebrauch gemacht. Im folgenden soll dieser Formalismus dazu verwendet werden, die Fehlernorm (8.3) in eine für das Lösen der Optimierungsaufgabe günstige Form zu bringen.

Ein Quaternion $q = (v, s)$ besteht aus einer skalaren reellen Zahl s und einem dreidimensionalen reellen Vektor v. Die wichtigsten Operationen auf Quaternionen sind in Tabelle 8.2 aufgelistet. Skalare und Vektoren können leicht in die Schreibweise von Quaternionen umgewandelt werden, indem die fehlenden Komponenten auf null gesetzt werden. Auf diese Weise sind Skalare und Vektoren in die Algebra der Quaternionen eingebettet. Zur Vereinfachung der Notation wird deshalb immer

$$s \equiv (0, 0, 0, s), \quad v \equiv (v, 0)$$

angenommen. Im Zusamenhang mit der Repräsentation von Rotationen sind diejenigen Quaternionen q mit $|q| = 1$ von besonderem Interesse. Diese lassen sich nämlich eindeutig einer Rotation zuordnen. In der Sprache der Quaternionen kann eine Rotation R um die Achse r mit dem Winkel θ durch

$$q = (\sin \frac{\theta}{2} r, \ \cos \frac{\theta}{2})$$

repräsentiert werden[2]. Es läßt sich nun zeigen, daß

$$R v = q \star v \star q^{-1}$$

---

[2]Es existieren noch andere Repräsentationsformen mittels Quaternionen, siehe dazu beispielsweise [Hor86].

für beliebige Vektoren v gilt. Somit kann eine Rotation sowohl mittels einer Matrixmultiplikation als auch mittels zweier Quaternionenmultiplikationen berechnet werden.

In der Sprache der Quaternionen drückt sich die Fehlernorm (8.3) nun in

$$E = \sum_{i=1}^{k} |n_i^s - q \star n_i^m \star q^{-1}|^2$$

unter der Bedingung $|q| = 1$ aus. Diese Bedingung kann dazu benutzt werden, E zu vereinfachen:

$$\begin{aligned}
E &= \sum_{i=1}^{k} |n_i^s - q \star n_i^m \star q^{-1}|^2 \cdot |q|^2 \\
&= \sum_{i=1}^{k} |n_i^s \star q - q \star n_i^m \star q^{-1} \star q|^2 \\
&= \sum_{i=1}^{k} |n_i^s \star q - q \star n_i^m|^2
\end{aligned}$$

Hierbei wird von den Eigenschaften

$$|q_1| \cdot |q_2| = |q_1 \star q_2|, \quad q^{-1} \star q = 1, \quad q \star 1 = q$$

Gebrauch gemacht. Da der Term $n_i^s \star q - q \star n_i^m$ linear in den Elementen von q ist, existiert eine 4×4 Matrix A mit $qA = n_i^s \star q - q \star n_i^m$. Somit vereinfacht sich die Fehlernorm E zu

$$E = \sum_{i=1}^{k} |qA|^2 = \sum_{i=1}^{k} qAA^t q^t = q \underbrace{\left(\sum_{i=1}^{k} AA^t \right)}_{B} q^t.$$

Diese quadratische Form wird genau dann minimal, wenn q der Eigenvektor zum kleinsten Eigenwert der Matrix B ist (siehe Abschnitt 6.3.3 für eine Herleitung).

Ist $q = (v_1, v_2, v_3, s)$ das normalisierte Lösungsquaternion, so lautet die entsprechende Rotationsmatrix schließlich

$$R = \begin{bmatrix} s^2 + v_1^2 - v_2^2 - v_3^2 & 2(v_1 v_2 - s v_3) & 2(s v_2 + v_1 v_3) \\ 2(s v_3 + v_1 v_2) & s^2 - v_1^2 + v_2^2 - v_3^2 & 2(v_2 v_3 - s v_1) \\ 2(v_1 v_3 - s v_2) & 2(s v_1 + v_2 v_3) & s^2 - v_1^2 - v_2^2 + v_3^2 \end{bmatrix}.$$

Beispiel 8.9 Diese Methode der Rotationsbestimmung soll ebenfalls am Beispiel des Objektes in der Mitte der in Abb. 8.22 dargestellten segmentierten Szene veranschaulicht werden. Bei der Zuordnung $\{(S_1, M_1), (S_2, M_2)\}$ lautet das optimale Quaternion

$$q = (-0.350, -0.397, -0.742, 0.412).$$

Daraus ergibt sich die Rotationsmatrix

$$R = \begin{bmatrix} -0.415 & 0.889 & 0.192 \\ -0.334 & -0.345 & 0.877 \\ 0.846 & 0.300 & 0.440 \end{bmatrix}.$$

Ziehen wir alle sieben korrespondierenden Ebenenpaare in Betracht, erhalten wir diesmal eine Rotation mit

$$q = (-0.346, -0.402, -0.745, 0.404)$$

oder in Matrixform

$$R = \begin{bmatrix} -0.435 & 0.880 & 0.190 \\ -0.324 & -0.350 & 0.879 \\ 0.840 & 0.321 & 0.437 \end{bmatrix}.$$

Eine grafische Darstellung dieser Rotationen wird in Abschnitt 8.5.2 nach der Bestimmung der Translation gezeigt. $\square$

Im Vergleich zur Methode der Rotationsbestimmung mittels Matrixoperationen zeichnet sich dieses Verfahren dadurch aus, daß beim Vorliegen von $k > 2$ Merkmalspaaren hier die Mittelung auf eine mathematisch rigorose Art und Weise erfolgt. Daher können im allgemeinen genauere Ergebnisse erwartet werden. Dies wurde beispielsweise durch die Arbeit [MC88] bestätigt.

Translationsbestimmung

Merkmale aller drei Typen, d.h. Ebenen, gerichtete Geraden und Punkte, können zur Ermittlung der Objektlage herangezogen werden. Je nach Typ wirken sie jedoch unterschiedlich einschränkend auf die Objektlage. Während gerichtete Geraden und Ebenen eine bzw. zwei Translationskomponenten unbestimmt lassen, reicht bei gegebener Rotation im Prinzip ein einziges korrespondierendes Punktepaar aus, um die Translation vom Modell in die Szene festzulegen. Aufgrund von Bildstörungen und Ungenauigkeiten bei der Merkmalsdetektion werden in der Praxis jedoch – wo immer möglich – mehr Merkmale als das theoretische Minimum verwendet. Im folgenden gehen wir von einer Mischmenge korrespondierender Merkmalspaare mit j Punkten, k Ebenen und l gerichteten Geraden je aus der Szene und dem Modell aus. Hierbei sind die Merkmale des Modells bereits der vorab bestimmten Rotation unterzogen worden. Jedes der Merkmalspaare schränkt die Objektlage ein, was sich in Form von Gleichungen manifestiert. Aus dem überbestimmten Gleichungssystem wird dann die optimale Objektlage im Sinne der kleinsten Quadrate ermittelt.

Seien $p^m = (x^m, y^m, z^m)$ und $p^s = (x^s, y^s, z^s)$ ein korrespondierendes Punktepaar. Bezüglich der Translation $(\Delta x, \Delta y, \Delta z)$ definiert dieses Merkmalspaar

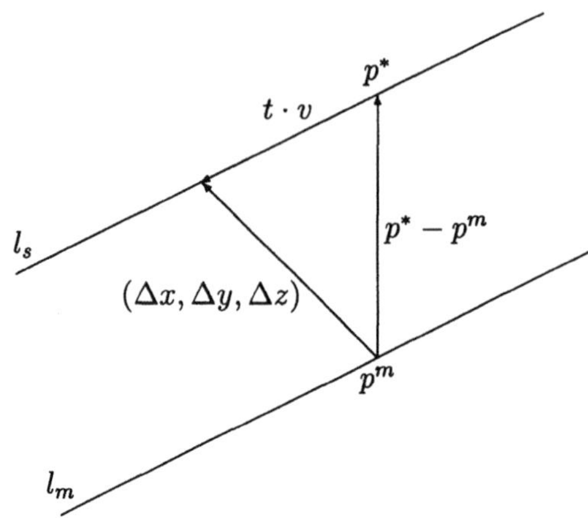

Abbildung 8.23: Translationsbestimmung bei einem Paar gerichteter Geraden.

drei Bedingungen

$$x^s = x^m + \Delta x$$
$$y^s = y^m + \Delta y$$
$$z^s = z^m + \Delta z$$

Bei einem korrespondierenden Paar von Ebenen kann davon ausgegangen werden, daß die beiden Ebenen denselben Normalenvektor (a, b, c) besitzen. Seien

$$ax + by + cz + d^m = 0$$

und

$$ax + by + cz + d^s = 0$$

die Gleichung der Szenen- bzw. der Modellebene des Merkmalspaars. Eine Verschiebung um $(\Delta x, \Delta y, \Delta z)$ bringt die Modellebene in die Position

$$a(x - \Delta x) + b(y - \Delta y) + c(z - \Delta z) + d^m = 0.$$

Daß diese nun mit der Ebene aus der Szene übereinstimmen soll, ist mit der Bedingung

$$a\Delta x + b\Delta y + c\Delta z + (d^s - d^m) = 0$$

verbunden.

Es bleiben nur noch die Bedingungen bei einem korrespondierenden Paar gerichteter Geraden zu formulieren. Seien die beiden Geraden durch denselben Richtungsvektor $v = (v_x, v_y, v_z)$ und einen Punkt $p^s = (x^s, y^s, z^s)$ bzw. $p^m =$

(x^m, y^m, z^m) auf der jeweiligen Geraden beschrieben. Die Translation vom Modell in die Szene läßt sich in zwei Teilschritten

$$(\Delta x, \Delta y, \Delta z) \;=\; (\Delta x_\perp, \Delta y_\perp, \Delta z_\perp) + (\Delta x_\parallel, \Delta y_\parallel, \Delta z_\parallel)$$

bewerkstelligen. Bei der ersten Translation $(\Delta x_\perp, \Delta y_\perp, \Delta z_\perp)$ geht es darum, die beiden Geraden in Übereinstimmung zu bringen. Anschließend wird die Modellgerade l_m in der neuen Position noch in der Richtung v verschoben. Das aktuelle Merkmalspaar stellt keinerlei Bedingungen an diese Verschiebung. Statt dessen wird sie von anderen Merkmalspaaren bestimmt. Mittels einer Hilfsvariablen t kann diese zweite Translation mit

$$(\Delta x_\parallel, \Delta y_\parallel, \Delta z_\parallel) \;=\; t \cdot (v_x, v_y, v_z)$$

ausgedrückt werden. Die Translation $(\Delta x_\perp, \Delta y_\perp, \Delta z_\perp)$ kann dadurch erreicht werden, einen beliebigen Punkt $p^* = (x^*, y^*, z^*)$ auf der Szenengeraden l_s zu wählen und p^m zu p^* zu verschieben (siehe Abb. 8.23). Auf diese Weise entstehen die Bedingungen

$$(\Delta x, \Delta y, \Delta z) \;=\; p^* - p^m + t \cdot (v_x, v_y, v_z)$$

oder

$$\begin{aligned}
\Delta x - v_x t &= x^* - x^m \\
\Delta y - v_y t &= y^* - y^m \\
\Delta z - v_z t &= z^* - z^m
\end{aligned}$$

Am einfachsten kann der Punkt p^s als p^* gewählt werden. Eine weitere Variante stellt der Punkt auf der Szenengeraden mit dem kleinsten Abstand zu p^m:

$$p^s - ((p^s - p^m) \cdot v)v$$

dar [FJ91a, FJ94].

Aus der Mischmenge korrespondierender Merkmalspaare mit j Punkten, k Ebenen und l gerichteten Geraden resultieren insgesamt $3j + k + 3l$ Gleichungen mit $3 + l$ Unbekannten $\Delta x, \Delta y, \Delta z, t_1, \cdots, t_l$. Man beachte, daß jedes Paar gerichteter Geraden eine eigene Hilfsvariable t_i benötigt. Liegen ausreichend viele Merkmalspaare vor, kann dieses überbestimmte Gleichungssystem mit der Methode der kleinsten Quadrate gelöst werden.

Beispiel 8.10 Das Beispiel in Abb. 8.22 soll nun durch die Bestimmung der Translation vervollständigt werden. Hierbei verwenden wir alle sieben korrespondierenden Ebenenpaare. Das daraus entstandene Gleichungssystem liefert den Translationsvektor

$$(\Delta x, \Delta y, \Delta z) \;=\; (14.604, -37.265, 116.976).$$

Abbildung 8.24: Transformationsbestimmung: Berechnung der Rotation mittels Vektoroperationen mit 2 (oben links) bzw. 7 (oben rechts) Ebenenpaaren; Berechnung der Rotation mittels Quaternionen mit 2 (unten links) bzw. 7 (unten rechts) Ebenenpaaren.

Zur visuellen Beurteilung der berechneten Transformation transformieren wir zuerst das Modell in die Szene. Anschließend wird das transformierte Objekt mithilfe der bekannten Sensorgeometrie (siehe dazu Anhang B) in die Bildebene projiziert und dem Grauwertbild der Szene überlagert dargestellt. Auf diese Weise wird die gesamte Transformation bestehend aus der soeben berechneten Translation und einer der vier in den vorigen Abschnitten bestimmten Rotationen in Abb. 8.24 gezeigt. Hier ist es gut ersichtlich, daß bei beiden Methoden der Rotationsbestimmung $k > 2$ korrespondierende Ebenenpaare bessere Ergebnisse liefern als die Mindestzahl von 2 Ebenenpaaren. $\square$

8.5.3 Kombinierte Bestimmung von Rotation und Translation

Zum Schluß dieses Abschnitts über Transformationsbestimmung soll noch kurz auf ein Verfahren aus [WSV91] eingegangen werden, das die Bestimmung von Rotation und Translation in einem einzigen Schritt bewerkstelligt. Dazu wird die Repräsentationsform von Rotationen mittels Quaternionen zum sog. Dualquaternion

$$\hat{q} = u + \varepsilon w$$

erweitert, wobei u und w zwei gewöhnliche Quaternionen sind. Bei ε handelt es sich um ein Spezialzeichen mit der Eigenschaft $\varepsilon^2 = 0$. Ein weiterer Unterschied besteht darin, die Transformation vom Modell in die Szene statt mithilfe eines Tripels (r, θ, t) mit Rotationsachse r, Rotationswinkel θ und Translation t nun durch ein 4-Tupel (r, p, d, θ) zu beschreiben. Dieses 4-Tupel wird wie folgt interpretiert: Zuerst wird das Koordinatensystem auf dem Modell in der Richtung r um eine Distanz von d verschoben. Es folgt eine Rotation mit dem Winkel θ um eine Achse, welche die Richtung r hat und durch den Punkt p verläuft. Es soll angemerkt werden, daß diese Repräsentationsform nicht eindeutig ist und zur Beschreibung einer gegebenen Transformation mehrere derartige Repräsentationen existieren. Bei dieser Parameterwahl zur Darstellung von Transformationen läßt sich das entsprechende Dualquaternion durch

$$u = \begin{bmatrix} \sin\dfrac{\theta}{2}\, r \\[2ex] \cos\dfrac{\theta}{2} \end{bmatrix}, \quad w = \begin{bmatrix} \dfrac{d}{2}\cos\dfrac{\theta}{2}\, r + \sin\dfrac{\theta}{2}(p \times r) \\[2ex] -\dfrac{d}{2}\sin\dfrac{\theta}{2} \end{bmatrix}$$

definieren[3].

Die Umrechnung eines Dualquaternions in eine Rotations- und Translationsmatrix geschieht folgendermaßen: Bezeichnen wir die Elemente eines Quaternions q mit (q_1, q_2, q_3, q_4) und den Vektorteil von q mit $q_v = (q_1, q_2, q_3)$, so entspricht

---

[3]Im Gegensatz zu Abschnitt 8.5.2 werden hier in Anlehnung an [WSV91] Spaltenvektoren verwendet.

ein Dualquaternion $u + \varepsilon w$ einer Transformation bestehend aus einer Rotation R

$$\begin{bmatrix} R & 0 \\ 0^t & 1 \end{bmatrix} = M_-^t(u)M_+(u) \tag{8.4}$$

und einer Translation T

$$\begin{bmatrix} T \\ 0 \end{bmatrix} = 2M_-^t(u)w, \tag{8.5}$$

wobei die beiden Matrizen $M_\pm$ die Form

$$M_\pm(u) = \begin{bmatrix} u_4 I_3 \pm M_0(u_v) & u_v \\ -u_v^t & u_4 \end{bmatrix}, \quad M_0(u_v) = \begin{bmatrix} 0 & -u_3 & u_2 \\ u_3 & 0 & -u_1 \\ -u_2 & u_1 & 0 \end{bmatrix}$$

haben.

Bei der Bestimmung der Transformation vom Modell in die Szene wird von k Paaren orientierungsbestimmender Merkmale $(\boldsymbol{n}_i^s, \boldsymbol{n}_i^m)$ und l Paaren positionsbestimmender Merkmale (p_i^s, p_i^m) ausgegangen. Eine durch das Dualquaternion $u + \varepsilon w$ repräsentierte Transformation bringt das Modellmerkmal $\boldsymbol{n}_i^m$ in die Orientierung

$$\boldsymbol{n}_i = M_-^t(u)M_+(u)\boldsymbol{n}_i^m$$

und das Modellmerkmal p_i^m in die Position

$$p_i = 2M_-^t(u)w + M_-^t(u)M_+(u)p_i^m.$$

Analog zu Abschnitt 8.5.2 setzt man auch hier einen dreidimensionalen Vektor einem Quaternion gleich, bei dem die fehlende Komponente zu null definiert wird. Der mit dieser Transformation verbundene Gesamtfehler lautet dann

$$E = \sum_{i=1}^{k} \alpha_i(\boldsymbol{n}_i - \boldsymbol{n}_i^s)^2 + \sum_{i=1}^{l} \beta_i(p_i - p_i^s)^2.$$

Nun gilt es, ein Dualquaternion zu finden, so daß die Fehlerfunktion E minimiert wird. Hierbei wird mit den Koeffizienten α_i und β_i die Möglichkeit gegeben, den Einfluß der einzelnen Fehlerterme gemäß der Zuverlässigkeit des jeweiligen Merkmals individuell zu steuern.

Das optimale Dualquaternion läßt sich aus folgenden Schritten berechnen (siehe [WSV91] für die Herleitung):

1. Berechne die Matrizen

$$C_1 = -2\sum_{i=1}^{k} \alpha_i M_+^t(\boldsymbol{n}_i^s)M_-(\boldsymbol{n}_i^m) - 2\sum_{i=1}^{l} \beta_i M_+^t(p_i^s/2)M_-(p_i^m/2),$$

$$C_2 = (\sum_{i=1}^{l} \beta_i)I_4,$$

$$C_3 = 2\sum_{i=1}^{l} \beta_i(M_-(p_i^m/2) - M_+(p_i^s/2)).$$

Abbildung 8.25: Transformationsbestimmung mittels Dualquaternionen mit 3 (links) bzw. 7 (rechts) Ebenenpaaren.

2. Berechne die 4×4 symmetrische Matrix

$$A = \frac{1}{2}(C_3^t(C_2 + C_2^t)^{-1}C_3 - C_1 - C_1^t).$$

3. Der Vektor u des optimalen Dualquaternions $u + \varepsilon w$ entspricht dem zum größten Eigenwert von A gehörigen Eigenvektor.

4. Der Vektor w ergibt sich aus

$$w = -(C_2 + C_2^t)^{-1}C_3 u.$$

Nachdem das optimale Dualquaternion berechnet wurde, kann die Transformation vom Modell in die Szene aus (8.4) und (8.5) bestimmt werden.

Beispiel 8.11 Wir betrachten wiederum die Beispielszene in Abb. 8.22. Zur Positionsbestimmung sollen nun die Ecken des polyedrischen Objektes dienen. Für die Szene werden diese durch Schneidung dreier Flächen berechnet. Verwenden wir nur die ersten drei Flächen in der Szene, so ergibt sich

$$R = \begin{bmatrix} -0.438 & 0.880 & 0.184 \\ -0.325 & -0.346 & 0.880 \\ 0.838 & 0.325 & 0.437 \end{bmatrix}, \quad T = (13.430, -35.872, 114.831).$$

Kommen hingegen alle sieben Flächen zum Einsatz, lautet die Transformation

$$R = \begin{bmatrix} -0.436 & 0.881 & 0.186 \\ -0.318 & -0.344 & 0.883 \\ 0.842 & 0.326 & 0.430 \end{bmatrix}, \quad T = (13.663, -37.372, 115.183).$$

In beiden Fällen wurden die Koeffizienten α_i und β_i auf eins gesetzt. Abb. 8.25 zeigt eine grafische Darstellung dieser beiden Transformationen. Im Vergleich zu den Ergebnissen bei der getrennten Bestimmung der Transformation in Abb. 8.24 ist das Ergebnis mittels der Methode der Dualquaternionen – für diese Beispielszene jedenfalls – besser, was auf die gekoppelte Optimierung der Rotation und Translation in einem einzigen Schritt zurückzuführen sein könnte. □

8.6 Indexierung

In der bisherigen Behandlung der Objekterkennung sind wir von einem einzigen Modellobjekt ausgegangen. Es soll jetzt das Vorgehen bei einer mehrere Objekte umfassenden Modelldatenbank diskutiert werden. Mit zunehmender Größe der Modelldatenbank erhöht sich die Gefahr unnötiger Suche, die dadurch entsteht, daß eine Zuordnungsanalyse mit einem in der Szene nicht vorhandenen Objekt versucht wird. In solchen Fällen ist der Suchaufwand unglücklicherweise noch besonders groß. Die Tatsache, daß keine konsistente Zuordnung existiert, ist nämlich erst nach einer Traversierung des gesamten Suchraums feststellbar. Die Möglichkeit, die Suche etwa mittels houristischer Terminierung vorzeitig zu beenden, besteht hier nicht. Diese Effizienzüberlegung spricht eindeutig gegen das naheliegende Vorgehen, alle Modelle sequentiell zu behandeln. Statt dessen ist es sinnvoll, vor der Zuordnungsanalyse einen Indexierungsschritt einzuleiten, der das Ziel hat, nicht in Frage kommende Objektmodelle vorzeitig zu erkennen und von der eigentlichen Erkennung auszuschließen. Vor allem bei einer großen Modelldatenbank ist eine solche Reduktion wichtig.

Dem Thema Indexierung wird in der Literatur relativ wenig Aufmerksamkeit geschenkt. Experimentelle Objekterkennungssysteme gehen kaum über eine Handvoll Objekte hinaus. Daher wurde die Indexierung – wenn überhaupt – nur als ein Randthema behandelt. Einige Beispiele sind [Fis89, FJ91a, Gri90b, KK91]. Zur Indexierung werden i.a. einfache Regeln verwendet. In [FJ91a] beispielsweise werden dafür gewisse Attribute der Szenenmerkmale untersucht. Bei gekrümmten Flächen (zylindrisch und sphärisch) sind dies der Typ und der Radius. Es werden auch Winkel zwischen zwei benachbarten Szenenflächen in Betracht gezogen. Ein Modell scheidet aus, wenn es nicht mindestens eins der Attribute aufweist. Noch strengere Regeln verwenden Kim und Kak in ihrer Arbeit [KK91], wobei sie gestützt auf eine vorgeschaltete Szenenaufteilung (siehe Abschnitt 8.1) davon ausgehen, daß eine Teilszene nur ein einziges Objekt enthält. So wird gefordert, daß die Teilszene weniger Flächen hat als das Modell. Ebenso kann diese Forderung an die Flächen desselben Typs gestellt werden. Im Gegensatz zu den ersten beiden Regeln sind diese und weitere Indexierungsmethoden aus [KK91] sehr streng ausgelegt und laufen gerade im Hinblick auf mögliche Übersegmentierungen Gefahr, gültige Modelle irrtümlicherweise auszuschließen.

Analog zur Reihenfolge der Merkmale während der Zuordnungsanalyse hat die Reihenfolge der Modelle ebenfalls einen wichtigen Einfluß auf die Effizienz der Objekterkennung. Wird das Modell eines in der Szene vorhandenen Objektes bereits zu Beginn aktiviert, so können wir nach der erfolgreichen Erkennung dieses Objektes die Suche sofort abbrechen. Andere Modelle werden ignoriert und gelangen ggf. erst in einem neuen Anlauf zum Einsatz, nachdem die zum erkannten Objekt zugehörigen Szenenmerkmale aus der Szenenbeschreibung entfernt wurden. Eine nützliche Rangliste der Modelle liefert die folgende Akkumulationstechnik. Hierbei bekommt jedes Modell einen Zähler. Besteht die Möglichkeit, ein Szenenmerkmal einem Modell zuzuordnen, d.h. enthält es mindestens ein Merkmal, das aufgrund der unären Konsistenzbedingungen mit dem Szenenmerkmal kompatibel ist, so wird dessen Zähler um eins erhöht. Nachdem alle Szenenmerkmale auf diese Weise untersucht wurden, können die Modelle mithilfe ihrer Zähler sortiert werden. Objekte in den vorderen Rängen dieser Liste sind eher wahrscheinlich in der Szene zu finden. Auf der anderen Seite kann ein Zähler mit einem kleinen Wert oder gar null als Nichtvorhandensein des Objektes interpretiert werden.

8.7 Modellgenerierung

Während die Segmentierung eines Tiefenbildes völlig unabhängig vom Wissen über die in der Szene befindlichen Objekte erfolgt, ist bei der Objekterkennung genau das Gegenteil der Fall. Hierbei spielt das Modellwissen eine zentrale Rolle. Davon wird nicht nur der Zuordnungsprozeß direkt gesteuert. Die Strukturierung des Modellwissens hat auch unmittelbaren Einfluß auf die Effizienz der Objekterkennung. In den vorausgegangenen Abschnitten wurde dieses Modellwissen als gegeben vorausgesetzt. Als das letzte Glied im ganzen Gefüge der Objekterkennung soll nun der Prozeß der Modellgenerierung genauer diskutiert werden.

Die Modellgenerierung findet vor der Objekterkennung in einer off-line Phase statt und verfolgt das Ziel, die vom Erkennungsprozeß benötigten Informationen zusammenzutragen und in einer Form abzulegen, so daß eine effiziente Gestaltung der Objekterkennung möglich wird. Abgesehen von seltenen Fällen, wo sehr einfache Objekte verwendet werden, kommt eine manuelle Aufbereitung der Modelle kaum in Frage. Im Laufe der Zeit hat sich vielmehr der auf CAD-Modellen basierende Ansatz etabliert [BC87, FJ91b, GGJB89]. Hierbei steht die Überlegung im Mittelpunkt, daß das CAD-Modell alle Informationen über ein Objekt enthält. In der heutigen Zeit des computergestützten Vorgehens vom Entwurf bis zur Produktion industrieller Teile stehen CAD-Modelle der zu erkennenden Objekte oft ohnehin schon zur Verfügung. Diese sollen als Informationsquelle für die Generierung der Objektmodelle dienen.

Trotz der Verfügbarkeit aller Informationen über ein Objekt sind CAD-Modelle

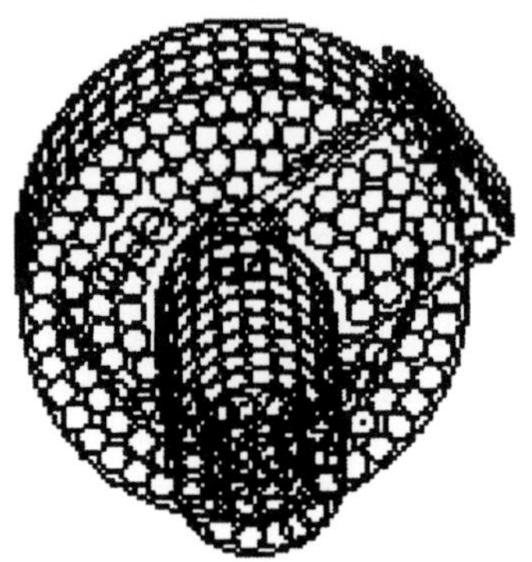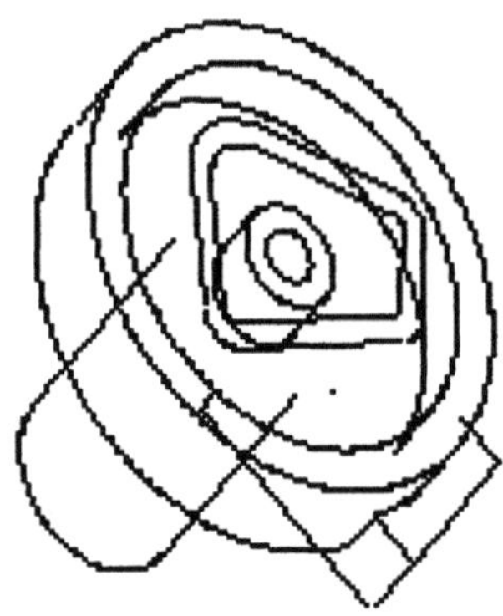

Abbildung 8.26: Polyedrische Approximation und Drahtmodell eines Objektes. Freundlicherweise überlassen von R. Horaud, LIFIA-IMAG, Grenoble, Frankreich.

generell nicht für Erkennungsaufgaben geeignet. Im Gegensatz zu einem CAD-System, bei dem der Entwurf und die Visualisierung von Objekten im Vordergrund stehen, stellt ein Objekterkennungssystem völlig andere Anforderungen an die Form und Strukturierung des Modellwissens. Im Hinblick auf die Erkennungseffizienz ist außerdem eine gewisse Redundanz in der Repräsentation der Objekte durchaus erwünscht. Bedingt durch diese Unterschiede drängt sich eine Schnittstelle auf, die ein CAD-Modell in eine für Erkennungsaufgaben geeignete Repräsentation umwandelt. Dabei gilt es zu beachten, daß sich eine derartige Schnittstelle aus Portabilitätsgründen auf ein Standardprotokoll für den Datenaustausch zwischen verschiedenen CAD-Systemen stützen soll. Als solches ist vor allem der Standard IGES zu nennen [Wil87], der von einer großen Zahl kommerzieller CAD-Systeme unterstützt wird.

Der Informationsbedarf seitens der Objekterkennung ist vielfältig. Im Mittelpunkt stehen natürlich die Merkmale und deren Attribute. Zu den Attributen gehören u.a. Eigenschaften der einzelnen Merkmale sowie Relationen zwischen den Merkmalen, die von den in Abschnitt 8.2 diskutierten unären und binären Konsistenztests benötigt werden. Besonders interessant sind hierbei Attribute, die von den jeweiligen Betrachtungsrichtungen unabhängig sind. Dazu zählen beispielsweise der maximale sichtbare Flächeninhalt einer Fläche und die gleichzeitige Sichtbarkeit zweier Flächen. Die Gesamtheit aller möglichen Betrachtungsrichtungen entspricht einer Einheitskugel. Analog zur Merkmalskugel in Abschnitt 8.4.3 können wir auch hier eine Parzellierung der Einheitskugel verwenden. Im Fall des Ikosaeders mit einer geodätischen Teilung der Frequenz 4 verfügen wir über 320 diskrete Betrachtungsrichtungen, dargestellt durch die Mittelpunkte der jeweiligen Zellen. Eine Analyse des Objektes aus all diesen Richtungen liefert dann die benötigten Attribute. Bei der Implementierung eines derartigen Verfahrens braucht man die genaue Geometrie der regulären Polyeder, dazu siehe [Bli87]. Neben der Extraktion der Merkmale samt Attributen stellt auch die Organisation der Merkmale einen zentralen Aspekt der Modellgenerierung dar. Ein gutes Beispiel dafür ist die Merkmalskugel in Abschnitt 8.4.3. Dort hat diese spezielle Form der Merkmalsrepräsentation die effiziente Zuordnungsausdehnung erst ermöglicht. Da dieser Aspekt stark von den verwendeten Merkmalen sowie Verfahren abhängt, können an dieser Stelle aber keine allgemeinen Empfehlungen gegeben werden.

Nützlich für die Erkennung sind auch Informationen über Symmetrien eines Objektes. Weist ein Objekt Rotationssymmetrien auf, so führt dies unweigerlich zu mehreren äquivalenten Zuordnungen. Das stiftet nicht nur Verwirrungen für den Erkennungsprozeß, sondern bringt auch unnötige Suche mit sich. Beides kann vermieden werden, indem Symmetrien der Objekte detektiert und in der Erkennungsphase berücksichtigt werden [JB95a]. Es hat sich gezeigt, daß Informationen über Symmetrien auch zur Reduktion des Speicherbedarfs der Modellrepräsentationen beitragen können [Fly94a]. Für einen Überblick über Algorithmen zur Detektion von Symmetrien sei hier auf [JB93] verwiesen.

Beim Verifikationsverfahren mittels Bildsynthese wird der gesamte Rechenaufwand von der Generierung des synthetischen Tiefenbildes geprägt. Für diese Aufgabe ist ein CAD-Modell nicht immer geeignet. Vor allem bei gekrümmten Objekten erlaubt nur eine polyedrische Approximation eine schnelle Bildsynthese. Abb. 8.26 zeigt eine derartige Approximation, die vom in [BH86, BH87b] beschriebenen Objekterkennungssystem verwendet wurde (vgl. Abb. 8.6 und 8.17). Auch zur Illustration von Objekthypothesen, erkannten Objekten oder sonstigen Ergebnissen wird eine geeignete Objektrepräsentation benötigt. Einfachkeitshalber wird dafür häufig ein Drahtmodell verwendet, siehe Abb. 8.26. Die Objekterkennung stützt sich auf z.T. redundante Informationen über die Modellobjekte. Diese sind in einem CAD-Modell teilweise nur implizit vorhanden. Die CAD-Schnittstelle stellt die Verbindung eines CAD-Systems zu einem Objekterkennungsystem her und macht sich somit zu einem integralen Teil eines Objekterkennungssystems.

8.8   Literaturhinweise

Eine gute Übersicht über Objekterkennung in Tiefenbildern liefern die Übersichtsartikel [AA93b, BNA89, FJ94, Jai93]. Erwähnung findet dieses Thema auch in den Übersichtsartikeln [BJ85, CD86, Sto90, SFH92], wo es um Erkennung dreidimensionaler Objekte im allgemeinen, also auch solche Methoden aus dem Bereich der Grauwertbilder, geht.

Als eines der populärsten algorithmischen Paradigmen für Objekterkennung kennt die Baumsuche eine Reihe von Variationen. Diese werden in [FJ91c] aufgelistet und diskutiert. In [Fis94] findet sich ein Vergleich von zehn derartigen Variationen mithilfe von Simulationen. Eine parallele Implementation der Baumsuche wird in [UB93] vorgestellt.

In der Literatur existieren weitere Arbeiten, die in verschiedener Hinsicht über die im vorliegenden Kapitel behandelten Methoden hinausgehen. Die grundlegende Beobachtung bei der lokalen Fokussierung, daß bestimmte Merkmale die Suche zielsicherer lenken können, kann noch konsequenter ausgenutzt werden. Das in [AA93a] beschriebene System führt beispielsweise eine detaillierte Analyse der Modellmerkmale durch, so daß für jedes Modellobjekt eine eigene Erkennungsstrategie in Form eines Entscheidungsbaums resultiert. Dadurch kann die Objekterkennung sehr effizient gestaltet werden. Zur Effizienzsteigerung der Objekterkennung kann auch die Verwendung von nicht-geometrischen Eigenschaften der Merkmale beitragen. In Frage kommen in diesem Zusammenhang z.B. Farben oder Texturen von Flächen. Ein derartiges Objekterkennungssystem mit Ausnutzung von Farbinformationen wird in [GK94a] beschrieben. Eine spezielle Form zur Darstellung von Szenen ist die CSG-Repräsentation [LC91]. Eine Methode zur Objekterkennung unter Verwendung dieser Repräsentation findet sich in [CL94]. Im vorliegenden Kapitel wurde von exakten geometrischen Modellen der Objekte ausgegangen. Interessant sind hier Erweiterungen hin zu parametrisierten Objektmodellen und ein entsprechendes Vorgehen bei der Erkennung. Die in [JMB94, Mur87, MC88] beschriebenen Systeme erlauben eine einheitliche Skalierung der Modellobjekte. Einen Schritt weiter geht die Arbeit [VK91], wo die drei Koordinatenrichtungen unterschiedlich skaliert werden können. Das System aus [RB93] enthält sogar eine komponentenbasierte Modellierung von Objekten, so daß die Zusammensetzung der Komponenten variieren kann. Gemeinsam für all diese Erkennungssysteme ist ihre Fähigkeit, eine Klasse von Objekten anhand eines einzigen Modells zu erkennen. Ein schwieriges und kaum angegangenes Problem stellt die Erkennung von Freiform-Objekten dar. Versuche in dieser Richtung finden sich in [PA93, WI92]. Während sich ein überwiegender Teil der Forschungsarbeiten auf Objekterkennung basierend auf der Objektgeometrie konzentriert hat, wurden neuerdings auch qualitative Ansätze propagiert. Dazu zählt beispielsweise funktionenbasierte Objekterkennung, wo Objekte aufgrund ihrer Tauglichkeit zur Erfüllung einer bestimmten Funktion, z.B. als Stuhl oder Tisch, unterschieden werden. Ein derartiges System unter Verwendung von Tiefenbildern wird in [SAHB93] beschrieben.

Im vorliegenden Kapitel wurde das Problem der Objekttrennung innerhalb einer Szene als ein integraler Teil der Objekterkennung behandelt. Im Gegensatz dazu gehen einige in der Literatur vorgestellte Arbeiten von isolierten Objekten [KC89b, LD90, RT89] oder einer Segmentierung in einzelne Objekte [DV95] aus. Bezeichnend für diese Klasse von Verfahren ist die Verwendung von globalen Merkmalen der Objekte zur Erkennung, beispielsweise Momente [LD90, RT89] oder Fourier-Deskriptoren [RT89]. Weitere globale Objektrepräsentationen stellen das erweiterte Gaußsche Bild EGI (Extended Gaussian Image) [Hor86] und Verbesserungen wie CEGI (Complex EGI) [KI93] und ME-

GI (More EGI) [MI94] dar.

Bezüglich der Modellgenerierung wurde im vorliegenden Kapitel ausschließlich die Verwendung von CAD-Modellen diskutiert. Eine weitere Möglichkeit dazu bietet die automatische Gewinnung von Objektmodellen aus Tiefenbildern, die sich in den letzten Jahren zu einem sehr aktiven Forschungsthema entwickelt hat. Hierbei wird das Ziel verfolgt, aus einer Reihe von Tiefenbildern ein und desselben Objektes, aufgenommen aus verschiedenen Betrachtungsrichtungen, ein Gesamtmodell zu erzeugen. Beispiele derartiger Arbeiten sind [CM92, LYC92, SL95, SC92].

Die im vorliegenden Kapitel diskutierten Verfahren zur Objekterkennung gehen ausschließlich von dichten Tiefenbildern aus. Es existieren in der Literatur jedoch Arbeiten, die Eingangsdaten anderer Form verwenden. In [MC88, PPMF87] werden z.B. dreidimensionale Kanten aus einem Stereoverfahren herangezogen. Mit großem Erfolg werden auch vom photometrischen Stereo gewonnene Nadeldiagramme für Objekterkennung eingesetzt [CDAM92, HI84, JB90b].

Kapitel 9

Anwendungen

Zu den Anwendungen der Tiefenbildanalyse zählt sicherlich die Objekterkennung. Die Methoden, die hierfür im vorangegangenen Kapitel vorgestellt wurden, besitzen ein hohes Maß an Allgemeinheit. Das erforderliche Wissen bilden einzig die geometrischen Modelle der zu erkennenden Objekte. Es existiert jedoch eine Reihe weiterer Anwendungen der Tiefenbildanalyse, wo das Spezialwissen aus der jeweiligen Domäne eine entscheidende Rolle spielt. Dabei handelt es sich nicht nur um Wissen quantitativer Art; vielmehr gelangt in vielen Fällen auch qualitatives Wissen zum Einsatz. In diesem Kapitel sollen einige Anwendungen dieser Kategorie vorgestellt werden.

9.1 Formprüfung

Bei der Formprüfung geht es darum, ein Objekt auf Übereinstimmung mit einer bestimmten Sollform zu überprüfen. Diese Aufgabe spielt in der industriellen Qualitätskontrolle eine wichtige Rolle. Von Interesse im Rahmen des vorliegenden Buches sind hierbei allerdings nur Tests, denen eine bestimmte Objektgeometrie zugrundeliegt. Sonstige Tests zur Qualitätskontrolle wie z.B. Belastungsproben, die eine Überprüfung von Eigenschaften nicht-geometrischer Art erforderlich machen, werden also nicht berücksichtigt. Zu den Aufgaben der geometrischen Qualitätskontrolle zählen u.a.:

- Überprüfung der Existenz von Merkmalen,

- Überprüfung der Geometrie dieser Merkmale (z.B. Radius und Länge eines Zylinders),

- Überprüfung der gegenseitigen Beziehungen der Merkmale (z.B. Distanz zweier Merkmale oder Winkel zwischen zwei Flächennormalen).

In einem allgemeineren Sinn kann die Aufgabe auch darin bestehen, die punktweise Übereinstimmung des Tiefenbildes eines Objektes mit dem eines Modellobjektes zu überprüfen.

Bei der Formprüfung wird manchmal auch eine zeitliche Sequenz von Tiefenbildern eines Objektes betrachtet. Hierbei dient das erste Tiefenbild der Sequenz als Sollform und es gilt, eventuelle Veränderung des Objektes über einen bestimmten Zeitraum zu ermitteln. Potentielle Anwendungen hierfür kommen beispielsweise aus dem Transportwesen und der Medizin. Vor und nach dem Transport eines Gegenstandes wird jeweils ein Tiefenbild aufgenommen. Durch Vergleich der beiden Tiefenbilder können eventuelle Beschädigungen auf dem Transportweg festgestellt werden. Auch für Mediziner sind Techniken zur dreidimensionalen Formprüfung nützlich. Diese gestatten es, Veränderungen eines Körperteils während einer Behandlungsperiode genauestens zu überwachen.

Als Sollform eines Objektes kann sowohl ein Tiefenbild als auch ein entsprechendes CAD-Modell dienen. Ein CAD-Modell enthält die komplette Information über ein Objekt und läßt sich deshalb auch dazu verwenden, synthetische Tiefenbilder zu erzeugen.

Vor der Formprüfung müssen das Eingangsbild und die Sollform in volle Registrierung gebracht werden, so daß ein Vergleich überhaupt möglich wird. Dieser Schritt läßt sich auf zweierlei Art bewältigen. Falls ein Tiefenbild als Sollform dient, kann mittels einer genauen Kontrolle der Aufnahmebedingungen die Konsistenz zwischen dem Modell- und dem zu prüfenden Objekt erreicht werden. Dadurch entfällt die Registrierung gänzlich.

Die Verwendung von CAD-Modellen eröffnet zusätzlich die Möglichkeit, diese Registrierung mithilfe der Tiefenbildanalyse vorzunehmen. Hierbei können Techniken aus dem vorangegangenen Kapitel herangezogen werden, um die effektive Lage des zu prüfenden Objektes zu bestimmen. Daraufhin läßt sich ein entsprechendes Tiefenbild synthetisieren, das mit dem Eingangsbild vergleichbar ist. Eine derartige CAD-basierte Formprüfung weist nicht nur eine hohe Flexibilität bezüglich der Objektlage auf. Vielmehr erlangt das System dadurch auch die Fähigkeit, die Kontrollaufgabe für andere Objekte auszuführen. Ein derart konzipiertes, allgemeines System zur industriellen Qualitätskontrolle wird in Abb. 9.1 schematisch dargestellt. Es kann als eine Ergänzung eines Objekterkennungssystems um die Komponente "Formprüfung" angesehen werden. Hierbei findet aber keine eigentliche Objekterkennung statt. Ein bekanntes Objekt wird vielmehr als in der Szene vorhanden vorausgesetzt und es geht einzig um die Bestimmung der Objektlage. Beispiele derartiger allgemeiner Systeme sind in [MMH91, NJ95b] beschrieben.

Bei den globalen Formtests wird vor allem Template-Matching eingesetzt. Zur Beschleunigung kann der Vergleich auf eine auf Zufallsbasis ermittelte Teilmenge der Bildpunkte beschränkt werden [NJK92]. Zum Vergleich eignen sich neben den Tiefenwerten auch die lokalen Flächennormalen. In einem Kontrollsystem

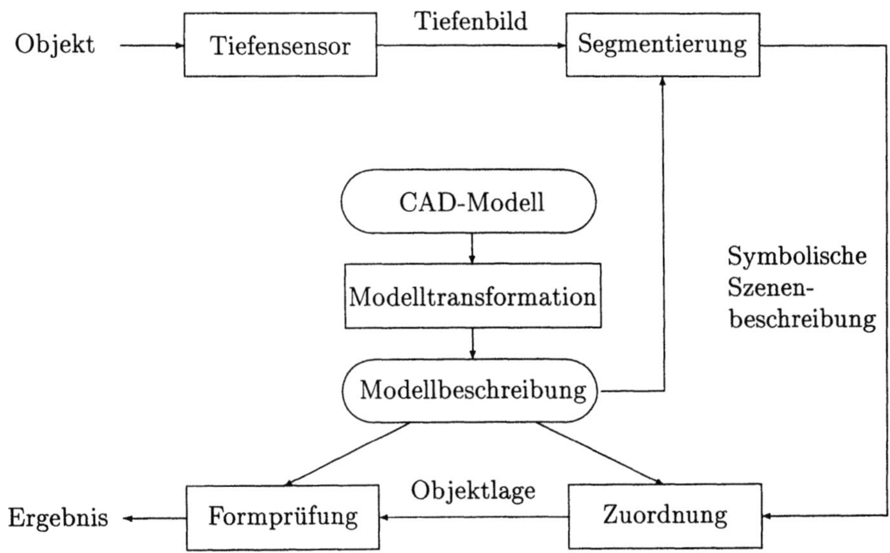

Abbildung 9.1: Schema eines allgemeinen Systems zur Qualitätskontrolle.

nach dem Schema in Abb. 9.1 können ferner typenspezifische Vergleichsver-
fahren entwickelt werden, um eine bestmögliche Prüfung für jeden einzelnen
Flächentyp zu erreichen. In [NJ95b] beispielsweise setzen sich die betrachteten
industriellen Werkstücke aus planaren und zylindrischen Flächen zusammen.
Für beide Flächentypen werden separate entsprechende Vergleichsmethoden
zur Verfügung gestellt.

9.2 Sortieren von Objekten

Die Aufgabe hierbei besteht darin, einen Stapel von Objekten auseinanderzu-
nehmen. Im wesentlichen wird dieses Ziel in zwei Schritten erreicht. Zuerst wird
die Szene in einzelne Objekte aufgeteilt, indem eine Objekterkennung durchgeführt wird oder Objekthypothesen auf heuristischer Basis aufgestellt werden. Für das bezüglich des Greifens am günstigsten liegende Objekt werden
anschließend die Greifpositionen ermittelt. Eine häufig verwendete Heuristik
zur Bestimmung des zu greifenden Objektes geht davon aus, daß im allgemeinen das oberste Objekt vergleichsweise wenig Verdeckung hat und somit
günstige Greifmöglichkeiten bietet. Daß ein Objekt zuoberst auf einem Stapel
steht, wird am einfachsten daran erkannt, daß es einen Punkt enthält, der unter
allen Meßpunkten den geringsten Abstand zum Tiefensensor aufweist. Mithilfe
von Ergebnissen der Objekterkennung läßt sich der Begriff des obersten Ob-

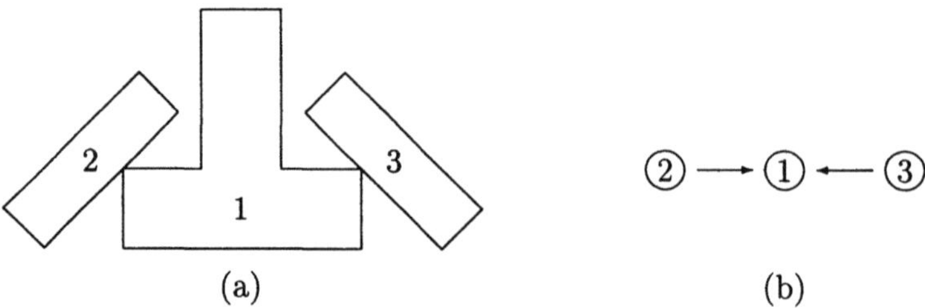

Abbildung 9.2: (a) Das Objekt mit dem Punkt des geringsten Abstandes zum Tiefensensor ist nicht immer geeignet für das Greifen. (b) Graphrepräsentation der gegenseitigen Verdeckungen.

jektes jedoch noch sorgfältiger definieren, wie wir im folgenden Abschnitt sehen werden.

9.2.1   Sortieren nach der Objekterkennung

Zum Zweck des Greifens kann die Objekterkennung auf das oberste Objekt beschränkt werden. Hierbei muß zuerst der Meßpunkt mit dem geringsten Abstand zum Tiefensensor ermittelt werden. Dann kann eine ortsbeschränkte Objekterkennung durchgeführt werden, indem um den ausgelesenen Punkt herum nach Merkmalen gesucht wird und nur diese Merkmale zur Objekterkennung herangezogen werden. Dieses Vorgehen wird beispielsweise in der Arbeit [YK86] praktiziert.

Die obige heuristische Definition des obersten Objektes ist nicht unproblematisch, da sie an sich nichts über die Güte des Objektes für das Greifen sagt. Häufig liegt das oberste Objekt unterhalb eines anderen, welches für das Greifen eigentlich besser geeignet wäre. Dieses Phänomen wird in Abb. 9.2(a) illustriert, wo das Objekt in der Mitte mit dem Punkt des geringsten Abstandes zum Tiefensensor von zwei Zylindern verdeckt wird und daher für das Greifen nicht geeignet ist.

Nach der Erkennung aller Objekte bietet sich jedoch die Möglichkeit einer Konfigurationsanalyse an. Hierbei können Verdeckungen unter Berücksichtigung auch unsichtbarer Teile der erkannten Objekte festgestellt werden. Für die Szene in Abb. 9.2(a) beispielsweise ergibt sich aus der Konfigurationsanalyse, daß beide Zylinder das Objekt in der Mitte verdecken. Die gegenseitigen Verdeckungen der Objekte lassen sich in Form eines Graphen, siehe Abb. 9.2(b), repräsentieren, wo $x \rightarrow y$ die Verdeckung des Objektes y durch ein anderes Objekt x zum Ausdruck bringt. Eine Analyse dieses Graphen gibt Aufschluß darüber, welche Objekte verdeckungsfrei sind. Derartige Objekte eignen sich am besten

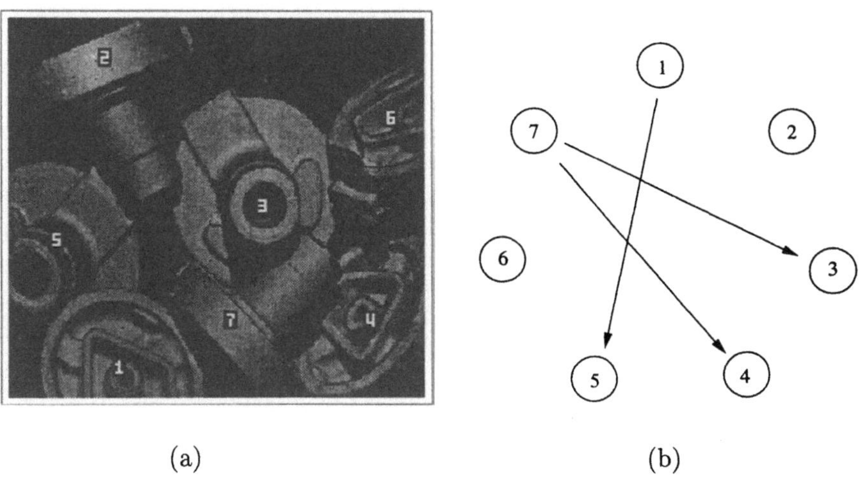

Abbildung 9.3: (a) Verdeckungen der Objekte aus der Konfigurationsanalyse. (b) Graphrepräsentation der Verdeckungen.

für das Greifen; für die Szene in Abb. 9.2(a) sind das die beiden Zylinder. Das Vorgehen mit der Konfigurationsanalyse wird in der Arbeit [BH86, BH87b] vorgeschlagen (vgl. Abschnitt 8.3.2). Für die sieben Objekte der Szene in Abb. 8.6, nochmals gezeigt in Abb. 9.3(a) mit Objektnummern, werden die gegenseitigen Verdeckungen in Abb. 9.3(b) dargestellt. Als Kandidat für das Greifen bieten sich hiermit die Objekte 1, 2, 6 und 7 an. Gegenüber der ersten Definition des obersten Objektes liefert die Konfigurationsanalyse viel sichere Kandidaten für das Greifen. Es soll jedoch festgehalten werden, daß gegebenenfalls gar keine verdeckungsfreien Objekte vorliegen, was sich in Form eines zyklischen Graphen zeigt. Dieser Fall macht besondere Maßnahmen erforderlich, etwa den Stapel mit dem Roboterarm auseinanderzubringen und einen neuen Anlauf zu starten.

9.2.2   Sortieren von unbekannten Objekten

Im letzten Abschnitt sind wir von bekannten Objekten ausgegangen. Eine interessante Frage ist, inwieweit die Sortieraufgabe auch für den Fall unbekannter Objekte gelöst werden kann. Hierbei besteht die hauptsächliche Schwierigkeit darin, daß man die Zusammengehörigkeit der Merkmale zu einem Objekt sowie die Greifbarkeit der Objekthypothesen nur heuristisch begründen kann. Bei der Bewältigung dieser Aufgabenstellung kann grundsätzlich zwischen verschiedenen Schwierigkeitsstufen unterschieden werden. Im Fall eines einzigen Objektes in der Szene gilt es einzig, die Bestimmung der möglichen Greifpositionen zu lösen. In [Sta91] wird dies mittels eines regelbasierten Systems bewerkstelligt. Weisen die Objekte besondere Eigenschaften auf, so kann die Sortieraufgabe gegebenenfalls vereinfacht werden. Ein interessantes Beispiel dafür liefern Pakete aus dem Postbereich, die in ihrer Form konvex sind und nur wenige Objektklassen (Boxen, Rollen usw.) besitzen. Hierbei läßt sich ein Stapel leicht in einzelne konvexe Objekte aufteilen. Auch die Greifbarkeit der Objekte kann aufgrund ihrer relativen Nähe zum Tiefensensor eindeutig beantwortet werden. Ein System zum Sortieren von Postpaketen wird in [TB91] beschrieben. Treffen all diese vereinfachenden Annahmen nicht zu, so müssen die beiden oben genannten Hauptprobleme, also die Szenenaufteilung und Bestimmung der Greifbarkeit der Objekthypothesen, anders angegangen werden. Über einen derartigen Versuch wird in [ART95, TL95] berichtet. Nachfolgend gehen wir auf die darin vorgeschlagene Methode ein.

In diesem System ist der Roboter mit einem Zweifingergreifer ausgestattet. Daher kann die Suche auf gegenüberliegende Flächen ein und desselben Objektes mit annähernd antiparallelen Flächennormalen beschränkt werden. Diese bilden die potentiellen Greifpositionen. Mit einem einzigen Tiefensensor können zwei Flächen mit antiparallelen Normalen jedoch nicht gleichzeitig gesehen werden. Dieses Problem wird mithilfe eines Bildaufnahmesystems mit zwei Tiefensensoren gelöst, die an gegenüberliegenden Positionen aufgestellt werden. Für die beiden aufgenommenen Tiefenbilder wird getrennt eine Segmentierung sowie eine Bildung von Objekthypothesen vorgenommen. Erst dann erfolgt die Verschmelzung der beiden Tiefenbilder zu einer gesamten Sicht der Szene, wobei auch globale Objekthypothesen gewonnen werden. Zum Greifen wird letztlich die oberste Objekthypothese im Sinne der am Anfang des Abschnitts 9.2 gegebenen Definition ausgewählt.

Um die Segmentierung nicht unnötig kompliziert zu machen, wird in [ART95, TL95] lediglich eine Zerlegung der Tiefenbilder in planare Regionen durchgeführt. Hierbei wird eine gekrümmte Fläche durch mehrere planare Flächenstücke approximiert. Für die Sortieraufgabe erweist sich diese einfache Szenenrepräsentation als ausreichend. Als Beispiel zeigt Abb. 9.4(a) eine derartige Segmentierung für beide Tiefenbilder einer Szene mit zwei Objekten (ein aus einer Kugel und einem zylindrischen Griff zusammengesetztes Objekt gestützt von einem Quader). Zur Bildung von Objekthypothesen wird eine bereits in Abschnitt 8.1 unter der Bezeichnung "Clusterbildung" diskutierte Heuristik verwendet. Hierbei werden Regionen zu einer Objekthypothese zusammengefaßt, wenn sie untereinander über eine Kette konvexer Nachbarschaften erreicht werden können. Auf diese Weise ist gewährleistet, daß – abgesehen von pathologischen Fällen – die Flächen einer Objekthypothese sicher zum selben Objekt gehören. Auf der anderen Seite besteht jedoch keine Gewähr, daß alle Flächen eines Objektes in jedem Fall der gleichen Objekthypothese zugeteilt werden. Das zeigt sich auch bei der Beispielszene, siehe Abb. 9.4(b), wo der Kugel- und Zylinderteil des mittleren Objektes zu zwei verschiedenen Objekthypothesen gehören. Die beiden Tiefenbilder werden weiter zu einer gesamten Sicht der Szene verschmolzen, indem aus den Objekthypothesen einzelner Betrachtungsrichtungen globale Objekthypothesen abgeleitet werden. Im Prinzip

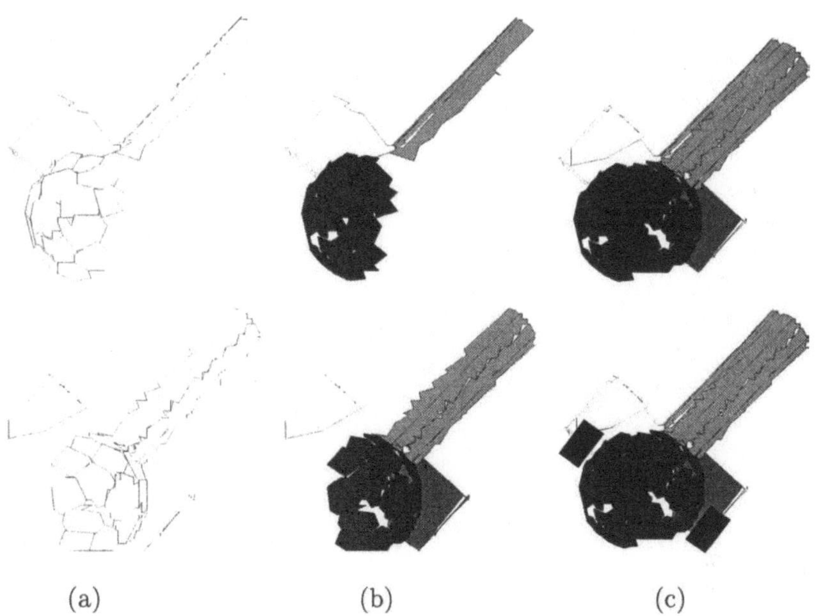

(a)   (b)   (c)

Abbildung 9.4: Analyse einer Szene. (a) Segmentierung in planare Regionen. (b) Objekthypothesen werden durch unterschiedliche Graustufen dargestellt. (c) Globale Objekthypothesen (oben) und eine der Greifpositionen für das mittlere Objekt (unten). Freundlicherweise überlassen von F. Ade, Eidgenössische Technische Hochschule Zürich, Schweiz.

werden hierbei solche Hypothesen zusammengefaßt, die räumlich gewisse Überlappungen aufweisen. Das Ergebnis für die Beispielszene wird in Abb. 9.4(c) dargestellt. Zum Greifen wird die oberste Objekthypothese gemäß der Definition in Abschnitt 9.2 ausgewählt. Alle Paare von planaren Flächenstücken dieser Objekthypothese, die annähernd antiparallele Flächennormalen haben, werden überprüft, ob sie als Greifflächen dienen können. Hierbei steht vor allem die Forderung im Vordergrund, daß die Projektionen der beiden Flächen auf deren Mittelebene nicht disjunkt sind. Zur Anwendung kommen aber auch greiferspezifische Einschränkungen, etwa bezüglich der maximalen Fingeröffnung und der Fingerlänge. Abb. 9.4(c) zeigt eine der gültigen Greifpositionen für die Beispielszene, wobei die beiden Finger schwarz eingezeichnet sind. Unter allen verbleibenden Objekthypothesen wird schließlich die optimale mittels eines Kriteriums bestimmt, das die Lage der Greifposition relativ zum Schwerpunkt der Objekthypothese berücksichtigt. Zur Illustration der beschriebenen Methode präsentiert Abb. 9.5 den gesamten Sortiervorgang für eine aus drei Objekten bestehende Szene. Hierbei werden für die einzelnen Schritte jeweils das Grauwertbild aus der Sicht eines der beiden Tiefensensoren sowie eine synthetische Darstellung der Szene samt der ermittelten optimalen Greifposition gezeigt.

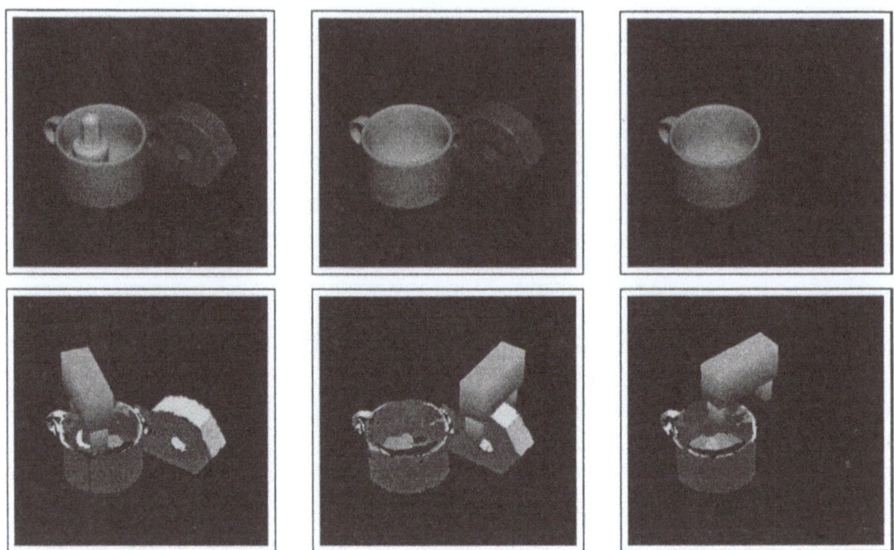

Abbildung 9.5: Sortieren von unbekannten Objekten. Freundlicherweise überlassen von F. Ade, Eidgenössische Technische Hochschule Zürich, Schweiz.

Bei der Behandlung von unbekannten Objekten besteht generell keine Möglichkeit, über die Objekthypothesen (konvexe Objektteile) hinaus zu echten Objekten zu gelangen. Dies trifft auch auf die Beispielszene in Abb. 9.4 zu, wo
selbst bei den globalen Objekthypothesen das mittlere Objekt weiterhin zweigeteilt ist. Beim Greifen könnte es deshalb Probleme geben, da der eigentliche
Schwerpunkt des Objektes gegebenenfalls außerhalb der Objekthypothese liegt.

9.3   Navigation autonomer Fahrzeuge

Autonome Fahrzeuge sind dazu befähigt, sich in (teilweise) fremder Umgebung
zurechtzufinden. Forschungsarbeiten auf diesem Gebiet konzentrieren sich vor
allem auf zwei Aufgaben. Einerseits werden Fahrzeuge entwickelt, die Markierungen auf Straßen (z.B. Mittel- oder Seitenlinien) mit hoher Geschwindigkeit
erkennen können. Dazu werden fast ausschließlich Grauwert- oder Farbbilder
verwendet. Andererseits wird auch an Fahrzeugen gearbeitet, die in der Lage sind, sich auf einem unbekannten unebenen Gelände frei zu bewegen. Diese Entwicklung ist eng verbunden mit dem langfristigen Plan der Erkundung
fremder Planeten. Hierbei sind aus der Sicht der Bildanalyse hauptsächlich zwei
Aufgaben zu lösen. Zum einen müssen Hindernisse auf dem Weg erkannt und
umgangen werden. Zum anderen wird auch eine großräumige Wegplanung aus
globaler Sicht angestrebt. Beide Aufgabenstellungen setzen genaue räumliche
Kenntnisse der umgebenden Welt voraus, so daß sich eine Verwendung von

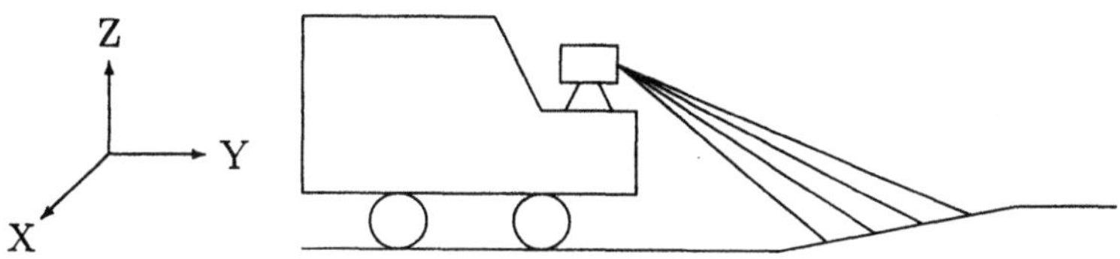

Abbildung 9.6: Geometrie eines mit einem Laufzeitsensor ausgestatteten autonomen Fahrzeugs.

Tiefenbildern geradezu aufdrängt.

Bei praktisch allen autonomen Fahrzeugen werden Stereoverfahren oder Laufzeitsensoren eingesetzt. Andere Verfahren zur Tiefengewinnung scheiden wegen der besonderen Betriebsbedingungen aus. In der nachfolgenden Diskussion gehen wir vom Einsatz eines Laufzeitsensors aus. Wie in Abschnitt 4.1.5 ausgeführt, generiert ein solcher Sensor durch Ablenkung des ausgestrahlten Signals in horizontaler und vertikaler Richtung ein Tiefenbild (R_{ij}), wobei R_{ij} die Distanz des entsprechenden räumlichen Punktes zum Sensor repräsentiert. Die Umrechnung dieser Distanz in Koordinaten (x_{ij}, y_{ij}, z_{ij}) eines kartesischen Koordinatensystems (siehe Abb. 9.6) wird in Abschnitt 4.1.5 beschrieben[1]. Für die im Zusammenhang mit einem autonomen Fahrzeug anstehenden Aufgaben ist es wichtig, die Messungen (x_{ij}, y_{ij}, z_{ij}) weiter in eine Höhenkarte der Form $z = f(x, y)$ zu transformieren. Hierbei stoßen wir unweigerlich auf das Problem ungleicher Abtastungsdichte. Bei einem Laufzeitsensor erfolgt die Ablenkung des ausgestrahlten Signals mit gleicher Winkelschrittweite. Dies führt jedoch nicht zur gleichmäßigen Verteilung der Meßpunkte bezüglich der XY-Ebene. Tatsächlich liegen sie in nahen Bereichen dicht beisammen, während sich mit zunehmender Entfernung immer mehr Lücken auftun. Als Beispiel betrachte man das Tiefenbild[2] eines Geländes sowie die entsprechende Höhenkarte in Abb. 9.7. Zur Rekonstruktion eines vollständigen Geländemodells in Form einer dichten Höhenkarte werden deshalb Interpolationsverfahren benötigt.

Bei einer gegebenen Höhenkarte soll nun die Detektion von Hindernissen etwas näher betrachtet werden. Grundsätzlich gilt ein Teil des Geländes dann als Hindernis, wenn aus irgendeinem Grund das Fahrzeug diesen Teil nicht passieren kann oder soll. Dazu gehören sperrige Gegenstände, die im Weg stehen. Auch wegen der Beschaffenheit des Bodens kann ein Geländeteil zum Hindernis werden, z.B. wenn er vereist ist. Im Zusammenhang mit der Anwendung

---

[1] Man beachte, daß im dortigen kartesischen Koordinatensystem die Koordinatenachsen anders definiert sind.

[2] Die Darstellung dieses Tiefenbildes spiegelt den beschränkten Eindeutigkeitsbereich des verwendeten Laufzeitsensors wider (vgl. Abschnitt 4.1.3). Am oberen Bildrand gehen die großen Tiefenwerte (helle Bildpunkte) wieder in untere Bereiche der Tiefenwertskala über. Diese Art von verfälschten Tiefenwerten läßt sich leicht korrigieren.

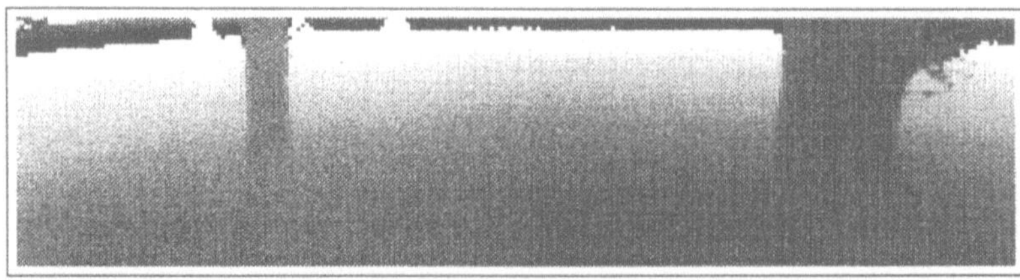

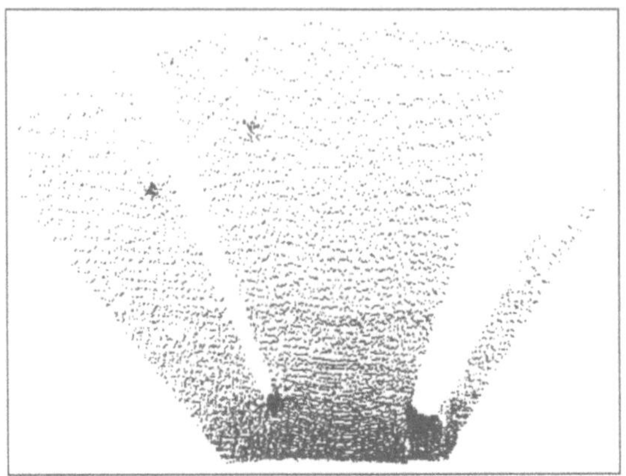

Abbildung 9.7: Das Tiefenbild eines Geländes (oben) sowie die entsprechende Höhenkarte (unten), wobei jeweils nicht der z-Wert sondern die Position (x, y) der Meßpunkte markiert sind. Reproduziert aus [HKK90] mit Genehmigung von Springer-Verlag.

der Bildanalyse bei autonomen Fahrzeugen sind jedoch nur Hindernisse geometrischer Art von Relevanz. Unter dieser Annahme können Hindernisse auf verschiedene Art und Weise definiert und entsprechend detektiert werden:

- Hindernisse sind Geländeteile, die eine bestimmte Höhe über dem Boden übersteigen [BRDH94].

- Hindernisse sind Geländeteile, wo die Höhensteigung in der Vorwärtsrichtung des Fahrzeugs, d.h. $\frac{\partial z}{\partial y}$, sehr groß ist [VD90].

- Auch Geländeteile mit hoher Krümmung oder Flächennormalen, die stark von der Normalen $(0, 0, 1)$ des idealen Bodens abweichen, können als Hindernisse betrachtet werden [HKK90, THKS91]. Beide Eigenschaften der Flächen lassen sich aus einer lokalen Flächenapproximation ermitteln.

- Die Hindernisdetektion aus [OT91] beruht auf einer genauen Analyse des Verhaltens des Fahrzeugs im Gelände. Dazu wird ein Modell des Fahrzeugs benötigt. Man läßt es imaginär auf dem Gelände, d.h. der interpolierten Höhenkarte, fahren und testet, ob sich eine Gefahr ergibt. Zu den Gefahren gehört beispielsweise eine zu große Steigung des Geländes, oder

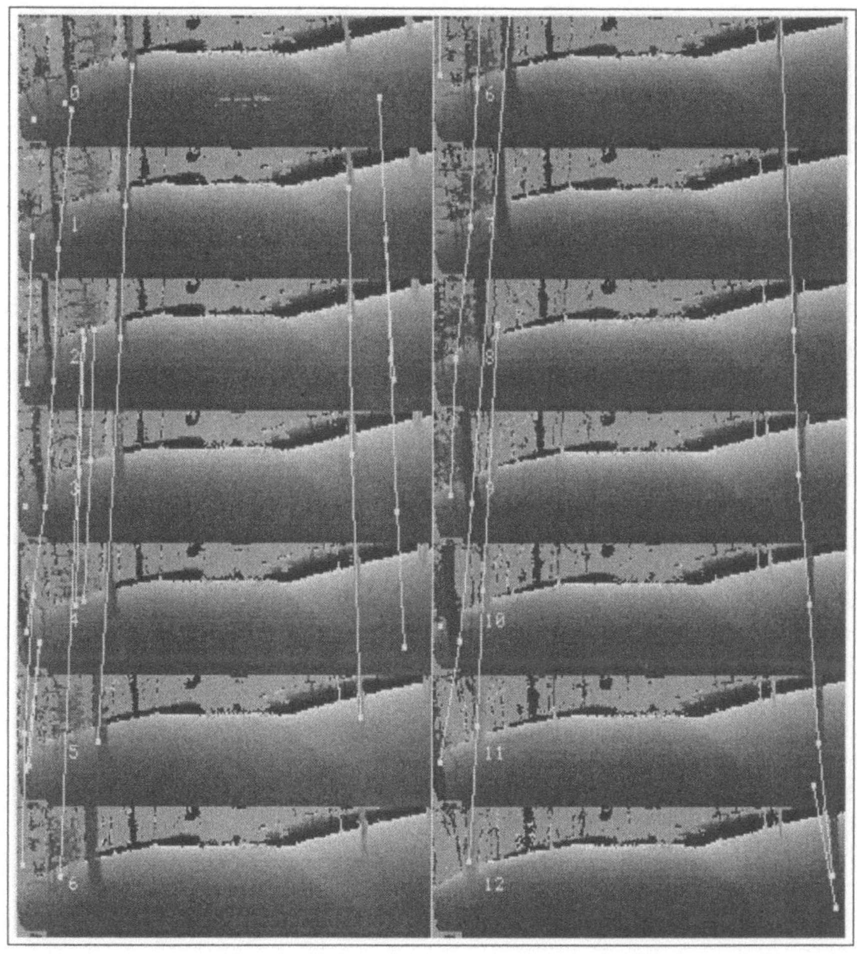

Abbildung 9.8: Detektion und Verfolgung von Hindernissen in einer Tiefen-bildsequenz. Freundlicherweise überlassen von M. Hebert, Carnegie-Mellon University, USA.

daß das Fahrzeug zwischen Hindernissen eingeklemmt wird. Die Gefahrenzonen bilden die gesuchten Hindernisse.

Zur Illustration zeigt Abb. 9.8 die Ergebnisse der Detektion und Verfolgung von Hindernissen mittels der vorletzten der genannten Methoden für eine aus 13 Tiefenbildern bestehende Sequenz. Bei den Hindernissen handelt es sich ausschließlich um Bäume auf beiden Seiten der Straße.

9.4   Analyse von Gesichtsbildern

In den letzten Jahren hat das Interesse an der automatischen Analyse von Gesichtsbildern massiv zugenommen. In Anbetracht der vielen potentiellen Anwendungen stellt diese Entwicklung eine logische Fortsetzung der bisherigen Erfolge der rechnergestützten Bildanalyse dar. Zu diesen Anwendungen gehört beispielsweise Personenidentifikation mithilfe von Gesichtern als Ergänzung zu anderen Identifikationsmethoden wie Pin-Code. Ebenso sind Anstrengungen im Gang, zwei- wie auch dreidimensionale Gesichtsmodelle zur Codierung von Bildsequenzen mit menschlichen Gesichtern zu entwickeln. Als Ziel wird hierbei u.a. eine extrem hohe Kompressionsdichte bei der Videoübertragung angestrebt, etwa im Zusammenhang mit dem Bildtelefon oder Videokonferenzen, um dadurch die Übertragungskapazität massiv zu erhöhen. Auch Tiefenbilder wurden bei der Analyse von Gesichtern verwendet, da sie einige gewichtige Vorteile gegenüber Grauwertbildern aufweisen. Die oft notwendige Invarianz bezüglich der Kopfhaltung kann hier relativ leicht erreicht werden, indem das Eingangsbild einer Transformation in eine kanonische Form unterzogen wird. Auch variierende Beleuchtung, die bei der Analyse von Grauwertbildern ein ernsthaftes Problem aufwirft, läßt sich unter Verwendung von Tiefenbildern einfach behandeln, da ein Tiefenbild nicht von der Beleuchtung abhängt. In den nachfolgenden Ausführungen gehen wir auf einige Aspekte der Gesichtserkennung mithilfe von Tiefenbildern ein.

9.4.1   Lokalisieren von Gesichtsmerkmalen

Charakteristische Gesichtsmerkmale bilden die Nase, die Augen, der Mund, die Kinnpartie usw. Eine exakte Lokalisierung dieser Merkmale erfüllt zwei Funktionen:

- Die Merkmale sollen als Referenz dazu dienen, die oben angesprochene Bildtransformation in eine kanonische Form durchzuführen.

- Die Merkmale samt ihrer Eigenschaften bilden die Grundlage für die Gesichtserkennung.

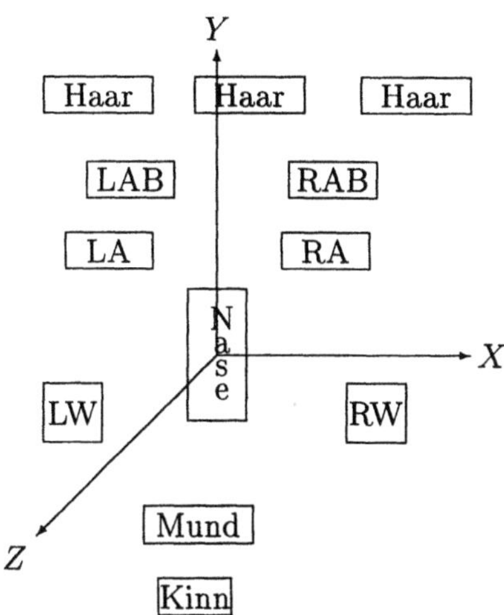

Abbildung 9.9: Ein um das Zentrum des Koordinatensystems herum angeordnetes Gesicht mit zehn Merkmalen: LAB(RAB) = linke (rechte) Augenbraue, LA(RA) = linkes (rechtes) Auge, LW(RW) = linke (rechte) Wange.

Im folgenden soll die Lokalisierungsmethode aus [JD94] vorgestellt werden.

Hierbei wird von der Annahme ausgegangen, daß die Bildregion mit dem Gesicht bereits ermittelt wurde oder das Tiefenbild nur ein etwa um die Bildmitte zentriertes Gesicht beinhaltet. Eine Variation der Kopfhaltung wird bis zu einem bestimmten Grad toleriert, der in einem um die Bildmitte zentrierten Koordinatensystem (siehe Abb. 9.9) durch die Variationsbereiche der drei Winkel α, β und γ (Drehung um die Z-, X- bzw. Y-Achse):

$$-\frac{a\pi}{2} \leq \alpha \leq \frac{a\pi}{2}, \quad -\frac{b\pi}{2} \leq \beta \leq \frac{b\pi}{2}, \quad -\frac{c\pi}{2} \leq \gamma \leq \frac{c\pi}{2} \qquad (9.1)$$

mit $a < 0.2$, $b < 0.2$ und $c < 0.1$ definiert ist. Das Lokalisieren von Gesichtsmerkmalen wird in zwei Schritten bewerkstelligt. Die oben genannten charakteristischen Gesichtsmerkmale zeichnen sich durch lokale Konvexität aus. Daher werden im ersten Schritt konvexe Bildregionen als potentielle Kandidaten für die Gesichtsmerkmale bestimmt. In einem zweiten Schritt findet ein Zuordnungsprozeß in Form einer Baumsuche statt. Wegen der mit der variierenden Kopfhaltung verbundenen Variationen der Merkmalspositionen kommen bei dieser Zuordnung primär (qualitative) topologische Konsistenzbedingungen zur Anwendung.

In [JD94] wird die lokale Konvexität eines jeden Bildpunktes mittels einer mehrstufigen Diffusion ermittelt. Abb. 9.10(b) zeigt die berechnete Konvexität für

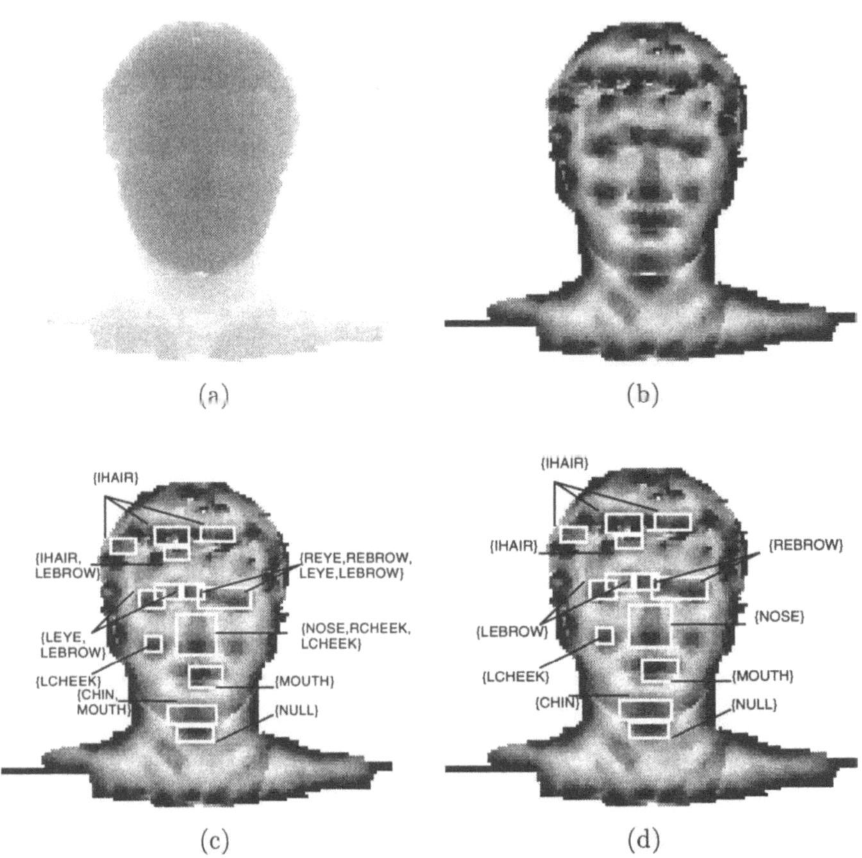

Abbildung 9.10: Lokalisieren von Gesichtsmerkmalen. (a) Gesichtstiefenbild. (b) Konvexität. (c) initiale Interpretation. (d) global konsistente Interpretation nach der Baumsuche. Aus [JD94] mit Genehmigung von Academic Press.

das Gesichtstiefenbild in Abb. 9.10(a), wobei konvexe Bildpunkte mit niedriger Intensität dargestellt werden. Eine anschließende Schwellwertoperation sorgt dafür, daß nur hochgradig konvexe Bildpunkte weiter bearbeitet werden. Zusammenhängende Regionen derartiger Bildpunkte stellen dann potentielle Kandidaten für die Gesichtsmerkmale dar. Da die Gesichtsmerkmale aufgrund der beschränkten Freiheitsgrade der Kopfhaltung meistens einen gewissen Abstand zum Rand des Gesichts aufweisen, werden konvexe Regionen am Rand des Gesichts von der nachfolgenden Zuordnung ausgeschloßen. Weiterhin wird ein Schwellwert an die Größe der konvexen Regionen angelegt, so daß nur relativ große Kandidaten berücksichtigt werden.

Bei n verbleibenden Kandidaten $\{C_1, C_2, \cdots, C_n\}$ gilt es, eine Zuordnung

$$\{(C_1, l_1), (C_2, l_2), \cdots, (C_n, l_n)\}, \quad l_k \in L \cup \{\Lambda\}$$

vorzunehmen, die jedem Kandidaten eine Interpretation aus der Menge L der in Abb. 9.9 dargestellten zehn Merkmalstypen zuweist. Nicht interpretierbare Kandidaten werden dem Sondersymbol Λ zugeordnet. Diese Interpretation erfolgt durch die im vorangegangenen Kapitel vorgestellte Baumsuche. Hierbei kommen sowohl unäre als auch binäre Konsistenzbedingungen zur Anwendung. Aufgrund der Einschränkungen (9.1) bezüglich der Kopfhaltung lassen sich Bedingungen über die minimale und maximale Distanz eines bestimmten Merkmaltyps zum Rand des Gesichts aufstellen. Diese bilden die unären Konsistenzbedingungen für die Baumsuche. Zu den binären Konsistenzbedingungen gehören ähnliche Bedingungen über die minimale und maximale Distanz zwischen den verschiedenen Merkmalstypen. Noch wichtiger sind aber weitere binäre Konsistenzbedingungen, die sich aus der relativen Lage der Gesichtsmerkmale ergeben. Beispiele derartiger Einschränkungen zwischen Nase und anderen Merkmalen sind:

konsistent(Haar,Nase):	¬unter(Haar,Nase)
konsistent(LAB,Nase):	¬unter(LAB,Nase) ∧ links(LAB,Nase)
konsistent(RA,Nase):	¬unter(RA,Nase) ∧ rechts(RA,Nase)
konsistent(LW,Nase):	¬unter(Nase,LW) ∧ links(LW,Nase)
konsistent(Mund,Nase):	¬links(Mund,Nase) ∧ ¬rechts(Mund,Nase)
	∧ unter(Mund,Nase)
konsistent(Kinn,Nase):	¬links(Kinn,Nase) ∧ ¬rechts(Kinn,Nase)
	∧ unter(Kinn,Nase)

wobei die Prädikate unter(), links() und rechts() die jeweiligen relativen Ortsrelationen zum Ausdruck bringen. Als Beispiel präsentieren sich für das Gesicht in Abb. 9.10(a) die initiale Interpretation der durch ihr jeweiliges minimales umgebendes Rechteck dargestellten konvexen Regionen nach Anwendung der unären Konsistenzbedingungen sowie die global konsistente Interpretation nach der Baumsuche in Abb. 9.10(c) bzw. (d). In [JD94] wird berichtet, daß unter Verwendung dieser Konsistenzbedingungen eine eindeutige Zuordnung in vielen Fällen möglich ist. Andernfalls können weitere Heuristiken zur endgültigen Entscheidung herangezogen werden.

9.4.2 Gesichtserkennung

Unabhängig von der Art der Eingangsdaten gliedert sich der Ablauf bei der Gesichtserkennung in die folgenden Schritte: Zuerst wird eine Menge von Merkmalen bestimmt, durch die ein Gesicht repräsentiert werden soll. Die bekannten Gesichter werden in Form dieser Merkmale in einer Datenbank zusammengefaßt und abgespeichert. Von einer Person können hierbei auch mehrere Bilder verwendet werden, aus denen die durchschnittlichen Merkmalswerte berechnet werden. Von einem neuen unbekannten Gesicht werden die Merkmalswerte bestimmt. Mittels eines Vergleichsverfahrens wird dann eine Person aus der Datenbank bzw. eine Liste von Personen mit der jeweiligen Wahrscheinlichkeit ermittelt, deren Merkmale mit denen des unbekannten Gesichts am besten übereinstimmen. Zu den wichtigsten Vergleichsmethoden gehören Template-Matching und merkmalsbasierte Klassifikation. Nachfolgend sollen einige Arbeiten der beiden Klassen kurz vorgestellt werden.

Template-Matching

Bei Template-Matching wird stets eine Normalisierung der zu vergleichenden Tiefenbilder vorausgesetzt, so daß Punkte an gleicher Position zweier Bilder vergleichbar sind. Als Hinweis auf die Ähnlichkeit bzw. Diskrepanz dient hierbei die Summe der punktweisen Abweichungen. Mithilfe von Gesichtsmerkmalen wird in [Gor91] ein Gesichtstiefenbild in eine kanonische Form gebracht, wo die Linie, welche die beiden Augen verbindet, parallel zur X-Achse steht, während die Nase eine fixe Distanz zum Koordinatenursprung aufweist. Nach dieser Bildtransformation erfolgt der eigentliche Vergleich durch Aufsummierung der punktweisen Differenzen in den Tiefendaten.

Statt das gesamte Tiefenbild in Betracht zu ziehen, ist das Vorgehen bei der Arbeit [NUM92] auf einzelne Kurven auf dem Gesicht beschränkt, die sich aus dem Schnitt eines Gesichtstiefenbildes mit drei verschiedenen räumlichen Flächen ergeben. Dabei handelt es sich um horizontale Ebenen $y = c$, vertikale Ebenen $x = c$ sowie Mantelflächen von Zylindern unterschiedlicher Radien $x^2 + y^2 = r^2$, wobei auch hier das in Abb. 9.9 festgelegte Koordinatensystem zugrundeliegt. In diesem Fall reduziert sich das Template-Matching auf diese Schnittkurven. Es hat sich gezeigt, daß im wesentlichen nur vertikale Schnittkurven in einem bestimmten Bereich um das Seitenprofil sowie kreisförmige Schnittkurven zur Gesichtserkennung beitragen. Diese Erkenntnis zeigt die relative Relevanz der verschiedenen Gesichtspartien zur Erkennung auf.

Merkmalsbasierte Klassifikation

Im Gegensatz zum Template-Matching geht man bei der merkmalsbasierten Klassifikation von einer Reihe charakteristischer numerischer Merkmale von

Gesichtern aus. Diese werden zu einem Merkmalsvektor zusammengefaßt. Man spricht dann allgemein von einem Merkmalsvektor und bezeichnet damit die geordnete Gesamtheit der Merkmale, durch die ein Gesicht repräsentiert wird. Zur Gesichtserkennung kann bei einer derartigen Repräsentation auf die zahlreichen merkmalsbasierten Klassifikationsmethoden aus der statistischen Mustererkennung zurückgegriffen werden.

Als numerische Merkmale werden in [Gor92] u.a. die Distanz zwischen den beiden Augen, die Höhe, Breite sowie Tiefe der Nase sowie die maximale und durchschnittliche Krümmung der Nase herangezogen. Bei den Distanzen handelt es sich immer um Angaben im dreidimensionalen Raum. Anders wird in [LJC88] vorgegangen, wo sich die Gesichtserkennung primär auf das Seitenprofil stützt. Dabei wird ein Verfahren entwickelt, um das Seitenprofil aus einem Gesichtstiefenbild in Frontalansicht zu gewinnen. Auf dem Seitenprofil werden dann fünf charakteristische Punkte einschließlich der Nasenspitze extrahiert. Der Merkmalsvektor zur Beschreibung eines Gesichts besteht zum großen Teil aus dreidimensionalen Distanzen zwischen diesen charakteristischen Punkten.

9.5 Literaturhinweise

Der Artikel [CM90] diskutiert typische industrielle Anwendungen der Tiefenbildanalyse und die damit verbundenen Anforderungen an die Sensortechnik sowie Verarbeitung von Tiefenbildern. Mehr aus allgemeiner Sicht befaßt sich der Artikel [Shi92] mit Anwendungen des dreidimensionalen Computersehens.

Einen Überblick über die Formprüfung liefern die Übersichtsartikel [Chi88, Chi92, NJ95a]. Insbesondere in [NJ95a] findet man ausführliche Diskussionen über den Einsatz der Tiefenbildanalyse in der industriellen Qualitätskontrolle. Eine kurze Übersicht über einige konkrete Tiefensensoren sowie industrielle Anwendungen, die auf ihrer Basis realisiert wurden, enthält [Bra94]. Hedengren [Hed89] beschreibt ein systematisches Vorgehen bei der Entwicklung eines Systems zur Formprüfung. Das Buch [MM93] ist zum großen Teil dem Thema Formprüfung gewidmet. Der Sammelband [Fre89] enthält Beschreibungen einiger realisierter Systeme.

Sortieren nach der Objekterkennung wird auch in den Arbeiten [CK89, KK91, LPJMO92] beschrieben, wobei in [CK89, KK91] diese Operation in erster Linie als Demonstration des jeweiligen Objekterkennungssystems betrachtet wird. Neben der Approximation mittels planarer Flächen unterstützen noch weitere Szenenrepräsentationen die Bestimmung von Greifpositionen. Dazu gehören beispielsweise verallgemeinerte Zylinder (generalized cylinder) [RMLB88] für Objekte mit einer Vorzugsrichtung. Selbstverständlich hängt die Wahl der Szenenrepräsentation sowie die Planung der Greifoperation maßgeblich vom Typ des verwendeten Greifers ab. In [TBK82] werden acht Richtlinien zum Entwurf eines Greifers für das Sortieren von Objekten aufgestellt. Unter Berücksichtigung dieser Richtlinien werden drei Greifer vorgeschlagen, darunter ein Vakuumgreifer. Die Arbeit [AHS90] beschreibt eine Methode zur Bestimmung von Greifpositionen für diesen Greifertyp.

Eine umfassende Darstellung autonomer Fahrzeuge findet sich in [Mey91]. Ein Beispiel für die Verwendung von Stereoverfahren zur Hindernisdetektion und -umgehung liefert die Arbeit [BRDH94]. Die Integration einer Sequenz von Tiefenbildern, die während des Fortgangs des Fahrzeugs aufgenommen werden, zu einer verfeinerten Darstellung des gesamten Geländes ist von großer Wichtigkeit. Methoden hierfür werden in [HKK90] beschrieben. Die Arbeit [AKTS92] betrachtet die Umgebung des Fahrzeugs nicht als ruhende Welt. Vielmehr sind weitere bewegliche Gegenstände, z.B. andere Fahrzeuge, zugelassen.

Analyse von Gesichtsbildern stellt ein neues Forschungsgebiet innerhalb der Bildanalyse dar. Die massive Zunahme der Aktivitäten auf diesem Gebiet hat letztlich zum ersten internationalen Workshop on Automatic Face- and Gesture-Recognition geführt, der im Juni 1995 in Zürich stattfand und praktisch die gesamte Forschungsgemeinde zusammenführte. Daher liefert der Tagungsband dieses Workshops [Bic95] einen ausgezeichneten Überblick über den aktuellen Stand der Forschung. Eine umfassende Übersicht über dieses Gebiet vermitteln auch die beiden Übersichtsartikel [CWS95, SI92], während sich der Übersichtsartikel [VAOC94] mit konnektionistischen Ansätzen zur Gesichtsanalyse auseinandersetzt.

Anhang A

Mathematische Morphologie

Die morphologische Bildverarbeitung stützt sich auf die maßgeblich von Serra [Ser82, Ser88] entwickelte mathematische Morphologie. Von zentraler Bedeutung ist dabei die Idee, daß die Kenntnis der Form der erwarteten Nutzsignale viele Aufgaben wirksam unterstützen kann. Bei der Bildglättung ist sie z.B. von großem Nutzen, weil Bildstörungen daran zu erkennen sind, daß sie sich in ihrer Form eindeutig von den Nutzsignalen unterscheiden. Gerade das gezielte Einbringen von Wissen über die Form der erwarteten Nutzsignale bildet den Kern der morphologischen Bildverarbeitung. Daher rührt auch die Bezeichnung Morphologie her, was die Lehre der Form bedeutet.

Die theoretische Grundlage der morphologischen Bildverarbeitung liefert die Mengentheorie. In einem Binärbild wird beispielsweise jedes Objekt, d.h. eine zusammenhängende Region mit Pixelwert eins, als eine Menge aufgefaßt. Auf derartigen Mengen werden die beiden grundlegenden Operationen Dilation und Erosion definiert. Sei A eine Menge von Bildpunkten. Die Dilation von A mittels einer zweiten Punktmenge S, auch Strukturelement genannt, ist durch die Menge

$$A \oplus S \;=\; \{x \mid x = a + b,\; a \in A,\; b \in S\} \tag{A.1}$$

und die Erosion von A mittels des Strukturelementes S durch die Menge

$$A \ominus S \;=\; \{x \mid x + a \in A \text{ für jeden Punkt } a \in S\} \tag{A.2}$$

gegeben. Die Dilation fügt der Menge A Pixel hinzu, während die Erosion solche abträgt. Die Art sowie das Ausmaß der Hinzufügung oder des Abtragens wird durch das Strukturelement gesteuert. Hier fließt das Wissen über die Form der erwarteten Nutzsignale im Binärbild, also der erwarteten Objekte, ein.

Aus diesen beiden Grundoperationen ergeben sich durch einfache Kombination zwei weitere wichtige morphologische Operationen

$$\text{Opening:}\quad A \circ S \;=\; (A \ominus S) \oplus S$$
$$\text{Closing:}\quad A \bullet S \;=\; (A \oplus S) \ominus S$$

Im wesentlichen dient das Opening dem Eliminieren kleiner Strukturen, während das Closing kleine Lücken schließt. Das Maß dafür, was als klein gilt, wird durch das Strukturelement bestimmt.

Zur Definition der morphologischen Operationen für Grauwertverarbeitung bedarf es der Beschreibung einer Grauwertfunktion als Menge. Eine Lösung dazu bietet der Ansatz in [Ste86], bei dem eine Grauwertfunktion $f(x, y)$ als Menge

$$U[f] \;=\; \{(x, y, z) \mid z \le f(x, y)\}$$

aufgefaßt wird. Umgekehrt kann auch eine derartige Menge A in eine Funktion

$$T[A](x, y) \;=\; \max\{z \mid (x, y, z) \in A\}$$

umgewandelt werden. Auf anschauliche Weise können $U[f]$ und f als ein Gebirge und dessen Oberschicht aufgefaßt werden. Die Funktion T gibt die Oberschicht des Gebirges zurück. Mit den beiden Funktionen U und T ist die gewünschte Verknüpfung zwischen Grauwertfunktionen und Mengen geschaffen. Daher werden die Dilation und Erosion einer Grauwertfunktion $f(x, y)$ mittels eines Strukturelementes $s(x, y)$ durch

$$f \oplus s \;=\; T[U[f] \oplus U[s]]$$

bzw.

$$f \ominus s \;=\; T[U[f] \ominus U[s]]$$

definiert, wobei auf der rechten Seite die Dilation und Erosion für Punktmengen aus (A.1) und (A.2) anzuwenden sind. Nun läßt sich zeigen, daß diese Definition äquivalent zu

$$\begin{aligned}
(f \oplus s)(x, y) &= \max\{f(x - u, y - v) + s(u, v) \mid (u, v) \in D[s]\} \\
(f \ominus s)(x, y) &= \min\{f(x + u, y + v) - s(u, v) \mid (u, v) \in D[s]\}
\end{aligned}$$

ist. Bei $D[s]$ handelt es sich um den Definitionsbereich von $s(x, y)$. Auch für Grauwertfunktionen lassen sich gleich wie oben die Operationen Opening und Closing definieren. Am Beispiel des Gebirges können diese vier morphologischen Operationen wie folgt interpretiert werden: Die Erosion trägt die Oberschicht des Gebirges ab, während die Dilation das Gebirge mit einer weiteren Oberschicht überdeckt. Des weiteren beseitigt das Opening spitze Gipfel, während das Closing kleine Täler füllt. Gerade diese Interpretation von Opening und Closing liefert die Grundlage für die morphologische Bildglättung in Abschnitt 5.1.2. Im Zusammenhang mit der morphologischen Kantendetektion in Kapitel 7 sind zwei weitere morphologische Operationen

$$f \oplus_r s \;=\; (f \oplus s) - f, \quad f \ominus_r f \;=\; f - (f \ominus s)$$

von Interesse, die als Dilations- bzw. Erosionsresiduum bezeichnet werden.

In der morphologischen Bildverarbeitung spielen sog. flache Strukturelemente
eine zentrale Rolle. Ein Strukturelement $s(x, y)$ wird als flach bezeichnet, falls

$$s(x, y) \; = \; C, \quad \text{für alle } (x, y) \in D[s],$$

wobei C eine Konstante ist. Unter dieser Klasse der Strukturelemente nimmt
dasjenige mit $C = 0$ einen Sonderplatz ein. Die morphologischen Operationen
mittels eines derartigen Strukturelementes s_D mit Definitionsbereich D sind
besonders einfach,

$$
\begin{aligned}
(f \oplus s_D)(x, y) &= \max\{f(x - u, y - v) \mid (u, v) \in D\}, \\
(f \ominus s_D)(x, y) &= \min\{f(x + u, y + v) \mid (u, v) \in D\}.
\end{aligned}
$$

Für ein beliebiges flaches Strukturelement s mit $C \neq 0$ und Definitionsbereich
D gilt dann

$$
\begin{aligned}
(f \oplus s)(x, y) &= (f \oplus s_D)(x, y) + C, \\
(f \ominus s)(x, y) &= (f \ominus s_D)(x, y) - C.
\end{aligned}
$$

Diese kurze Einführung in die mathematische Morphologie soll lediglich dazu
dienen, das Verstehen der im vorliegenden Buch vorgestellten morphologischen
Verfahren zu ermöglichen. Eine weitergehende Behandlung dieses Themas findet sich in vielen Textbüchern über Bildverarbeitung. Insbesondere sei hier das
Tutorial [HSZ87] empfohlen.

Anhang B

Tiefenbildsammlungen

Bei der Konzeption des vorliegenden Buches wurde Wert darauf gelegt, das Darstellungsniveau so zu halten, daß eine Computer-Implementation der beschriebenen Verfahren leicht möglich ist. Nicht zuletzt sollen dadurch die Leser zum eigenen Experimentieren ermuntert werden. Hierfür ist weiterhin nötig, daß interessierte Leser Zugang zu Tiefenbildern bekommen. In den letzten Jahren haben einige Forschungsgruppen ihre Tiefenbildsammlungen öffentlich zugängig gemacht. Diese enthalten z.T. eine große Anzahl von realen Tiefenbildern, aufgenommen mit verschiedensten Tiefensensoren. Sie haben zweifellos die Forschungsarbeiten der einzelnen Gruppen und gesamthaft das Gebiet der Tiefenbildanalyse mitgeprägt. Es ist Ziel dieses Anhangs, auf derartige Bildsammlungen hinzuweisen. Im Mittelpunkt der Diskussion stehen hierbei drei Sensoren, die auf dem Prinzip der Laufzeitmessung, der Projektion von Lichtebenen und des codierten Lichtansatzes beruhen. Damit wird das Spektrum der wichtigsten Meßverfahren weitgehend abgedeckt.

USF-Sammlung

Diese Sammlung wurde mit einem Tiefensensor der Firma Perceptron [Inc93, DHJ95] aufgenommen (vgl. Abschnitt 4.1.3), der mit amplitudenmoduliertem Laserlicht arbeitet, und wird vom Computer Vision Laboratory der University of South Florida, Tampa, unterhalten (Kontaktperson: Dmitry Goldgof, goldgof@csee.usf.edu, oder Kevin Bowyer, kwb@csee.usf.edu). Darin sind insgesamt 40 Tiefenbilder der Auflösung 512 × 512 mit ausschließlich polyedrischen Objekten enthalten. Zu jedem Tiefenbild steht das entsprechende Reflektanzbild zur Verfügung. Beispiele der Perceptron-Bilder finden sich in Abb. 4.5 und 7.34. Diese Sammlung kann von

http://marathon.csee.usf.edu/range/seg-comp/SegComp.html

geladen werden[1]. Das Tiefenbild und Reflektanzbild einer Szene haben je 12 Bits pro Pixel und sind zusammen mit ergänzenden Informationen in einer einzigen Datei abgelegt. Diese beginnt mit einem Kopfteil bestehend aus zehn ASCII-Zeilen. Es folgen dann die Pixel zeilenweise. Jedes Pixel ist mit 24 Bits folgender Belegungen codiert:

Bit	Funktion
0–11	Tiefenwert
12–15	Kontrollinformation
16–27	Reflektanzwert
28–31	Immer 0

Ein Tiefenwert $r[i][j], 0 \leq i, j < 512$, entspricht dem Punkt

$$
\begin{aligned}
x[i][j] &= dx + r_3 \cdot \sin(\alpha) \\
y[i][j] &= dy + r_3 \cdot \cos(\alpha)\sin(\beta) \\
z[i][j] &= dz + r_3 \cdot \cos(\alpha)\cos(\beta)
\end{aligned}
$$

im Raum, wobei

$$
\begin{aligned}
\alpha &= \alpha_0 + H \cdot (255.5 - j)/512 & \beta &= \beta_0 + V \cdot (255.5 - i)/512 \\
dx &= (h_2 + dy)\tan(\alpha) & r_1 &= (dz - h_2)/\delta \\
dy &= dz \cdot \tan(\theta + \tfrac{1}{2}\beta) & r_2 &= \sqrt{(dx)^2 + (h_2 + dy)^2}/\delta \\
dz &= -h_1 \cdot (1.0 - \cos(\alpha))/\tan(\gamma) & r_3 &= (r[i][j] + r_0 - (r_1 + r_2))\delta
\end{aligned}
$$

Zur Berechnung des räumlichen Punktes benötigt man noch folgende Parameter des Sensors

$$
\begin{aligned}
&h_1 = 3.0, \quad h_2 = 5.5, \quad \gamma = \theta = 45.0^o, \quad \alpha_0 = \beta_0 = 0.0, \\
&H = 51.65, \quad V = 36.73, \quad r_0 = 830.3, \quad \delta = 0.20236.
\end{aligned}
$$

Unter der oben angegebenen Adresse ist auch Programmcode in C abgelegt, der das Einlesen eines Perceptron-Tiefenbildes und die obige Transformation vornimmt.

MSU-Sammlung

Vor einigen Jahren wurde diese Bildsammlung mit etwa 150 Tiefenbildern am Pattern Recognition and Image Processing Laboratory der Michigan State University, East Lansing, unter Verwendung eines Technical Arts 100X Scanners, auch unter dem Namen White Scanner bekannt, aufgenommen. Der White

---

[1] Dieselbe Sammlung wurde auch für den in Abschnitt 7.7 beschriebenen Vergleich von Segmentierungsverfahren verwendet. Dazu wurde sie in einen Trainingssatz und einen Testsatz mit 10 bzw. 30 Bildern unterteilt und entsprechend abgelegt.

Scanner beruht auf dem in Abschnitt 4.2.2 beschriebenen Prinzip der Projektion von Lichtebenen, wobei ein Laser eingesetzt wurde. Zwischen den Projektionen wurde die Meßszene entlang der X-Richtung eines XY-Tischs verschoben. Diese Bildsammlung wird von Patrick Flynn (flynn@eecs.wsu.edu) an der Washington State University, Pullman, unterhalten und ist über

$$\texttt{http://www.eecs.wsu.edu/IRL/RID/RID.html}$$

zugänglich. Die Tiefenbilder sind als ASCII-Dateien abgelegt. In den ersten drei Zeilen einer derartigen Datei werden die Anzahl Zeilen und Spalten des Tiefenbildes angegeben, gefolgt von einer kurzen Erklärung des Bildformats. Der eigentliche Bildinhalt beginnt mit einem Markierungsbild, in dem zeilenweise ein Markierungszeichen pro Pixel abgespeichert ist. Hierbei werden nicht meßbare Punkte mit null belegt, während gültige Punkte den Wert eins zugewiesen bekommen. Es folgen drei Teilbilder mit den X-, Y-, bzw. Z-Koordinaten der Punkte. Tiefenbilder aus dieser Sammlung haben die Eigenschaft, daß sie annähernd als äquidistant betrachtet werden können. Beispiele finden sich in Abb. 7.20. Zum Schluß sei noch angemerkt, daß zu den Tiefenbildern keine korrespondierenden Grauwertbilder existieren.

UB-Sammlung

Diese Sammlung entstand am Institut für Informatik der Universität Bern (Kontaktperson: Xiaoyi Jiang, jiang@iam.unibe.ch). Dabei wurde ein PC-basierter Tiefensensor der Firma ABW aus Deutschland verwendet. Dieser arbeitet nach dem in Abschnitt 4.2.3 beschriebenen Prinzip des codierten Lichtverfahrens, wobei 320 Lichtstreifen – durch 9 Lichtstreifenmuster codiert – angesprochen werden können. Zur Vermessung von Szenen liefert das System ein Paar korrespondierendes Tiefen- und Grauwertbild mit einer Auflösung von 512×512 Bildpunkten. Diese Bildsammlung kann von

$$\texttt{http://iamwww.unibe.ch/~fkiwww/ResearchAreas/RangeImages.html}$$

geladen werden. Darin sind etwa 50 Tiefenbilder samt ihren jeweiligen Grauwertbildern im SunRaster-Format [BS95] enthalten. Ein großer Teil dieser Tiefenbilder beinhaltet ausschließlich polyedrische Objekte. Dem Rest der Szenen liegen gekrümmte Objekte zugrunde. Zu dieser Sammlung gehören die 40 Bilder zum Vergleich der Segmentierungsmethoden, siehe Abschnitt 7.7. Darin sind auch die beiden Tiefenbilder in Abb. 4.17, die im vorliegenden Buch verschiedentlich als Beispiele gedient haben, zu finden.

In einem Tiefenbild markiert der Wert null immer einen nicht meßbaren Punkt, was vor allem durch die getrennte Aufstellung des Projektors und der Kamera und die dadurch bedingten Schattengebiete vorkommt. Sonst entspricht ein

Pixel $r[i][j], 0 \le i, j < 512$, dem räumlichen Punkt

$$
\begin{aligned}
x[i][j] &= \frac{(j-255)(t+\frac{r[i][j]}{s})}{|f_k|} \\
y[i][j] &= \frac{(255-i)(t+\frac{r[i][j]}{s})}{|f_k| \cdot c} \\
z[i][j] &= \frac{255-r[i][j]}{s}
\end{aligned}
\tag{B.1}
$$

Bei t, s, f_k und c handelt es sich um Parameter des Tiefensensors, die durch ein Kalibrierungsverfahren ermittelt werden. Wegen unterschiedlicher Kalibrierungen kommen bei dieser Bildsammlung verschiedene Parametersätze zum Einsatz. Angaben über konkrete Werte der Parametersätze sowie darüber, welche Werte für ein bestimmtes Tiefenbild Gültigkeit besitzen, finden sich unter der oben angegebenen Adresse.

Mit den Formeln in (B.1) wird die Sensorgeometrie zum Ausdruck gebracht. Folglich kann man in entgegengesetzter Richtung auch ein Objekt im Raum in die Bildebene transformieren. Aus (B.1) ergibt sich die nötige Transformation dazu:

$$
\begin{aligned}
i &= 255 - \frac{y|f_k|c}{t+\frac{255-z\cdot s}{s}} \\
j &= 255 + \frac{x|f_k|}{t+\frac{255-z\cdot s}{s}}
\end{aligned}
$$

Dies entspricht genau der perspektivischen Abbildung der Kamera. In Abschnitt 8.5 wurde von dieser Möglichkeit rege Gebrauch gemacht, um eine optische Beurteilung der Genauigkeit der berechneten Transformation vom Modell in die Szene zu ermöglichen.

Weitere Bildsammlungen

Es existieren noch weitere Quellen für Tiefenbilder. Im folgenden sollen deren drei kurz vorgestellt werden. An der Michigan State University, wo die MSU-Sammlung entstanden ist, wurde ein Verfahren [LS91] entwickelt, um zusätzlich zu einem vom White Scanner gelieferten Tiefenbild auch ein Grauwertbild zu gewinnen. Die Ergebnisse für 38 Szenen wurden über

```
ftp://ftp.cps.msu.edu/pub/prip/data/range_images
```

öffentlich zugänglich gemacht (Kontaktperson: George C. Stockman, stockman@cps.msu.edu). Hierbei findet dasselbe Bildformat wie bei der MSU-Sammlung Anwendung, außer daß am Schluß noch ein Grauwertbild angehängt wird.

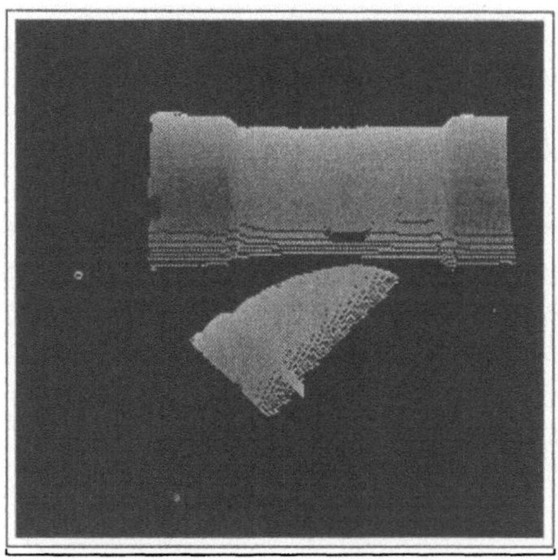 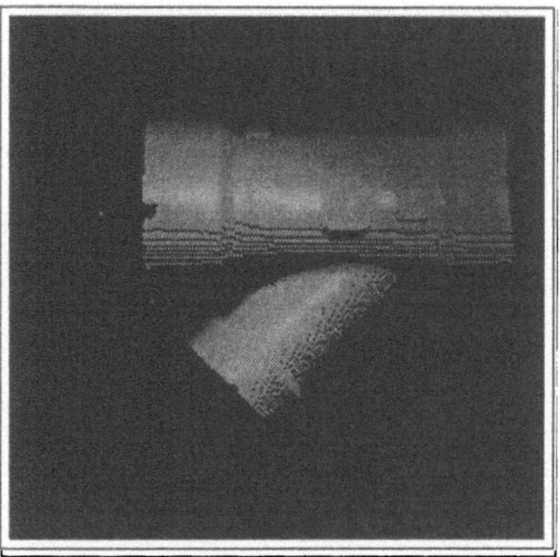

Abbildung B.1: Tiefen- und Grauwertbild in voller Registrierung. Freundlicherweise überlassen von G. Stockman, Michigan State University, East Lansing, USA.

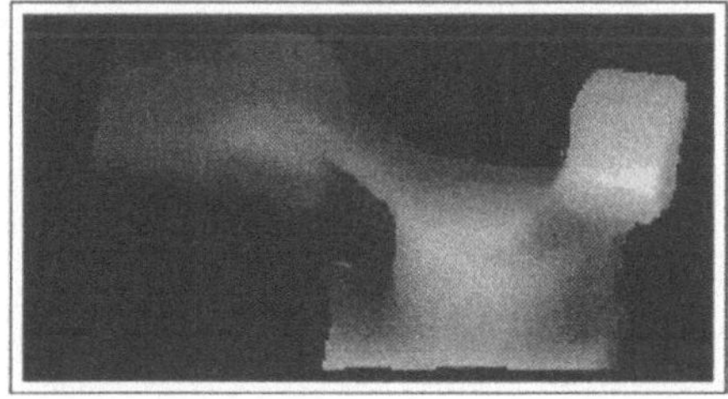

Abbildung B.2: Ein Tiefenbild aus der Bildsammlung von Edinburgh mit einem Autoteil von Renault. Freundlicherweise überlassen von B. Fisher, University of Edinburgh, Schottland.

Als Beispiel zeigt Abb. B.1 ein Paar Tiefen- und Grauwertbild aus dieser Bildsammlung.

Ebenfalls unter Verwendung eines White Scanners entstand die unter der Adresse

`ftp://ftp.cs.utah.edu/pub/range-database`

abrufbare Sammlung der University of Utah. Im Gegensatz zu den MSU-Bildern wird hier jedoch ein anderes Bildformat verwendet, siehe die Informationsdatei unter der obigen Adresse für nähere Angaben. Dort findet man auch Programm-Code in C zum Einlesen eines derartigen Tiefenbildes. In dieser Bildsammlung sind insgesamt 20 Tiefenbilder enthalten, die mit dem White Scanner aufgenommen wurden. Es sind aber noch 13 weitere Tiefenbilder von anderen Institutionen vorhanden, u.a. zwei Bilder von INRIA, Frankreich, mit einem Autoteil von Renault, das dank der Verwendung in [FH86] eine gewisse Berühmtheit in der Forschungsgemeinschaft erlangt hat.

Eine weitere Bildsammlung wird von der University of Edinburgh zur Verfügung gestellt und kann über das Pilot European Image Processing Archive (PEIPA):

```
http://peipa.essex.ac.uk/peipa/range-images.html
```

abgerufen werden (Kontaktperson: Robert Fisher, rbf@aifh.ed.ac.uk). Zur Bildaufnahme wird hierbei ein Triangulationssensor mit Laser eingesetzt. Diese Bildsammlung umfaßt ca. 40 Tiefenbilder, u.a. einige Aufnahmen mit dem oben besprochenen Autoteil von Renault. Eine davon wird in Abb. B.2 gezeigt.

Literaturverzeichnis

[AA93a]   F. Arman and J.K. Aggarwal. CAD-based vision: Object recognition in cluttered range images using recognition strategies. *CV-GIP: Image Understanding*, 58(1):33–48, 1993.

[AA93b]   F. Arman and J.K. Aggarwal. Model-based object recognition in dense-range images – A review. *ACM Computing Surveys*, 25(1):5–43, 1993.

[AB80]   R.D. Arnold and T.O. Binford. Geometric constraints in stereo vision. In *SPIE Vol. 238, Image Processing for Missile Guidance*, pages 281–292, 1980.

[AB88]   J. Aloimonos and C.M. Brown. Robust computation of intrinsic images from multiple cues. In C. Brown, editor, *Advances in Computer Vision*, volume I, pages 115–163. Lawrence Erlbaum Associates, 1988.

[Abd90a]   N.N. Abdelmalek. Algebraic error analysis for surface curvatures and segmentation of 3-D range images. *Pattern Recognition*, 23(8):807–817, 1990.

[Abd90b]   N.N. Abdelmalek. Algebraic error analysis for surface curvatures of 3-D range images obtained by different methods. In *Proc. of 10th Int. Conf. on Pattern Recognition*, pages 529–534, 1990.

[ABG89]   N. Alvertos, D. Brzakovic, and R.C. Gonzales. Camera geometries for image matching in 3-D machine vision. *IEEE Transactions on Pattern Analysis and Machine Intelligence*, 11(9):897–915, 1989.

[AC89a]   J.K. Aggarwal and C.H. Chien. 3-D structures from 2-D images. In J.L.C. Sanz, editor, *Advances in Machine Vision*, pages 64–121. Springer-Verlag, 1989.

[AC89b]   J.T. Astola and T.G. Campbell. On computation of the running median. *IEEE Transactions on Acoust. Speech Signal Process.*, 37(4):572–574, 1989.

[AF87]   N. Ayache and B. Faverjon. Efficient registration of stereo images by matching graph descriptions of edge segments. *Int. Journal of Computer Vision*, 1:107–131, 1987.

[AH88]   N. Ayache and C. Hansen. Rectification of images for binocular and trinocular stereovision. In *Proc. of 9th Int. Conf. on Pattern Recognition*, pages 11–16, 1988.

[AHS90]   E. Al-Hujazi and A. Sood. Range image segmentation with applications to robot bin-packing using vacuum gripper. *IEEE Transactions on Systems, Man, and Cybernetics*, 20(6):1313–1325, 1990.

[AIT88]   M. Asada, H. Ichikawa, and S. Tsuji. Determining surface orientation by projecting a stripe pattern. *IEEE Transactions on Pattern Analysis and Machine Intelligence*, 10(5):749–754, 1988.

[AKTS92]   M. Asada, M. Kimura, Y. Taniguchi, and Y. Shirai. Dynamic intergration of height maps into a 3D world representation from range image sequences. *Int. Journal of Computer Vision*, 9(1):31–53, 1992.

[AL91]   N. Ayache and F. Lustman. Trinocular stereo vision for robotics. *IEEE Transactions on Pattern Analysis and Machine Intelligence*, 13(1):73–85, 1991.

[ART95]   F. Ade, M. Rutishauser, and M. Trobina. Grasping unknown objects. In H. Bunke, T. Kanade, and H. Noltemeier, editors, *Modelling and Planning for Sensor Based Intelligent Robot Systems*, pages 445–459. World Scientific, 1995.

[AS88]   J. Aloimonos and M. Swain. Shape from patterns: Regularization. *Int. Journal of Computer Vision*, 2:171–187, 1988.

[AS89]   J. Aloimonos and D. Shulman. *Integration of Visual Modules: An Extension of the Marr Paradigm*. Academic Press, 1989.

[ASN+92]   K. Araki, M. Shimizu, T. Noda, Y. Chiba, Y. Tsuda, K. Ikegaya, K. Sannoniya, and M. Gomi. High speed and continuous 3-D measurement system. In *Proc. of 11th Int. Conf. on Pattern Recognition*, volume IV, pages 62–65, 1992.

[AW88]   J.K. Aggarwal and Y.F. Wang. Inference of object surface from structured lighting – An overview. In H. Freeman, editor, *Machine Vision: Algorithms, Architectures, and Systems*, pages 193–220. Academic Press, 1988.

[Aya91]   N. Ayache. *Artificial Vision for Mobile Robots: Stereo Vision and Multisensory Perception*. The MIT Press, 1991.

[BA86]   B.A. Boyter and J.K. Aggarwal. Recognition of polyhedra from range data. *IEEE Expert*, 1(1):47–59, 1986.

[BA89]   D. Blostein and N. Ahuja. Shape from texture: Integrating texture-element extraction and surface estimation. *IEEE Transactions on Pattern Analysis and Machine Intelligence*, 11:1233–1251, 1989.

[Bar89]   S.T. Barnard. Stochastic stereo matching over scale. *Int. Journal of Computer Vision*, 3:17–32, 1989.

[Bas89]   C.M. Bastuscheck. Techniques for real-time generation of range images. In *Proc. of IEEE Computer Society Conference on Computer Vision and Pattern Recognition*, pages 262–268, 1989.

[BBC90]   P. Boulanger, F. Blais, and P. Cohen. Detection of depth and orientation discontinuities in range images using mathematical morphology. In *Proc. of 10th Int. Conf. on Pattern Recognition*, pages 729–732, 1990.

[BBH93]   R.C. Bolles, H.H. Baker, and M.J. Hannah. The JISCT stereo evaluation. In *Proc. of Image Understanding Workshop*, pages 263–274, 1993.

[BBW89]   P.J. Besl, J.B. Birch, and L.T. Watson. Robust window operators. *Machine Vision and Applications*, 2:179–191, 1989.

[BC87]   B. Bhanu and C.C. Chen. CAD-based 3D object representation for robot vision. *IEEE Computer*, 20(8):19–35, 1987.

[BC94]   J. Berkman and T. Caelli. Computation of surface geometry and segmentation using covariance techniques. *IEEE Transactions on Pattern Analysis and Machine Intelligence*, 16(11):1114–1116, 1994.

[Bes88a]   P.J. Besl. Active, optical range imaging sensors. *Machine Vision and Applications*, 1:127–152, 1988.

[Bes88b]   P.J. Besl. *Surfaces in Range Image Understanding*. Springer-Verlag, 1988.

[Bes89]   P.J. Besl. Active optical range imaging sensors. In J.L.C. Sanz, editor, *Advances in Machine Vision*, pages 1–63. Springer-Verlag, 1989.

[BF81]   R.C. Bolles and M.A. Fischler. A RANSAC-based approach to model fitting and its application to finding cylinders in range data. In *Proc. of 7th Int. Joint Conf. on Artificial Intelligence*, pages 637–643, 1981.

[BF82]   S.T. Barnard and M.A. Fischler. Computational stereo. *Computing Surveys*, 14(4):553–572, 1982.

[BF86]   G. Beheim and K. Fritsch. Range finding using frequency-modulated laser diode. *Applied Optics*, 25(9):1439–1442, 1986.

[BH86]   R.C. Bolles and P. Horaud. 3DPO: A three-dimensional part orientation system. *International Journal of Robotics*, 5(3):3–26, 1986.

[BH87a]   S.D. Blostein and T.S. Huang. Error analysis in stereo determination of 3-D point positions. *IEEE Transactions on Pattern Analysis and Machine Intelligence*, 9(6):752–765, 1987.

[BH87b]   R.C. Bolles and P. Horaud. 3DPO: A three-dimensional part orientation system. In T. Kanade, editor, *Three-Dimensional Machine Vision*, pages 399–450. Kluwer Academic Publishers, 1987.

[BH89]   M.J. Brooks and B.K.P Horn. Shape and source from shading. In B.K.P. Horn and M.J. Brooks, editors, *Shape from Shading*, pages 53–68. The MIT Press, 1989.

[Bic95]   M. Bichsel, editor. *Proceedings of International Workshop on Automatic Face- and Gesture-Recognition*. 1995.

[Bin81]   T.O. Binford. Inferring surfaces from images. *Artificial Intelligence*, 17:205–244, 1981.

[BJ80]   P. Burt and B. Julesz. A disparity gradient limit for binocular fusion. *Science*, 208:615–617, 1980.

[BJ85]   P.J. Besl and R.C. Jain. Three-dimensional object recognition. *Computing Surveys*, 17:75–145, 1985.

[BJ86]   P.J. Besl and R.C. Jain. Invariant surface characteristics for 3D object recognition in range images. *Computer Vision, Graphics, and Image Processing*, 33(1):33–80, 1986.

[BJ88]   P.J. Besl and R.C. Jain. Segmentation through variable-order surface fitting. *IEEE Transactions on Pattern Analysis and Machine Intelligence*, 10:167–192, 1988.

[BK87]   K.L. Boyer and A.C. Kak. Color-encoded structured light for rapid active ranging. *IEEE Transactions on Pattern Analysis and Machine Intelligence*, 9(1):14–28, 1987.

[Bli87]   J.F. Blinn. Platonic solids. *IEEE Computer Graphics and Applications*, 7(11):62–66, 1987.

[BM90]   A. Blake and C. Marinos. Shape from texture: Estimation, isotropy and moments. *Artificial Intelligence*, 45:323–380, 1990.

[BMLL93]   A. Blake, D. McCowen, H.R. Lo, and P.J. Lindsey. Trinocular active range-sensing. *IEEE Transactions on Pattern Analysis and Machine Intelligence*, 15(5):477–483, 1993.

[BNA89]   J.P. Brady, N. Nandhakumar, and J.K. Aggarwal. Recent progress in object recognition from range data. *Image Vision and Computing*, 7(4):295–307, 1989.

[BP92a]   J.C. Bezdek and S.K. Pal, editors. *Fuzzy Models for Pattern Recognition*. IEEE Press, 1992.

[BP92b]   M. Bichsel and A. Pentland. A simple algorithm for shape from shading. In *Proc. of IEEE Computer Society Conference on Computer Vision and Pattern Recognition*, pages 459–465, 1992.

[BPYA85]   M. Brady, J. Ponce, A. Yuille, and H. Asada. Describing surfaces. *Computer Vision, Graphics, and Image Processing*, 32(1):1–28, 1985.

[Bra94]   D. Braggins. 3-D inspection and measurement: Solid choices for indurtial vision. *Advanced Imaging*, pages 36–39, October 1994.

[BRB+92]   J.A. Beraldin, M. Rioux, F. Blais, L. Cournoyer, and J. Domey. Registered intensity and range imaging at 10 mega-samples per second. *Optical Engineering*, 31(1):88–94, 1992.

[BRDH94]   S. Badal, S. Ravela, B. Draper, and A. Hanson. A practical obstacle detection and avoidance system. In *Proc. of 2nd IEEE Workshop on Applications of Computer Vision*, pages 97–104, 1994.

[BRE91]   J.N. Bhuyan, V.V. Raghavan, and V.K. Elayavalli. Generic algorithm for clustering with an ordered representation. In *Proc. of fourth Int. Conf. on Generic Algorithms*, 1991.

[BS86]   C.M. Bastuscheck and J.T. Schwartz. Experimental implementation of a ratio image depth sensor. In A. Rosenfeld, editor, *Techniques for 3-D Machine Perception*, pages 1–12. Elsevier Science Publishers, 1986.

[BS92]   S.M. Bhandarkar and A. Siebert. Integrating edge and surface information for range image segmentation. *Pattern Recognition*, 25(9):947–962, 1992.

[BS95]   C.W. Brown and B.J. Shepherd. *Graphics File Formats: Reference and Guide*. Manning Publications Co., Grennwich, 1995.

[BT80]   S. Barnard and W. Thompson. Disparity analysis of images. *IEEE Transactions on Pattern Analysis and Machine Intelligence*, 2(4):333–340, 1980.

[Bur81]   P.J. Burt. Fast filter transforms for image processing. *Computer Vision, Graphics, and Image Processing*, 16(1):20–51, 1981.

[Bur83]   P.J. Burt. Fast algorithms for estimating local image properties. *Computer Vision, Graphics, and Image Processing*, 21(3):368–382, 1983.

[Bur84]   P.J. Burt. The pyramid as a structure for efficient computation. In A. Rosenfeld, editor, *Multiresolution Image Processing and Analysis*. Springer-Verlag, 1984.

[Can86]   J. Canny. A computational approach to edge detection. *IEEE Transactions on Pattern Analysis and Machine Intelligence*, 8(6):679–698, 1986.

[Car76]   M.P.do Carmo. *Differential Geometry of Curves and Surfaces*. Prentice-Hall, 1976.

[CCH94]   Z. Chen, T.-L. Chia, and S.-Y. Ho. Measuring 3-D location and shape parameters of cylinders by a spatial enoding technique. *IEEE Transactions on Robotics and Automation*, 10(5):632–647, 1994.

[CCK94]   C. Chang, S. Chatterjee, and P.R. Kube. A quantization error analysis for convergent stereo. In *Proc. of IEEE Int. Conf. on Image Processing*, pages 735–739, 1994.

[CD86]   R.T. Chin and C.R. Dyer. Model-based recognition in robot vision. *Computing Surveys*, 18(1):67–108, 1986.

[CD92]   J.-C. Cheng and H.-S. Don. Roof edge detection: A morphological skeleton approach. In C. Archibald and E. Petriu, editors, *Advances in Machine Vision: Strategies and Applications*, pages 171–191. World Scientific, 1992.

[CDAM92]   L. Caponetti, A. Distante, N. Ancona, and R. Muguolo. 3D object recognition based on a viewpoint analysis. *Image Vision and Computing*, 10(8):549–556, 1992.

[CF84]   P.R. Cohen and E.A. Feigenbaum. *The Handbook of Artificial Intelligence*, volume 3. Addison-Wesley Pub. Co., 1984.

[CH85]   B. Carrihill and R. Hummel. Experiments with the intensity ratio depth sensor. *Computer Vision, Graphics, and Image Processing*, 32:337–358, 1985.

[Chi88]   R.T. Chin. Automated visual inspection: 1981 to 1987. *Computer Vision, Graphics, and Image Processing*, 41:346–381, 1988.

[Chi92]   R.T. Chin. Automated visual inspection algorithms. In Torras, editor, *Computer Vision: Theory and Industrial Applications*, pages 377–404. Springer-Verlag, 1992.

[CJ82]   E.N. Coleman and R. Jain. Obtaining 3-dimensional shape of textured and specular surfaces using four-source photometry. *Computer Vision, Graphics, and Image Processing*, 18:309–328, 1982.

[CK87]   C.H. Chen and A.C. Kak. Modeling and calibration of a structured light scanner for 3-D robot vision. In *Proc. of IEEE Conf. on Robotics and Automation*, pages 807–815, 1987.

[CK89]   C.H. Chen and A.C. Kak. A robot vision system for recognizing 3-D objects in low-order polynomial time. *IEEE Transactions on Systems, Man, and Cybernetics*, 19(6):1535–1563, 1989.

[CK91]   Y. Choe and R.L. Kashyap. 3-D shape from a shaded and textural surface image. *IEEE Transactions on Pattern Analysis and Machine Intelligence*, 13:907–919, 1991.

[CK92]   C.J. Cho and J.H. Kim. Recognizing 3-D objects by forward checking constrained tree search. *Pattern Recognition Letters*, 13:587–597, 1992.

[CL94]   T.-W. Chen and W.-C. Lin. A neural network approach to CSG-based 3-D object recognition. *IEEE Transactions on Pattern Analysis and Machine Intelligence*, 16(7):719–726, 1994.

[Cla92]   J.J. Clark. Active photometric stereo. In *Proc. of IEEE Computer Society Conference on Computer Vision and Pattern Recognition*, pages 29–34, 1992.

[CM90]   N.R. Corby and J.L. Mundy. Applications of range image sensing and processing. In R.C. Jain and A.K. Jain, editors, *Analysis and Interpretation of Range Images*, pages 255–272. Springer-Verlag, 1990.

[CM92]   Y. Chen and G. Medioni. Object modelling by registration of multiple range images. *Image Vision and Computing*, 10(3):145–155, 1992.

[CS92]   X. Chen and F. Schmitt. Intrinsic surface properties from surface triangulation. In *Proc. of European Conf. on Computer Vision*, pages 739–743, 1992.

[CS94]   P.H. Christensen and L.G. Shapiro. Three-dimensional shape from color photometric stereo. *Int. Journal of Computer Vision*, 13(2):213–227, 1994.

[CTS95]   J.E. Cryer, P.S. Tsai, and M. Shah. Intergration of shape from shading and stereo. *Pattern Recognition*, 28(7):1033–1043, 1995.

[CWS95]   R. Chellappa, C.L. Wilson, and S. Sirohey. Human and machine recognition of faces: A survey. *Proceedings of the IEEE*, 83(5):705–740, 1995.

[CY83]   R.T. Chin and C.L. Yeh. Quantitative evaluation of some edge preserving noise-smoothing techniques. *Computer Vision, Graphics, and Image Processing*, 23:67–91, 1983.

[DA89]   U.R. Dhond and J.K. Aggarwal. Structure from stereo – A review. *IEEE Transactions on Systems, Man, and Cybernetics*, 19(6):1489–1510, 1989.

[DA91]   U. Dhond and J. Aggarwal. A cost-benefit analysis of a third camera for stereo correspondence. *Int. Journal of Computer Vision*, 6(1).39–50, 1991.

[Dav90]   E.R. Davies. *Machine Vision: Theory, Algorithms, Practicalities*. Academic Press, 1990.

[DH72]   R.O. Duda and P.E. Hart. *Pattern Classification and Scene Analysis*. John Wiley & Sons, 1972.

[DHJ95]   O.H. Dorum, A. Hoover, and J.P. Jones. Calibration and control issues in range imaging for mobile robot navigation. In C. Archibald and P. Kwok, editors, *Research in Computer and Robot Vision*. World Scientific, 1995.

[DK87]   M. Dhome and T. Kasvand. Polyhedra recognition by hypothesis accumulation. *IEEE Transactions on Pattern Analysis and Machine Intelligence*, 9(3):429–438, 1987.

[Dub93]   R.C. Dubes. Cluster analysis and related issues. In C.H. Chen, L.F. Pau, and P.S.P. Wang, editors, *Handbook of Pattern Recognition and Computer Vision*, pages 3–32. World Scientific, 1993.

[DV95]   K.M. Dawson and D. Vernon. 3-D object recognition through implicit model matching. *Int. Journal of Pattern Recognition and Artificial Intelligence*, 9(6):959–990, 1995.

[Eve89]   H.R. Everett. Survey of collision avoidance and ranging sensors for mobile robots. *Robotics and Autonomous Systems*, 5:5–67, 1989.

[Eve93]   B.S. Everitt. *Cluster Analysis*. Halsted Press, 1993.

[Fan90]   T.-J. Fan. *Describing and Recognizing 3-D Objects Using Surface Primitives*. Springer-Verlag, 1990.

[FFH⁺92]   O. Faugeras, P. Fua, B. Hotz, R. Ma, L. Robert, M. Thonnat, and Z. Zhang. Quantitative and qualitative comparison of some area and feature-based stereo algorithms. In W.Förstner and St. Ruwiedel, editors, *Robust Computer Vision*, pages 1–26. Wichmann, 1992.

[FH86]   O.D. Faugeras and M. Herbert. The representation, recognition, and locating of 3-D objects. *Int. Journal of Robotics Research*, 5(3):27–52, 1986.

[Fis89]   R.B. Fisher. *From Surfaces to Objects*. John Wiley & Sons, 1989.

[Fis92]   R.B. Fisher. Non-wildcard matching beats the interpretation tree. In D. Dogg and R. Boyle, editors, *BMVC92: Proc. of the British Machine Vision Conference*, pages 560–569. Springer-Verlag, 1992.

[Fis94]   R.B. Fisher. Performance comparison of ten variations on the interpretation-tree matching algorithm. In *Proc. of European Conf. on Computer Vision*, pages 507–512, 1994.

[FJ88]   P.J. Flynn and A.K. Jain. Surface classification: Hypothesis testing and parameter estimation. In *Proc. of IEEE Computer Society Conference on Computer Vision and Pattern Recognition*, pages 261–267, 1988.

[FJ89]   P.J. Flynn and A.K. Jain. On reliable curvature estimation. In *Proc. of IEEE Computer Society Conference on Computer Vision and Pattern Recognition*, pages 110–116, 1989.

[FJ91a]   P.J. Flynn and A.K. Jain. BONSAI: 3-D object recognition using constrained search. *IEEE Transactions on Pattern Analysis and Machine Intelligence*, 13(10):1066–1075, 1991.

[FJ91b]   P.J. Flynn and A.K. Jain. CAD-based computer vision: From CAD models to relational graphs. *IEEE Transactions on Pattern Analysis and Machine Intelligence*, 13:114–132, 1991.

[FJ91c]   P.J. Flynn and A.K. Jain. On a taxonomy of interpretation trees. In *SPIE Vol. 1607 Intelligent Robot and Computer Vision: Algorithms and Techniques*, pages 548–558, 1991.

[FJ92]   P.J. Flynn and A.K. Jain. 3D object recognition using invariant feature indexing of interpretation tables. *CVGIP: Image Understanding*, 55(2):119–129, 1992.

[FJ94] P.J. Flynn and A.K. Jain. Three-dimensional object recognition. In T.Y. Young, editor, *Handbook of Pattern Recognition and Image Processing: Computer Vision*, pages 497–541. Academic Press, 1994.

[Fly94a] P.J. Flynn. 3-D object recognition with symmetric models: Symmetry extraction and encoding. *IEEE Transactions on Pattern Analysis and Machine Intelligence*, 16:814–818, 1994.

[Fly94b] P.J. Flynn. Realistic range rendering. In *Proc. of IEEE Computer Society Conference on Computer Vision and Pattern Recognition*, pages 848–851, 1994.

[FMN87] T.-J. Fan, G. Medioni, and R. Nevetia. Segmented descriptions of 3-D surfaces. *IEEE Transactions on Robotics and Automation*, 3(6):527–538, 1987.

[FP86] W. Forstner and A. Pertl. Photogrammetric standard methods and digital image matching techniques. In E.S. Gelsema and L.N. Kanal, editors, *Pattern Recognition in Practice*, pages 57–72. Elsevier Science Publishers, 1986.

[Fre89] H. Freeman, editor. *Machine Vision for Inspection and Measurement*. Academic Press, 1989.

[Fua93] P. Fua. A parallel stereo algorithm that produces dense depth maps and preserves image features. *Machine Vision and Applications*, 6:35–49, 1993.

[Gan84] S. Ganapathy. Decomposition of transformation matrices for robot vision. In *Proc. of IEEE Conf. on Robotics and Automation*, pages 130–139, 1984.

[Gar93] J. Garding. Shape from texture and contour by weak isotropy. *Artificial Intelligence*, 64:243–297, 1993.

[GB93] A. Gupta and R. Bajcsy. Volumetric segmentation of range images of 3D objects using superquadratic models. *CVGIP: Image Understanding*, 58(3):302–326, 1993.

[GBC91] D. Gibbins, M.J. Brooks, and W. Chojnacki. Light source direction from a single image: A performance analysis. *The Australian Computer Journal*, 23(4):165–174, 1991.

[Gen88] M.A. Gennert. Brightness-based stereo matching. In *Proc. of 2nd Int. Conf. on Computer Vision*, pages 139–143, 1988.

[GG93] A. Goshtasby and W.A. Gruver. Design of a single-lens stereo camera system. *Pattern Recognition*, 26(6):923–937, 1993.

[GGJB89] T. Glauser, E. Gmür, X.Y. Jiang, and H. Bunke. Deductive generation of vision representations from CAD-models. In *Proc. of 6th Scand. Conf. on Image Analysis*, pages 645–651, 1989.

[Gib50] J.J. Gibson. *The Perception of the Visual World.* Houghton-Mifflin, 1950.

[GK94a] L. Grewe and A. Kak. Integration of geometric and non-geometric attributes for fast object recognition. *Int. Journal of Pattern Recognition and Artificial Intelligence*, 8(6):1407–1437, 1994.

[GK94b] L.L. Grewe and A.C. Kak. Stereo vision. In T.Y. Young, editor, *Handbook of Pattern Recognition and Image Processing: Computer Vision*, pages 239–317. Academic Press, 1994.

[GLP84] W.E.L. Grimson and T. Lozano-Perez. Model-based recognition and localization from sparse range or tactile data. *Int. Journal of Robotics Research*, 3(3):3–35, 1984.

[GLP87] W.E.L. Grimson and T. Lozano-Perez. Localizing overlapping parts by searching the interpretation tree. *IEEE Transactions on Pattern Analysis and Machine Intelligence*, 9(4):469–482, 1987.

[GM93] S. Ghosal and R. Mehrotra. Segmentation of range images: An orthogonal moment-based integrated approach. *IEEE Transactions on Robotics and Automation*, 9(4):385–399, 1993.

[GM94] S. Ghosal and R. Mehrotra. Detection of composite edges. *IEEE Transactions on Image Processing*, 3(1):14–25, 1994.

[GNY92] P.M. Griffin, L.S. Narasimhan, and S.R. Yee. Generation of uniquely encoded light patterns for range data acquisition. *Pattern Recognition*, 25(6):609–616, 1992.

[Gor91] G.G. Gordon. Face recognition based on depth maps and surface curvature. In *SPIE Vol. 1570 Geometric Methods in Computer Vision*, pages 234–247, 1991.

[Gor92] G.G. Gordon. Face recognition based on depth and curvature features. In *Proc. of IEEE Computer Society Conference on Computer Vision and Pattern Recognition*, pages 808–810, 1992.

[Gri85] W.E.L. Grimson. Computational experiments with a feature-based stereo algorithm. *IEEE Transactions on Pattern Analysis and Machine Intelligence*, 7(1):17–34, 1985.

[Gri90a] W.E.L. Grimson. The combinatorics of object recognition in cluttered environments using constrained search. *Artificial Intelligence*, 44(1-2):121–165, 1990.

[Gri90b]   W.E.L. Grimson. *Object Recognition by Computer: The Role of Geometric Constraints*. The MIT Press, 1990.

[GTK93]   A. Gruss, S. Tade, and T. Kanade. A VLSI smart sensor for fast range imaging. In *Proc. of Image Understanding Workshop*, pages 977–986, 1993.

[HA89]   W. Hoff and N. Ahuja. Surfaces from stereo: Integrating feature matching, disparity estimation, and contour detection. *IEEE Transactions on Pattern Analysis and Machine Intelligence*, 11(2):121–136, 1989.

[Ham69]   W.R. Hamilton. *Elements of Quaternions*. Chelsea, 1969.

[HAM89]   A. Härkönen, H. Ailisto, and I. Moring. Noise analysis and filtering of range images produces by a scanning laser range finder. In *Proc. of 6th Scand. Conf. on Image Analysis*, pages 481–491, 1989.

[HB89]   B.K.P. Horn and M.J. Brooks, editors. *Shape from Shading*. The MIT Press, 1989.

[HE80]   R.M. Haralick and G.L. Elliot. Increasing tree search efficiency for constraint satisfaction problems. *Artificial Intelligence*, 14:262–313, 1980.

[Hed89]   K. Hedengren. Methodology for automatic image-based inspection of industrial objects. In J.L.C. Sanz, editor, *Advances in Machine Vision*, pages 160–191. Springer-Verlag, 1989.

[HGKS87]   M. Hersman, F. Goodwin, S. Kenyon, and A. Slotwinski. Coherent laser radar application to 3D vision and metrology. In *Proc. of Vision'87*, pages 1–12 (Section 3), 1987.

[HH89]   C. Hansen and T. Henderson. CAGD-based computer vision. *IEEE Transactions on Pattern Analysis and Machine Intelligence*, 11(11):1181–1193, 1989.

[HI84]   B.K.P. Horn and K. Ikeuchi. The mechanical manipulation of randomly oriented parts. *Scientific American*, 251(2):100–111, 1984.

[HJ84]   G. Healey and R. Jain. Depth recovery from surface normals. In *Proc. of 7th Int. Conf. on Pattern Recognition*, pages 894–896, 1984.

[HJ87]   R. Hoffman and A.K. Jain. Segmentation and classification of range images. *IEEE Transactions on Pattern Analysis and Machine Intelligence*, 9(5):608–620, 1987.

[HJBGB94] A. Hoover, G. Jean-Baptiste, D. Goldgof, and K. Bowyer. A methodology for evaluating range image segmentation techniques. In *Proc. of the 2nd IEEE Workshop on Applications of Computer Vision*, pages 264–271, 1994.

[HJBJ$^+$95] A. Hoover, G. Jean-Baptiste, X.Y. Jiang, P.J. Flynn, H. Bunke, D. Goldgof, and K. Bowyer. Range image segmentation: The user's dilemma. In *Proc. of Int. Symposium on Computer Vision*, pages 323–328, 1995.

[HJBJ$^+$96] A. Hoover, G. Jean-Baptiste, X.Y. Jiang, P.J. Flynn, H. Bunke, D. Goldgof, K. Bowyer, D. Eggert, A. Fitzgibbon, and R. Fisher. An experimental comparison of range image segmentation algorithms. *IEEE Transactions on Pattern Analysis and Machine Intelligence*, 1996.

[HK92] M. Hebert and E. Krotkov. 3D measurements from imaging laser radars: How good are they? *Image Vision and Computing*, 10(3):170–178, 1992.

[HKK90] M. Hebert, T. Kanade, and I. Kweon. 3-D vision techniques for autonomous vehicle. In R.C. Jain and A.K. Jain, editors, *Analysis and Interpretation of Range Images*, pages 273–337. Springer-Verlag, 1990.

[HM86] A. Huertas and G. Medioni. Detection of intensity changes with subpixel accuracy using laplacian gaussian masks. *IEEE Transactions on Pattern Analysis and Machine Intelligence*, 8(5):651–664, 1986.

[HM88] H. Hügli and G. Maître. Generation and use of color pseudo random sequences for coding structured light in active ranging. In *SPIE Vol. 1010 Industrial Inspection*, pages 75–82, 1988.

[Hor77] B.K.P. Horn. Understanding image intensities. *Artificial Intelligence*, 8(2):201–231, 1977.

[Hor86] B.K.P. Horn. *Robot Vision*. The MIT Press, 1986.

[Hor90] B.K.P. Horn. Height and gradient from shading. *Int. Journal of Computer Vision*, 5(1):37–76, 1990.

[HP74] S.L. Horowitz and T. Pavlidis. Picture segmentation by directed split and merge procedure. In *Proc. of 2th Int. Conf. on Pattern Recognition*, pages 424–433, 1974.

[HR84] S.L. Hurt and A. Rosenfeld. Noise reduction in three-dimensional digital images. *Pattern Recognition*, 17(4):407–421, 1984.

[HS89a]   R. Horaud and T. Skordas. Stereo correspondence through feature grouping and maximal cliques. *IEEE Transactions on Pattern Analysis and Machine Intelligence*, 11(11):1168–1180, 1989.

[HS89b]   G. Hu and G. Stockman. 3-D surface solution using structured light and constraint propagation. *IEEE Transactions on Pattern Analysis and Machine Intelligence*, 11(4):390–402, 1989.

[HSZ87]   R.M. Haralick, S.R. Sternberg, and X. Zhuang. Image analysis using mathematical morphology. *IEEE Transactions on Pattern Analysis and Machine Intelligence*, 9(4):532–550, 1987.

[HYT79]   T.S. Huang, G.J. Yang, and G.Y. Tang. A fast two-dimensional median filtering algorithm. *IEEE Transactions on Acoust. Speech Signal Process.*, 27:13–18, 1979.

[IH81]   K. Ikeuchi and B.K.P Horn. Numerical shape from shading and occluding boundaries. *Artificial Intelligence*, 17(1-3):141–184, 1981.

[II86]   M. Ito and A. Ishi. Three-view stereo analysis. *IEEE Transactions on Pattern Analysis and Machine Intelligence*, 8(4):524–532, 1986.

[Ike81]   K. Ikeuchi. Determining surface orientations for specular surfaces by using the photometric stereo method. *IEEE Transactions on Pattern Analysis and Machine Intelligence*, 3(6):661–669, 1981.

[Ike94]   K. Ikeuchi. Surface reflection mechanism. In T.Y. Young, editor, *Handbook of Pattern Recognition and Image Processing: Computer Vision*, pages 131–160. Academic Press, 1994.

[IMO84]   H. Itoh, A. Miyauchi, and S. Ozawa. Distance measuring method using only simple vision constructed for moving robots. In *Proc. of 7th Int. Conf. on Pattern Recognition*, pages 192–195, 1984.

[Inc93]   Perceptron Inc. *LASAR Hardware Manual.* 23855 Research Drive, Farmington Hills, Michigan 48335, 1993.

[ISI90]   Y. Iwahori, H. Sugie, and N. Ishii. Reconstructing shape from shading images under point light source illumination. In *Proc. of 10th Int. Conf. on Pattern Recognition*, volume I, pages 83–87, 1990.

[JA93]   M. Johannesson and A. Astrom. Sheet-of-light range imaging with MAPP2200. In *Proc. of 8th Scand. Conf. on Image Analysis*, pages 1283–1290, 1993.

[Jai93]   A.K. Jain. Object recognition using range images. In *Proc. of 8th Scand. Conf. on Image Analysis*, pages 797–805, 1993.

[Jar82]   R.A. Jarvis. A computer vision and robotics laboratory. *IEEE Computer*, 15(6):9–24, 1982.

[Jar83a]   R.A. Jarvis. A laser time-of-flight scanner. *IEEE Transactions on Pattern Analysis and Machine Intelligence*, 5(5):505–512, 1983.

[Jar83b]   R.A. Jarvis. A perspective on range finding techniques for computer vision. *IEEE Transactions on Pattern Analysis and Machine Intelligence*, 5(2):122–139, 1983.

[Jar93]   R.A. Jarvis. Range sensing for computer vision. In A.K. Jain and P.J. Flynn, editors, *Three-Dimensional Object Recognition Systems*, pages 17–56. Elsevier Science Publishers, 1993.

[JB89]   X.Y. Jiang and H. Bunke. Segmentation of the needle map of objects with curved surfaces. *Pattern Recognition Letters*, 10(3):181–187, 1989.

[JB90a]   X.Y. Jiang and H. Bunke. Erkennung von 3-D Objekten im Nadeldiagramm mithilfe von Konsistenzbedingungen. In H. Marburger, editor, *Proc. of 14th German Workshop on Artificial Intelligence*, pages 282–192, 1990.

[JB90b]   X.Y. Jiang and H. Bunke. Recognizing 3-D objects in needle maps. In *Proc. of 10th Int. Conf. on Pattern Recognition*, volume A, pages 237–239, 1990.

[JB91a]   X.Y. Jiang and H. Bunke. On error analysis for surface normals determined by photometric stereo. *Signal Processing*, 23:221–226, 1991.

[JB91b]   J.R. Jordan and A.C. Bovik. Using chromatic information in edge-based stereo correspondence. *CVGIP: Image Understanding*, 54(1):98–118, 1991.

[JB92]   J.R. Jordan and A.C. Bovik. Using chromatic information in dense stereo correspondence. *Pattern Recognition*, 25(4):367–383, 1992.

[JB93]   X.Y. Jiang and H. Bunke. Detection and applications of polyhedral symmetry: A review. In *Proc. of 8th Scand. Conf. on Image Analysis*, pages 345–352, Tromso, Norway, 1993.

[JB94]   X.Y. Jiang and H. Bunke. Fast segmentation of range images into planar regions by scan line grouping. *Machine Vision and Applications*, 7(2):115–122, 1994.

[JB95a]   X.Y. Jiang and H. Bunke. A framework of symmetry exploration in 3D object recognition. In D. Dori and A. Bruckstein, editors,

Shape, Structure and Pattern Recognition, pages 138–147. World Scientific, 1995.

[JB95b]   X.Y. Jiang and H. Bunke. Line segment based axial motion stereo. *Pattern Recognition*, 28(4):553–562, 1995.

[JBO87]   R. Jain, S.L. Barlett, and N. O'Brien. Motion stereo using ego-motion complex logarithmic mapping. *IEEE Transactions on Pattern Analysis and Machine Intelligence*, 9:356–369, 1987.

[JD88]   A.K. Jain and R.C. Dubes. *Algorithms for Clustering Data*. Prentice-Hall, 1988.

[JD94]   Y. Jacoob and L.S. Davis. Labeling of human face components from range data. *CVGIP: Image Understanding*, 60(2):168–178, 1994.

[JF93]   A.K. Jain and P.J. Flynn, editors. *Three-Dimensional Object Recognition Systems*. Elsevier Science Publishers, 1993.

[JHJB$^+$95] X.Y. Jiang, A. Hoover, G. Jean-Baptiste, D. Goldgof, K. Bowyer, and H. Bunke. A methodology for evaluating edge detection techniques for range images. In *Proc. of 2nd Asian Conf. on Computer Vision*, volume II, pages 415–419, 1995.

[JIK91]   G.A. Jones, J. Illingworth, and J. Kittler. Robust local window processing of range images. In *Proc. of 7th Scand. Conf. on Image Analysis*, pages 419–426, 1991.

[JJ90]   R.C. Jain and A.K. Jain, editors. *Analysis and Interpretation of Range Images*. Springer-Verlag, 1990.

[JMB91]   J.-M. Jolion, P. Meer, and S. Bataouche. Robust clustering with applications in computer vision. *IEEE Transactions on Pattern Analysis and Machine Intelligence*, 13(8):791–802, 1991.

[JMB94]   X.Y. Jiang, U. Meier, and H. Bunke. Scale-invariant polyhedral object recognition using fragmentary edge segments. In *Proc. of 12th Int. Conf. on Pattern Recognition*, volume I, pages 850–853, 1994.

[JN90]   A.K. Jain and S.G. Nadabar. MRF model-based segmentation of range images. In *Proc. of 3rd Int. Conf. on Computer Vision*, pages 667–671, 1990.

[Jol86]   I.T. Jolliffe. *Principal Component Analysis*. Springer-Verlag, 1986.

[KA87]   Y.C. Kim and J.K. Aggarwal. Positioning 3-D objects using stereo images. *IEEE Transactions on Robotics and Automation*, 3(4):361–373, 1987.

[Kak85]   A.C. Kak. Depth perception for robots. In S. Nof, editor, *Handbook of Industrial Robotics*, pages 272–319. Wiley, New York, 1985.

[Kan87]   T. Kanade, editor. *Three-Dimensional Machine Vision*. Kluwer Academic Publishers, 1987.

[Kan94]   T. Kanade. Development of a video-rate stereo machine. In *Proc. of Image Understanding Workshop*, pages 549–557, 1994.

[KB91]   B. Kim and P. Burger. Depth and shape from shading using the photometric stereo method. *CVGIP: Image Understanding*, 54(3):416–427, 1991.

[KC89a]   K. Kanatani and T.-C. Chou. Shape from texture: A general principle. *Artificial Intelligence*, 38:1–48, 1989.

[KC89b]   R. Krishnapuram and D. Casasent. Determination of three-dimensional object location and orientation from range images. *IEEE Transactions on Pattern Analysis and Machine Intelligence*, 11(11):1158–1167, 1989.

[KD89]   R.W. Klein and R.C. Dubes. Experiments in projection and clustering by simulated annealing. *Pattern Recognition*, 22:213–220, 1989.

[KE90]   A.E. Kayaalp and J.L. Eckman. Near real-time stereo range detection using a pipeline architecture. *IEEE Transactions on Systems, Man, and Cybernetics*, 20(6):1461–1469, 1990.

[Ken76]   H. Kenner. *Geodesic Math – and How to Use It*. University of California Press, 1976.

[KF92]   R. Krishnapuram and C.-P. Freg. Fitting an unknown number of lines and planes to image data through compatible cluster merging. *Pattern Recognition*, 25(4):385–400, 1992.

[KG92]   R. Krishnapuram and S. Gupta. Morphological methods for detection and classification of edges in range images. *Journal of Mathematical Imaging and Vision*, 2:351–375, 1992.

[KHGB95]   S. Kumar, S. Han, D. Goldgof, and K. Bowyer. On recovering hyperquadrics from range data. *IEEE Transactions on Pattern Analysis and Machine Intelligence*, 17(11):1079–1083, 1995.

[KI93]   S.B. Kang and K. Ikeuchi. The complex EGI: A new representation for 3-D pose determination. *IEEE Transactions on Pattern Analysis and Machine Intelligence*, 15(7):707–721, 1993.

[KJHK93]   S.H. Kang, S.G. Jang, K.S. Hong, and O.H. Kim. Digital range imaging VLSI sensor. In *Proc. of Asian Conf. on Computer Vision*, pages 137–140, 1993.

[KK68]   G.A. Korn and T.M. Korn. *Mathematical Handbook for Scientists and Engineers*. McGraw-Hill, 1968.

[KK91]   W.-Y. Kim and A.C. Kak. 3-D object recognition using bipartite matching embedded in discrete relaxation. *IEEE Transactions on Pattern Analysis and Machine Intelligence*, 13(3):224–251, 1991.

[KKM+89]   D.Y. Kim, J.J. Kim, P. Meer, D. Mintz, and A. Rosenfeld. Robust computer vision: A least median of squares based approach. In *Proc. of Image Understanding Workshop*, pages 1117–1134, 1989.

[KO94]   T. Kanade and M. Okutomi. A stereo matching algorithm with an adaptive window: Theory and experiment. *IEEE Transactions on Pattern Analysis and Machine Intelligence*, 16(9):920–932, 1994.

[Koh88]   T. Kohonen. *Self-Organization and Associate Memory*. Springer-Verlag, 1988.

[Koz93]   R. Kozera. On shape recovery from two shading patterns. *Int. Journal of Pattern Recognition and Artificial Intelligence*, 6:673–698, 1993.

[KP94]   D.H. Kim and R.-H. Park. Analysis of quantization error in line-based stereo matching. *Pattern Recognition*, 27(7):913–924, 1994.

[KSB90]   J. Kramer, P. Seitz, and H. Baltes. Integrierter 3D-Sensor für die Tiefenbild-Erfassung in Echtzeit. In R.E. Großkopf, editor, *Mustererkennung 90*, pages 22–28. Springer-Verlag, 1990.

[LB88]   H.S. Lim and T.O. Binford. Structual correspondence in stereo vision. In *Proc. of Image Understanding Workshop*, pages 794–808, 1988.

[LB91]   Y.G. Leclerc and A.F. Bobick. The direct computation of height from shading. In *Proc. of IEEE Computer Society Conference on Computer Vision and Pattern Recognition*, pages 552–558, 1991.

[LC91]   W.-C. Lin and T.-W. Chen. Inferring CSG-based object representation using range image. In R. Plamondon and H.D. Cheng, editors, *Pattern Recognition: Architectures, Algorithms and Applications*, pages 355–379, 1991.

[LCJ91]   S.-P. Liou, A.H. Chiu, and R.C. Jain. A parallel technique for signal-level perceptual organization. *IEEE Transactions on Pattern Analysis and Machine Intelligence*, 13(4):317–325, 1991.

[LCP90]   Y.S. Lim, T.I. Cho, and K.H. Park. Range image segmentation based on 2D quadratic function approximation. *Pattern Recognition Letters*, 11:699–708, 1990.

[LD90]   C.-H. Lo and H.-S. Don. Pattern recognition using 3-D moments. In *Proc. of 10th Int. Conf. on Pattern Recognition*, pages 540–544, 1990.

[Lee83]   J.S. Lee. Digital image smoothing and the sigma filter. *Computer Vision, Graphics, and Image Processing*, 24:255–269, 1983.

[Lee89]   D. Lee. A provably convergent algorithm for shape from shading. In B.K.P. Horn and M.J. Brooks, editors, *Shape from Shading*, pages 349–373. The MIT Press, 1989.

[LGB95]   A. Leonardis, A. Gupta, and R. Bajcsy. Segmentation of range images as the search for geometric parametric models. *Int. Journal of Computer Vision*, 14:253–277, 1995.

[LH95]   S.M. LaValle and S.A. Hutchison. A Bayesian segmentation methodology for parametric image models. *IEEE Transactions on Pattern Analysis and Machine Intelligence*, 17(2):211–217, 1995.

[LHB87]   S.A. Lloyd, E.R. Haddow, and J.F. Boyce. A parallel binocular stereo algorithm utilizing dynamic programming and relaxation labelling. *Computer Vision, Graphics, and Image Processing*, 39:202–225, 1987.

[LHS87]   J.S. Lee, R.M. Haralick, and L.G. Shapiro. Morphological edge detection. *IEEE Transactions on Robotics and Automation*, 3:142–156, 1987.

[LJ77]   R.A. Lewis and A.R. Johnston. A scanning laser rangefinder for a robotic vehicle. In *Proc. of 5th Int. Joint Conf. on Artificial Intelligence*, pages 762–768, 1977.

[LJC88]   J.T. Lapreste and M. Richetin J.Y. Cartoux. Face recognition from range data by structural analysis. In G. Ferrate, T. Pavlidis, A. Sanfeliu, and H. Bunke, editors, *Syntactic and Structural Pattern Recognition*. Springer-Verlag, 1988.

[LL90]   H.-J. Lee and W.-L. Lei. Region matching and depth finding for 3D objects in stereo aerial photographs. *Pattern Recognition*, 23(1/2):81–94, 1990.

[LP82]   C. Lin and M.J. Perry. Shape description using surface triangulation. In *Proc. of IEEE Workshop on Computer Vision: Representations and Control*, pages 38–43, 1982.

[LPGW87]   T. Lozano-Pérez, W.E.L. Grimson, and S.J. White. Finding cylinders in range data. In *Proc. of IEEE Conf. on Robotics and Automation*, pages 202–207, 1987.

[LPJMO92]   T. Lozano-Perez, J.L. Jones, E. Mazer, and P.A. O'Nonnell. *Handey: A Robot Task Planner*. The MIT Press, 1992.

[LR84]   C.-H. Lee and A. Roesenfeld. An approximation technique for photometric stereo. *Pattern Recognition Letters*, 2(5):339–343, 1984.

[LR85]   C.H. Lee and A. Rosenfeld. Improved methods of estimating shape from shading using the light source coordinate system. *Artificial Intelligence*, 26:125–143, 1985.

[LS91]   G.C. Lee and G.C. Stockman. Obtaining registered range and intensity images using the Technical Arts Scanner. Technical Report CPS-91-08, Dept. of Computer Science, Michigan State University, East Lansing, 1991.

[LSM94]   A. Leonardis, F. Solina, and A. Macerl. A direct recovery of superquadratic models in range images using recover–and-select paradigm. In *Proc. of European Conf. on Computer Vision*, pages 309–318, 1994.

[LV91]   S. Lejun and R. Volz. Finding cones from multi-scan range maps. In *SPIE Vol. 1608, Intelligent Robots and Computer Vision X*, pages 378–384, 1991.

[LYC92]   W.-N. Lie, C.-W. Yu, and Y.-C. Chen. Integrating intensity and range sensing to construct 3-D polyhedra representations. In L. Shapiro and A. Rosenfeld, editors, *Compuer Vision and Image Processing*, pages 517–536. Academic Press, 1992.

[MA85]   M.J. Magee and J.K. Aggarwal. Using multisensory images to derive the structure of three-dimensional objects – A review. *Computer Vision, Graphics, and Image Processing*, 32:145–157, 1985.

[MA93]   M. Maruyama and S. Abe. Range sensing by projecting multiple slits with random cuts. *IEEE Transactions on Pattern Analysis and Machine Intelligence*, 15(6):647–651, 1993.

[Mar82]   D. Marr. *Vision: A Computational Investigation into the Human Representation and Processing of Visual Information*. W.H.W.H. Freemantle, 1982.

[MB93]   M. Mirza and K.L. Boyer. Performance evaluation of a class of M-estimators for surface parameter estimation in noisy range data. *IEEE Transactions on Robotics and Automation*, 9(1):75–85, 1993.

[MC88]   D.W. Murray and D.B. Cook. Using the orientation of fragmentary 3D edge segments for polyhedral object recognition. *Int. Journal of Computer Vision*, 2:153–169, 1988.

[MC93]   T.P. Monks and J.N. Carter. Improved stripe matching for colour encoded structured light. In D. Chetverikov and W.G. Kropatsch, editors, *Computer Analysis of Images and Patterns*, pages 476–485. Springer-Verlag, 1993.

[Mey91]   A. Meystel. *Autonomous Mobile Robots*. World Scientific, 1991.

[MH80]   D. Marr and E. Hildreth. Theory of edge detection. *Proc. R. Soc. (London)*, B207:187–217, 1980.

[MHTA90] G. Maître, H. Hügli, F. Tièche, and J.P. Amann. Range image segmentation based on function approximation. In *SPIE Vol. 1395, Close-Range Photogrammetry Meets Machine Vision*, pages 275–282, 1990.

[MI94]   H. Matsuo and A. Iwata. 3-D object recognition using MEGI model from range data. In *Proc. of 12th Int. Conf. on Pattern Recognition*, volume I, pages 843–846, 1994.

[MJF95]   J. Mao, A.K. Jain, and P.J. Flynn. Integration of multiple feature groups and multiple views into a 3D object recognition system. *Computer Vision and Image Understanding*, 62(3):309–325, 1995.

[ML82]   E.S. McVey and J.W. Lee. Some accuracy and resolution aspects of computer vision distance measurements. *IEEE Transactions on Pattern Analysis and Machine Intelligence*, 4(6):646–649, 1982.

[MM84]   Y. Muller and R. Mohr. Planes and quadrics detection using hough transform. In *Proc. of 7th Int. Conf. on Pattern Recognition*, pages 1101–1103, 1984.

[MM93]   AD. Marshall and R.R. Martin. *Computer Vision, Models and Inspection*. World Scientific, 1993.

[MMH91]   A.D. Marshall, R.R. Martin, and D. Huber. Automatic inspection of mechanical parts using geometric models and laser range finder data. *Image Vision and Computing*, 9(6):385–405, 1991.

[MMR91]   P. Meer, D. Mintz, and A. Rosenfeld. Robust regression methods for computer vision: A review. *Int. Journal of Computer Vision*, 6(1):59–70, 1991.

[MN85]   G. Medioni and R. Nevatia. Segment-based stereo matching. *Computer Vision, Graphics, and Image Processing*, 31:2–18, 1985.

[Mor79]   H. Moravec. Visual mapping by a robot rover. In *Proc. of 6th Int. Joint Conf. on Artificial Intelligence*, pages 598–600, 1979.

[MP76]   D. Marr and T. Poggio. A cooperative computation of stereo disparity. *Science*, 194:283–287, 1976.

[MR94]   S.K. Mishra and V.V. Raghavan. An empirical study of the performance of heuristic methods for clustering. In E.S. Gelsema and L.N. Kanal, editors, *Pattern Recognition in Practice IV*. Elsevier Science, 1994.

[MT89]   S.B. Marapane and M.M. Trivedi. Region-based stereo analysis for robotic applications. *IEEE Transactions on Systems, Man, and Cybernetics*, 19(6):1447–1464, 1989.

[Mur87]   D.W. Murray. Model-based recognition using 3D shape alone. *Computer Vision, Graphics, and Image Processing*, 40:250–266, 1987.

[Nad88]   B.A. Nadel. Tree search and arc consistency in constraint satisfaction problems. In L. Kanal and V. Kumar, editors, *Search in Artificial Intelligence*, pages 287–342. Springer-Verlag, 1988.

[Nar78]   P.M. Narendra. A separable median filter for image noise smoothing. In *Proc. of IEEE Conf. on Pattern Recognition and Image Processing*, pages 137–141, 1978.

[Nas92]   N.M. Nasrabadi. A stereo vision technique using curve-segments and relaxation matching. *IEEE Transactions on Pattern Analysis and Machine Intelligence*, 14(5):566–572, 1992.

[NBD77]   D. Nitzan, A.E. Brain, and R.O. Duda. The measurement and use of registered reflectance and range data in scene analysis. *Proceedings of IEEE*, 65(2):206–220, 1977.

[NFJ93]   T.S. Newman, P.J. Flynn, and A.K. Jain. Model-based classification of quadric surfaces. *CVGIP: Image Understanding*, 58(2):235–249, 1993.

[NH92]   T.C. Nguyen and T.S. Huang. Quantization errors in axial motion stereo on rectangular-tessellated image sensor. In *Proc. of 11th Int. Conf. on Pattern Recognition*, volume I, pages 13–16, 1992.

[NIK91]   S.K. Nayar, K. Ikeuchi, and T. Kanade. Shape from interreflection. *Int. Journal of Computer Vision*, 6(3):173–195, 1991.

[Nis84]   H.K. Nishihara. Practical real-time imaging stereo matcher. *Optical Engineering*, 23(5):536–545, 1984.

[Nit88]   D. Nitzan. Three-dimensional vision structure for robot applications. *IEEE Transactions on Pattern Analysis and Machine Intelligence*, 10(3):291–309, 1988.

[NJ95a]   T. Newman and A.K. Jain. A survey of automated visual inspection. *Computer Vision and Image Understanding*, 61(2):231–262, 1995.

[NJ95b]   T.S. Newman and A.K. Jain. A system for 3D CAD-based inspection using range images. *Pattern Recognition*, 28(10):1555–1574, 1995.

[NJK92]   T.S. Newman, A.K. Jain, and H.R. Keshavan. 3D CAD-based inspection I: Coarse verification. In *Proc. of 11th Int. Conf. on Pattern Recognition*, volume I, pages 49–52, 1992.

[NM79]   M. Nagao and T. Matsuyama. Edge preserving smoothing. *Computer Vision, Graphics, and Image Processing*, 9:394–407, 1979.

[NUM92]   T. Nagamine, T. Uemura, and I. Masuda. 3D facial image analysis for human identification. In *Proc. of 11th Int. Conf. on Pattern Recognition*, volume I, pages 324–327, 1992.

[NZU94]   R. Nevatia, M. Zerroug, and F. Ulupinar. Recovery of three-dimensional shape from curved objects from a single image. In T.Y. Young, editor, *Handbook of Pattern Recognition and Image Processing: Computer Vision*, pages 101–129. Academic Press, 1994.

[OB90]   R. Onn and A. Bruckstein. Integrability disambiguates surface recovery in two-image photometric stereo. *Int. Journal of Computer Vision*, 5(1):105–113, 1990.

[OK85]   Y. Ohta and T. Kanade. Stereo by intra- and inter-scanline search. *IEEE Transactions on Pattern Analysis and Machine Intelligence*, 7(2):139–154, 1985.

[Ols93]   S.I. Olsen. Noise variance estimation in images. In *Proc. of 8th Scand. Conf. on Image Analysis*, pages 989–935, 1993.

[OS87]   M. Oshima and Y. Shirai. An object recognition system using three-dimensional information. In T. Kanade, editor, *Three-Dimensional Machine Vision*, pages 355–397. Kluwer Academic Pubkishers, 1987.

[OT91]   K.E. Olin and D.Y. Tseng. Autonomous cross-country navigation. *IEEE Expert*, pages 16–30, August 1991.

[PA93]   F. Pipitone and W. Adams. Rapid recognition of freeform objects in noisy range images using tripod operators. In *Proc. of IEEE Computer Society Conference on Computer Vision and Pattern Recognition*, pages 715–716, 1993.

[Pae90]   A.W. Paeth. Median finding on a 3 x 3 grid. In A.S. Glassner, editor, *Graphics Gems*, pages 171–175. Academic Press, 1990.

[Pen82]   A.P. Pentland. Finding the illuminant direction. *Journal of the Optical Society of America*, 4(27):448–455, 1982.

[Pen84]   A.P. Pentland. Local shading analysis. *IEEE Transactions on Pattern Analysis and Machine Intelligence*, 6(2):170–187, 1984.

[Pen90]   A.P. Pentland. Linear shape from shading. *Int. Journal of Computer Vision*, 4(2):153–162, 1990.

[PFTV86]   W. Press, B. Flannery, S. Teukolsky, and W. Vetterling. *Numerical Recipes: The Art of Scientific Computing*. Cambridge Univ. Press, 1980.

[PJ95]   S. Pankanti and A.K. Jain. Integrating vision modules: Stereo, shading, grouping, and line labeling. *IEEE Transactions on Pattern Analysis and Machine Intelligence*, 17(9):831–842, 1995.

[PL89]   D. Poussart and D. Laurendeau. 3-D sensing for industrial computer vision. In J.L.C. Sanz, editor, *Advances in Machine Vision*, volume 122-159. Springer-Verlag, 1989.

[PM86]   B. Parvin and G. Medioni. Segmentation of range images into planar surfaces by split and merge. In *Proc. of IEEE Computer Society Conference on Computer Vision and Pattern Recognition*, pages 415–417, 1986.

[PMF85]   S.B. Pollard, J.E.W. Mayhew, and J.P. Frisby. PMF: A stereo correspondence algorithm using a disparity gradient limit. *Perception*, 14:449–470, 1985.

[PPMF87]   S.B. Pollard, J. Porrill, J.E.W. Mayhew, and J.P. Frisby. Matching geometrical descriptions in three-space. *Image Vision and Computing*, 5(2):73–78, 1987.

[PPMF90]   S.B. Pollard, J. Porrill, J.E.W. Mayhew, and J.P. Frisby. Disparity gradient, lipschitz continuity, and computing binocular correspondences. In S. Ullman and W. Richards, editors, *Image Understanding 1989*, pages 197–214. Ablex Publishing Corporation, 1990.

[Pra91]   W.K. Pratt. *Digital Image Processing*. John Wiley & Sons, Inc., 1991.

[PS88]   M. Pietikainen and O. Silven. Progress in trinocular stereo. In A.K. Jain, editor, *Real-Time Object Measurement and Classification*, pages 161–169. Springer-Verlag, 1988.

[PV90]   I. Pitas and A.N. Venetsanopoulos. *Nonlinear Digital Filters*. Kluwer Academic Publisher, 1990.

[PV92]   I. Pitas and A.N. Venetsanopoulos. Order statistics in digital image processing. *Proceedings of IEEE*, 80(12):1893–1921, 1992.

[PW83]   E. Pervin and J.A. Webb. Quaternions in computer vision and robotics. In *Proc. of IEEE Computer Society Conference on Computer Vision and Pattern Recognition*, pages 382–383, 1983.

[RA90]   J.J. Rodriguez and J.K. Aggarwal. Stochastic analysis of stereo quantization error. *IEEE Transactions on Pattern Analysis and Machine Intelligence*, 12(5):467–470, 1990.

[RA94]   V. Rodin and A. Ayache. Axial stereovision: Modelization and comparison between two calibration methods. In *Proc. of IEEE Int. Conf. on Image Processing*, pages 725–729, 1994.

[RB93]   I.D. Reid and J.M. Brady. Recognition of object classes from range data. In *Proc. of 4th Int. Conf. on Computer Vision*, pages 302–307, 1993.

[RB95]   R. Robmann and H. Bunke. An edge labeling scheme for polyhedra in incomplete range images. *Proc. of 9th Scand. Conf. on Image Analysis*, pages 723–730, 1995.

[RBBB89]   M. Rioux, F. Blais, J.-A. Beraldin, and P. Boulanger. Range imaging sensors development at NRC laboratories. In *Proc. of Workshop on Interpretation of 3D Scenes*, pages 154–160, 1989.

[RBK83]   R. Ray, J. Birk, and R.B. Kelley. Error analysis of surface normals determined by radiometry. *IEEE Transactions on Pattern Analysis and Machine Intelligence*, 5(6):631–645, 1983.

[RC88]   R.D. Rimey and F.S. Cohen. A maximum-likelihood approach to segmenting range data. *IEEE Transactions on Robotics and Automation*, 4(3):277–286, 1988.

[Rio84]   M. Rioux. Laser range sensor based upon synchronized scanners. *Applied Optics*, 23(21):3837–3844, 1984.

[RL87]   P.J. Rousseeuw and A.M. Leroy. *Robust Regression & Outlier Detection*. Wiley, 1987.

[RL93]   G. Roth and M.D. Levine. Extracting geometric primitives. *CVGIP: Image Understanding*, 58(1):1–22, 1993.

[RMLB88]   K. Rao, G. Medioni, H. Liu, and G.A. Bekey. Robot hand-eye coordination: Shape description and grasping. In *Proc. of IEEE Conf. on Robotics and Automation*, pages 407–411, 1988.

[Ros88]   J.P. Rosenfeld. A range imaging system based on space coding for postal applications. In *Proc. of U.S. Postal Service Advanced Technology Conference*, pages 43–57, 1988.

[RT89]   A.P. Reeves and R.W. Taylor. Identification of three-dimensional objects using range information. *IEEE Transactions on Pattern Analysis and Machine Intelligence*, 11(4):403–410, 1989.

[Rus92]   J.C. Russ. *The Image Processing Handbook*. CRC Press, 1992.

[SA91]   S.Z. Selim and K. Alsultan. A simulated annealing algorithm for the clustering problem. *Pattern Recognition*, 24:1003–1008, 1991.

[SA94]   S. Shah and J.K. Aggarwal. Depth estimation using stereo fish-eye lenses. In *Proc. of IEEE Int. Conf. on Image Processing*, pages 740–744, 1994.

[SAA93]   B. Sabata, F. Arman, and J.K. Aggarwal. Segmentation of 3D range images using pyramidal data structures. *CVGIP: Image Understanding*, 57:373–387, 1993.

[SAA94]   B. Sabata, F. Arman, and J.K. Aggarwal. Convergence of fuzzy pyramid algorithms. *Journal of Mathematical Imaging and Vision*, 4:291–302, 1994.

[SAHB93]   L. Stark, D. Goldgof A. Hoover, and K. Bowyer. Function-based recognition from imcomplete knowledge of shape. In *Proc. of IEEE Workshop on Qualitative Vision*, pages 11–22, 1993.

[Sam87]   R.E. Sampson. 3D range sensor via phase shift detection. *IEEE Computer*, 20(8):23–24, 1987.

[SB90]   F. Solina and R. Bajcsy. Recovery of parametric models from range images: The case for superquadratics with global deformations. *IEEE Transactions on Pattern Analysis and Machine Intelligence*, 12(2):131–147, 1990.

[SC91]   F. Schmitt and X. Chen. Fast segmentation of range images into planar regions. In *Proc. of IEEE Computer Society Conference on Computer Vision and Pattern Recognition*, pages 710–711, 1991.

[SC92]   J.S. Stenstrom and C.I. Connolly. Constructing object models from multiple images. *Int. Journal of Computer Vision*, 9(3):185–212, 1992.

[Ser82]   J. Serra. *Image Analysis and Mathematical Morphology*. Academic Press, 1982.

[Ser88]   J. Serra, editor. *Image Analysis and Mathematical Morphology, Vol. 2: Theoretical Advances*. Academic Press, 1988.

[SFH92]   P. Suetens, P. Fua, and A.J. Hanson. Computational strategies for object recognition. *ACM Computing Surveys*, 24(1):5–61, 1992.

[Sha85]   S.A. Shafer. *Shadows and Silhouettes in Computer Vision*. Kluwer Academic Publishers, 1985.

[Shi87]   Y. Shirai. *Three-Dimensional Computer Vision*. Springer-Verlag, 1987.

[Shi92]   Y. Shirai. 3D computer vision and applications. In *Proc. of 11th Int. Conf. on Pattern Recognition*, volume I, pages 236–245, 1992.

[SI87]   K. Sato and S. Inokuchi. Range-imaging system utilizing nematic liquid crystal mask. In *Proc. of 1st Int. Conf. on Computer Vision*, pages 657–661, 1987.

[SI92]   A. Samal and P. Iyengar. Automatic recognition and analysis of human faces and facial expressions: A survey. *Pattern Recognition*, 25:65–77, 1992.

[SI96]   F. Solomon and K. Ikeuchi. Extracting the shape and roughness of specular lobe objects using four light photometric stereo. *IEEE Transactions on Pattern Analysis and Machine Intelligence*, 18(4):449–454, 1996.

[SJ94]   S.S. Sinha and R. Jain. Range image analysis. In T.Y. Young, editor, *Handbook of Pattern Recognition and Image Processing: Computer Vision*. Academic Press, 1994.

[SK83]   S.A. Shafer and T. Kanade. Using shadows in finding orientations. *Computer Vision, Graphics, and Image Processing*, 22:145–176, 1983.

[SL95]   M. Soucy and D. Laurendeau. A general surface approach to the integration of a set of range views. *IEEE Transactions on Pattern Analysis and Machine Intelligence*, 17(4):344–358, 1995.

[SMCM91]   P. Saint-Marc, J.-S. Chen, and G. Medioni. Adaptive smoothing: A general tool for early vision. *IEEE Transactions on Pattern Analysis and Machine Intelligence*, 13(6):514–529, 1991.

[SMJM91]   P. Saint-Marc, J.-L. Jezouin, and G. Medioni. A versatile PC-based range finding system. *IEEE Transactions on Robotics and Automation*, 7(2):250–256, 1991.

[SO93]   Y. Sato and M. Otsuki. Three-dimensional shape reconstruction by active rangefinder. In *Proc. of IEEE Computer Society Conference on Computer Vision and Pattern Recognition*, pages 142–147, 1993.

[SP90]   S. Sherman and S. Peleg. Stereo by incremental matching of contours. *IEEE Transactions on Pattern Analysis and Machine Intelligence*, 12(11):1102–1106, 1990.

[SR90]   R.K. Singh and R.S. Ramakrishna. Shadows and texture in computer vision. *Pattern Recognition Letters*, 11:133–141, 1990.

[SS89]   N. Shrikhande and G. Stockman. Surface orientation from a projected grid. *IEEE Transactions on Pattern Analysis and Machine Intelligence*, 11(6):650–655, 1989.

[SS92]   S.S. Sinha and B.C. Schunck. A two stage algorithm for discountinuity-preserving surface reconstruction. *IEEE Transactions on Pattern Analysis and Machine Intelligence*, 14(1):36–55, 1992.

[Sta91]   S.A. Stansfield. Robotic grasping of unknown objects: A knowledge-based approach. *The International Journal of Robotics Research*, 10(4):326, 1991.

[Ste81]   K.A. Stevens. The information content of texture gradients. *Bio. Cyber.*, 42:95–105, 1981.

[Ste86]   S.R. Sternberg. Grayscale morphology. *Computer Vision, Graphics, and Image Processing*, 35(3):333–355, 1986.

[Ste95]   C.V. Stewart. MINPRAN: A new robust estimator for computer vision. *IEEE Transactions on Pattern Analysis and Machine Intelligence*, 17(10):925–938, 1995.

[Sto87]   G. Stockman. Object recognition and localization via pose clustering. *Computer Vision, Graphics, and Image Processing*, 40:361–387, 1987.

[Sto90]   G. Stockman. Object recognition. In R.C. Jain and A.K. Jain, editors, *Analysis and Interpretation of Range Images*, pages 225–253. Springer-Verlag, 1990.

[Str84]   T.M. Strat. Recovering the camera parameters from a transformation matrix. In *Proc. of Image Understanding Workshop*, pages 264–271, 1984.

[Str85]   T.C. Strand. Optical three-dimensional sensing for machine vision. *Optical Engineering*, 24(1):33–40, 1985.

[SU90]   J. Siebert and C. Urquhart. Active stereo: Texture enhanced reconstruction. *Electronics Letters*, 26(26):427–429, 1990.

[SW90]   T.G. Stahs and F.M. Wahl. Fast and robust range data acquisition in a low-cost environment. In *SPIE Vol. 1395 Close-Range Photogrammetry Meets Machine Vision*, pages 496–503, 1990.

[TB91]   C.J. Tsikos and R.K. Bajcsy. Segmentation via manipulation. *IEEE Transactions on Robotics and Automation*, 7(3):306–319, 1991.

[TBK82]   R. Tella, J.R. Birk, and R.B. Kelley. General purpose hands for bin-picking robots. *IEEE Transactions on Systems, Man, and Cybernetics*, 12(6):828–837, 1982.

[TC91]   D.-C. Tseng and Z. Chen. Computing location and orientation of polyhedral surfaces using a laser-based vision system. *IEEE Transactions on Robotics and Automation*, 7(6):842–848, 1991.

[Td91]   H.D. Tagare and R.J.P. deFigueiredo. A theory of photometric stereo for a class of diffuse non-lambertian surfaces. *IEEE Transactions on Pattern Analysis and Machine Intelligence*, 13(2):133–152, 1991.

[Td92]   H.D. Tagare and R.J.P. deFigueiredo. Simultaneous estimation of shape and reflectance map from photometric stereo. *CVGIP: Image Understanding*, 55(3):275–286, 1992.

[TF95]   E. Trucco and R.B. Fisher. Experiments in curvature-based segmentation of range data. *IEEE Transactions on Pattern Analysis and Machine Intelligence*, 17(2):177–182, 1995.

[THKS91]   C. Thorpe, M. Hebert, T. Kanade, and S. Shafer. Toward autonomous driving: The CMU Navlab. *IEEE Expert*, pages 31–42, August 1991.

[TI90]   J. Tajima and M. Iwakawa. 3-D data acquisition by rainbow range finder. In *Proc. of 10th Int. Conf. on Pattern Recognition*, volume I, pages 309–313, 1990.

[Tiz93]   H. Tiziani. Optical 3-D measurement techniques – A survey. In A. Grün and H. Kahmen, editors, *Optical 3-D Measurement Techniques II*, pages 3–21. Wichmann, 1993.

[TKL90]   H.T. Tanaka, O. Kling, and D.T.L. Lee. On surface curvature computation from level set contours. In *Proc. of 10th Int. Conf. on Pattern Recognition*, volume I, pages 155–160, 1990.

[TL85]   H.P. Trivedi and S.A. Lloyd. The role of disparity gradient in stereo vision. *Perception*, 14:685–690, 1985.

[TL95]   M. Trobina and A. Leonardis. Grasping arbitrarily shaped 3-D objects from a pile. In *Proc. of IEEE Conf. on Robotics and Automation*, pages 241–246, 1995.

[TS94]   P.-S. Tsai and M. Shah. Shape from shading using linear approximation. *Image Vision and Computing*, 12(8):487–498, 1994.

[TSR89]   R.W. Taylor, M. Savini, and A.P. Reeves. Fast segmentation of range imagery into planar regions. *Computer Vision, Graphics, and Image Processing*, 45:42–60, 1989.

[TZ84]   W. Teoh and X.D. Zhang. An inexpensive stereoscopic vision system for robots. In *Proc. of Int. Conf. on Robotics*, pages 186–189, 1984.

[UB93]   M. Usoh and H. Buxton. SIMD algorithm for curved object recognition using Grimson and Lozano-Perez matching. *The Visual Computer*, 10:160–172, 1993.

[UB95]   A. Ueltschi and H. Bunke. 3D object recognition from range data using a relational matching technique with a hierarchy of constraints. In D. Dori and A. Bruckstein, editors, *Shape, Structure and Pattern Recognition*, pages 148–157. World Scientific, 1995.

[Uel94]   A. Ueltschi. *Effiziente modellbasierte Objekterkennung in Tiefenbildern*. PhD thesis, University of Bern, 1994.

[VAOC94] D. Valentin, H. Abdi, A.J. O'Toole, and G.W. Cottrell. Connectionist models of face processing: A survey. *Pattern Recognition*, 27:1209–1230, 1994.

[VD90]   P.A. Veatch and L.S. Davis. Efficient algorithms for obstacle detection using range data. *Computer Vision, Graphics, and Image Processing*, 50:50–74, 1990.

[VK91]   A.J. Vayda and A.C. Kak. A robot vision system for recognition of generic shaped objects. *CVGIP: Image Understanding*, 54(1):1–46, 1991.

[VMA86]   B.C. Vemuri, A. Mitische, and J.K. Aggarwal. Curvature-based representation of objects from range data. *Image Vision and Computing*, 4(2):107–114, 1986.

[VO90]   P. Vuylsteke and A. Oosterlinck. Range image acquisition with a single binary-encoded light pattern. *IEEE Transactions on Pattern Analysis and Machine Intelligence*, 12(2):148–164, 1990.

[VT86]   A. Verri and V. Torre. Absolute depth estimates in stereopsis. *J. Opt. Soc. Amer.*, 3(3):297–299, 1986.

[WA87]   Y.F. Wang and J.K. Aggarwal. Computation of surface orientation and structure of objects using grid coding. *IEEE Transactions on Pattern Analysis and Machine Intelligence*, 9(1):129–137, 1987.

[Wan91]   Y.F. Wang. Characterizing three-dimensional surface structures from visual images. *IEEE Transactions on Pattern Analysis and Machine Intelligence*, 13(1):52–60, 1991.

[WB94]   M.A. Wani and B.G. Batchelor. Edge-based segmenation of range images. *IEEE Transactions on Pattern Analysis and Machine Intelligence*, 16(3):314–319, 1994.

[Wei90]   D. Weinshall. Qualitative depth from stereo, with applications. *Computer Vision, Graphics, and Image Processing*, 49:222–241, 1990.

[WI92]   W. Wang and S.S. Iyengar. Efficient data structures for model-based 3-D object recognition and localization from range images. *IEEE Transactions on Pattern Analysis and Machine Intelligence*, 14(10):1035–1045, 1992.

[Wil87]   P.R. Wilson. A short story of CAD data transfer standards. *IEEE Computer Graphics and Applications*, 7(6):64–67, 1987.

[Wil89]   H.S. Wilf. *Combinatorial Algorithms – an Update*. CBMS-NSF regional conference series in applied mathematics 55. Capital City Press, Vermont, 1989.

[Wit81]   A.P. Witkin. Recovering surface shape and orientation from texture. *Artificial Intelligence*, 17(1-3):17–45, 1981.

[WL88]   Z. Wu and L. Li. A line-intergration based method for depth recovery from surface normals. *Computer Vision, Graphics, and Image Processing*, 43:53–66, 1988.

[Wol87]   L.B. Wolff. Surface curvature and contour from photometric stereo. In *Proc. of Image Understanding Workshop*, pages 821–827, 1987.

[Woo80]   R.J. Woodham. Photometric method for determining surface orientation from multiple images. *Optical Engineering*, 19(1):139–144, 1980.

[Woo94]   R.J. Woodham. Gradient and curvature from photometric stereo including local confidence estimation. *Journal of the Optical Society of America A*, 1994.

[WSV91]   M.W. Walker, L. Shao, and R.A. Volz. Estimating 3-D location parameters using dual number quaternions. *CVGIP: Image Understanding*, 54(3):358–367, 1991.

[WW88]   D. Wang and Q. Wang. A weighted averaging method for image smoothing. In *Proc. of 9th Int. Conf. on Pattern Recognition*, pages 1473–1475, 1988.

[YK86]   H.S. Yang and A.C. Kak. Determination of the identity, position and orientation of the topmost object in a pile. *Computer Vision, Graphics, and Image Processing*, 36:229–255, 1986.

[YKK86]   M. Yachida, Y. Kitamura, and M. Kimachi. Trinocular vision: New approach for correspondence problem. In *Proc. of 8th Int. Conf. on Pattern Recognition*, pages 1041–1044, 1986.

[YL89]   N. Yokoya and M.D. Levine. Range image segmentation based on differential geometry: A hybrid approach. *IEEE Transactions on Pattern Analysis and Machine Intelligence*, 11(6):643–649, 1989.

[YL94]   N. Yokoya and M.D. Levine. Volumetric shapes of solids of revolution from a single-view range image. *CVGIP: Image Understanding*, 59(1):43–52, 1994.

[YSI86]   H. Yamamoto, K. Sato, and S. Inokuchi. Range imaging system based on binary image accumulation. In *Proc. of 8th Int. Conf. on Pattern Recognition*, pages 233–235, 1986.

[ZC91]   Q. Zheng and R. Chellappa. Estimation of illuminant direction, albedo, and shape from shading. *IEEE Transactions on Pattern Analysis and Machine Intelligence*, 13(7):680–702, 1991.

[ZTCS94]   R. Zhang, P.-S. Tsai, J.E. Cryer, and M. Shah. Analysis of shape from shading techniques. In *Proc. of IEEE Computer Society Conference on Computer Vision and Pattern Recognition*, pages 20–24, 1994.

[ZW93]   G. Zhang and A. Wallace. Physical modeling and combination of range and intensity edge data. *CVGIP: Image Understanding*, 58(2):191–220, 1993.

[ZWZ92]   X.-H. Zhuang, T. Wang, and P. Zhang. A highly robust estimator through partially likelihood function modeling and its applications in computer vision. *IEEE Transactions on Pattern Analysis and Machine Intelligence*, 14(1):19–35, 1992.

Sachverzeichnis